国家社会科学基金重大招标项目成果

食品安全社会共治：困局与突破

Dilemma and Solution:

Social Co-Governance in Food Safety

谢　康　肖静华　赖金天　等　著

国家社会科学基金重大招标项目（14ZDA074）资助

科　学　出　版　社

北　京

内 容 简 介

食品安全治理是一项世界难题，中国情境的复杂性使中国食品安全治理更成为一项世界级难题，寻求从食品安全社会共治角度破解这个难题同样面临困局。针对此，本书通过分析食品安全市场失灵、政府失灵、社会共治失灵形成的社会系统失灵，在理性假设基础上，首次将有限理性假设违规决策分析应用于食品安全治理领域，提出中国情境下食品安全社会共治理论，为突破食品安全社会共治困局的社会治理模式转变，提供政策依据和决策指导方向，并从食品安全治理视角推进和深化社会共治的理论研究。本书不仅是中国第一部食品安全治理的经济学理论著作，提出食品安全经济学五个基本概念，而且是第一部从食品安全视角探讨社会共治理论的学术著作，对社会治理、环境治理、网络空间治理等公共管理领域的社会共治也有理论借鉴价值。

本书可作为高等院校、研究机构等理论研究工作者和研究生从事理论研究的阅读参考书，也可作为政府产业政策部门、食品药品监督管理部门、市场监督管理部门的研究参考和政策分析的阅读图书。

图书在版编目（CIP）数据

食品安全社会共治：困局与突破 / 谢康等著. —北京：科学出版社，2017.3

国家社会科学基金重大招标项目成果

ISBN 978-7-03-051193-5

Ⅰ. ①食… Ⅱ. ①谢… Ⅲ. ①食品安全-研究 Ⅳ. ①TS201.6

中国版本图书馆CIP数据核字（2016）第 321178 号

责任编辑：方小丽 李 莉 陶 璇 / 责任校对：李 影
责任印制：霍 兵 / 封面设计：无极书装

科学出版社 出版
北京东黄城根北街 16 号
邮政编码：100717
http://www.sciencep.com

北京通州皇家印刷厂 印刷

科学出版社发行 各地新华书店经销

*

2017 年 3 月第 一 版 开本：720×1000 1/16
2017 年 3 月第一次印刷 印张：22
字数：450 000

定价：128.00 元

（如有印装质量问题，我社负责调换）

作 者 简 介

谢康，中山大学管理学院教授、博士生导师，中山大学信息经济与政策研究中心主任，中国信息经济学会理事长，国家社会科学基金重大招标项目首席专家，出版著作、教材和译著22部，发表中英文期刊论文120多篇。

肖静华，中山大学管理学院副教授、博士生导师，中山大学信息经济与政策研究中心副主任，中国信息经济学会副秘书长，出版著作和教材6部，发表中英文期刊论文50多篇。

赖金天，管理学博士，广州市友亦师教育科技有限公司总经理，中山大学信息经济与政策研究中心兼职研究员，在《经济研究》《管理科学学报》等期刊发表多篇高质量经济管理论文。

除上述三位主要作者外，以下作者参与本书部分内容写作：刘意、乌家培、李新春、龚强、杨楠堃、刘亚平、于洪彦、陈原、陈斌、汪鸿昌、赵信、张一林、余建宇、雷丽衡、袁燕。

序　一

中国食品安全治理问题是一个世界性难题。作者首次系统阐述了社会系统失灵的概念，这一概念是对市场失灵、政府失灵和社会共治失灵形成的更加复杂情境下的失灵现象的一次理论总结，由此作者简明扼要地回答了这一难题。

对食品安全问题的深入剖析和挖掘，正是该书诸多创新思想及观点的重要源泉。我阅读了很多关于食品安全的论文和著作，相较之下，发现该书具有如下三大独到之处：第一，与现有研究强调理性违规决策分析不同的是，该书首次将有限理性假设违规决策分析应用于食品安全治理领域。这一拓展不仅有效解释了为什么在中国情境下大量小商小贩和企业出现群体道德风险，而且通过建构模型和仿真分析实现了对食品安全"监管困局"的经济学阐释。第二，该书根据社会生物学理论提出预防—免疫—治疗三级协同模式，为食品安全社会共治提出了一种可能的治理之路。预防—免疫—治疗模式可以帮助政策制定者根据食品安全事件发生前期、中期和后期三阶段进行策略选择。第三，该书对公共管理领域的风险交流、震慑信号与价值重构等概念进行经济学分析，试图从经济学视角突出风险交流的双重经济价值，为构建食品安全社会共治提供具有可行性的实现路径。

全书共分成七章。第一章，问题的提出；第二章从食品安全监管部门失灵、食品企业自律失灵以及社会共治失灵三个方面论证食品安全问题是一个世界性的难题；第三章采用博弈模型、有限理性决策模型等经济学方法对食品安全的"监管困局"进行分析；第四章讨论如何制定或优化食品安全监管政策；第五章创新性地提出了食品安全社会共治预防—免疫—治疗制度；第六章从食品安全质量链整体视角来探讨食品安全共治问题，以支撑食品安全监管部门建立高效协同的社会共治机制；最后，第七章为整本书的精华部分，强调了该书主要的原理思想——将全书的核心内容归纳成食品安全经济学的五个基本概念，并在最后部分讨论了该书的理论普适性问题。

作为该书亮点，作者为食品安全经济学提出了五个基本概念，即社会系统失灵、"监管困局"、风险交流双重经济价值、震慑与价值重构互补性以及预防—免疫—治疗三级协同模式。这五大基本概念延伸出来的经济分析与制度分析，预计将会对食品安全经济学的发展产生越来越重要的影响。对于理论普适性，作者举了两个例子，均为当前热门话题——政府腐败治理和环境污染治理，可以参照此书从社会系统失灵视角来考察腐败和污染的成因及其治理思路，可以从正式治理与非正式治理相结合的混合治理的制度安排方面进行分析。

食品安全问题以及食品安全社会共治越来越成为政府、市场和社会重视的课题，而该书对社会治理、腐败治理、环境治理、网络空间治理等公共管理领域的社会共治也具有理论借鉴价值。对于社会主体，该书可以作为高校学子的教材，或者成为从事理论和实证研究的学者的参考书；对于政府主体来说，各大职能部门、食品药品监督管理部门可以将此书作为政策指导用书；而对于市场主体，该书在行业企业的市场调研参考和实务指导方面也会发挥不小的作用。

总之，该书为我们解决这类复杂系统问题提供了一个理论创新的窗口。特别是在现阶段知识传播更加迅猛，信息更加多元化的互联网时代，社会共治的背景条件业已形成，大数据监管也将慢慢地越来越成熟，食品安全社会共治势在必行，而该书也将成为对突破食品安全“监管困局”具有重要借鉴价值的参考书。

另外，特别值得指出的是，该书对我团队未来的研究工作具有重要的启发意义：一是该书引入了经济学分析框架，对食品安全“监管困局”的现状特点的解释、现存问题的分析以及政策建议的得出具有一致性的逻辑；二是预防—免疫—治疗协同模式是非常有见地的，有可能成为一个未来较为通用的理论框架。

是为序。

王志刚

于中国人民大学明德主楼 0413 教室

2016 年 8 月 7 日

序　二

该书是一部从食品安全视角探讨社会共治理论，探讨中国情境下食品安全社会共治模式的学术研究成果。

中国食品安全治理是一个复杂的社会系统问题，涉及政治、经济、管理、社会、法律和文化等诸多方面，需要多主体的管理协同与协作。为此，该书设计了预防—免疫—治疗理论范式，从制度创新的角度对食品安全社会共治问题展开深入的研究，其核心思路是通过构建食品安全社会共治的形成机制来明确制度需求，采用食品安全社会共治的协同模式来完成制度设计，建立食品安全社会共治的保障机制来推动制度实现。沿着这个研究思路，我们可以清楚地把握该书的内容要点。

该书的第二章对“食品安全治理及其社会系统性失灵的特征”进行了分析和界定，阐明了食品安全的市场失灵、政府失灵和社会共治失灵三大机理，演示了在这种状态下社会将会做出的反应。第三章讨论了“监管困局”与“违规困局”，回答了“为何现实中加大监督管理力度，食品问题不减少反而增加的现象”，并且运用仿真分析的方法验证了理论假设的正确性。第四章针对食品安全监管中“大家都参与而最后大家都不管”的问题，强调食品安全社会治理需要两种互补性力量，即政府正式治理与社会自组织的非正式治理，提出了“多主体参与的正式治理与非正式治理相结合”的混合治理理论。作者在第五章、第六章中提出将社会共治持续管理划分为食品质量链的混合治理体系，为构建中国食品安全治理模式和可持续发展机制提出了建议。

在该书中，作者始终把食品安全经济学作为一门经济学分支学科，运用经济学相关理论研究食品安全社会共治问题。对社会系统失灵、“监管困局”、三级协同等方面的研究都颇具创新思想，拓展了食品安全经济学的研究内容。同时，作者还探讨了食品安全风险交流的经济价值，指出风险交流具有社会保险机制和社会风险投资功能，这为我国开展食品安全风险交流提供了富有创新的思想和启示。

该书是2014年国家社会科学基金重大招标项目“食品药品安全社会共治的制度安排：需求、设计、实现与对策研究”（主持人：谢康，批准号：14ZDA074）资助的研究成果，在项目启动时本人应邀以同行专家身份参加了课题方案的研讨，与课题组成员进行了切磋交流。如今课题按计划完成，取得了丰硕成果，我感到由衷的高兴和钦佩。

当今，食品安全问题受到全社会的关注，相关研究成果层出不穷。谢康教授研究团队将社会共治理论应用于食品安全问题研究，以制度创新为切入点，研究视角新颖，内容丰富，研究结论有独到的见解，为我们开拓了一个崭新的公共治理视野，丰富了我国食品安全社会共治研究理论和成果。

我相信该书的出版将为相关研究人员和政府决策部门提供有价值的参考，对我国实现食品安全社会共治，提升食品安全治理水平将发挥积极作用。

中国农业大学教授　安玉发

2016 年 7 月 20 日

目　　录

第1章

绪　论

百年之前，美国现代知名作家厄普顿·辛克莱的《屠场》暴露的美国肉制品加工行业内幕，引发了公众对食品安全和卫生的强烈反应，直接推动了1906年美国出台《纯净食品及药物管理法》，促成了美国食品和药品监督管理局（Food and Drug Administration，FDA）的成立。这之后，世界各国出现的食品安全事件，尤其是2000年前后的欧洲疯牛病事件，又使世界各国进一步加强食品监管，并促进了食品可追溯体系的建设。2012年以来，Rouvière和Caswell（2012）、Garcia等（2013）总结欧美国家治理经验，先后对食品安全协同管理进行了探索，推动了食品安全社会共治的理论研究。

食品安全是指食品及相关产品不存在对人体健康造成现实或潜在侵害的一种状态，也是指为确保这种状态而采取的各种管理政策、策略、方法和措施，或者所有对人体健康造成急性或慢性损害的危险都不存在，因而是一个绝对概念（刘畅等，2011）。近年来，中国食品安全治理水平总体上向好的方向发展，但频发的食品安全事件，不仅引发了消费者对食品质量的不信任，诱发群体事件而影响社会稳定，而且影响到中国的国际形象和产品出口竞争力，既关系到公众的切身利益、国民健康和素质的提升，也关系到国民对政府执政能力的信任、党和政府的形象与声誉，食品安全已经成为中国的重大民生问题、社会问题、经济问题和政治问题，解决食品安全问题不仅重要而且刻不容缓。

然而，中国食品安全治理存在着极其复杂的因素，这是欧美国家较少遇到的，这种复杂性可以概括为“量大面广的消费总量、小散乱低的产业基础、尚不规范的产销秩序、相对缺失的诚信环境、滞后的企业主体责任意识和薄弱的监管能力”（张勇，2013）。针对这些复杂性，2008年后社会共治成为中国食品安全治理的流行理念之一，食品安全社会共治被认为不是一个单纯的治理问题，也不是一个单纯的监管体制改进问题，而是一个与社会治理、廉政和环保社会共治一起，共同构成中国社会经济改革的重大问题，是一个综合性的社会管理复杂系统工程，涉及政治、经济、管理、社会、法律和文化等多方面管理与协调。2013 年，中国政府将食品安全监管职责统筹在国家食品药品监督管理总局后，将分段监管体制调整为单一监管体制，但如何保障这种机构调整在行政管理效率上以及保障水平和监管效率上更有效的问题并未得到深入探讨。如何从单一监管体制向社会共治体制转型，正在成为一个紧迫而重要的理论和实践课题。

显然，建设食品安全社会共治制度，既是中国食品安全治理的复杂国情所需，也是中国社会治理体制改革的大势所趋，构成学术界面临的重大理论挑战。只有在充分借鉴国内外学术理论成果和实践经验总结基础上，通过系统地战略洞察和制度的顶层设计，提出有针对性、可操作的对策措施，加强理论联系实际，运用理论指导和干预实践，才能推动中国社会从食品安全单一监管体制向社会共治体制的创新和转型。

1.1　社会共治需求

近年来，中国各级政府不断加强食品安全治理和推进食品安全社会共治。2012 年 7 月，国务院颁发《国务院关于加强食品安全工作的决定》（国发〔2012〕20 号），提出用 3 年左右时间解决中国食品安全的突出问题，5 年左右完善食品安全监管制度，首次将食品安全纳入地方政府年度绩效考核内容。2013 年 5 月，李克强总理在国务院 3 次常务会议上都提及食品安全问题，表示要建立最严格的食品安全监管制度。

2013 年 6 月 17 日召开的全国食品安全宣传周暨第五届中国食品安全论坛，将主题确定为“社会共治，同心携手维护食品安全”，进一步加强对社会共治理念的宣传和引导。国务院副总理汪洋在会上强调，“要做好实行社会共治的制度安排，有序向前推进。要完善政策措施，强化激励约束机制；搭建平台桥梁，畅通公众参与渠道，完善管理服务机制；健全法律制度，让各类主体有法可依、有章可循；营造环境条件，加强食品安全宣传教育，引导公众积极、理性、合法、有序地参与食品安全社会管理”，从而“构建企业自律、政府监管、社会协同、公众参与、法治保障的食品安全社会共治格局”。国家食品药品监督管理总局时任局长张勇也提出，“保障食品安全，是需要政府监管责任和企业主体责任共同落实，行业自律和社会他律共同生效，市场机制和利益导向共同激活，法律、文化、科技、管理等要素共同作用的复杂的、系统的社会管理工程。只有形成社会各方良性互动、理性制衡、有序参与、有力监督的社会共治格局，才能不断破解食品安全的深层次制约因素。”

2013 年 6 月 25 日，中国国家工商行政管理总局副局长马正其提出，食品安全社会共治格局就是企业自律、政府监管、社会协同、公众参与和法制保障。中国社会科学院食品药品产业发展与监管研究中心主任张永建则强调，预防为主和全程监管是食品安全治理的两个发展趋势，“食品安全是一个全社会的事情，对全社会有影响。由于各个主体在社会中的地位不同，他们在促进食品安全中发挥的作用也会不一样。无论是从国际比较还是从我国实践来看，做好食品安全监管不仅仅靠政府，还需要全社会的力量”（张永健等，2005）。

2014 年 3 月李克强总理在政府工作报告中提出“建立从生产加工到流通消费的全程监管机制、社会共治制度和可追溯体系，健全从中央到地方直至基层的食品药品安全监管体制”，强调“推进社会治理创新。注重运用法治方式，实行多元主体共同治理”，“健全政府、企业、公众共同参与新机制”，表明社会共治本质上是一种制度安排，也表明全程监管机制、社会共治制度和可追溯体系三位一体成为政府健全食品药品安全监管体制的关键管理手段。

2015 年 5 月中共中央总书记习近平提出，用最严谨的标准、最严格的监管、最严厉的处罚、最严肃的问责，加快建立科学完善的食品药品安全治理体系[①]。2015 年 6 月，李克强总理也提出，以“零容忍”的举措惩治食品安全违法犯罪，以持续的努力确保群众“舌尖上的安全”[②]。2016 年 4 月，在国务院《2016 年食品安全重点工作安排》中，推动食品安全社会共治作为十一项重点工作之一。2016 年 10 月，习近平总书记在中共中央政治局第三十六次集体学习时强调，社会治理模式正在从单向管理转向双向互动，从单纯的政府监管向更加注重社会协同治理转变。这为中国社会共治体系的构建指明了方向。

上述的政府行动表明，建立中国特色社会主义市场经济的食品安全社会共治制度，不是政府监管失灵的一种补充措施或权宜之计，而是顺应世界食品安全治理体制的发展方向，实现中国政府职能转型的国家治理战略的路径之一。同时，食品安全社会共治是一项制度创新，标志着中国食品安全监管体制的重大转型，体现了中国食品安全治理观念和意识的重大突破，为中国食品安全治理理论的重大创新提供了契机。

制度安排是食品安全社会共治研究的基本内容和核心问题。在社会共治中，

① 中共中央政治局就健全公共安全体系进行第二十三次集体学习。

② 全国加强食品安全工作电视电话会议（2015 年）6 月 11 日在京召开。中共中央政治局常委、国务院总理李克强作出重要批示。

如何解决好多主体参与的个体理性与集体理性之间的矛盾是一个难题。博弈论囚徒困境从理论上证明了制度安排是解决个体理性与集体理性矛盾的有效途径，这样，从理论逻辑来看，制度安排也是社会共治研究的核心问题。研究食品安全社会共治，必须紧紧抓住制度安排这个“牛鼻绳”，以此回应实践的要求和理论的呼唤。

社会共治理论的代表人物之一Evans（1995）提出，社会共治是指政府与社会、公共与私人之间并没有明确的分界，通过一定的制度安排将政府嵌入社会或者让公民参与公共服务，最终实现共治目标。因此，本书聚焦于探讨食品安全社会共治的制度安排，提出符合中国情境的食品安全社会共治制度理论与政策建议。

从国内外研究来看，针对食品安全治理这个世界性难题，生物学、食品工程、药学、信息科学、农学、精细化工、经济学、管理学、公共管理、公共医疗管理、法学、社会学和传播学等多学科，均有学者涉足食品安全问题研究，呈现出多视角观察、多学科交叉、多领域重叠、多方法并用的特征，反映出食品安全社会共治是一个典型的复杂系统问题，既涉及多个学科的知识和技术，拥有多个利益相关主体，又涉及公共管理的多个部门和领域。食品安全治理的复杂性具体表现在以下四个方面：

（1）在食品安全事件的发生机制中，违规或犯罪主体既存在理性或高有限理性的一面，也存在低有限理性和非理性的一面，面对这种行为的复杂性，以理性或高有限理性假设为前提的现有经济学、管理学和公共管理理论难以有效解释。

（2）食品安全社会共治不仅受企业之间、消费者之间、监管机构之间，或媒体之间、行业组织之间相互作用特征的影响，可追溯体系与监管制度之间的混合治理等也会影响社会共治的效果。

（3）单纯的正式制度安排无法有效解决食品安全中的非理性行为，单纯的非正式制度安排又难以在短期内有效解决食品安全中的理性违规行为，因此，需要将正式制度与非正式制度进行混合治理，这是一个典型的复杂系统趋同理论问题。

（4）在食品安全社会共治中，仅仅借助制度治理长期来看社会成本极其高昂，需要引入社会共识、社会责任等价值重构来降低社会的长期治理成本。短期制度治理与长期价值重构之间如何实现匹配，也是一个典型的复杂系统趋同问题。

基于中国食品安全治理实践的复杂性，建设食品安全社会共治制度，需要全方位的理论研究和系统的实践探索。归纳来看，开展食品安全社会共治研究有三点要求：一是要求探索社会共治的制度安排，形成从制度需求到设计，从制度设计到实现的全景式探索；二是要求从复杂的、系统的社会管理工程视角来开展探索，突破从局部或个体视角的研究格局，形成从整体到具体的理论体系；三是要求理论创新与面向实践并重，既要针对社会共治的复杂性实现理论创新，又要针对现实难题提出解决对策，通过理论创新指导制度创新。

由于食品安全社会共治是一个典型的复杂系统趋同问题，建构食品安全社会共治的理论基础不会来源于单一理论或学科，而是需要综合现有相关理论成果进行创新。多中心社会治理、复杂系统理论及信息经济学和制度经济学共同构成食品安全社会共治的理论基础。其中，复杂适应性系统（complex adaptive systems，CAS）与埃莉诺·奥斯特罗姆（Elinor Ostrom）提出的适应性治理具有相同的理论逻辑，多中心社会治理的理论观点可以为食品安全社会共治提供一种可供选择的理论构建方向。

首先，“一极多主体平等”是食品安全治理体制由单一监管体制向社会共治体制转型的创新目标。在食品安全治理的复杂系统中，多主体平均分享治理权力或拥有相同的影响力是不稳定的社会结构，因此，“一极”是指食品安全社会共治只存在一个监管秩序和规则，而且这个监管秩序和规则只能由代表公共管理职能的政府来提供与维护，社会共治的其他参与方另建一套监管秩序和规则与之对抗是不可行的。“多主体”是指政府监管机构不能垄断所有的监管权力，应允许其他参与主体既能在意识形态和社会责任上，又能在监管监督方式和路径上拥有自我选择的权利。“平等”是指食品安全是社会所有利益相关者的共同责任和共同关注的事务，所有利益相关者都有平等对话和交流的权利。因此，食品安全信息披露与大众传播、公众意识与社会认同构成社会共治的两大社会基础。

其次，通过多主体协同实现社会帕累托改进的协同效应，是食品安全社会共治的管理目标。推动食品安全社会共治，不是政府监管失灵的一种补充措施或权宜之计，而是顺应世界食品安全治理体制的发展方向，实现政府职能转型的国家治理战略的具体路径之一。在这个过程中，食品安全社会共治的顶层制度设计尤为重要。

最后，抑制多边机会主义和协调多种利益的冲突，是食品安全社会共治实现治理目标的两个关键风险控制点。社会共治对社会协同的要求比单一监管更高，对政府公共管理执政能力的要求也更高。与政府作为单一治理主体比较而言，多主体参与食品安全治理意味着存在多边机会主义的风险，也意味着多种利益并存，不同主体权力、观念和偏好的差异将不可避免地在监管资源选择中存在冲突。政府单一监管中存在的食品信任品范围的扩大、行为主体的复杂性、违规发现概率低和处罚力度不足三个问题同样存在于社会共治中，而且社会共治中还面临政府单一监管时所没有的第四个问题，即多边机会主义和多种利益冲突问题。从这个角度看，食品安全社会共治对社会协同的要求比政府单一监管时更高，对政府公共管理的执政能力要求也更高，因此，食品安全社会共治必然是一个渐进的社会治理转型过程。但无论这个过程怎样漫长，抑制多边机会主义和针对多种利益冲突形成解决机制，都是食品安全社会共治实现治理目标的两个关键控制点。

1.2 食品安全社会共治研究的价值和意义

1.2.1 理论价值和意义

本书从复杂系统理论视角，综合运用信息经济学、制度经济学、多中心治理、协同学、调适性结构理论等多学科的理论与方法，尤其是借助复杂系统趋同理论与方法，以中国食品安全事件发生机制为研究起点，以“制度需求—制度设计—制度实现”为研究逻辑，实现对食品安全社会共治制度安排的理论创新。具体来说，包含以下四方面内容：

第一，形成中国食品安全社会共治制度研究的理论范式。中国现有食品安全社会共治研究处于一种学科知识相对分割、研究质量总体不高的状态，对于中国本土的食品安全社会共治问题，经验研究和理论建构均较为缺乏。本书力图立足中国情境，从制度安排入手，通过构建食品安全社会共治的形成机制来明确制度需求，通过构建食品安全社会共治的协作与协同模式来完成制度设计，通过研究食品安全社会共治的实现机制和保障机制来推动制度实现，由此形成“制度需求—制度设计—制度实现”的食品安全社会共治研究的理论范式。

第二，形成食品安全治理理论与社会共治理论的重大创新。本书针对当前食品安全治理与社会共治研究中违规发现概率和处罚力度受资源约束的理论难题，以及建立一个怎样的社会共治模式与如何实现协同效应的理论难点进行推进式创新探讨，针对食品市场中低有限理性和非理性行为的理论盲点形成重点理论突破，实现由“点”到“面”的提升，形成食品安全治理理论与社会共治理论的重大创新。

第三，建构中国特色食品安全社会共治理论，平等参与国际学术对话。立足中国情境，整合跨学科知识和方法，从复杂系统理论视角，把信息经济学、制度经济学和多中心治理三个强势理论作为基础，应用复杂系统趋同理论与方法，密切与中国经济社会转型变革的情境联系，以重大理论创新指导破解重大实践难题，通过重大实践难题牵引理论创新方向，形成理论重大创新与解决实践难题并重的研究框架，构建中国特色食品安全社会共治理论。

第四，丰富中国特色社会共治治理理论，强化道路自信、理论自信和制度自信的发展格局。中国当前处于经济发展、社会转型的特殊历史时期，又具有自身独特的政治和文化特征，因而必须走中国特色食品安全社会共治的制度发展道路，这就决定了在建构食品安全社会共治理论体系时，必须注重理论基础，适合本土需要，坚持社会共治与经济社会的协调均衡互动。本书着力发展出中国特色食品安全社会共治理论范式，与廉政社会共治和环保社会共治理论等共同构建起具有中国特色的社会共治治理理论，进一步增强道路自信、理论自信和制度自信的发展格局。

1.2.2　实践价值和意义

首先，为各级政府建设食品安全社会共治制度，实现由单一监管体制向社会共治体制转型提供理论指导和实施方略。尽管 2013 年中国政府将食品安全治理的分段监管体制调整为单一监管体制，但如何保障这种机构调整不仅在行政管理效率上更有效，而且在食品安全保障水平和监管效率上更有效的问题并未得到深入探讨。同时，单一监管体制下如何创新适合中国情境的食品安全管理框架，发挥社会力量形成对食品安全的全面保障，也是一个紧迫而重要的研究课题。本书可为中国政府将食品安全监管职责统筹在国家食品药品监督管理总局后，“建立从生产加工到流通消费的全程监管机制、社会共治制度和可追溯体系，健全从中央到地方直至基层的食品药品安全监管体制”（2014 年 3 月 5 日李克强总理政府工作报告），提供理论依据和政策分析框架，有助于推动中国食品安全治理模式的创新和变革。

其次，分别在理性假设和非理性假设研究成果指导下形成不同的对策研究。一方面，在理性假设研究成果指导下，力求破解违规发现概率和处罚力度受资源约束的现实困局，形成有针对性的对策建议。另一方面，食品安全监管失灵除执法资源约束外，还有一个重要原因是现有监管政策和研究策略大多建立在理性或高有限理性行为假设基础上，这类管制政策针对食品安全事件中的低有限理性和非理性行为会出现部分或整体失灵。由于现实中低有限理性和非理性行为比理性和高有限理性行为更加普遍，也更加复杂，本书在理性假设的策略基础上，重点拓展针对低有限理性或非理性行为的控制策略，从而有效弥补现有策略中的缺失部分，使研究策略能够做到“有的放矢，对症下药”。

再次，深刻分析中国问题，找出制度性瓶颈和关键节点，推动社会多主体共同治理以保障“舌尖上的安全”。在中国经济社会转型时期，食品安全社会共治与各种社会问题交织缠绕在一起，社会共治体制改革往往牵涉到管理效率、民主参与、社会公平等议题。从管理的逻辑来看，一劳永逸式改革无法解决复杂性问题；从民主的逻辑来看，公共政治性问题无法仅通过内部管理式改革而得以解决；从再分配的逻辑来看，效率进步式的方法并不能解决社会的正义性问题。本书定位为直面食品安全社会共治遇到的重大问题和关键挑战，探寻问题的深层原因，找出当前治理面临的制度瓶颈，力图通过在关键节点上的突破，切实推动社会共治制度安排的进步。

最后，科学设计社会共治的制度模式，明确未来建设的主导方向。社会共治的制度模式一方面取决于应对食品安全事件发生的博弈需求，另一方面取决于中国情境下各种现实约束条件的要求，本书在剖析中国食品安全事件发生机理基础上，充分结合中国经济社会转型特征来设计食品安全社会共治的制度模式，从复杂系统理论视角，依托强势理论，借助复杂系统趋同理论与方法来明确未来建设的主导方向，形成针对性的对策研究以回应实践要求。因此，食品安全社会共治研究应始终聚焦于解决三个问题：一是如何解决提高食品安全事件发现概率和加大处罚力度严重受制于社会资源约束的困局；二是如何解决食品安全事件中低有限理性和非理性行为的随机性；三是如何实现政府监管与第三方混合治理体系并保障其有效性。

1.3　国内外相关研究综述

1.3.1　基础理论与研究视角

1. 社会共治与食品安全社会共治

20 世纪 90 年代以来，社会共治成为西方政治学重点关注的一个研究话题。Migdal（1988）最早研究政府与社会共治以及公私合作伙伴关系，认为政府和社会存在合作与互补关系，两者是相互影响、适应及创造的。此外，他提出政府通过与现存社会力量进行合作，吸纳新的组织、资源、符号和力量，从而可以对现存社会组织进行控制，建立一个新的统治模式（Migdal，1994）。在以Migdal为代表的研究基础上，Evans（1995）对社会共治理论进行了理论总结并提出，社会共治是指政府与社会、公共与私人之间并没有明确的分界，通过一定的制度安排将政府嵌入社会或者让公民参与公共服务，最终实现社会共治。Eijlander（2005）则认为，社会共治是针对某一特定问题的一种多方位的管理手段，包括立法执法主体管理、自我管理以及其他利益攸关方参与管理。至此，社会共治从社会发展的实践经验逐步提升到理论研究层面。社会共治主要分为两种模式：一种是互补型，即政府提供私人不能提供的公共物品（如技术推广、基础设施）来培育人们的合作；第二种是嵌入型，是指政府参与社区日常活动，通过塑造社区成员身份获得信任与认同，从而增强社会共治效果（Migdal，2005）。

20 世纪 90 年代中期，社会共治理论进入中国学者的研究视野，逐步为越来越多的学者接受，认为以Migdal为代表的学者提出的政府与社会共治、公与私合作伙伴关系等理论，即政府与社会存在合作和互补的关系（邓正来，2000）。或者认为，社会共治的理论核心是讨论政府与社会之间的相互制约和相互合作，强调一方不能离开另外一方单独发生作用（陈传波等，2010），因此，社会共治是一种推动社会多元主体参与到国家管理的治理理念，强调的是充分发挥企业、媒体、消费者、第三方监管力量等主体的责任意识，增强企业自律以及优化政府监管方式（张曼等，2014）。20 世纪 90 年代末，国内学者对社会共治的探讨从强调社会团体独立于政府的作用，转移到社会团体与政府的合作关系中，出现了不少政府与社会团体互动研究。从社会管理发展到社会共治，其实质是从由上而下的管理模式转变为上下结合、国家与社会相结合的治理模式（李姿姿，2008）。目前，社会共治研究呈现快速发展势头，涌现出较多的研究成果。

中国食品安全社会共治研究尚处于初期探索阶段，多中心社会治理、复杂系统理论及信息经济学和制度经济学共同构成食品安全社会共治的基础理论。在多中心理论看来，一方面，以政府监管为中心的集权制难以有效解决市场中的信息非对称问题，不仅增加监管过程的信息成本和策略成本，而且容易滋生寻租和腐败问题；另一方面，以市场自律为中心的分权制又难以避免制度的缺失和责任规避（陈剩勇和马斌，2004）。针对此，以Ostrom为代表的多中心社会治理理论认为，因地制宜地采用分层分类管理的制度安排，通过政府、市场和社区间的多主体协调与合作，尤其是通过社群组织自发秩序形成的多中心自主治理结构，既可以在最大限度上限制集体行动中的机会主义行为，又可以降低集体行动中的社会治理成本。针对现实中存在的大量类似食品安全治理这样的复杂系统，Ostrom提出适应性治理或灵活性治理的观点，强调通过信息共享、冲突解决机制、服从规则引导、提供社会基础设施、维护公共价值，以及允许制度的多样性等途径来实现适应性治理。例如，对实施惩罚者提供额外奖励来降低监管和处罚的成本，建立适当的冲突解决机制来协调多主体共同治理过程中产生的利益冲突等(Ostrom，1990）。多中心社会治理的理论观点为食品安全社会共治提供了一种可供选择的理论构建方向。

复杂系统理论中的CAS与Ostrom提出的适应性治理具有类似的理论逻辑。在现有的食品安全治理CAS模型或复杂适应性供应网络（compiex adaptive supply network，CASN）建模及仿真研究中（Li et al.，2010），企业与消费者的关系分别被隐喻为植物与取食者的关系，当消费者更多地参与监督和能力不断提高时，食品企业会逐步向生产优质产品的策略转化（王冀宁和缪秋莲，2013）。在复杂系统理论看来，食品安全事件中的单个相关者可以视为单一元胞，如个体户、小作坊或大企业，或者是政府部门、媒体、消费者、行业组织或社区团体，由此形成多主体的元胞。元胞自动机是由单一元胞组成的网络，每个元胞都根据邻域的状态来选择是否进行食品安全生产、加工、配送、销售、消费、监管、执法、报道和评论等行为，形成多主体的自组织特征。所有的元胞都遵循同样的邻域规则，因而元胞易于形成正向元胞（也称社会自组织）的信息监督机制，也易于形成反向元胞（即违规主体）的群体道德风险，由此可以将食品安全治理理论从理性和高有限理性行为扩展到低有限理性和非理性行为的分析领域。目前，食品安全多主体CAS模型缺乏将企业、政府、消费者等纳入统一框架内的研究，同时将食品主体的行为假设为理性人，缺乏针对低有限理性或非理性行为假设的食品安全CAS模型研究。

信息经济学的核心是委托代理与制度设计，尤其是针对市场中信息非对称形成的逆向选择和道德风险的激励机制设计，构成信息经济学长期关注的研究主题。近年来，委托代理理论从静态扩展到动态，从单项任务扩展到多项目任务，从单个代理人扩展到多个代理人，从单个委托人扩展到多个委托人，以及最优委托权安排、监督问题等，认为监督越困难，监督的边际成本越高，委托人监督的积极性就越低（谢康和肖静华，2014）。这些研究对揭示食品市场监督动力原理具有启示作用。2012 年诺贝尔经济学奖获得者Lloyd Shapley及Alvin Roth建立的稳定信息匹配与市场设计理论，对食品市场信息披露研究也提供了一个重要启示：食品市场信息披露机制不是简单地披露多主体的信息，无论多主体如何披露信息，披露的信息都是不完全和不完备的，信息非对称状况永远存在，关键是如何设计一个稳定的食品信息披露匹配机制，使信息披露与信息搜寻实现更好的匹配，从而提高信息透明度和降低信息非对称程度。

新制度经济学强调产权契约和交易费用在现实经济中的作用，期望通过交易费用这个基本概念来理解和分析各项社会经济活动，尤其是以此来理解和认识这些活动的制度框架及其演变，因此也被称为产权经济学或交易费用经济学（方绍伟，2013）。按照科斯定理，只要政府监管成本小于市场交易费用，那么政府监管就比运用市场更有效，而政府监管与运用市场有时同样有效，主张“不用政府策划而单纯靠市场必然较有效率的看法是错的”（张五常，2009）。舒尔茨（1994）则提出除了交易费用外，垄断也是阻碍资源有效配置的因素，这样，就形成了有关制度效率的讨论。布坎南（1988）提出了“一致同意”的主观效率观点，阐明信息交流制约（交易费用或信息成本制约）、“搭便车者”约束和谋略性行为是三种公认的阻碍资源有效配置的因素。随后出现的不完全契约和不完全产权、局限效率、产出效率和适应性效率，乃至强势效率的讨论，本质上都在讨论制度如何使市场与政府之间相互匹配的技术效率问题。这些研究构成了食品安全社会共治研究从制度分析到制度设计，再到制度实现的理论基础，并提供了一个可供选择的理论范式。

简要评述：社会多主体参与公共事务管理只是社会共治的体现形式，而非社会共治的全部内涵。复杂性对人类公共治理能力提出了持续挑战（李文钊，2011），作为一项重要的公共事务治理，食品安全社会共治本质上是一项制度安排的体制变革，复杂系统理论可以构成其理论分析视角。

2. 食品安全社会共治“刺激-反应”形成机制

食品安全社会共治形成机理研究有两个视角：一是从复杂系统角度应用元胞自动机原理解释食品安全事件发生机制，将食品安全治理看做对现有食品安全事件频发的一种“刺激-反应”机制或协同演化结果（Baert et al.，2011；Rouvière and Caswell，2012；谢康，2014）；二是从关键控制路径视角来定义食品安全治理机制，如基于过程能力与质量损失的关系视角，按照食品供应链质量协同过程采用运筹学中的PERT/CPM[①]，将各个质量过程相对质量损失最大的路径视为食品质量协同的关键路径，求解规划模型（张东玲和高齐圣，2008；Rong et al.，2011）。或者，通过质量协同链接点的重要程度来探讨社会共治的形成机理（谢康，2014）。

刺激因素和多主体演化博弈规则构成食品安全社会共治形成的两个要素。刺激因素包括三方面：一是违规主体的属性及行为，既包括企业违规，也包括政府渎职或媒体炒作，信息非对称、道德风险、外部成本内部化等机会主义，以及元胞自动机等理性和非理性行为（Yapp and Fairman，2006）；二是监管主体属性及行为，包括体制缺陷、资源约束和监管渎职（Mensah and Julien，2011；刘亚平，2011；吴元元，2012）；三是消费主体属性及行为，既包括食品安全认知缺陷、风险感知和属性偏好（王志刚等，2013a；张振等，2013），也包括代表性法则、易得性法则、锚定法则、确定偏差和情景依赖等非理性选择（何大安，2005）。同时，多主体演化博弈规则包括适应度函数、选择机制和变异机制（费威，2013）。在演化博弈中，某种策略的适应度可以被理解为采用该策略人数在每期博弈后的增长率，因而适应度函数可以被视为策略与适应度的映射关系（王冀宁和缪秋莲，2013）。现有食品安全演化博弈研究均是建立在这三个规则基础上的（许民利等，2012；王冀宁和缪秋莲，2013）。

简要评述：食品安全社会共治形成机理及关键因素研究总体上相对零散，“刺激-反应”形成模型为食品安全社会共治形成机制的研究提供了一个整合视角。

3. 食品安全事件发生机制

从质量特征来看，食品可以分为搜寻品（search goods）、经验品（experience

---

① PERT，program evaluation and review technique，即计划评审技术；CPM，critical path method，即关键路径法。

goods）和信任品（credence goods）三种（Nelson，1970）。搜寻品是指通过消费者的感官可以确定质量信息的食品，经验品是指通过消费者的消费体验才能得到确认的食品，信任品是指难以通过感官和体验两种途径确认质量的食品。探讨食品安全社会共治形成机制需先研究食品安全事件的发生机制。现有代表性成果主要从两大理论框架来探讨该问题：一是侧重从理性人假设出发，认为企业和行业层面的信息非对称及机会主义是形成食品安全事件的主要情境与诱因，监管不足构成机会主义的博弈结果（刘鹏等，2007；刘鹏，2009a；宋华琳，2008；Ortega et al.，2011；Dai et al.，2013；龚强等，2013；李新春和陈斌，2013；李想和石磊，2014；Chen et al.，2015）；二是侧重从有限理性和非理性假设出发，认为金融市场中的有限理性和非理性行为（Kahneman and Tversky，1979；何大安，2005），以及经济社会行为中的元胞自动机原理，可以很好地解释食品安全事件中大部分违规者的行为及规制失灵的现象（谢康，2014）：首先，食品安全违规或犯罪者大多具有机会驱动特征，有机会就违规或犯罪，没有机会就等待或转向，大多数情况不属于有计划的违规或犯罪（参见表 1-1）。

表 1-1　部分食品安全事件的前导性质性研究

食品安全事件中理性或高有限理性违规行为及监管		食品安全事件中低有限理性或非理性违规行为及监管	
2012 年 4 月 15 日毒胶囊	中央电视台《每周质量报告》曝光河北某企业违规用皮革废料熬制工业明胶，销售给浙江新昌县药用胶囊生产企业，最终流向 9 家药品企业，13 个批次药品胶囊重金属铬含量超标，超标最高达 90 多倍	2014 年 2 月 6 日问题叉烧	南宁某知名连锁米粉店用病死猪肉做成问题叉烧，店主刚开始并不知情，只是图便宜，久而久之因价格便宜明知故犯，后被群众举报
2011~2012 年地沟油	2011 年 9 月 13 日，公安部统一指挥浙江、山东、河南等地公安机关首次全环节破获一起特大地沟油制售食用油系列案件，摧毁涉及 14 个省的地沟油犯罪网络，抓获 32 名主要犯罪嫌疑人；2012 年 3 月 21 日，公安部统一指挥浙江、安徽、上海、江苏、重庆和山东六省市公安机关摧毁全环节特大新型跨省地沟油犯罪网络，抓获犯罪嫌疑人 100 余人	2014 年 1 月 26 日“毒豆芽”	广州增城从事豆芽养殖的个体户经老乡介绍，在豆芽中添加防腐剂、增白剂、激素类添加物等，其均可使豆芽生长快且卖相好
2011 年 4 月塑化剂毒饮料	台湾卫生部门抽检发现食品添加物中含塑化剂，涉及厂家达 278 家，受污染产品达 900 多项。其后，毒饮料案“雪球”越滚越大，果汁、饮料、果酱、浓糖果酱和益生菌粉等均下架回收	2014 年 1 月 22 日鲜肉防腐剂	广州某些肉贩在肉类中添加防腐剂使肉类色泽更鲜艳。广东省食品药品监督管理局、工商行政管理局、广州农业局等多个职能部门均表示不属于本部门管辖范围
2008 年三聚氰胺毒奶粉	食用三鹿婴幼儿奶粉的婴儿被发现患有肾结石，随后在其奶粉中发现化工原料三聚氰胺。事件迅速扩散恶化，伊利、蒙牛、光明、圣元及雅士利等多家知名企业奶粉检出三聚氰胺	2013 年 11 月 20 日毒花生	北京市某些摊贩为求花生卖相好，在炒花生时添加对人体有害的工业原料罗丹宁 B，后被举报

例如，中国蔬菜种植户的质量安全行为主要受行为态度的影响，行为态度又受外部环境、道德责任感、期望收益、产业化参与度等不确定性因素的影响（周洁红，2006），表明食品安全违规行为大多具有随机性；又如，违规或犯罪者往往只与少数社会成员联系，构成小世界网络，如乳业产业链前端的奶农、奶站等属于小世界网络，主要靠市场交易方式链接在一起（张煜和汪寿阳，2010）；再如，单一食品安全事件往往是纯粹的机会主义或非理性行为，但发展到一定规模经媒体传播形成新闻螺旋后可能涌现出复杂的“多米诺骨牌”效应，因而食品安全事件的社会影响很难甚至不可能通过确定的规则来预测（王志刚等，2013b）。

简要评述：现有研究主要从博弈论角度分析食品安全事件发生机制，通过事件描述、统计分析和案例研究等方法归纳并提炼事件或机制特征，研究数量多，涉及学科广，但结论大体一致，因为主要从信息非对称的委托代理双方理性假设出发获得结论。

4. 食品安全治理的“零容忍”政策

“零容忍”（zero-tolerance）是指通过严格和不妥协的政策实施，从而起到对反社会行为（如犯罪）的坚决反对或抵制作用（Wilson and Worosz，2014）。学术界对公共与私人主体是否采取“零容忍”有两种不同看法[①]。一部分学者认为“零容忍”能够最大限度降低犯罪行为发生概率，如减少行政人员贪污腐败、避免种族歧视、控制企业污染行为等（Matsuo and Yoshikura，2014）；另一部分学者却认为“零容忍”并非能够有效杜绝违规行为，这方面的代表人物是M. 弗里德曼和R. 弗里德曼（2015）。

在食品安全治理中，“零容忍”是一项重要的制度安排，但学术界对“零容忍”同样存在两种截然不同的看法。一种观点主张对食品安全违规行为采取“零容忍”政策（Bain et al.，2010），另外一种观点极力反对“零容忍”政策（Kalaitzandonakes et al.，2014；da Cruz and Menasche，2014）。这两种观点各执一词，且均有实证研究部分支持各自的观点。但是，目前国际学术界对这两种不同观点主要限于定性或逻辑分析，以及部分局部问题的实证研究，缺乏深入的理论探讨，导致国际学术界在食品安全“零容忍”政策上形成分歧。这种分歧既限制了食品安全“零容忍”政策的理论探讨，也极易误导政府对食品安全“零容忍”政策的现实操作方向。因此，亟待从理论上梳理清楚食品安全“零容忍”政策的内在机理。

---

① 作者在对2014~2015年779篇食品安全治理与监管的英文文献梳理后发现，当前国际学术界对加大监管力度是否可以有效提升食品安全治理效果存在两种争论，参见2014年4月英国*Food Policy*期刊《食品安全和质量中的零容忍政策》特刊。

支持“零容忍”政策的观点侧重分析食品生产经营者的违规动机与行为，如探讨信息非对称导致食品安全事件频发（李新春和陈斌，2013；王永钦等，2014），政策性负担导致食品安全的规制俘获等（龚强等，2013）；反对“零容忍”政策的观点侧重对政策可行性、实际结果与经济效率的观察，如分析监管资源约束下食品安全监管的复杂性等（Matsuo and Yoshikura，2014；吴元元，2012）。可以认为，无论主张或反对“零容忍”政策，都共同隐含了一个重要假设——食品市场中的市场失灵是不可避免的，因此食品市场需要政府监管。然而，针对食品市场的市场失灵，主张“零容忍”政策隐含了加大监管力度可以避免政府失灵的假设；相反，反对“零容忍”政策隐含了加大监管力度也有可能导致政府失灵的假设，因为政府加大监管力度未必可以达到有效监管的预期目标。这一复杂性表明，食品安全“零容忍”政策后面蕴含的政府与市场之间的结构复杂性远超出现有研究认知（罗森布鲁姆和克拉夫丘克，2002）。

如前所述，国际学术界对食品安全“零容忍”政策形成了主张与反对的巨大分歧。概括来说，主张“零容忍”政策的主要理由有三：首先，“零容忍”政策推动食品产业标准化生产。通过设计科学化的食品安全标准并对其进行严格实施，“零容忍”政策使得不同地区企业实现标准化生产（Bain et al.，2010），提升监管标准以及加强执法力度能够有效提升食品安全治理水平（Jouanjean et al.，2015），增强消费者信心（Sohn and Oh，2014），从而获得食品产业经济的长远发展（Dou et al.，2015）。其次，“零容忍”政策响应消费者对食品安全的迫切需求（Mulvaney and Krupnik，2014）。实证研究表明，大部分消费者更倾向于购买具有“零添加”标志的商品，“无污染”认证能够提高消费者支付意愿（Wilson and Worosz，2014）。最后，“零容忍”政策可以满足政府部门不同政治目的。一方面，政府可以通过“零容忍”政策提升民众对监管部门的信任（Matsuo and Yoshikura，2014），另一方面，“零容忍”政策可以成为地方贸易保护的重要手段（Mulvaney and Krupnik，2014）。

相反，反对“零容忍”政策的主要理由也有三点：第一，加大监管力度是一个模糊不清的概念，盲目使用“零容忍”或“最强监管手段”是有问题的，会让消费者产生不切实际的幻觉，不利于提升食品安全治理效果（Wilson and Worosz，2014；Matsuo and Yoshikura，2014；Wertheim-Heck et al.，2015）。尤其是在发展中国家或地区，政府盲目加大监管力度是无效的（Prakash，2014；Cortese et al.，2016）。而且，“零容忍”政策的风险很可能会导致消费者对政府产生不信任，即政府过分强调“零容忍”在实践中往往导致消费者对政府部门产生不信任（吴元元，2012；Opara，2003；Yamaguchi，2014）。第二，“零容忍”会对食品市场产生负面影响，阻碍本国农产品市场健康发展（Kalaitzandonakes et al.，2014）。无论在发达国家还是在发展中国家，不科学的高标准与严格执法都会产生相反的效果（da Cruz and Menasche，2014）。第三，“零容忍”政策在技术与资源制约下难以真正落实。在资源约束下，监管部门的发现概率存在技术误差，致使企业有机会采取欺骗行为（Matsuo and Yoshikura，2014），因此，“零容忍”政策反而不利于提升食品安全治理效果（Wilson and Worosz，2014；Wertheim-Heck et al.，2015）。可见，食品安全“零容忍”政策争论的背后，实质上是对政府监管失灵的不同看法。现有研究将目标错位、寻租、公共物品供给的低效率、公共政策自身的不确定性等视为政府失灵的主要原因（刘小玄和赵农，2007）。在食品安全治理研究中，政府失灵也归因为政策性负担导致规制俘获（龚强等，2013）。

简要评述：现有研究对食品安全“零容忍”政策自身的不确定性与政府失灵之间的关系缺乏深入探讨，而以不同的隐含假设来形成政策认知，主张“零容忍”政策隐含了加大监管力度可以有效减少违规行为的假设，即隐含了加大监管力度可以避免政府失灵的假设；反对“零容忍”政策则隐含了加大监管力度也有可能导致政府失灵的假设。这两种隐含假设的差异形成国际学术界对“零容忍”政策的分歧。因此，深入考察主张或反对食品安全“零容忍”政策，需要对主张或反对食品安全“零容忍”政策背后的隐含假设进行深入探讨。

1.3.2　共治模式与协同策略

1. 食品安全社会共治的制度需求

解决中国食品安全监管体系的弊端和繁重的执法负荷，既需要从正式的政府管制、惩罚性措施和提升检测水平等方面来解决食品安全中的群体道德风险、管制失效及行业信任危机问题（宋华琳，2008；刘鹏，2009a；刘亚平，2011；李新春和陈斌，2013；李想和石磊，2014），也需要从声誉机制等非正式制度安排上建立约束机制来形成社会治理框架（Bakos and Dellarocas，2011；吴元元，2012），因为食品安全保证是社会的公共责任，食品安全缺陷检测、召回和规制等正式制度的不充分性不可能满足社会对食品生产加工各环节的全面要求，正式制度的监管不能仅仅依靠对产品的监管，还应当要求与企业相联系的各个交互组织之间形成共同努力，对法律所允许的免于监管的环节进行非正式制度的控制（Unnevehr and Jensen，1999）。

因此，通过扩大监督面，建立消费者参与的政府规制与第三方治理相结合的混合性的社会治理体系，成为食品安全治理的一项政策选择（Rouvière and Caswell，2012；Martinez et al.，2007；李新春和陈斌，2013）。2009 年诺贝尔经济学奖获得者Ostrom也认为，中国现有的食品安全监管体系高度集中化，而食品安全问题本身却十分分散，全国各地生产着品种繁多的食品，多主体的食品利益相关者之间相互博弈，使食品安全监管难以进行集中统一化管理，因此，多中心治理可能会有效解决中国食品安全问题。使用分散化等方法来打破对食品安全治理的垄断，让食品安全的相关信息能够对各界开放，改变食品安全监管的自上而下模式，逐步转换为消费者参与的社会监督形成的全社会信息揭示机制，构成提高食品安全水平的有效途径（Feddersen and Gilligan，2001；Innes，2006）。诚然，食品安全多主体协同治理需要重点考虑协同效应与协同成本之间的平衡，只有当食品安全问题导致的总损失超过一定范围，由社会多主体作为监管主体才更有效，否则应由政府作为监管主体（费威，2013）。

综上，在市场失灵和政府失灵背景下，社会共治构成解决食品安全治理问题的重要发展方向。丁煌和孙文（2014）认为当前食品安全问题主要源自监管体制不完善，解决的关键在于调整政府相关职能，协调多元主体的利益关系，建立基于网络治理新模式的食品安全社会共治格局。张曼等（2014）提出，政府在安全监管中除了对企业直接管控外，营造良好的市场环境是关键问题，这要求政府对企业进行激励，与消费者进行交流，以及鼓励更多社会力量加入社会共治。然而，社会共治本身也存在着公地悲剧或公共池塘群体道德风险的失灵问题（Ostrom，1990），社会共治并非简单地以非政府主体参与监管来替代政府监管，构建有效的社会共治治理体系同样需要市场力量、政府力量和社会力量的投入。

简要评述：建立食品安全社会治理体系不仅是一项理论共识，也是食品安全治理发展的制度需求，但食品安全社会共治并非是对既有政府监管体系的简单替代或补充，也不是市场失灵和政府失灵下的一种替代性制度安排方向，食品安全社会共治同样面临失灵问题，对此困局，现有研究缺乏系统探讨。

2. 基于 CAS 的食品安全社会共治模式

食品安全事件发生机制具有非理性行为的复杂系统特征，构建协同控制的食品安全CAS模型，是研究多主体食品安全社会共治模式演化及其仿真的基础，由此衍生出复杂适应性供应网络建模及仿真等多项研究（Li et al.，2010）。在CAS框架下，基于协同演化的食品安全社会共治模式研究主要沿两条线索展开：①企业与消费者之间的协同演化或协同控制，即基于市场手段的协同演化（Bailey and Garforth，2014）。协同演化不是简单的相互影响，而是两者或多方在相互影响的过程中渐进地演化出应对彼此行为的防御机制或反应模式（钦俊德，1996）。在CAS模型中，企业与消费者的关系分别被隐喻为植物与取食者的关系，当消费者更多地参与监督且能力不断提高时，食品企业会逐步向生产优质产品的策略转化（王冀宁和缪秋莲，2013）。因此，作为企业形成的“防御机制”，其主要是建立信息发送机制，将自身与其他违规企业区别开来，形成食品市场上的分离均衡（李新春和陈斌，2013）。②企业与政府之间的协同演化，即基于政府干预的协同演化。在CAS模型中，作为政府的“防御机制”，其主要是建立信息甄别机制，一方面培育企业遵守规则的能力，另一方面培育消费者监督的能力（龚强等，2013）。无论是在企业与消费者或是在企业与政府的CAS模型中，食品消费者的“防御机制”都是信息共享或“用脚投票”（谢康，2014）。

在公共危机管理中，政府与社会力量形成的社会自组织之间的协同，是一种有效处理公共危机的治理模式。政府在食品安全治理中发挥“中央控制功能”的监管角色，社会自组织由于具有类似人体组成免疫系统的血细胞和蛋白质那样的防御能力，发挥食品安全的社会“免疫系统功能”（谢康，2014），食品安全教育、消费者认知能力的提升，以及社会价值观等观念重构，形成食品安全治理的社会预防系统，由此形成政府监管、社会自组织、社会道德培育之间的短期、中期和长期治理的协同策略。这个领域的研究主要关注事前协同治理机制设计，包括检查、信息搜寻与共享、行动控制等，属于一种新的食品安全治理工具。然而，实施食品安全多主体协同治理存在诸多困难（Rouvière and Caswell，2012），实现食品安全治理中多主体利益与行为的匹配和融合是关键，因为食品安全治理的多主体协同效应与其治理结构之间存在密切的联系，如果不能匹配或融合将有可能导致质量管理缺乏效率（Wever et al.，2010）。因此，在食品安全社会共治多主体协同控制中，促进匹配或融合的协同策略很重要。

在中国食品安全监管实践中，针对中国食品行业以中小企业为主的市场结构特点，将监管权下放到基层组织中，构成中国独特的监管模式。这种模式有利于对中小企业的监管，实现基层镇街组织的职能多元化，同时利用地方政府间的竞争来约束监管权力（刘亚平和蔡宝，2012）。这种监管权下沉的方式，本质上是期望将食品安全治理的“中央控制功能”、“免疫系统功能”与“长期预防系统功能”三者之间进行匹配和融合，以提高监管效率和降低监管成本。

简要评述：目前食品安全多主体CAS模型缺乏将企业、政府、消费者等纳入统一框架内的研究。在食品企业与消费者协同演化、食品企业与政府协同演化探讨中，尽管涉及CAS框架，但依然将食品安全行为的主体假设为理性人。同时，缺乏针对CAS情境下食品安全社会共治模式及其选择的深入研究。

3. 食品安全信息传递影响的不确定性

可追溯信息系统构成食品安全信息链的基础传递系统，如美国农产品全程溯源系统、欧盟牛肉可追溯系统等。通过食品生产溯源系统形成食品信息可溯性，可以提高消费者对食品安全的信任度，但学术界对在可追溯体系中集成什么信息的结论存在分歧（Ortega et al.，2011；Marucheck et al.，2011）。一般地，原产国标志、追溯信息、质量标志、无公害绿色或有机食品等认证、品种来源和生产环节卫生状况等信息，均不同程度影响消费者的购买意愿，但认证信息比可追溯信息对消费者购买意愿和选择行为的影响更明显（Ortega et al.，2011）。消费者对可追溯食品的态度和认知只影响消费者的支付意愿，不影响消费者的支付水平（王志刚等，2013a）。一般地，可追溯信息系统的投资成本和实施追溯的运行成本、实施的责任、技术稳定性及隐私保护等，构成可追溯体系的关键影响因素（山丽杰等，2012）。政府可以通过财税政策补贴方式降低食品生产者采纳可追溯体系的成本，扩大低收入群体对可追溯食品的需求以提高社会食品安全的保障水平（Grafton and Rowlands，1996）。食品供应链可追溯体系能够使供应链上各环节的企业提供更加安全的产品，促进供应链成员方的合作（Aung and Chang，2014）。

信息披露是影响食品安全信任传递的因素之一（Hall，2013）。除食品信息可追溯体系外，包括企业信用、产品质量认证、标签管理、质量抽检、法律法规等政府公共信息的信息披露机制，也对食品质量安全管理的有效性产生重要影响（Han et al.，2011）。当政府部门主体之间行为协调规则的模糊性诱发监管的机会主义时，政府对食品安全的信息披露机制就显得尤为重要，通过信息披露机制可以降低机会主义行为倾向和交易成本，有效提高监管效果（Starbird，2005）。

食品安全信息如何全面、有效地传递给公众以提升消费者的认知能力，是目前各国食品安全管理中面临的共同难题之一。这部分研究包括食品安全信息结构与集成、食品安全信息传导途径与行为、食品安全信息传导效应三个部分：①食品安全信息结构与集成，包括食品供应链质量信息类别、信息采集与分析、食品质量链集成三方面（Ortega et al.，2011）。②食品安全信息传导途径与行为，包括食品安全信息传导结构、食品安全信任传递、多主体行为对信息传递与传播的影响。食品供应链质量协同信息传导，是指通过对上一环节或节点的食品安全信息的集成传递和传播而实现对下一环节或节点的质量活动或决策进行调节的现象。通过食品供应链信息传导，将质量信息传递和传播转变为一系列质量行为或决策行动，最终表现为个体或社会的行为反应（王可山和苏昕，2013）。其中，信息传导过程形成有效传导和传导失真两种情形，需要对传导失真进行信息修复（王志刚等，2013b）。③食品安全信息传导效应，也称信息传导的社会性，是指食品供应链质量协同中的食品安全信息在其采集、组织、传递和传播环境中与其他信息相互作用、相互依存及相互制约的动态、网络化（陈永法，2011；龚强等，2013；李新春和陈斌，2013）。此外，现有研究也关注元胞自动机在食品安全事件舆情传播与干预中的应用，包括舆论传播与引导的元胞自动机模型以及基于小世界的舆论传播模型（戴建华和杭家蓓，2012）。

简要评述：食品安全信息的传递和传播效率不仅影响到社会福利的帕累托改进，而且通过公众信心影响社会的稳定（de Jonge et al.，2010），但食品安全信息传递与传播对消费者购买决策行为、企业违规决策行为及政府监管力度三者之间关系的影响如何，现有研究存在理论探索盲点。

4. 食品安全社会共治的协同控制与仿真

元胞自动机演化模型及仿真尚未见在食品安全研究中有应用，但已大量应用于股票等金融市场、交通中的行人特征、舆情传播与干预等研究中（杨善林等，2009），相关成果对食品安全治理元胞自动机协同演化及仿真分析具有借鉴意义。在元胞自动机演化博弈构造中，正向元胞自动机（监管或监督者）与反向元胞自动机（违规或犯法者）之间的演化博弈服从四项规则：① 群决策从众行为或羊群行为（Banerjee，1992）或前景理论规则下的非理性行为，如代表性法则、锚定法则等。研究表明，群决策最终的演化结果对初始状态相当敏感，尽管群体交互收敛速度很快，但不利于产生最优策略（杨善林等，2009），这符合食品安全事件的发生特征。②当正向元胞自动机的角色由社会基层组织、个体或自愿者团队等来承担时，称为社会自组织或元胞自组织，其行为规则服从自组织团队的群决策过程（李民和周跃进，2010）。③当反向元胞自动机演化数量超过元胞自组织或元胞自组织数量被大量同化后，行业危机扩散阈值与行业自身的信用依赖度正相关（曹霞等，2012）。④食品安全信息传导效应可用单一群体传染病模型进行解释，且具有三个特征，一是食品行业突发事件风险感知是否在消费者之间传递，取决于最初接触事件的消费者的风险感知程度；二是食品行业突发事件风险感知传播的速度取决于消费者之间信息传播的速度；三是消费者认知能力对风险感知程度有调节作用（马颖等，2013）。

现有研究也将食品安全协同治理视为一种博弈制度，构成行为-制度协同演化模型（Baert et al.，2011）。这类模型的一个结论认为，社会应促进消费者参与食品安全治理，通过消费者行为与监管制度之间的协同演化，可以提升食品的安全和质量水平（Hall，2010；Rouvière and Caswell，2012）。由于协同演化具有互为因果关系、多层级和嵌入性、复杂系统、正反馈效应及路径依赖等特征，因此，元胞自动机与食品安全治理多主体协同演化一般不适合使用多数规则元胞自动机来建模及仿真，大多采用基于协同学的元胞自动机模型来分析及仿真（方薇等，2012）。这类研究和仿真既存在理性行为假设，也存在非理性行为假设（何大安，2005）。

简要评述：多主体参与公共管理不等于社会共治的全部，当政府监管与社会自组织协同监督成为食品安全社会共治的核心内容时，如何促使二者实现协同成为研究的焦点问题，但现有研究对该问题缺乏深入探讨。

1.3.3　社会共治实现机制

1. 制度供给与监管模式的转型

制度供给是指为规范人们的行为而提供的法律、伦理或经济的准则或规则（李松林和李世杰，2006）。在制度供给理论研究中，Davis等（1972）首次提出制度供给分析框架来研究制度变迁问题，是制度供给理论的集大成者。制度供给的发展需要供给主体推动，而主体的知识结构、利益诉求等其他因素决定了制度供给的实际状况。徐顽强和段萱（2014）认为，社会共治的制度设计蕴含着社会多元参与的表达，是基于现代社会民主政治诉求的合法性增容与治理模式的一种有序性重构。根据制度设计主体的变迁，杨瑞龙（1998）提出制度发展分为供给主导型、中间扩散型和需求诱致型，在这三种制度供给模式中，政府与社会组织分别扮演不同的角色。

从预算分配模式的效率来看，高度集权的单一食品安全监管机构比分段监管模式更有效率。2013 年中国政府将食品安全监管从分段管制变革为单一监管体制，然而，如何保障这次机构调整比分段监管模式不仅在行政管理效率上更有效，而且在食品安全保障水平和监管效率上更有效的问题在理论层面依然缺乏深入的探讨，但部分已有研究对此有重要的启示意义。例如，包括追溯性、透明性、检测性、时效性和信任性要素在内的食品安全管理模型，构建低成本常规食品安全管理系统和高成本食品安全突发事件控制预测系统，形成对食品安全的自适应系统等（张煜和汪寿阳，2010）。

根据发达国家监管经验，建立PDCA［plan（计划）、do（执行）、check（检查）、action（纠正）］质量环的食品安全政府监管模式是一种可行的选择（刘亚平，2008）。风险监测环节（类似于P）主要解决食品安全信息的获取问题，建立食品安全风险指数和食品安全信息传导预警模型（Sun et al.，2013），如 2006 年北京市发布的食品安全指数及上海市在世博会期间发布的食品风险指数等；风险警示预报环节（类似于D）根据食品加工企业质量控制能力信息（HACCP[①]）、农产品质量安全信息及餐饮食品质量信息，建立快速预警预报系统（Dreyer et al.，2010；Baert et al.，2011）；控制与监管环节（类似于C）建立应急程序和一般危机管理计划等，采取实时与抽查混合的控制手段对食品生产或销售关键环节进行控制（Marucheck et al.，2011），执行缺陷食品召回制度、赔偿与处罚制度等；在督察评价改进环节（类似于A），一是对食品安全控制行为的效果进行督察和评价，建立食品质量政府监管有效性指数及其评价体系，二是将运动执法或被动

① HACCP，hazard analysis critical control point，即危害分析的临界控制点。

执法转变为预防性监控，强化信息公开和监管问责，包括食品渎职罪问责等（Bakos and Dellarocas，2011；陈晓华，2012）。

简要评述：制度供给分析为本书研究提供了扎实的理论基础，但如何将这些理论应用于社会共治的制度供给研究中需要进行更为深入的探讨。在食品安全PDCA质量环四个环节上，现有文献分别开展了不同程度的研究，但缺乏将PDCA四个环节与社会共治联系起来探讨政府与社会协同治理的机制，这无疑属于未来重要的研究方向。

2. 社会共治协同的机制设计

学术界有越来越多研究者倾向于多方合作的相互监管机制。Henson和Caswell（1999）从博弈与均衡的角度出发，提出监管是各利益主体间的相互博弈，因此监管机制应包含消费者、生产商、政府等利益主体，从而达到博弈均衡解。刘呈庆等（2009）从政府规制、企业市场扩张策略、第三方监管等方面对“三鹿事件”进行分析，得出政府监管对乳制品食品问题抑制作用有限，多方协同监管是最优选择。Broughton和Walker（2010）研究中国水产品质量安全政策与实践，提出水产品质量安全监管应由多个政府部门、组织监管才能发挥最大效能。

利益机制理论是将利益主体、利益客体及利益中介三部分有机结合起来分析社会问题的一种研究方法，包括利益冲突机制、利益协调机制、利益产生机制及利益分配机制等。利益冲突的解决需要依靠利益协调机制，其核心和实质是对利益关系进行重新合理定位，其直接目标是通过利益协调缓解利益主体之间的利益矛盾与冲突。针对多元利益主体协调机制，李长健和张锋（2007）提出了基于多元利益观主导的“网–链”控制模型，即以系统控制理论为基础，以食品供应链为载体，依靠食品安全利益相关者对各种食品安全问题进行综合控制的一种模式。

要建立食品安全长期协作机制，首先必须要明确食品利益相关者各自得益。马颖和吕守辉（2013）通过研究食品安全保障的协同机制，得出政府得益指标为威信、声誉和公信力，媒体得益指标包括收视率、经济效率和美誉度，企业得益指标有经济效率、知名度和美誉度，消费者得益指标则包括健康和财产。由此可知，食品安全长期协作机制具有形成激励相容的基础。首先，食品安全长期治理机制需要依靠的是存在于公民社会中的社会资本力量和政府、公民、企业以及社会组织之间的相互信任（王志刚等，2013a）。其次，需要有制度或正式程序的保障，保证不同主体在参与共同治理中的功能差异得到整合，最终实现食品安全保障的共同目标（丁煌和孙文，2014）。最后，明确界定食品多元治理主体的权力和责任，保证各主体能够合法顺利地共享社会资源，积极参与到社会治理中（翟桂萍，2008）。

简要评述：现有研究或多或少涉及食品安全社会共治实现机制的内容，但缺乏对社会共治中相互监督机制、多种利益并存协调机制和长期协作机制等机制设计的深入研究。

3. 社会多主体协同的混合治理

社会共治意味着多主体参与，多主体参与意味着多种利益并存，利益并存需要依靠内在的稳定机制来维系。因此，实现社会共治需要加强对多种利益协同稳定机制的研究。Dai等（2012）在收入分配、民主政治与经济增长领域建立的分析框架及模型方法，建立了一种使共同代理人与多委托人之间实现最优利益分配机制及短期和长期稳定机制。这种机制可以较好地解决共同代理人之间的“搭便车”问题。

多主体参与社会共治包含愿景、贡献、信任与失信惩罚三要素，需要引入治理契约来构建激励机制。社会共治需要治理契约来保障，治理契约分为企业治理契约（纵向一体化）、市场治理契约（消费者转向），以及混合治理契约或组织形式设计（特许经营、合资、长期合作安排等）。食品安全社会共治激励机制设计的核心是不同利益的匹配或融合，既需要满足参与约束和激励相容两个条件，也需要满足不同治理契约形式的要求，以解决信息和承诺这两个激励的核心问题（Lumineau and Quélin，2012）。在实现机制中，消费者投诉的食品安全首问责任制等制度安排，也属于社会共治的公共管理措施。同时，尽管汪鸿昌等（2013）讨论了食品安全信息可追溯体系与制度安排之间的混合治理，但既有食品安全混合治理研究大多讨论若干政策之间的相互作用而非混合治理效应。

简要评述：现有研究大多侧重信息非对称、不完备契约、可追溯信息系统、组织形式等单一要素对食品安全治理机制的影响，对食品安全社会共治中的不完备契约、可追溯体系、组织形式设计三者之间的协同机制缺乏系统研究，对食品安全可追溯体系与制度安排之间的混合治理研究亦如此。

1.3.4　食品质量链及其协同

产业层面的食品安全社会共治，主要以食品供应链质量协同要素与机制、食品质量链多主体协同契约设计与管理两个领域的研究为主。

1. 食品供应链质量协同要素与机制

全链条视角研究认为，由于消费者习惯的变化、现有食品质量保障和控制工具及方法在预防与控制食品风险方面的作用受到挑战，需要从全球食品供应链建模与仿真视角探讨环境气候、消费者行为、政府管制及标准、追溯和召回管理、供应商关系治理等因素影响食品安全的复杂关系（Jacxsens et al.，2010；Marucheck et al.，2011），因此，食品供应链质量协同或协同治理涉及供应链从生产到销售的各个关键环节（Rouvière and Caswell，2012）。与一般工业品相比，食品供应链质量协同主要有三点差异：一是安全标准在质量中占核心地位；二是生产流程更加非标准化，结构性较弱；三是呈现出更多的生产、加工、零售等多主体分散特征。因而食品供应链质量协同不仅仅需要进行产品质量控制（quality control，QC）的协同控制，更需要通过相应的信息链和制度链形成质量保障（quality assurance，QA）来实现全链条的协同效应。谢康（2014）提出食品供应链质量协同是由食品产品链、信息链和制度链三要素协同构成，由多主体协同控制完成的质量管理体系。其中，产品质量控制与信息质量保障和制度质量保障三维结构形成质量协同的质量体系，产品质量控制包括抽检、HACCP食品安全认证体系等，信息质量保障包括可追溯信息系统、全球统一标识系统等，制度质量保障包括食品安全法等监管制度。三者在食品供应链中相互匹配和运作形成质量协同。

同时，食品供应链和监管链的链网破碎性特征要求食品供应链与监管链之间进行协同，但在多主体协同契约设计中，不同类型的协作契约具有相同或不同的治理作用，正式契约的成本影响非正式契约的互补或替代作用（吴德胜和李维安，2010），因此，食品供应链质量协同控制中促进匹配或融合的协同策略，不仅需要考虑全链条各环节间产品链、信息链与制度链的协同，而且需要考虑三要素之间的内部协同，减少食品安全监管协同中不同主体之间的行为冲突或重复性工作（Erdem et al.，2012；Bailey and Garforth，2014）。同时，现有研究关注食品信息系统与监管制度之间的协同，针对立法与执法、政策法规与信息技术、信息技术与信息资源披露三方面的"两张皮"问题提出混合治理机制（汪鸿昌等，2013），强调食品安全管理机制设计与相关制度的匹配。

目前，食品供应链质量协同机制的研究集中在两方面：一是协同效度分析，如在数据包络分析（data envelopment analysis，DEA）基础上提出定制-区间DEA模型（张人龙和单汨源，2012）。二是研究供应链管理行为与食品安全的关系。供应链管理行为是指供应链成员为了共同目标而紧密合作的行为，包括信息共享、流程整合、供应商管理和顾客响应（Gellynck et al.，2004）。流程管理等供应链管理行为不仅直接对质量管理效率产生影响，而且通过对食品质量安全控制行为的影响，对质量管理效率产生间接影响（Lin et al.，2005），但中国的部分实证研究并不支持这个假设。

最后，食品供应链质量协同的目标是实现全条链协同效应最大化，从价值生成角度看，协同效应由资源共享效果、互补效果和同步效果构成（邱国栋和白景坤，2007），共享效果是指资源共享后而节省或增值的效应，互补效果是指若干领域可以同时使用某种资源而不会影响其他领域对这种资源的使用，同步效果是指组织协调价值系统的各个环节，通过全供应链协同制约牛鞭效应，实现零库存目标。本书讨论的质量链协同效应也遵循这一观点，将协同效应分为资源共享、互补效应和同步效应。

简要评述：食品供应链质量协同的理论研究尚处于起步阶段，也有部分研究涉及食品安全的协同治理，其均认为协同治理或社会治理构成全球食品安全治理的主流发展方向。

2. 食品质量链多主体协同契约设计与管理

多主体有狭义和广义两层含义，狭义是指生产、加工、物流和销售等食品供应链质量管理主体，广义是指与食品供应链质量管理相关的所有利益相关主体，包括政府和消费者等。本书既探讨狭义范围的多主体协同契约设计，也探讨广义范围的多主体协同契约设计。

首先，食品供应链多主体质量协同需要考察多主体的属性和行为特征。在权力对称、不对称和权力演化，以及外部干预等不同权力结构下，供应链多主体的行为属性和特征是不同的（于晓霖和周朝玺，2008；Xiao et al.，2013），食品供应链多主体协同需要考虑委托人与代理人的主体特征差异，一方面增加委托人和代理人的数量，从传统的一对一的委托代理关系变为一对多（Bernstein and Federgruen，2005）、多对一或多对多的委托代理关系（Cachon and Kök，2010；Adida and Demiguel，2011），另一方面增加对契约参与主体特征的考察，如风险偏好（Lin et al.，2010）、谈判能力（Feng and Lu，2013）和公平需求（孟庆峰等，2012）等因素。

其次，任何针对食品安全特征的契约均是不完全契约，需要引入治理契约来弥补不完全契约的不足（Hart and Moore，2007）。食品供应链质量协同激励机制设计的核心是不同利益的匹配或融合，既需要满足参与约束和激励相容两个条件，也需要满足不同治理契约形式的要求，以解决信息和承诺这两个激励的核心问题。例如，针对食品生产加工企业零散现象，提出纵向一体化或准纵向一体化的协同管理需求（万俊毅，2008），认为农产品加工业市场需求波动越强，提升食品安全水平的动力就越强，对纵向一体化模式的要求也越强（Han et al.，2011）。针对中国食品质量链前端高度分散的现状，提出农户+市场、农户+经纪人、松散型农户+企业，以及农户加入农民专业合作社形式等混合治理契约（王志刚等，2013a）。其中，农民专业合作社对食品质量安全水平的提高具有正向效应，且这种效应源于合作社内部分配制度的设计、重复博弈的组织结构（谭智心和孔祥智，2011）。在药品供应链领域，则提出药品原料商+药品制造商+药品分销商+医院模式、药品行业协会及药店+药品制造商模式等。

最后，食品供应链质量协同契约设计关注契约参数和契约目标的变化：①食品供应链质量协同控制参数的变化，体现在由单一控制参数到新控制参数与组合控制参数的变化，传统契约设计往往只考虑一个单独的机制，如销售价格、目标销售返点、回购等，单一的协同机制难以对食品质量链这类分散型供应链进行协同，需要通过对单一参数进行组合或寻找新的控制参数来解决，如设计一个包括价格、返点和回购的混合型契约，使食品供应链质量协同契约设计更加符合现实，且能实现较单一控制参数的帕累托改进（Chiu et al.，2011）。②食品供应链中产品链、信息链与制度链三者的协同，需要不同的调节参数。针对食品供应链这样一个相对低信任的市场，低信任文化环境是一个重要的调节参数（Kull and Wacker，2010；Gefen and Carmel，2013）。③食品供应链质量协同契约设计的目标，由单纯的利润目标转变为整体效应最大化的利润或非利润目标，不仅包括更好的库存管理、改进产品和服务质量、加快物流配送速度、提高信息共享等（张煜和汪寿阳，2011），而且包括食品供应链多主体关系的改善，以及食品安全信任传递等（Malhotra and Lumineau，2011）。例如，但斌等（2013）设计了一种与天气指数相关的结合风险分担和回购策略的契约以确保农产品的质量。

简要评述：食品质量链多主体协同管理需求及其激励机制设计，构成质量链协同契约设计的前提。供应链协同契约研究为食品供应链质量协同契约设计奠定了基础，但既有文献对食品质量链协同面临的主要管理问题缺乏系统剖析，因而难以进行系统的制度实现研究。

1.3.5 现有研究贡献与不足

现有研究的主要贡献体现在以下两个大的方面。

第一，食品安全治理有四个明显的研究特征，一是多视角观察，二是多学科交叉，三是多领域重叠，四是多方法并用。同时，大体形成了以下五点较为广泛的理论共识：①企业层面和行业层面的信息非对称及机会主义构成食品安全事件频发的情境与诱因；②食品安全事件频发是政府监管不足的博弈结果，挤出效应形成行业的群体道德风险，引发公众的行业信任危机；③繁重的执法负荷、稀缺的公共执法资源及高昂的执法成本，使政府监管难以到位，因此，仅对监管机构进行重组调整无法有效解决中国食品安全的监管困境，需要引入食品安全的社会共治制度；④要有效实现食品安全的社会治理，前提在于食品质量信息的有效传递和社会传播，因此，信息与制度协同是重塑食品安全治理模式的关键一环；⑤食品安全社会共治制度需要引入多主体协同、多中心参与，促进政府与民间有机融合以形成监管合力，形成政府主导、社会协同和公众参与的多中心社会治理格局。

第二，对食品安全事件发生机制中的理性假设做出了权威性解释。对于中国食品安全事件发生机制的研究，大量学者从政治、经济、社会、文化、心理等不同视角进行了探讨。如上所述，学者们通过对企业层面和行业层面的信息非对称及机会主义行为进行了深入的经济学分析，对食品安全事件发生机制中的理性假设做出了权威性解释，并从理性假设模型的结论出发，提出了多种需要建设社会共治体制的政策结论。这些研究不仅对食品安全事件发生机制中的理性或高有限理性假设进行了深入探讨，剖析了食品安全事件的发生根源，而且提出的各种食品安全治理策略对有效应对食品市场中的理性或高有限理性的违规或犯罪行为有重要的理论指导意义。

现有研究贡献有以下三个特征：

一是形成了相对固定的学术群体、研究领域和理论范式。目前，食品安全治理问题已在公共行政管理、经济学、管理学、社会学、心理学、计算机等领域得到了广泛研究和讨论，逐步成为一个问题导向型的跨学科研究领域。过去十多年来，中国食品安全治理问题研究在众多学者的努力下，已产生了一个不断壮大的学术群体，形成了多学科、多视角的学术网络，开辟出了特定的研究领域和理论范式，对现实的解释力和指导力不断加强。例如，近年来随着国际食品安全领域引入社会治理的理论思想，国内学者通过研究和实践成果与国外学者进行交流学习，为食品安全领域的学术发展做出了贡献。

二是在统计分析和案例探讨方面取得一定进展。针对食品安全事件的研究，国外学者主要采用统计分析和案例研究方法，国内学者近年来也逐步由文献资料研究转向更为严谨的统计定量研究。案例分析是国内外食品安全治理研究的一大特色，通过案例能够对安全问题的成因进行剖析，并且由于有现实背景作为支撑，研究结果更加直观可感，研究结论也更加有实际借鉴意义。此外，进入 21 世纪后，随着中国电子政务水平和数据搜集能力不断提升，科学准确的数据统计和分析能够帮助学者们更加全面地认识食品安全问题，在综合考虑政府、企业、消费者等因素影响下，提出更为有效的解决措施。

三是食品安全治理对策性研究文献丰富。由于食品安全领域方面的文献通常是实际问题导向型，因此产生了大量食品安全治理对策性研究。由于学术界对食品安全产生机制已经达成基本共识，即信息非对称和政府监管不足共同导致行业的群体道德风险，因此，对策性研究主要针对成因提出具体的措施，包括加大政府的监管力度和惩罚措施、利用媒体进行信息披露、引入第三方机构加强监督及企业自身进行供应链整合等。目前最新的研究方向是引入社会共治理念，通过建立多方协同的制度体系，从根源上减少食品安全事件的发生，加强过程监管及风险测量。这些对策建议对中国食品安全治理的现实具有较强的针对性和实用性。

学者们对食品安全治理研究的贡献毋庸置疑。然而，现有研究亦存在一些不足及可改进的空间，主要反映在以下四方面：

首先，对食品市场中的低有限理性和非理性行为的探讨存在理论盲点，难以完整阐述食品安全社会共治的形成机理。现有研究探讨中国食品安全事件频发的原因主要从理性假设出发，难以解释中国情境下食品安全事件中大量存在的低有限理性和非理性行为。目前，尽管已经出现借助复杂系统元胞自动机原理解释中国食品安全市场中的低有限理性和非理性行为的探索，但总体上针对食品安全市场低有限理性和非理性行为的研究薄弱。

其次，尚未解决违规发现概率和处罚力度受资源约束的理论难题，亦未从市场失灵、政府失灵、社会共治失灵三者交互形成的社会治理系统性失灵视角展开集成式理论研究。一方面，现有研究侧重从理性人假设出发分析违规行为，也考虑到了受资源约束难以有效执行的监管问题，但对如何破解执行难的问题研究尚不够深入。另一方面，对于市场失灵、政府失灵、社会共治失灵三者同时出现时的复杂情形，缺乏系统的理论洞察。

再次，现有食品安全社会共治研究以解决问题为主，理论深度相对不足。食品安全社会共治是一个问题导向的社会体制变革，因而解决实际问题，指导实践不断改进自然成为食品安全社会共治研究的急迫目标，但也造成了对策性研究泛滥的后果。尽管近年来有部分较深入的理论探讨，但总体而言社会共治研究缺乏高质量的理论成果，社会共治中多主体集体行动的共治模式和有效协同问题尚未得到深入探讨，因而难以为食品安全社会共治实践提供理论指导和政策分析工具。

最后，食品安全社会共治制度设计研究亟待由某个问题或领域的“点”的研究，提升为质量链和社会组织配套的“面”的研究。所谓“点”的研究，是指针对食品安全事件的不同领域、不同类型和不同成因进行分析并提出对策建议。所谓“面”的研究，是指针对食品安全质量链的全过程和相应的社会组织变革的整体性研究及对策分析，也是指食品安全社会共治的跨学科整合性研究。

总之，现有食品安全治理研究融合了经济学、管理学、政治学、公共管理学、社会学、法学、教育学和心理学等不同学科的知识，是一个问题导向的跨学科研究领域。然而，由于各学科的理论基础和学术研究思路各异，各学科提出的研究成果受限于自身的学科语言和思维视角，形成难以交流的尴尬境地。针对食品安全治理问题的复杂性，从复杂系统理论视角对学术合作和知识进行有效整合是一个恰当的研究选择。

1.4　学术思想与研究框架

1.4.1　学术思想与关键问题

本书对食品安全社会共治的概念定义如下：社会共治是指政府与社会、公共与私人之间通过一定的制度安排将政府嵌入社会或者让公民参与公共服务，社会多主体之间通过协作或协同实现公共事务管理协同效应的一种制度创新。

具体地说，食品安全社会共治不仅仅是政府与社会主体协同问题，也不仅仅是社会多主体参与公共事务管理的问题，就食品安全社会共治的具体内涵而言，它有五层含义：一是多主体参与式食品安全社会共治的体现形式，且中国情境下政府依然扮演着社会共治制度安排的主要供给者；二是基于监督、管理、互动与合作四要素的监管平衡是食品安全社会共治的微观运作机制；三是预防—免疫—治疗三级协同治理构成食品安全社会共治的宏观运作机制；四是基于质量链的混合治理是食品安全社会共治的基本治理手段；五是公共管理组织变革是食品安全社会共治持续完善的管理保障。

本书对食品安全社会共治的上述五层含义的理解，源于以下基本学术思想：食品安全治理是一项跨学科的社会管理复杂系统工程，食品安全社会共治是对食品安全事件频发的一种反应机制或协同演化结果，研究食品安全社会共治首先要厘清食品安全事件的发生机制。基于此，本书从复杂系统理论视角，基于信息经济学提出食品安全事件发生机制的“刺激-反应”模型，借助元胞自动机原理和前景理论来解释中国食品安全事件频发中的非理性行为，揭示食品安全规制部分失灵的内在机理，为食品安全社会共治的制度设计与制度实现研究提供理论基础。

上述基本学术思想简要说明如下：

（1）在中国情境下，食品安全事件频发既受理性的信息非对称、机会主义和监管不足等博弈因素的影响，也受个体和群体的非理性或低有限理性行为的影响，因此，需要在理性假设基础上引入低有限理性或非理性假设来探讨食品安全事件的发生机制。在非理性行为方面，食品安全事件的发生行为特征与元胞自动机原理相吻合。

（2）在食品安全社会共治多主体协同控制的演化中，每个元胞都遵循选择机制、变异机制和适应度函数三个原则来寻求最佳的演化路径，形成多中心的元胞自动机。在食品安全监管博弈中，每个元胞作为一类主体都存在合规或违规的博弈选择，因而每个元胞在同一时点都有可能从合规转变为违规，或从违规转变为合规。这样，基于重复博弈中针锋相对的策略，在被监管行为方呈现随机变化的行为特征的情形下，监管方的最优博弈策略应呈现多主体多中心的应对模式。

（3）食品安全社会共治多主体参与意味着多种利益诉求并存，不同主体间的利益冲突构成多主体协同的主要潜在阻碍。如何使不同利益诉求的多主体实现不同程度的协同效应，是一个复杂系统趋同理论问题。基于此，食品质量链多主体协同控制的目标就是在信息传递和共享基础上，通过包含激励机制的协同契约设计等一系列促进多主体趋同的策略，实现不同利益诉求的匹配或融合，进而实现食品安全社会共治帕累托改进的协同效应。

上述学术思想可以用于指导解决以下三个关键性管理问题：

第一，如何解决食品安全事件中低有限理性和非理性行为的随机性。信息非对称程度与人们理性和非理性行为的选择密切相关，食品市场是一个信息非对称程度极高的市场，因而食品市场中出现低有限理性和非理性行为的随机性程度也极高。然而，现有研究主要基于食品安全市场的理性或高有限理性假设，对食品安全事件中的低有限理性和非理性行为既缺乏充分的关注，又缺乏有效的治理策略。

第二，如何解决违规发现概率和处罚力度受社会资源约束的现实问题。在食品行业存在社会信任危机时，社会为提高发现概率需要支付更高的信息披露机会成本，为加大处罚力度需要支付更高的监督、执法和督察等机会成本，因此，发现概率和处罚力度构成食品安全有效治理的两个基本控制变量，且处罚力度的有效性受发现概率高低的影响。然而，现实中即使建立可追溯体系和加大信息披露，发现概率受社会资源约束和食品中信任品范围扩大的影响依然难以获得大幅度的提高，要使发现概率达到有效阻止食品市场发生违规行为的社会成本是高昂的，由此形成食品安全治理中违规发现概率低的困局。

第三，如何实现政府监管与第三方参与的混合治理体系从而避免社会共治失灵。现有研究强调消费者、行业组织等第三方参与食品安全监督很重要，但第三方如何有效参与食品安全治理？当政府监管失灵时，第三方参与监督也同样可能面临社会共治失灵的困局，对此既有研究缺乏系统研究。例如，消费者“用脚投票”的前提是信息传播、认知能力和有实质的选择权，当缺少其中任何一项条件时，“用脚投票”机制均会失灵。

1.4.2　研究框架与内容安排

根据本书对食品安全社会共治五层含义的理解及其基本学术思想，以食品安全社会共治制度设计的“刺激–反应”机制为理论框架，形成本书四大部分的研究内容：①以回答为什么食品安全治理是一个世界难题为中心，剖析食品安全市场失灵、政府失灵和社会共治失灵的内在机理，进而探讨社会管理系统性失灵的主要特征；②以回答为什么现实中不断加大监管力度反而使食品安全违规行为更多的问题为中心，提出监管有界性假说和监管平衡的治理思想，研究食品安全社会共治的微观运行机制，构建政府、企业、消费者三者互动的正式治理与非正式治理相结合的混合治理理论；③以回答怎样使食品安全社会共治不会出现“大家都参与最后大家都不管”的问题为中心，以针锋相对的博弈思想为出发点，探讨食品预防—免疫—治疗三级协同治理的食品安全社会共治的宏观运行机制，构建社会多主体参与的正式治理与非正式治理相结合的混合治理理论；④以回答如何使食品安全社会共治得到持续改进的问题为核心，分析基于食品质量链的混合治理体系，构建食品安全社会共治的治理管理理论。

根据上述研究内容，本书研究框架和相应的章节安排如图 1-1 所示。

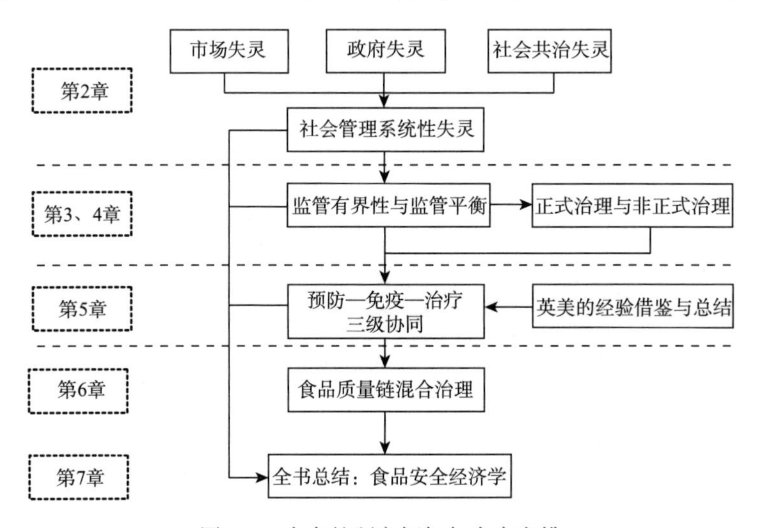

图 1-1　本书的研究框架与内容安排

由图 1-1 可知，本书第 2 章属于“刺激–反应”框架的“刺激”端内容，余下各章内容属于“反应”端的内容，主要根据本书对食品安全社会共治五层含义的理解来展开,第 3 章和第 4 章分别讨论食品安全社会共治的微观和宏观运行机制，第 5 章和第 6 章分别探讨食品安全社会共治的基本治理手段和主要管理保障，第 7 章为全书总结，对食品安全经济学的基本理论假设及方法进行讨论。

第2章

食品安全治理：世界难题

食品安全问题是一项世界性难题，但中国食品安全问题显得尤其突出，引发了国内外学者的重视和研究。2009 年以来，食品安全位列中国民众最关注的十大焦点问题的前五位，且 2012~2014 年位于十大焦点问题之首[①]。现实中，中国政府除不断加大食品安全监管力度外，2015 年 4 月执行新《中华人民共和国食品安全法》（简称《食品安全法》），该法被誉为史上最严的食品安全法。然而，2015 年以来食品安全事件依然屡禁不止（胡笑红等，2016）。食品安全问题已成为中国重大且关注度极高的民生问题、社会问题、经济问题和政治问题。

食品安全治理不仅是中国产业治理、社会治理、公共管理治理中的难题，而且是一个世界性治理难题，因为食品安全治理失灵既来自市场失灵，也来自政府失灵。面对市场失灵和政府失灵，人们提出了社会共治的解决之道，但同样又面临社会共治失灵问题，由此形成食品安全社会共治困局。同时，食品安全社会共治困局还来自市场失灵、政府失灵、社会治理失灵三重失灵交互形成的社会管理系统性失灵，形成更为复杂和动态不确定的社会共治困局。所谓社会管理系统性失灵，是指由市场失灵、政府失灵、社会共治失灵等多重性质的失灵交互形成的高度复杂动态的系统性社会管理失灵的现象。中国情境下的食品安全治理，就具有这种复杂动态特征。

---

① 《小康》杂志社. 2009—2014 年中国全面小康研究中心联合清华大学媒介调查实验室调查报告. 中国小康网，http://www.chinaxiaokang.com/xk/index.html，2015-11-12.

2.1　市场失灵：不确定环境下食品安全违规行为

2.1.1　环境与违规行为随机性

Nelson（1970）构建了一个消费者对消费品质量的信息需求理论框架，提出人们获取产品价格或质量信息的两种主要市场行为是搜寻信息和体验消费。Darby和Karni（1973）进一步推进了Nelson的研究，认为产品售卖方与消费者在产品信息上存在三种程度的信息非对称，并从买卖双方关于同一产品的信息对称程度这一角度出发，将市场产品的质量特征分为三类：一是搜寻质量（search qualities），是指在消费者购买并体验产品功能之前就能够明确的产品质量类型，如服装的尺寸大小、水果是否发生腐烂等；二是体验质量（experience qualities），是指消费者在购买并体验产品功能之前无法获知但在体验产品功能之后能够明确的产品质量类型，如驱蚊水的驱蚊效果、果汁的果肉浓度等；三是信任质量（credence qualities），是指即使消费者购买并体验产品功能之后仍旧无法明确的产品质量类型，如汽车保养服务、有机蔬菜的“有机”程度、保健品的保健功效等。三种质量类型所代表的产品分别为搜寻品、经验品与信任品。而食品是与人类生存紧密相关的特殊产品，与其他普通产品不同的是，食品往往不是简单地具有某一种质量特性，大多数食品同时具备两种或三种质量特性，尤其食品的信任品特征比普通商品要明显很多，如消费者无法知道购买的谷物是否受到了重金属或其他化工污染，无法识别购买的水果中是否含有残留农药，也无法知道加工食品中是否添加了不合规的食品添加剂等。

从食品质量信息的供需角度出发，可将食品质量信息的传播分为三个渠道：一是生产经营者信息传播渠道，即食品生产经营者通过食品外包装、食品售卖标签、广告等方式主动向外部传递食品的有关质量信息。由于食品的质量信息本身具有信息量大、信息类型繁多、信息元素复杂的特点，生产经营者通常难以通过有限的食品外包或广告等公开方式传播完整的食品质量信息，并且食品生产经营者作为产品销售的直接利益方，也缺乏足够的动力花费成本进行质量信息传播。二是消费者传播渠道，即消费者通过口碑相传、互联网信息共享等方式向外部传递食品的质量信息。现阶段我国的普通食品消费者往往缺乏足够的有关食品安全的知识，加之食品质量信息本身的复杂性，即使生产经营者对外公布了所有食品质量信息，消费者也无法完全掌握和理解，因而消费者本身拥有的食品质量信息是十分匮乏的。三是监管者传播渠道，即监管者通过制定并执行相应的法律法规和规范标准获取一定的食品质量信息，并通过检验证明、监管报告、调研结果等方式向外部传递食品质量信息。我国食品安全的监管资源不足是一个严峻的现实，这不仅与我国现阶段的经济发展水平和我国独特的历史文化有紧密的关系，也与食品的强信任品特点所导致的食品行业监管困难有关，仅仅依靠监管者本身也难以顾及食品行业的方方面面。

此外，随着现代化食品科技的应用越来越广，食品工艺不断进步，食品类型越来越丰富，伴随而来的是食品的信任质量属性越来越显著，这意味着越来越多的食品无法根据简单的信息搜寻或产品体验来获知产品质量，这无疑进一步加剧了食品生产经营者与消费者、监管者之间的信息非对称程度。

食品供应链涵盖了从农田到餐桌的整个过程，有一个有趣的例子恰能说明食品行业供应链的漫长特征：鳕鱼一生中平均要游一万英里[①]，而一条鳕鱼死后可能要再经过一万英里才能抵达餐桌之上——从白令海被渔网捞起后，它被运送到远东的港口切割、分离，随后被冷冻装入货船，前往欧洲或美国的食品加工厂，也许还要经历一段旅程才能最终到达莫斯科小学生的餐盘上。而漫长的食品供应链带来的各食品供应链环节流通组织的形式不一、各节点的监管繁多各异，以及从种植养殖、农产品初加工与深加工、食品深加工与流通、餐饮销售，到食品消费等各环节的重大食品安全风险。例如，农产品初加工环节除了农药残留等老问题外，现今又出现了更为严重的原材料造假问题，并且大量的城市地摊以及农村的集市基本仍处于安全监管触角之外；在食品加工环节中，我国食品生产经营者中大多数是十人以下的小规模食品厂和手工作坊，这个庞大的生产群体安全意识淡薄且几乎没有食品安全检测手段，即使是诸如超市、农贸市场、餐饮店等食品及原材料零售渠道，也缺乏足够的食品安全检测过程；在物流环节，我国目前 80%的食品通过公路运输，然而专用的食品公路运输工具严重不足，食品在物流环节安全保障很低，容易受到二次污染。在监管方面，我国食品供应链上相关的安全标准体系，如农产品标准体系、食品检验检测体系、食品质量安全评价体系等还不健全，食品安全的监管网络还未建成，食品安全溯源系统与信息共享平台还不成熟。诚然，不能将食品安全监管的滞后完全归责于食品监管者，食品行业本身固有的特点也导致了食品安全监管难的困境，正如Chen等（2015）所言，食品安全问题是一项世界性难题。

信息非对称性是参与人获得不同的信息所致的，而获取不同的信息又与人们获取信息的能力相关，因此，信息非对称是以人们获取信息能力的非对称性为基础的。从社会存在的角度来看，人们获取信息的能力与多种社会因素相关，社会劳动分工和专业化是其中最为重要的社会因素。在劳动分工不明显、专业化程度不高的低级

① 1 英里≈1 069.344 米。

经济体系中，社会成员之间的信息差别并不十分明显。而在社会劳动分工越精细、专业化程度越高的领域中，行业专业人员与非专业人员之间的信息差别就越大，社会成员之间的信息分布就越不对称。而经济学对信息非对称研究的一个重要结论是市场失灵，即市场资源配置的均衡状态并不是帕累托最优的。食品市场便是信息非对称造成市场失灵的例子，并且食品市场中充满着大量的机会主义空间，是一个典型的“柠檬市场”。由于食品生产经营者与消费者之间关于食品质量信息存在着高度的信息非对称，因而即使生产经营者生产劣质食品，消费者也往往难以分辨，而由于生产劣质食品的成本比生产合格食品的成本更低，故劣质食品生产经营者能够以比合格食品生产经营者更低的价格出售食品（或食品中间产品），进而抢占更多的市场份额或应对日益增大的竞争压力。继而使得合格食品生产经营者面临更加激烈的市场竞争压力，加之无处不在的机会主义诱惑，导致其他食品生产经营者也选择生产劣质食品，最终，局部生产经营者生产劣质食品选择带来的负的经济外部性，导致食品行业劣质食品驱逐合格食品。

2014 年FORHEAD（Forum on Health，Environment and Development，即健康、环境与发展论坛）食品安全工作小组利用WHO（World Health Organization，即世界卫生组织）调查数据、政府专项调查数据及学术机构和政府研究部门的数据[①]，依据食品安全风险对生产到消费链条上的发生点进行分类[②]，总结出中国食品安全问题，如表 2-1 所示。

表 2-1　食品安全问题——按产品类型和在食品系统内发生节点分类

存在严重食品安全问题的供应链环节		生产环境	生产过程				生产过程/销售环节		运输与储藏/销售环节	全部环节
食品安全问题类型		重金属与工业化学品	农药残留	不健康的动物饲料	抗生素	生长促进剂	添加剂	假冒产品	腐烂/过期产品	细菌、病毒和寄生虫
谷物	大米	×							×	×
	小米								×	×
	其他								×	×
肉类	牛肉		×	×	×	×	×		×	×
	羊肉								×	×
	猪肉		×	×	×	×	×		×	×
	禽类			×					×	×

① FORHEAD 食品安全工作小组．食品安全在中国：问题、管理和研究概况．http://www.forhead.org，2015-07-23.

② 这种混合分类法是 WHO 食品安全委员会常用的食品安全问题分类方法。

续表

存在严重食品安全问题的供应链环节		生产环境	生产过程				生产过程/销售环节		运输与储藏/销售环节	全部环节
食品安全问题类型		重金属与工业化学品	农药残留	不健康的动物饲料	抗生素	生长促进剂	添加剂	假冒产品	腐烂/过期产品	细菌、病毒和寄生虫
蔬菜	瓜类菜					×	×		×	×
	叶菜	×	×			×			×	×
	根类菜								×	×
	豆类菜	×	×						×	×
水产品		×		×	×				×	×
奶制品					×	×	×		×	×
鱼类		×		×	×				×	×
水果			×			×	×		×	×
油类							×		×	×
加工食品							×	×	×	×

注：×表示发生此类食品安全事件

食品安全违规行为的随机性主要体现在以下三方面。

（1）食品安全违规行为的多样性。中国严重食品安全违规行为在食品供应链的每一环节都有发生，几乎所有日常食品类型都发生过严重的食品安全事件，并且食品安全问题和违规形式呈现出明显的多样性。由表 2-1 可以看出，部分食品安全问题与特定产品相关，如肉类食品几乎在生产和销售环节都存在严重的食品安全问题，谷物类的食品安全问题则主要由生产（种植）环境导致，不健康的动物饲料问题主要出现在肉类、水产品和鱼类中。然而，部分食品安全问题则不依赖于特定产品，如细菌、病毒和寄生虫类问题广泛存在于整个食品供应链中。值得注意的是，除了小米、羊肉和根菜类食品外，其他所有类别的食品都在某些供应链环节中存在严重的食品安全问题。并且，表 2-1 中各类食品安全问题之间还存在重合性，如过期食品问题往往也是细菌污染问题，有些农药残留和动物饲料中又含有重金属等。

（2）食品安全违规行为的人源性。吴林海和钱和（2012）将食品安全风险可能的原因归纳为生物性、化学性、物理性与人源性四大要素。生物性、化学性和物理性因素是产生食品安全风险的主要直接因素，这些因素均是食品安全风险产生的自然性因素，人源性因素是指人的行为不当和制度性问题等引发的食品安全风险因素，包括生产经营者因素、信息非对称因素、利益性因素和政府规制性因素等。并对比分析了 2011 年日本、德国、澳大利亚、法国、意大利、印度六国发生的食品安全事件，结果表明，发达国家发生的食品安全事件虽然也有非法添加、恶意掺假等行为，但大多数是自然原因所引发的。而中国的食品安全事件虽然也有技术不足、环境污染等方面的原因，但更多的是由生产经营主体的不当行为、不执行或不严格执行已有的食品技术规范与标准体系等违规行为造成的，以人源性因素为主。印度的食品安全风险和安全事件的起因则与中国类似，如表 2-2 所示。

表 2-2　2011 年部分国家发生的食品安全事件

国家	主要事件	主要起因		
		人源性因素	化学性因素	生物性因素
日本	暴发鸡类禽流感事件			H5 禽流感病毒
	西兰花沙拉感染沙门氏菌食物中毒事件			沙门氏菌
	农产品受核污染		放射性元素	
	烤肉连锁店发生食物中毒致死事件			肠出血性大肠杆菌
	“明治 STEP”奶粉部分产品检出放射性元素铯		放射性元素	
德国	鸡蛋及其家禽被检出含有二噁英		二噁英	
	食用毒黄瓜而感染肠出血性大肠杆菌事件			肠出血性大肠杆菌
澳大利亚	召回疑感染门氏菌的鸡蛋			沙门氏菌
法国	7 名儿童感染大肠杆菌事件			大肠杆菌
意大利	橄榄油掺假事件	橄榄油掺假		
印度	毒面粉事件	掺杂有害物质		
	饮用水惊现超级细菌			超级细菌
	爆发掺杂甲醇假酒事件	掺杂甲醇		
中国	瘦肉精事件、雨润问题烤鸭、塑化剂风波（多行业）、全聚德违规肉、牛肉膏事件、地沟油事件、染色馒头、山西老陈醋勾兑等			

资料来源：根据吴林海和钱和（2012）及《2011 年食品安全事件大回顾》（食品商务网，http://www.21food.cn/html/news/35/663093.htm）的相关数据整理而成

（3）食品安全违规行为的重复性。刘畅等（2011）从食品供应链角度出发，将发生在供应链各环节的食品质量安全问题按本质原因分为 4 大类 12 小类，通过建立食品质量安全判别矩阵对 2001~2010 年发生的 1 460 个食品质量安全事件进行分析。结果表明，中国食品质量安全事件发生最多的供应链环节是食品深加工环节。数据显示，发生食品深加工环节的食品安全事件为 1 198 件，占总统计数的 63%。文晓巍和刘妙玲（2012）对 2002 年 1 月至 2011 年 12 月的食品安全事件进行分析筛除形成 1 101 个食品安全案例，进而统计 2002~2011 年中国食品安全事件在供应链上的分布情况，得出与刘畅等类似结论，如表 2-3 所示。

表 2-3　2002~2011 年中国食品安全事件在供应链上的分布

事件发生环节	数量	频率/%
农产品初级生产	130	10.87
农产品初级加工	240	20.07
食品深加工	452	37.79
食品流通	82	6.86
销售与餐饮	205	17.14
消费	32	2.68
难以判断	55	4.60
总计	1 196	100.00
剔除重复总计	1 101	—

由表 2-3 中数据可以看出，食品深加工、农产品初级加工、销售与餐饮是食品安全事件发生频率最高的三个环节。其中，68.2%的食品安全事件源于供应链上利益相关者出于私利或营利目的，在知情的状况下造成食品安全问题。这一方面体现中国食品安全问题主要由人源性因素导致，但另一方面也说明仍有相当一部分食品安全事件的发生无法用利益相关者的完全逐利行为来解释。

可以看出，中国食品安全问题具有明显的随机性（即食品安全事件总是反复发生、形式多样），以及不可预见的特征，尤其在信息非对称程度越高的供应链环节，食品安全违规问题越严重。食品深加工环节是食品安全问题的重灾区，这主要是食品深加工环节涉及工艺繁多复杂，生产加工流程各异，且现代食品工艺技术和新材料的不断使用，使食品生产经营者易于对监管者形成信息屏蔽，监管难度较大。在广泛的信息非对称下，食品生产经营者容易产生机会主义行为，甚至某些食品子市场中出现了劣质品驱逐优良品的现象，而“柠檬市场”导致的恶性竞争进一步加剧了食品生产经营者的机会主义动机，导致食品安全事件更加随机地出现。

2.1.2　理性与有限理性食品安全违规行为

目前，对食品安全事件频发的一个重要解释是理性食品生产经营者的机会主义行为。Williamson（1975）把机会主义定义为“欺骗式自利”（self-interest with guile），新制度经济学的一个基础观点是当人们处于分割的、不完全的或错误的信息情形中时，要求人们建立承担自身义务的承诺并自觉予以实施是困难的，只要有机会，人们很可能会利用信息非对称的优势采取机会主义行为，以达到自身利益的最大化，因而为防止机会主义行为的出现，高成本的监督和制裁机制是必要的。这个观点背后的一个假设前提是人们总是不断逐利的，人们的一切行为都是为了最大化自身的利益。对于理性的食品生产经营者而言，选择违规生产劣质食品主要是为降低生产成本，提高利润率。食品生产经营者选择违规生产劣质食品并不会受到来自市场消费者的太多压力，而只需承担监管者的惩罚风险。对于理性的食品生产经营者而言，是否愿意承担监管风险选择违规生产行为主要受到监管惩罚和违规发现概率两个因素的影响。严厉的监管惩罚对违规的食品生产经营者固然有更大的威慑力，但前提是违规的监管发现概率应保持在一定的水平之上。从收益的角度考虑，即使监管惩罚数额巨大，但违规发现概率较低，则理性的生产经营者在将监管惩罚数额与违规发现概率的乘积结果纳入违规决策分析后，仍可能发现违规行为带来的超额收益（是指违规生产劣质品比生产合格食品多赚取的利润）高于甚至远高于预期的监管惩罚金额。作为一个理性人，食品生产经营者一定会选择冒险生产劣质食品。事实上，理性的食品生产经营者并不认为这是一种高风险的冒险行为，反之，是一种低风险的提高收益行为。

食品市场失灵的另一个重要原因是理性食品生产经营者面临日益增长的市场竞争压力。食品市场既是一个高度的竞争市场，又是一个典型的失灵市场。一方面，大多数的食品生产并不存在明显的技术或资金门槛，只要得到了监管者的准入许可，任何机构或个人都能够进行食品生产，并且还有一大批占有绝对数量优势的个体商贩甚至越过了监管者的准入许可。一边是消费者的选择越来越多，另一边是同业竞争者也越来越多，加之我国食品监管制度和规范标准正处于不断完善之中，这使得普通的食品生产经营者面临巨大的竞争压力，甚至是市场的无序竞争所导致的生存压力。另一方面，电子商务的蓬勃发展使得食品供应链各环节的价格、品类等信息越来越透明，并打破了时间和地域的限制，全国的食品市场也逐渐进入了互联网经济时代，然而食品供应链各环节的食品质量信息却不够透明，在无法获知确切的质量信息的前提下，买方的购买决策很容易受到低价的诱惑，而真正高质量的高价产品很可能由于质量信息的非对称而导致不受待见。面对巨大的市场竞争压力，理性的生产经营者为求生存只能不断地降低成本，甚至不惜进行违规生产。

一味地理性逐利无疑是产生食品安全违规行为的一个重要原因，现有探讨食品安全违规事件发生的研究大多也局限于此，但这是唯一的原因吗？对于我国众多的食品生产经营者和消费者而言，他们需要在不确定的情境下频繁地做出各种不同复杂程度的决策，事实上他们并不具备理性人那样“无懈可击”的计算能力，我国食品生产商及食品行业从业者的违规行为不仅仅源自“理性选择”的结果，也与社会人无法避免的决策偏差有重要关系。有限理性认知结构在心理学和生物学中有广泛证据，如周洁红（2006）、张煜和汪寿阳（2010）、樊斌和李翠霞（2012）、王志刚等（2013a）等已开始注意食品安全违规行为中的有限理性因素。现实中许多食品安全事件也反映出食品安全违规行为的诱因并不仅仅由理性因素导致，食品生产经营者的决策偏差行为经常导致严重的食品安全问题，许多典型的食品安全事件都与决策偏差行为有紧密关联。

第一，由易得性偏差导致的食品安全违规行为。易得性偏差是指由人们的易得性经验认知特点导致的决策偏差现象。在很多时候人们只是简单根据他们脑海中对事件已有的信息,如回忆的难易程度或记忆中类似信息的多寡等来进行决策，并不会花费更多的精力和成本去搜寻其他相关并且很可能影响决策选择的信息。人们固有的这种经验认知方式存在严重的回忆倾向，往往导致人们的决策出现偏差，因为人们在记忆中搜寻相关信息时无法将所有相关的信息都搜索到，并且即使是搜索到的信息，其也可能是有偏差的，即与客观现实是不一致的。

"毒豆芽"事件是一起典型的与食品生产经营者的易得性偏差紧密相关的食品安全事件。2013 年 11 月 26 日，天津市集中查处了一批违法添加漂白粉、无根豆芽激素、AB粉（即 6-苄基腺嘌呤和赤霉素）、防腐剂、亮白剂等有害人体健康物质的"毒豆芽"生产作坊。"毒豆芽"作坊主毫不掩饰地认为，"祖祖辈辈都干这个，添加这些东西，都是行业心知肚明的现象，也不是什么新鲜事，也没听说做个豆芽还要办证。添加了这些东西，豆芽光亮粗壮、茎秆笔直，卖相很好，反倒受欢迎。不加就不好卖。而且一天产量要四五百斤，没见谁吃出毛病来"[①]。此外，2014 年年初广州增城也查封了一批"毒豆芽"生产作坊，汤某和张某两人原本从事豆芽养殖工作，但传统方式生长周期长、见效慢。有老乡向他们介绍，往豆芽里加一种东西，就能让豆芽长得"白白胖胖"，养殖周期还能缩短一半。于是，2013 年年初两名嫌疑人便在夏街村的出租屋里做起了"化学实验"，"在豆芽中添加防腐剂、增白剂、激素类添加物等可使豆芽（生长）快且卖相好，这些窍门都是老乡介绍的"[②]。看到其中"商机"的不仅仅是豆芽生产经营者。媒体也曝光了"毒豆芽"的上下游产业链，"添加剂的生产经营者对使用方法都有详细说明。例如，查获的"绿豆专用灵"说明书上写着，取 5 克，可处理干绿豆 5 千克，一次性浸种或拌种即可，可配合豆芽无根激素、优质AB粉、豆芽速长王同时浸泡豆种或拌种。"毒豆芽"事件也体现出了食品安全违规行为的从众效应。

第二，由锚定效应导致的食品安全违规行为。锚定效应是指在不确定性条件下，人们倾向于选择某个参照点作为决策的目标以降低不确定性环境下的决策模糊性，继而在参照点的指引下通过一定的调整并做出最终的行为决策。临近一个时间段的平均收益、理性的最高收益，或决策者认为的行业平均收益常常成为决

① 资料来源：慧聪食品工业网，http://info.food.hc360.com/2013/11/270920772239.shtml。

② 资料来源：食品科技网，http://www.tech-food.com/news/2014-1-26/n1069308.htm。

策者的经济收益参考点。“问题叉烧”事件是一起典型的由食品生产经营者自身存在的锚定效应而导致的食品安全事件。2014 年 2 月 6 日，媒体曝光了南宁某知名连锁米粉店所有叉烧均为病死猪肉做成的问题叉烧，店主刚开始并不知道所采购叉烧为病死猪肉做成，只因价格便宜进行了采购，“然而时间长了，这个叉烧价格摆在那里，比市场低很多，心里也就明白了这个叉烧有问题”。但长期使用的问题叉烧的确节省了原材料成本，且未曾发生过食品安全问题纠纷，这部分节省的成本对于米粉店店主而言，已被当做日常经营的“正当收益”，并且是一笔没有风险的稳定收益。反而，若因采购没有问题的叉烧而使采购成本提升反而成为米粉店店主的损失，即米粉店店主将其看做目标收益的损失。将问题叉烧带来的超额违规收益作为参考点无疑提升了米粉店店主的风险偏好，最终其违规行为被群众举报并被监管部门查封。

除了易得性偏差和锚定效应外，还存在许多其他启发式认知偏差或人们的过失错误行为，其都能够导致食品安全事件的发生或蔓延。尤其在食品市场的高度信息非对称的现实情境中，原本复杂的食品供应链更加充满了不确定因素。而决策任务的复杂性程度是导致认知出现偏差的主要因素，决策任务的复杂性程度与决策信息量、决策所需时间长短、影响决策的不确定因素及其变化直接有关。我国众多且分散的食品生产经营者需要在不同的情境下频繁地做出各种不同复杂程度的决策，许多决策行为是深思熟虑的结果，也有些决策行为是即时考虑甚至是冲动决策的结果。大量事实证明食品安全违规企业或个人大多具有机会驱动特征，在某个特定的场景下由于一些偶然因素而选择了违规行为，并不是所有的违规行为都属于有计划的违规（谢康，2014）。例如，我们列举的由代表性偏差、易得性偏差等造成的非理性的食品安全违规行为显然无法简单地用理性人的经济学原理予以解释。

可以说，食品的信任品特征、我国现阶段的发展国情以及人们惯用的决策方式是我国食品安全事件的主要诱发情境，三者之间的共同作用导致了我国现阶段食品安全违规行为屡禁不止的窘境。并且，食品安全事件已波及人们日常食用的大多数食品种类，严重的食品安全事件几乎在食品供应链的每一个环节均有发生，尤其与发达国家相比，我国食品安全事件的发生主要来自人源性因素，因而我国食品安全事件呈现出了很强的随机性，这主要表现在违规形式多样、违规行为往复，并且违规时点具有很强的不确定性。在现实中，违规者一旦有机会，如在信息屏蔽、监管不严、制度空白等情况下，便选择机会主义行为，在暂时的监管专项打击的紧张局势下则选择不采取机会主义行为，食品安全违规者的“游击队”行为造成了我国食品安全违规行为具有明显的随机性特点，而食品安全违规行为随机性出现的决策根源在于食品生产经营者在复杂和不确定的现实环境中常常采用权变策略（contingent strategies），即根据现实情境和条件选择灵活变化的行动方案，而不是采用简单的相互独立的行动策略。

这样的权变选择既体现出在不同收益成本条件下违规者理性行为选择的多样性，也体现出可能由决策环境的不确定性而导致违规者非理性行为选择的决策偏差。我们不否认以理性人为前提假设对食品供应链各方行为尤其是对食品生产经营者行为进行分析的必要性，因为这能够很好地解释供应链主体经济活动的主动趋利特征及最优化选择过程，并且决策者在决策过程中并不是刻意忽视不确定因素，有意去追求由“认知偏差”导致的非理性选择，而是按照自己的偏好（可能并不满足理性人偏好公理假设）对选择对象进行判断、计算和处理，并做出选择以满足自己的目标。我们关注的是，既然食品安全违规行为既有理性行为，也不可避免地存在非理性行为，那么食品安全有关主体理性决策与非理性决策结果有何异同？并且应该如何将理性与非理性决策因素统一到一个分析框架中对食品安全的治理问题进行讨论？

在对有限理性假设的违规决策分析之前，从研究逻辑上有必要先基于理性假设对市场失灵下的监管进行探讨。

2.1.3　市场失灵下的监管[①]

现有研究对责任制度进行了考察，发现责任认定的偏差对企业激励产生重要影响（Sarker，2013）。Klein等（2012）认为，规制者的责任认定偏差会对企业的生产选择产生负向激励，导致企业选择生产低质量的产品。我们的研究表明，当规制者的责任认定能力无法进一步提升时，加强责任处罚能够激励企业选择更加安全的生产技术。大多数责任制度的研究仅仅考虑了责任制度对企业行为的惩罚效应，没有考虑到消费者对企业行为变化的反应（Innes，2006）。我们将消费者行为加入分析，探讨了责任制度的变化对消费者信念的影响。研究表明，加强责任制度能够提高消费的支付意愿，从而为企业改进质量提供更多的激励。然而，如果规制者的认定能力无法达到一个较高的水平，严厉的责任制度将导致企业承担过高的责任风险，会对产业发展产生负面影响。本小节从企业激励的视角出发，着重探讨市场失灵下不同监管工具的作用。

考虑市场中一个代表性消费者和一家代表性企业的博弈。企业可选择生产一单位的优质食品 G 或劣质食品 B，产品以一定的概率通过检验。记 $\sigma=1$ 表示食品通过检验、允许在市场中出售，反之 $\sigma=0$。$\Pr(\sigma=1|G)$ 和 $\Pr(\sigma=0|B)$ 分别表

① 本小节内容发表在龚强、张一林和余建宇《激励、信息与食品安全规制》,《经济研究》2013 年第 3 期，内容有删减、更改和补充。

示 G 通过检验、B 未通过检验的概率。消费者无法观察到产品质量，只对产品质量形成预期。企业和消费者的博弈顺序如图 2-1 所示。首先，企业选择生产技术 $T \in \{G, B\}$。其次，企业对通过检验的产品定价，记价格为 p。最后，消费者决定是否购买产品。

图 2-1　博弈顺序

检验精确度 $\Pr(\sigma = 1|G)$ 和 $\Pr(\sigma = 0|B)$ 受到规制者的检测技术及监管效力的影响。由于规制者在检测和监管方面受到行政资源的局限以及存在被俘获的可能性，检验结果可能与食品的真实质量存在偏差。一方面，采用合格生产技术生产的食品可能无法通过检验 $\left[\Pr(\sigma = 1|G) < 1\right]$。由于食品行业供应链长，结构复杂，产品进入市场同时受到许多其他上下游环节的影响，即使企业采用了符合标准的技术，其产品也不一定能够通过检验（Marette，2007）。2012 年 9 月，德国东部地区上万学生疑因食用进口的中国草莓而出现腹泻、呕吐现象。尽管经国家质量监督检验检疫总局（简称国家质检总局）调查，确认不属于中国企业产品质量问题，然而企业出口仍然受阻。此外，检验者的检测能力、依照的标准都将导致检验结果存在不确定性。近年发生的农夫山泉与统一饮料总砷超标、今麦郎酸价超标、进口奶粉香兰素超标等事件中，不同机构的检验结果就存在较大差异[①]。

另一方面，具有危害的食品可能会通过检验、流入市场 $\left[\Pr(\sigma = 0|B) < 1\right]$。食品供应系统规模庞大，规制者受自身资源的限制无法对供应链的所有环节和产品进行全面且深入的监测，监管缺失在行政资源的约束下难以避免。同时，违法企业还可能对规制者进行俘获。在观察到的许多食品安全事故中，规制者常常行动在社会（媒体报道等）之后，表明现实中存在规制俘获的可能性，即被规制者俘获了规制者，导致行政监管失效（杜传忠，2016）。在存在规制俘获的情况下，行政规则和检查制度的制定可能是有偏的；即使规则不是有偏的，在规制俘获的情况下，规则也不会得到实施。综上，行政监督的资源约束和规制俘获越严重，

① 2009 年 11 月，海南省海口市工商行政管理局委托海南省出入境检验检疫局检验检疫技术中心对农夫山泉和统一公司的多款饮料进行检验，检测结果表明产品中存在过量的重金属元素砷，而之后由国家食品质量监督检验中心进行的检测却未发现总砷超标问题。2012 年 8 月，河南省三门峡市疾病预防控制中心称检测出今麦郎方便面酸价超标（酸价越高，表明产品的油脂酸败程度越严重），而国家粮油质量监督检验中心随后对产品的检验结果是产品合格。2012 年 7 月，湖南省品牌信誉调查中心委托湖南某大学的检测中心对美赞臣、雅培、惠氏等外资品牌奶粉进行检测，结果发现某些企业的奶粉中违规添加了国家禁止的香兰素，而该检测中心不久后又发表声明称检测人员在实验过程中出现判断失误，检测结果基本不含香兰素。

检验的精确度［由 $\Pr(\sigma=1|G)$ 和 $\Pr(\sigma=0|B)$ 衡量］越低。

1）消费者

代表性消费者决定是否购买一单位食品。消费者在购买前，由于无法观察到产品的优劣，只能对企业选择生产优质食品 G 的概率 $\Pr(T=G)$ 形成预期 q。q 衡量了消费者对食品安全水平的预期。假设消费者具有理性预期，即消费者的预期 q 等于均衡状态下企业选择生产优质食品 G 的概率 q^*。通过检验的食品进入市场后，消费者对食品的质量 $\Pr(G|\sigma=1)$ 进行后验估计，根据贝叶斯法则：

$$\Pr(G|\sigma=1)=\frac{q\Pr(\sigma=1|G)}{q\Pr(\sigma=1|G)+(1-q)\Pr(\sigma=0|G)} \tag{2-1}$$

$\partial\Pr(G|\sigma=1)/\partial\Pr(\sigma=1|G)>0$，表明随着质量检验精确度的增加，消费者更容易买到安全的食品。q 与 $\Pr(G|\sigma=1)$ 正相关，两者都能够反映食品质量水平，由于我们重点考察企业选择生产优质食品的激励，因此，在下面分析中主要以 q 衡量食品安全水平。

消费者从优质食品 G 和劣质食品 B 中获得的效用分别 $\overline{u}$ 和 $\underline{u}$。消费者目标函数为[①]

$$\max_{\{b,n\}} I_b\left[E(u)-p\right] \tag{2-2}$$

式中，b 和 n 分别表示购买和不购买；I 为示性函数，$I_b=1$，$I_n=0$；$E(u)=\overline{u}\times\Pr(G|\sigma=1)+\underline{u}\times\Pr(B|\sigma=1)$。当且仅当产品的期望效用 $E(u)\geqslant p$ 时，消费者会选择购买。

2）企业

令企业生产优质食品 G 和劣质食品 B 的成本分别为 c_G 和 c_B，$c_G=c>c_B$。企业不仅知道自己使用何种生产技术，并且在做出技术选择前能够确认生产成本。消费者不仅无法观察到企业实际的生产选择，而且不知道企业选择违法生产技术的具体成本，只知道 $c_G=c$ 及 c_B 的分布，假设 c_B 服从 $[0,c)$ 上的均匀分布[②]。

企业进行垄断定价，将价格定于消费者的期望效用上，即

$$p(q)=E(u) \tag{2-3}$$

企业考虑到检测的精确度以及生产成本，选择使其利润最大化的生产技术：

$$\max_{T\in\{G,B\}} \pi_T=p(q)\Pr(\sigma=1|T)-c_T \tag{2-4}$$

企业是否会生产优质食品 G 取决于 π_G 和 π_B 的相对大小：

---

① 本模型采用的假设与相关文献类似，如 Grossman（1981）。这个基本假设如下：代表性消费者购买一单位商品；消费者剩余为 $u-p$，其中 u 为商品效用，p 是价格；垄断厂商最大化其利润，市场均衡时，价格将等于消费者的期望效用，即 $p=E(u)$。

② 本模型也适用于市场中存在多个企业的情形。假设所有企业生产优质食品的成本为 C，而不同企业生产劣质食品的成本不同且均匀分布于 $[0,c)$。可以证明，此种情形与我们的等价。

$$\pi_G - \pi_B = p(q)\left[\Pr(\sigma=1|G) - \Pr(\sigma=1|B)\right] - (c - c_B) \tag{2-5}$$

当且仅当$\pi_G > \pi_B$时，企业会生产优质食品G，反之则生产劣质食品B[①]。

3）均衡

考虑一般化的情形，存在行政监督的资源约束和规制俘获，采用合格技术生产的优质食品有一定概率无法通过检验，而采用违法技术生产的劣质食品可能进入市场。记$\lambda_1 \equiv \Pr(\sigma=1|G)$和$\lambda_2 \equiv \Pr(\sigma=0|B)$。为了简化分析，令$\lambda_1 = \lambda_2 = \lambda$。$\lambda$衡量了检验的精确度，$1-\lambda$相应地反映出偏差的程度。行政监督的资源约束或规制俘获问题越严重，λ越低；反之，λ越高。一般情况下，尽管无法完全克服偏差，但是质量检验通常具备基本的筛选功能，因此假设$\lambda > 1/2$，即优质食品G能够以相对较高的概率通过质检。

不失一般性，令$\bar{u}=1$，$\underline{u}=0$[②]。由式（2-1）知：

$$\frac{\partial p}{\partial q} = \frac{\lambda(1-\lambda)}{\left[\lambda q + (1-\lambda)(1-q)\right]^2} > 0 \tag{2-6}$$

即消费者的支付意愿随着食品安全的加强而增加。这意味着，如果消费者知道企业有更强的动机生产更加优质的食品，消费者将有意愿支付更高的价格，企业也就能够获得质量改进的回报。另外，$\partial p/\partial\lambda > 0$，即消费者的支付意愿随着检验精确度的提高而增加，这是因为更加精确的检验能够降低消费者面临的不确定性。

对于给定的λ，在均衡状态下存在c_B^*使得$\pi_G^* = \pi_B^*$，此时企业生产优质食品G的概率为

$$q^* = \Pr(c_B^* < \mathrm{c_B} \leqslant \mathrm{c}) = \frac{c - c_B^*}{c} \tag{2-7}$$

进一步根据式（2-5）可得

$$q^* = \frac{\lambda}{c} - \frac{1-\lambda}{2\lambda - 1} \tag{2-8}$$

我们有$\partial q^*/\partial\lambda > 0$，$\partial q^*/\partial c < 0$，由此得到引理2-1：

【引理 2-1】质量检验的精确度越低，或生产优质食品的成本越高，食品安全水平越低。

引理2-1的结论可由式（2-5）说明。式（2-5）为企业生产优质食品G和劣质食品B所获利润的差异，由两部分组成。对于第一部分$p(q)(2\lambda-1)$，由于

① 本模型主要关注企业对优劣产品的选择，如同Daughety和Reinganum（1995），假设食品生产只是企业生产经营活动的一部分，与食品有关的支出（包括生产成本及信息揭示成本和责任处罚）不会导致企业的破产，因此我们暂不考虑企业的市场进入约束。

② 如果令$\bar{u}$、$\underline{u}$为任意满足$\underline{u}<\bar{u}$的效用，可以证明，这种一般化不会对我们的结论产生根本性的影响，但会导致模型分析变得较为复杂。实际中，当劣质食品对消费者健康产生较大危害时，$\underline{u}$为负且绝对值较大。

$\partial p/\partial\lambda>0$，即当质量检验的精确度$\lambda$降低时，消费者的支付意愿降低，企业从销售中获取的回报减少，企业更倾向于通过生产低质量的产品来节约成本。同时，λ减少意味着优质食品G获许流通的可能性下降，企业提供优质食品的意愿降低。这两个因素共同导致食品安全水平下降。第二部分$c-c_B$表示生产优质食品和劣质食品的成本差异，优质食品生产成本c的增加将加重企业生产优质食品的负担，企业有更强的动机生产成本更低的劣质食品，食品质量下降。引理 2-1 表明，在行政监督的资源约束和规制俘获难以克服的情况下，提升食品安全的途径之一是帮助企业提高生产高质量食品的效率。

我们发现，当$c\leqslant 2\lambda-1$时，$q^*=1$，即企业一定会选择生产优质食品G，这是由于优质食品的生产成本足够低，以至于企业生产优质食品可以获得足够多的利润，此时实行食品安全规制不会进一步改进市场的有效性。而当$c\geqslant[\lambda(2\lambda-1)]/(1-\lambda)$时，$q^*=0$，市场中只流通劣质食品。我们在 2.1.4 小节考察信息揭示能否改进这个无效率的结果。我们首先考察假设 1 成立的情形。

假设 1：$2\lambda-1<c<\dfrac{\lambda(2\lambda-1)}{1-\lambda}$

下面我们探讨在检验存在偏差的情况下，如何改进食品安全规制的效率。

2.1.4　信息披露与政策分析

本小节探讨当质量检验存在不足时，规制者如何通过实行强制性的信息揭示，为社会提供监督的平台，激励企业生产优质的产品，推动食品产业的发展。我们还将探讨责任制度和限价对食品安全及食品产业发展的影响。

1. 信息披露

由规制者主导的行政监管在现实中面临监督资源约束和规制俘获，导致监管缺失、偏差等问题。在过去许多的食品安全事件中，企业的违法行为都是由媒体、消费者、民间监督机构等社会成员揭露的，社会整体体现出了强大的监督力量和极高的监督积极性，并且社会惩罚——食品安全问题爆发后，社会对食品企业的惩罚，如拒绝购买企业的产品、股票等——对激励企业改进食品安全起到了重要的作用。在行政监督的资源约束和规制俘获无法有效克服的情况下，提高食品安全水平需要更加充分地利用社会监督，如社会共治等。

我们探讨的信息揭示的核心是引入社会共治或自上而下的监督资源，有效调动社会监督。信息揭示并非规制者强制企业揭示真实的私人信息，而是界定企业揭示哪些环节的信息。规制者根据食品安全生产的要求和特点，让企业公开某些生产和交易关键环节的具体内容（如从经营活动之初的原料采购、运输到原料的储藏，到生产、加工、包装、仓储，到最后产成品的交货和运输等环节，以及何时何地做过何种性质的检测及其结果等），将为社会提供监督的平台。

企业因信息揭示而承担成本。其中，优质企业的成本主要是搜集、披露信息的成本，而对于造假的劣质企业，还包括了产品作假和信息作假的成本，以及作假行为被社会主体（如媒体、消费者、民间监督机构等）发现所承受的社会惩罚，如产品召回、消费者拒绝购买和股价下跌等。因此，劣质企业因信息揭示而承担的成本将更高。在理论分析中，我们用d_T表示企业因信息揭示而承担的成本，我们有$d_G < d_B$。d_G与企业需要揭示的信息量有关，企业需要公示的环节越多，搜集、披露信息的成本越大，d_G越大。记$d = d_G$，d也表示企业需要揭示的信息量。定义$\alpha = d_B / d_G$，α衡量了规制者指定企业揭示环节的合理性。α越大，劣质企业因信息揭示而承担的成本（伪造信息的成本、造假成本、造假被发现的可能性和遭到的社会惩罚）越高。我们将α称为“信息揭示的效力”。通常，相关环节对食品安全越关键，且信息越容易验证，信息揭示的效力越高，即α越大。

例如，如果让企业公示使用的食用油来源，使用地沟油的企业只能虚报用油来源，此时被其“误伤”的食用油生产者能够很快发现并揭露其造假行为，促使社会和规制者对其进行社会惩罚及行政问责。又如，还可以考虑让企业公布产品的质检结果、出具该结果的质检机构等信息。在肯德基“速生鸡”事件中，媒体经查证才发现肯德基公司早在2010年和2011年就被质检机构告知，其鸡肉存在严重的抗生素超标问题，但肯德基仍然继续出售问题鸡肉。然而，如果企业被要求公示相关质检信息，在社会各方面的监督下，问题鸡肉将很容易被发现。企业可能发布虚假信息，但是一旦被发现，企业将陷入更大的信任危机，遭受更严厉的社会惩罚。由于存在各方面的监督，虚假信息将更容易被发现。换而言之，信息揭示能够提供社会监督的平台，调动社会各方面的资源对信息进行甄别和检验。

下面我们考察信息揭示效力α和信息量d的变化对食品安全及企业利润的影响。

其一，信息披露对食品安全的影响。我们在这一小节主要考察信息揭示对社会惩罚的促进作用，因此假设信息揭示不对行政监督的成本约束和规制俘获产生影响，即假设λ不变。此外，我们还假设信息揭示不会对c和c_B产生影响。规制者实行信息揭示后，企业的目标函数为

$$\max_{T\in\{G,B\}} \pi_T = p(q)\Pr(\sigma = 1|T) - c_T - d_T \qquad (2\text{-}9)$$

记信息揭示下的食品均衡质量为q_d^*，此时存在c_B^*使得企业选择生产优质食品G和劣质食品B无差异：

$$\pi_G^* - \pi_B^* = p(q_d^*)(2\lambda - 1) - cq_d^* + d(\alpha - 1) = 0 \qquad (2\text{-}10)$$

从式（2-10）可以看出，信息揭示能够激励企业生产优质食品G，即

$\partial(\pi_G-\pi_B)/\partial d>0$的必要条件是信息揭示的效力$\alpha>1$；当$\alpha\leqslant 1$时，一方面，信息揭示将提高企业成本，另一方面，生产劣质食品的企业在揭示关键性质量信息时所需进行的投入更少，因而使生产优质食品的企业处于不利地位，此时规制者不应实行信息揭示。

食品的均衡质量q_d^*可由式（2-3）和式（2-10）联立求得。我们发现，当信息量$d\geqslant\frac{c-(2\lambda-1)}{\alpha-1}$时，$q_d^*=1$，即企业一定会生产优质食品$G$，此时进一步要求企业揭示更多的信息将加重企业负担而企业无法获得更多收益。因此，我们在后文分析中考察假设2成立的情形。

假设2：$0\leqslant d<\bar{d}$，其中$\bar{d}\equiv\frac{c-(2\lambda-1)}{\alpha-1}$

考察信息揭示对食品安全的影响，我们有命题2-1：

【**命题 2-1**】食品安全随着信息揭示效力和信息量的增加而提高，即$\partial q_d^*/\partial\alpha>0$，$\partial q_d^*/\partial d>0$。

命题2-1的结论可由式（2-10）说明。随着信息揭示效力α和信息量d的增加，企业生产优质食品G的利润相对上升，企业有更强的动机生产优质食品，食品安全水平q提高。同时由于$\partial p/\partial q>0$，q的提高使得消费者支付意愿增加，进一步激励企业生产优质食品，q进一步提高。

命题2-1表明，规制者要求企业揭示的信息，应该是食品安全关键环节的信息，这些信息越易于被社会监督和验证，越能发挥社会监督的作用，劣质企业将越难以进入市场，信息揭示就越能对食品安全起促进作用。

其二，信息披露对产业发展的影响。衡量食品安全规制的效率，不仅需要考量规制能否有效提升食品安全，还需要分析规制是否有助于优质企业积累长期发展的资本。从长远来看，规制者促进优质企业的资本积累，不仅有助于优质企业实现技术创新、降低生产成本，还会激励和帮助这些企业确立以质量为核心的竞争力，从而推动产业的发展和社会整体福利的改进。由此可见，企业生产优质产品所能获得的利润是衡量食品安全规制效率的重要标准，因此我们考察信息揭示对π_G^*的影响：

$$\pi_G^*=p\left(q_d^*\right)\lambda-c-d \tag{2-11}$$

我们首先考察信息揭示效力的提升对π_G^*的促进作用，有引理2-2：

【**引理 2-2**】信息揭示的效力越高，企业生产优质食品的利润越高，即$\partial\pi_G^*/\partial\alpha>0$。

引理2-2表明，提高信息揭示的效力α能够激励企业选择生产优质食品G，由此引致的食品安全水平q的提升使得消费者支付意愿增加，企业收益上升，因此，提高α将提高优质企业的利润。也就是说，提高信息揭示的效力将有效促进生产优质食品的企业获利，推动产业发展。

当信息揭示的效力α给定时，规制者只能通过要求企业披露更多的信息来提高食品安全和企业生产优质食品的利润，由式（2-11）可知：

$$\frac{\partial \pi_G^*}{\partial d}=\lambda \frac{\partial p}{\partial q}\bigg|_{q=q_d^*}\frac{\partial q_d^*}{\partial d}-1 \tag{2-12}$$

增加信息量d将对π_G^*产生两方面的影响。一方面，$\lambda \frac{\partial p}{\partial q}\bigg|_{q=q_d^*}\frac{\partial q_d^*}{\partial d}>0$，即$d$增加，食品安全水平上升，消费者支付意愿提高，企业收益增加。另一方面，规制者每增加一单位d，企业总成本上升一单位。d的变化对π_G^*产生正负两个方向的影响。可见，强制企业进行过多的信息披露可能会损害企业生产优质食品的利润，对食品产业的长期发展产生不利影响。最优信息量满足命题 2-2。

【命题 2-2】存在$\underline{\alpha}=\frac{(2\lambda-1)^2}{(1-\lambda)c}+\frac{1-\lambda}{\lambda}$和$\overline{\alpha}=\frac{c}{1-\lambda}+\frac{1-\lambda}{\lambda}$，且$1<\underline{\alpha}<\overline{\alpha}$，使得：

（1）当$\alpha>\overline{\alpha}$时，提高信息量总会增加企业生产优质食品的利润，即$\partial\pi_G^*/\partial d>0$；

（2）当$\underline{\alpha}<\alpha<\overline{\alpha}$时，存在一个最优的信息量最大化企业生产优质食品的利润；

（3）当$\alpha<\underline{\alpha}$时，提高信息量总会降低企业生产优质食品的利润，即$\partial\pi_G^*/\partial d<0$。

根据命题 2-2，当信息揭示效力α较高时，如果规制者提高信息量d，企业揭示劣质食品B的成本d_B将相对于揭示优质食品G的成本d_G大幅上升，生产劣质食品更加无利可图，因此企业有极强的动机生产优质食品，食品安全水平q大幅提升，消费者的支付意愿显著提高，此时信息揭示对企业生产优质食品的收益的贡献远远超过其对成本的增加，因此π_G^*增加。此时，信息揭示能够促进食品安全和整个行业的协调发展。相反的，当α较低时，即使规制者强制企业揭示更多的信息，也难以为企业选择生产优质食品G提供足够的激励，消费者支付意愿的增加有限，企业生产优质食品的收益无法覆盖信息揭示的投入，π_G^*下降。

当α处于中等水平时，信息揭示对企业生产优质食品的收益的贡献随着信息量的增加而逐步减小，而信息揭示的边际成本始终为 1，因此存在一个最优的信息量，在该水平上，企业生产优质食品的边际收益等于边际成本，π_G^*达到最大化。此时进一步提高信息量将导致π_G^*下降。

以上分析表明，信息揭示的效力是决定信息揭示能否发挥作用的关键因素。要求企业揭示的信息并非越多越好，更重要的是要求企业揭示哪一个环节的信息。

规制者强制企业揭示的信息，应当能够有效限制劣质企业进入市场，同时不会对高质量企业产生沉重的负担。在这种情况下，信息揭示将促进食品安全的提高和食品产业的发展。相反的，如果信息揭示无法对优质企业和劣质企业产生差异化的影响，规制者就不应该实行信息揭示。

2. 责任制度

这里探讨责任制度在食品安全规制中的作用，我们将重点考察当责任认定存在偏差时，是否越严厉的责任制度越有利于食品安全和产业发展。

其一，责任制度对食品安全的影响。假设企业未通过规制者的检验需要支付的罚金为 f ，此时企业的目标函数为

$$\max_{T\in\{G,B\}} \pi_T = p(q)\Pr(\sigma=1|T)-c_T-f\Pr(\sigma=0|T) \tag{2-13}$$

式中， $f\Pr(\sigma=0|T)$ 为企业承担的责任风险。显然，生产优质食品 G 的责任风险 $f(1-\lambda)$ 小于生产劣质食品 B 的责任风险 $f\lambda$，其中 $1-\lambda$ 反映了责任认定的偏差程度。记责任制度下的食品均衡质量为 q_f^*，此时存在 c_B^* 使得企业生产优质食品 G 和劣质食品 B 无差异：

$$\pi_G^*-\pi_B^*=[p(q_f^*)+f](2\lambda-1)-cq_f^*=0 \tag{2-14}$$

联立式（2-3）和式（2-14）可以得到食品的均衡质量 q_f^*。我们发现，当 $f\geqslant\dfrac{c}{2\lambda-1}-1$ 时， $q_f^*=1$ ，即企业一定会选择生产优质食品 G ，此时更加严厉的责任处罚无法进一步提高食品安全，而只会让企业承担过高的责任风险。因此在后文分析中，我们考察假设 3 成立的情形。

假设 3： $0\leqslant f<\bar{f}$ ，其中 $\bar{f}\equiv\dfrac{c}{2\lambda-1}-1$

考察责任处罚力度的改变对食品安全的影响，有引理 2-3：

【引理 2-3】食品安全随着责任制度的加强而提高，即 $\partial q_f^*/\partial f>0$ 。

提高 1 单位责任处罚，如果企业生产优质食品 G ，其责任风险增加 $1-\lambda$ ，而如果生产劣质食品 B ，责任风险增加 λ 。由于 $1-\lambda<\lambda$ ，企业为了减少责任风险将有更强的动机生产优质食品，食品安全得到加强。

其二，责任制度对产业发展的影响。与信息揭示相同，高效率的责任制度不仅需要有效提升食品安全，还需要对产业发展有良好的促进作用。当责任认定的能力给定时，规制者面临这样一个重要的问题：是否越严厉的责任制度越有利于产业的长远发展？考虑责任制度对 π_G^* 的影响：

$$\pi_G^*=p(q_f^*)\lambda-c-f(1-\lambda) \tag{2-15}$$

微分得

$$\frac{\partial \pi_G^*}{\partial f} = \lambda \frac{\partial p}{\partial q}\bigg|_{q=q_f^*} \frac{\partial q_f^*}{\partial f} - (1-\lambda) \tag{2-16}$$

可以看出，加强责任制度会对 π_G^* 产生正负两方面的影响。一方面，$\lambda \frac{\partial p}{\partial q}\bigg|_{q=q_f^*} \frac{\partial q_f^*}{\partial f} > 0$，提高责任处罚 f 将增加消费者的支付意愿，企业生产优质食品的收益增加。另一方面，由于责任认定存在偏差，提高 1 单位 f 会给企业带来额外的责任风险 $1-\lambda$。责任制度变化对 π_G^* 的影响由这两部分的相对大小决定。当责任认定的偏差较高时，如果规制者为了加强食品安全而采用过于严厉的惩罚，可能会极大地损害产业发展。相反的，对于给定的责任认定能力，可能存在最有利于企业生产优质食品的最优责任处罚力度。我们首先考察引入责任制度能否提高 π_G^*，有命题 2-3：

【命题 2-3】引入责任制度能够提高企业生产优质食品的利润，即 $\frac{\partial \pi_G^*}{\partial f}\bigg|_{f=0} > 0$。

命题 2-3 表明，较低的责任处罚对 π_G^* 产生的正效应大于责任风险的负效应，对企业实施一定程度的责任处罚，不仅能够激励企业提高质量，还能够保证企业获得质量改进的回报。引理 2-3 和命题 2-3 反映出责任制度与质量监督检验具有一定互补效应。

对于规制者是否应该实行更加严厉的责任制度，以进一步提高食品安全和企业生产优质食品的利润，我们有命题 2-4：

【命题 2-4】当 $\lambda < 1/(2-c)$ 时，存在最优的责任制度最大化企业生产优质食品的利润。在此之上，进一步提高责任处罚将损害企业生产优质食品的利润。

命题 2-4 表明，合理的责任制度能够对食品安全和产业发展产生显著的促进作用。然而，当责任认定存在一定程度的偏差时，如果规制者实行过于严厉的责任制度，即 f 超过 f^*，企业生产优质食品的收益将无法弥补其承担的高责任风险，从而导致 π_G^* 下降，此时责任制度将对产业发展产生负面影响。

命题 2-4 还表明，当优质食品的生产成本 c 较高，即条件 $\lambda < 1/(2-c)$ 更容易达到时，提高责任处罚 f 更有可能损害 π_G^*。c 的增加将降低责任制度对食品安全的促进作用，消费者支付意愿随着 c 的增加而降低，企业收益下降。同时，c 的增加还会增大企业的成本压力。因此，当优质食品的生产效率较低时，过于严厉的责任制度很可能会限制高质量企业的利润，不利于产业发展。规制者在制定责任制度时，

应当充分考虑到责任认定中的潜在偏差以及企业的成本负担①。

3. 价格管制

食品在通货膨胀指数中占有较高的权重，食品价格的快速上涨很可能对消费者，特别是低收入人群，造成沉重的负担。在这种情况下，规制者可能对食品实行限价管理。本部分探讨价格管制对食品安全、产业发展、消费者福利和社会总福利的影响。

考虑政府实行价格管制，规定食品价格上限为 $\overline{p}$ ，且 $\overline{p}<p^*$ ，其中 $p^*\equiv p(q^*)$ 为规制者仅实行质量监督检验时的食品价格。记价格管制下的食品均衡质量为 q_{pc}^* 。

【命题 2-5】规制者实行价格管制，尽管消费者剩余提高，但是食品安全、企业生产优质食品的利润和社会总福利同时下降。

命题 2-5 表明，价格管制降低了企业进行质量改进的回报，对企业生产优质食品的激励产生负面影响。在现实情况中，当上游原材料的价格快速上涨时，原本生产高质量食品的企业会面临更大的成本压力，而限价政策限制了这些企业通过提价来化解成本压力，从而使得这些企业发现，使用成本更低但可能危害食品安全的生产技术更加有利可图。

4. 市场失灵

当 $[\lambda(2\lambda-1)]/(1-\lambda)\leqslant c$ ，此时若不采取规制手段，均衡状态下 $q^*=0$ ，企业不会选择生产优质食品，市场失去效力。考察信息揭示和责任制度能否改善市场失效，我们有命题 2-6：

【命题 2-6】当 $[\lambda(2\lambda-1)]/(1-\lambda)\leqslant c$ ， $q^*=0$ 时，足够大的信息揭示效力 α 、信息量 d 和责任处罚 f 能够改进这个无效率的结果，使得 $q^*>0$ 。

5. 规制俘获

在现有的制度环境下存在两种规制者被俘获的情形。一方面，行政规则和检查制度可能存在偏差，劣质企业可能通过俘获规制者进入市场，检验的精确度 λ 因规制俘获而降低；另一方面，即使规则不是有偏的，规制者也可能因规制俘获而不作为，行政问责也可能无法得到有效的实施，这体现为劣质企业受到的行政处罚 f 减少。我们考察规制俘获对食品安全的影响，有命题 2-7：

① 可以证明，当 $\lambda>1/(2-c)$ 时， $\left.\frac{\partial\pi_G^*}{\partial f}\right|_{f=0}>0$ ， $\left.\frac{\partial\pi_G^*}{\partial f}\right|_{f=\overline{f}}>0$ ， $\frac{\partial^2\pi_G^*}{\partial f^2}<0$ ，此时加强责任制度总是能够同时提升 q_f^* 和 π_G^* 。

【**命题 2-7**】当规制俘获导致检验精确度 λ 降低时，规制俘获将降低食品安全水平，即 $\partial q^{*}/\partial \lambda > 1$；当规制俘获导致的行政处罚 f 减少时，规制俘获同样会降低食品安全水平，即 $\partial q_{f}^{*}/\partial f > 0$。

命题 2-7 表明，在现有的制度环境下，规制俘获将对食品安全产生严重的不利影响。在这样的情况下，信息揭示可能有利于降低规制俘获的可能性。一方面，企业揭示的信息将直接受到社会的监督，由人为因素导致的劣质产品通过检验的情况可能更容易被社会发现。另一方面，信息揭示不仅为社会提供了监督企业的平台，相关部门的监管效力也将在平台中体现，这有助于减少相关监管部门的不作为。因此，信息揭示不仅能在存在规制俘获的情况下有效提高食品安全，也能通过降低检测的偏差和减少监管部门的不作为来克服潜在的规制俘获问题。

我们发现，当生产监督和质量检验受到局限，难以充分保证食品安全时，信息揭示是提高食品安全规制效率的有效工具。尽管强制性的信息揭示会增加单个企业的成本，但是信息揭示能够抑制劣质企业进入市场，提升消费者对行业整体的信任度，使得市场中的优质企业获得更高的利润，进一步激励企业提高产品质量，推动食品产业向更好的方向发展。我们还发现，信息揭示的效力是决定信息揭示能否发挥作用的关键因素。信息揭示效力的提高一定能够带来食品安全和高质量企业利润的提升。从信息揭示效力的视角出发，可以看出，规制者应该强制规定企业揭示怎样的信息。当信息揭示的效力达到一定水平时，规制者可以进一步要求企业针对相关信息进行更多的揭示。然而我们也发现，在一定情况下，过高的信息量将不利于企业获得质量改进的回报，这也反映了食品安全市场失灵的复杂性。

2.2 政府失灵：食品安全违规行为的治理困局

2.2.1 治理政策与监管博弈困境

针对腐败、盗版、偷排和偷税等具有严重信息非对称特征行为的治理或规制，发现概率和处罚力度是两个基本控制变量。由于食品具有较高的信任品特征，同样存在严重的信息非对称，因此，发现概率和处罚力度也构成食品安全治理的两个基本控制变量。现有研究提出了五个方面的主要治理政策：

第一，解决食品行业信息非对称的一个思路认为，在现有制度环境下，受行政资源的局限与规制者在检测与监管方面存在技术及认知偏差，食品企业有机会采用成本更低的不良生产技术。逆向选择、道德风险的扩散和法不责众的困境，导致食品安全管制失效，当政府监管不力时道德风险的收益将普遍高于合规的收益。因此，通过可追溯体系，扩大监管覆盖面，提高检测技术，转变监管模式，形成信息披露机制提高食品安全违规行为的发现概率，再通过加大处罚力度等方式可以抑制食品市场中的机会主义行为（Ortega et al.，2011；李想和石磊，2014；王可山，2012）。其中，信息披露是构建食品安全有效监管的重要条件，规制者不仅要界定企业需要披露哪些生产和交易环节的信息，而且要为社会提供监督平台。同时，通过以食品安全信用档案为中心，建立法律制度系统，确保企业违法信息能迅速进入公众的认知结构，为消费者及时启动声誉处罚奠定基础（吴元元，2012）。

第二，解决食品行业信息非对称的另一个思路认为，加大处罚力度有一定合理性。但如果维持高质量均衡所需的事后处罚量较大，现实中基于繁重的执法负荷和稀缺的公共执法资源而难以有效执行，或者在行业层面信息非对称后基准水平的处罚力度可能变得不足以形成有效威慑。对食品安全违法行为的威慑何以有效？这是破解食品安全监管困境的关键所在，因此，迫切需要创新治理形式。一方面，除通过严格的政府管制来形成行业自律外，消费者参与、媒体监督、行业组织等第三方参与也构成解决食品安全问题的一个重要途径（李想和石磊，2014；张国兴等，2015）；另一方面，通过社会声誉机制，如发布黑名单给予谴责等，形成对违规者的声誉惩罚，进而提高违规者的直接和间接机会损失。然而，现代食品行业与公众之间的信息鸿沟使消费者难以自发形成有效的声誉机制，也存在声誉处罚失误问题，如不真实新闻报道等，从而可能降低声誉惩罚的实际效果（吴元元，2012）。

第三，中国食品市场出现行业信任危机，既是政府监管不力导致企业产生挤出效应形成行业群体道德风险的结果，也是食品行业信息非对称的结果，同时是监管不力和民众对监管制度缺乏信任形成信任品行业以传染效应为主导的结果。因此，治理政策一方面应加大监管力度，另一方面应推动社会第三方参与。此外，对于行业信任危机的治理，不道德行为的传染效应使道德的管理行为难以生存，尽管社会道德风气的良性转化很重要，却不是短期可以实现的，因而治理食品安全依然有赖于严格的监管（李新春和陈斌，2013；李想和石磊，2014；王永钦等，2014）。

第四，除加强政府监管等措施外，给予食品行业或企业相应的补贴奖励政策，也是促进食品行业或企业提升食品安全水平的重要治理政策（许民利等，2012），包括对企业投资可追溯体系的补贴、对信息披露的补贴、对实施HACCP等规范流程或标准的补贴等，降低食品生产者的信息披露成本，扩大消费者对可追溯食品的需求以提高食品安全的保障水平（洪巍等，2013）。由此，可追溯体系能够使供应链上各环节的企业提供更安全的产品，促进供应链成员各方质量协同的合作

（Aung and Chang，2014；肖静华等，2014）。在食品安全市场上，虽然信息披露会增加单个企业的成本，但可以提高食品行业的整体可信度，进而提高消费者的支付意愿，最终提高行业利润而激励企业向更安全的生产方向转型（龚强等，2013）。

第五，司法独立，强化对各级食品监管部门的履职督察和问责，也是维护食品安全市场均衡发展的重要治理政策。具体包括：一是司法独立，引入垂直监管，将食品安全纳入地方政府绩效考核；二是通过法律法规加大对食品监管渎职罪的打击力度；三是督察和评价食品安全控制行为的效果，建立食品质量政府监管有效性指数及其评价体系；四是将运动执法或被动执法转变为预防性监控，强化信息公开和食品渎职罪问责（Bakos and Dellarocas，2011；陈晓华，2012）。

综合上述五个方面的食品安全治理政策，尽管政策内容不一，但本质依然建构在发现概率和处罚力度这两个基本控制变量上。腐败治理研究认为，在腐败源广泛存在的情况下，任何一种手段的有效实施都要支付社会无法承受的高昂成本，类似的困局同样出现在当前中国食品安全治理研究的政策分析中。在食品行业存在社会信任危机时，社会为提高发现概率需要支付更高的信息披露机会成本，为加大处罚力度需要支付更高的监督、执法和督察等机会成本。针对这些困境，现有研究的考察是不完整和不清晰的，有必要进行进一步的探讨。

Ababio和Lovatt（2015）认为，食品生产商是否选择生产安全的产品主要受到五个因素的影响，即组织学习、规制类型、利益相关者的影响、规制的强制力度和公司文化。这些影响因素所涉及的主体无外乎食品企业、消费者和监管者三者。Henson和Caswell（1999）从博弈与均衡的角度切入，认为监管是各利益主体间的博弈，食品安全监管政策的选择是消费者、生产商、政府等利益团体博弈的均衡解。因此，食品安全问题的三个核心主体是食品生产经营者（包括食品供应链各环节的供给方）、消费者和政府监管者，三者的相互作用决定了食品安全水平。我们将从三者之间的博弈关系出发分析食品安全治理中政府失灵的困局。

作为食品安全的监管者，政府监管部门面临的博弈困境主要体现在以下三方面。

第一，食品生产经营者面临的多层机会主义诱惑。食品生产经营者在许多时候都受到机会主义的强烈诱惑。

首先，食品供应链是一个高度信息非对称的环境，其涉及范围广、跨度大、种类多、流程复杂，任一环节食品生产经营者都具有信息优势，只要生产经营者不主动对外提供信息，外部主体往往需要付出大量的成本才可能掌握生产经营者的部分生产过程信息。在生产过程具备绝对信息优势的情况下要求理性的生产经营者在生产全过程中始终遵守规则是很困难的，这是食品生产经营者面临的第一层机会主义诱惑。

其次，由于食品的信任品和经验品特性，即使生产经营者违规生产不合格食品，消费者在庞杂的食品市场上也无法识别出哪些是合格食品，哪些是不合格食品，即使在食用食品后往往也难以及时发现。一些监管不严的食品，甚至一旦进入市场流通环节，便无法追踪其生产或供应来源，这是食品生产经营者面临的第二层机会主义诱惑。

最后，在竞争性市场中，食品生产经营者的生产成本和生产质量成正比，生产质量和监管惩罚风险成反比，即更高质量的产品意味着更高的生产成本，更高质量的产品意味着更低的监管惩罚风险成本，这就使得食品生产经营者需要不停地在生产成本与监管风险之间做出选择。在我国经济社会发展的现阶段，食品安全监管资源不足已成为各方潜在共识，监管者难以对食品安全违规行为进行全区域、全品类、全时段的严格监管，而往往只是重点对食品安全的“重灾区”或食品安全的舆论关注区进行大力监管，对于普通食品安全领域则只能进行普通的适度监管或间断性的强力突击监管。即政府有侧重点的大力监管行为只对小部分食品子领域产生了有力的威慑。总体而言，监管资源不足的现状使得食品安全违规行为的总体发现概率依旧不高，难以形成食品领域的全面威慑。反之，一旦食品生产经营者选择了更低成本地生产不合格食品，在违规者看来便能够大概率地获得超额利润，并在市场上形成价格竞争优势。这是食品生产经营者面临的第三层机会主义诱惑。处于一个始终充满了强烈机会主义诱惑的环境中，食品安全违规行为屡禁不止便不足为奇。

第二，食品安全监管资源严重不足的严峻现实。与食品生产经营者面临着强烈机会主义诱惑形成鲜明反差的是，我国食品安全监管者将在未来相当一段时期内面临监管资源严重不足的现实。

首先，我国食品产业“多、小、低、散”现状将在未来较长一段时期内存在。在我国食品供应体系中，行业整体集中度低，大型食品供应商只占少数，截至 2007 年，全国共有食品生产加工企业 44.8 万家，其中规模以上企业 2.6 万家，产品市场占有率为 72%；规模以下且 10 人以上企业 6.9 万家，产品市场占有率为 18.7%；10 人以下小企业小作坊 35.3 万家，产品市场占有率为 9.3%（《中国的食品安全状况》，2007 年）。而某些食品细分行业的集中度甚至更低。例如，我国猪肉加工的四强企业，其加工能力占规模以上企业总加工能力的比例仍不足 10%，而美国猪肉加工四强企业占全国总加工能力的 50%以上，荷兰猪肉加工三强企业的加工能力占全国总加工能力的 74%，丹麦最大猪肉加工企业的加工能力占全国总加工能力的比例高达 80%。又如，饮料市场，美国十大饮料公司占全美饮料总产量的 96.9%，远高于我国 39.5%的水平。虽然我国食品产业的市场集中度正在逐步提高，但当前依旧处于小散的局面。然而，全国专责食品生产监管的内设机构约 1 200 个，人员不足 2 000 人，而他们面对的监管企业达 45 万家，这还不包括数量更多的小作坊和小商贩（刘录民，2009）。

其次，食品的复杂多样和食品安全问题的重要性造成了食品标准规范过多的现状，而繁杂的食品标准既令执法部门和企业无所适从，也对食品安全监管资源的投入提出了更高的要求。我国现行食品质量标准分为国家标准、行业标准、地方标准和企业标准，各级标准对食品产品的质量、规格和检验方法等分别有明确规定。根据珠海市质量技术监督标准与编码所的数据，截至 2007 年，我国总共有 1 070 项食品工业国家标准和 1 164 项食品工业行业标准，为了适应进出口食品检验，还有进出口食品检验方法行业标准 578 项（苏方宁，2007）。《食品工业“十二五”发展规划》中指出，到 2015 年，我国将完成制（修）订国家和行业标准 1 000 项。现有食品质量标准主要有两方面的问题：一方面，国家标准、行业标准相互重复，甚至有些标准的技术内容与相关法律不一致。例如，饮用纯净水、食盐、酱油等都有两套标准，苹果既有国家标准又有农业部颁布的无公害标准、绿色标准、苹果外观等级标准，还有原商业部颁布的苹果销售质量标准，并且某些标准之间在内容上存在矛盾，如《食品添加剂使用卫生标准》（GB 2760—1996）规定在速冻主食品、糕点、月饼中不得检出苯甲酸，但这些产品的主要原料是面粉，标准允许添加过氧化苯甲酰作为增白剂，而过氧化苯甲酰在面粉中起氧化反应时会产生苯甲酸，因而符合标准的面粉却生产出了不合格的产品。另一方面，一些标准的指标设定不合理。例如，过量摄入二氧化硫会对人体健康造成危害，而二氧化硫却是葡萄酒中很重要的添加剂，此类食品添加剂应该是有关食品标准需要严格规定的内容。然而我国当前有三个规定二氧化硫添加剂的标准，即《发酵酒卫生标准》、《食品添加剂使用卫生标准》和《葡萄酒产品标准》，并且各标准对二氧化硫的规定使用量存在明显的差别，有的过于苛刻，有的则过于宽松。而与繁杂的监管标准相悖的是匮乏的基层监管机构检测检疫设备、落后的食品安全检测技术、尚不科学系统的检测方法。

第三，“绝对安全”与“相对安全”的困难选择。食品安全所具有的“相对性”内涵进一步加大了监管者对食品安全的监管难度。食用后不可能导致任何健康问题的食品（或成分）是绝对安全的，也就是绝对没有风险，而在合理食用下不会对人体健康产生损害的食品（或成分）则是相对安全的。事实上很难界定哪些食品是绝对安全的，不可能存在绝对安全的食品。首先，某些化学物质和微生物始终存在于食品的整个生命周期中，它们必然会对食品造成一定的“污染”，但在合适的环境条件和一定的摄入量下，这些食品是安全的。其次，现有食品科技并不能清晰地检测出食品中可能包含的所有化学成分或微生物，即使能够检测出往往也无法判断其是否对人体健康有害。例如，在三聚氰胺毒奶粉事件中，没有充分的科学依据能够证明三聚氰胺是有害或无害的，只能基于事实做出粗略判断。最后，食品安全水平本身并不仅仅由食品决定，还受到食品外在的其他因素的直接影响，如食品食用者的身体情况、食品的食用方式，甚至是食品食用的时间地点等，过敏人群对特定食品的严重反应甚至可能造成生命危险，然而这种食品对于其他人而言却是安全有益的。

因此，食品安全是一个交叉着“事实判断”和“价值判断”的概念，并不仅仅局限于食品本身（刘录民，2009）。这对食品安全的监管提出了挑战。鉴于中国当前对食品的实际需求和食品的客观状态，不可能也不应该对食品安全水平的监管标准加以十分严格的规定。以饮用水为例，监管者若严格规定水的“纯净”标准，如纯净水不应含有任何杂质和微生物，则很可能许多饮用水都会成为不达标的产品，但事实是人们不可能都有经济能力天天选择消费符合严格标准的纯净水，若因此造成了低收入群体“无水可饮”则可能对人们造成更大的危害。但若不严格加以规定，则变相给予了食品生产的潜在违规者更多的机会主义空间。

2.2.2　市场供需困境与消费者信任困境

从市场角度来看，食品安全监管存在着供需困境，主要体现在以下两方面。

第一，客观存在的需求。当前，中国仍处于经济快速发展的阶段，民众的生活水平相比过去虽有明显提升，但总体上离富裕社会仍有较大差距。在中国共产党第十八次全国代表大会上，胡锦涛同志在《坚定不移沿着中国特色社会主义道路前进　为全面建成小康社会而奋斗》报告中提出，到 2020 年实现中国全面建成小康社会。反映一个国家或区域民众生活水平的主要指标为恩格尔系数和基尼系数[①]，从中国恩格尔系数和基尼系数水平可以看出，中国民众在食品方面的支出依然不够富足，这源于中国现阶段的经济发展水平，因而在未来较长一段时期内，中国始终存在相当一部分民众对价格低廉的不合格食品甚至是问题食品存在大量的需求。对于这部分人群而言，他们可能刚刚解决温饱问题，但他们的生活水平还远远未达到“不吃安全食品”的状态。相反，若市场上缺少了价格低廉食品的供应，将会对他们的生活产生很大的影响，甚至威胁到他们的日常温饱生存，他们通常是政府“坚决取缔不合格食品生产行为”政策的反对者。现实中，生产经

---

① 恩格尔系数（Engel’s coefficient）是德国经济学家恩格尔于 19 世纪提出的，是指食品支出总额占个人消费支出总额的比重，以反映民众的日常生活水平。根据国家统计局发布的《2013 年国民经济和社会发展统计公报》，2013 年中国农村居民恩格尔系数为 37.7%，城镇居民恩格尔系数为 35.0%，均较上年有所下降，而发达国家的恩格尔系数早已降至 30%以下的水平，这一方面说明中国已度过了解决温饱的阶段，另一方面也体现了中国民众的收入水平和日常生活水平依然不高。基尼系数则是用来综合考察居民内部收入分配差异状况的一个重要分析指标，国家统计局在 2013 年首次公布了中国 2003~2012 年各年的基尼系数，均介于 0.47~0.50，高于国际上基尼系数的警戒线 0.4，若某地区基尼系数高于 0.5，则通常认为该地区的贫富差距过大。因而中国的贫富差距已成为一个突出的社会问题，对于许多贫困地区或低收入人群而言，他们的恩格尔系数甚至达到了 80%以上，远低于国家统计局公布的平均水平。

营者面对的是很大的一个市场空间，不论是完全的理性人还是只具备目标理性的非理性人都会倾向于迎合这样的市场特点，以更低的成本获得更多的利润。另外，耕地不足、技术落后等现实也使得食品生产经营只能依靠单位产量的提高来适应需求的增长，此时，各类化学剂生物技术的应用，如农药、激素、抗生素等，恰恰减缓了这种压力，在产生巨大经济效益的同时也使食品安全问题更加严峻。

第二，传统的饮食文化。中国饮食文化强调食物的“色、香、味、形”一应具备，大众所喜爱的美食更是以此为标准。这与西方的“理性饮食文化”有着明显的不同，西方更讲究的是食物的营养。可以通俗地说，中国民众是因为好吃而吃，西方民众是因为营养而吃。中国饮食文化本没有错，问题在于大众只受到了传统饮食文化关于食品“色、香、味、形”的影响，而不注重食品的安全性。并且，中国饮食讲究食品原料和品类的丰富与新鲜，对“新鲜”的重视程度甚至大过了对食品安全的重视，如各方面都更加安全的冷鲜肉市场销售量远远不及鲜肉的市场销售量。对于食品生产经营者而言，消费者的饮食习惯和需求则传递出了明确的生产方向。为了生产出够“味”和够“靓”的食品以更好地在市场上进行销售，不惜滥用各种调料、食品添加剂、色素等，既破坏菜肴的营养成分还可能对食用者的健康造成损害，甚至利用食品的信息优势根据消费者的需求“量身定制”出假冒伪劣产品。

消费者自身行为也会使食品安全治理出现信任困境，主要体现在以下两方面。

一是消费者对监管的不信任。几乎每次重大食品安全事件背后，都与地方保护主义和行政执法中的失职渎职及腐败行为有关。2004 年阜阳假奶粉事件中，质检部门公布的 30 余种劣质奶粉，大多数出自有名称、有商标、有地址的厂家。两名工商所副所长违法收受贿赂，在明知劣质奶粉导致一名婴儿死亡的情况下，不调查、不汇报、不移送司法机关，采取违法调解、以罚代刑的措施，伪造材料、隐瞒事实真相，最终造成严重后果。2008 年三聚氰胺奶制品中毒事件中，石家庄市委、市政府接到食品中毒报告后隐瞒不报，造成事态的进一步扩大。无独有偶，在金华火腿使用敌敌畏事件遭曝光前，金华有关部门在一次检查中即发现有 25 家企业使用违禁药物生产火腿，但有关官员并未及时采取措施对问题企业予以取缔，反而以牺牲消费者的健康安全为代价保护当地品牌。虽然总体上仍只是少数监管部门存在渎职腐败行为，但在我国食品安全事件屡禁不止和民众对食品安全问题日益重视的矛盾面前，监管部门的公正形象受到极大损害。这样，即使是食品市场上的合格食品，消费者由于对监管的不信任而往往不太愿意为已经通过监管标准的合格食品提高支付水平，这反过来打击了生产经营者提供合格品的积极性，并且对于监管者而言也形成了一个难题，即监管力度不大则无法对违规的生产经营者形成有效威慑，但监管力度过大导致的消费者感知违规增加则会加剧消费者对食品安全的不信任。

二是消费者对监管的不关心。由于食品的信任品和经验品特性，监管者是信息最匮乏的一方，而消费者能够获取部分由自身实际消费获得的一手信息。除消费者的相对信息优势外，消费者也是食品安全事件中最大的受害者，因而也是食品安全问题治理的积极拥护者，有着很强的动力参与到食品安全的监管中对食品安全违规行为进行监督和举报。然而在现实中，消费者对食品安全违规行为的举报或投诉遇到两个主要问题：一是消费者举证难。即使通过消费问题食品等途径发现了食品生产经营者或销售者存在违规行为并向司法寻求帮助，消费者仍要面临举证难的障碍。二是消费者与食品生产经营者或销售商相比是弱小的，并且处于信息的弱势，消费者往往只能证明问题食品来源地点和渠道，却难以证明问题食品是否由食品经营者（或销售商）所致，以及消费者受到的健康损害是否与问题食品具有直接的关联。而食品经营者掌握着技术标准、生产工艺、流通过程等重要信息。

此外，许多食品安全事件还伴随责任归属难以清晰界定的难题，虽然 2009 年版《食品安全法》第 52 条规定，在未履行法定义务的前提下，本市场发生食品安全事故的，应当承担连带责任，但并未明确如何界定连带责任。同时，监管处理效率较低。《食品安全法》规定，对于食品经营者的举报受理采取卫生、质监、工商等多部门受理制度，但这种移送处理制度程序烦琐、耗时长，不利于举报的高效处理，且缺乏有效的处理监督机制，易造成渎职、失职行为，进而影响举报者对监管部门的信赖度，不便于后续处理情况的信息查询与及时反馈（刘广明和尤晓娜，2011），同时增加了消费者参与监管的成本。一旦消费者举报或投诉的食品经营者违规行为得不到预期的解决和应对，久而久之，便会减弱消费者参与食品安全违规行为的监管动力和积极性，导致消费者对食品监管的不作为和不关心。

2.2.3　政策性负担下的政府失灵①

根据上述对食品市场中政府失灵现象的讨论，本小节重点分析即使监管机构具备足够的监管技术和监管能力，政策性负担导致的规制俘获仍然会造成地方政府难以实施严格监管，进而出现食品安全监管缺位而导致政府失灵的现象。

对于如何克服由政策性负担导致的规制俘获以提高市场效率，现有研究分别从不同方面给出了建议：从监管模式的角度来看，政府应该通过建立专门负责监

---

① 本小节内容发表在龚强、雷丽衡和袁燕《政策性负担、规制俘获与食品安全》,《经济研究》2015 年第 8 期，内容有删减、更改和补充。

督的规制机构并实现司法独立（Laffont and Martimort，1998；Laffont and Meleu，1997），通过明晰规制机构的责任权力、避免规制机构的多重任务，并且建立起相应的问责机制来分散规制任务、分割规制者权力（Maskin and Tirole，2004；Laffont and Martimort，1998；Martimort，1999）。从解决信息非对称的角度来看，可以加强监督并提高企业信息的透明度（Shleifer，1985）。本章第 2.1.3 节基于我国现实情况，提出引入独立性较强的新闻媒体、行业协会、认证机构、消费者投诉等社会资源，形成以发挥社会监督与社会信息优势为核心的食品安全信息披露机制，为优质食品企业的发展建立有效的信息平台。

1. 基本模型

我们考察食品安全监管中地方政府、当地代表性食品企业和消费者三者之间的博弈，博弈顺序如图 2-2 所示。

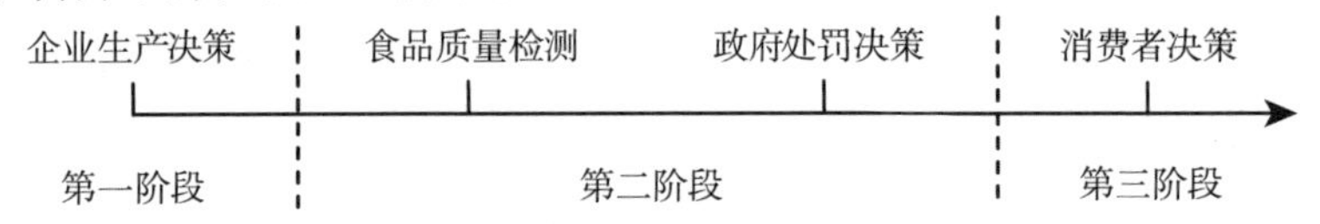

图 2-2　地方政府和食品企业的博弈顺序

具体顺序如下：第一阶段食品企业进行生产；第二阶段地方政府进行食品质量检测，并根据检测结果选择监管行为；第三阶段消费者购买（不购买），各方收益实现。地方政府与食品企业的决策过程如图 2-3 所示。

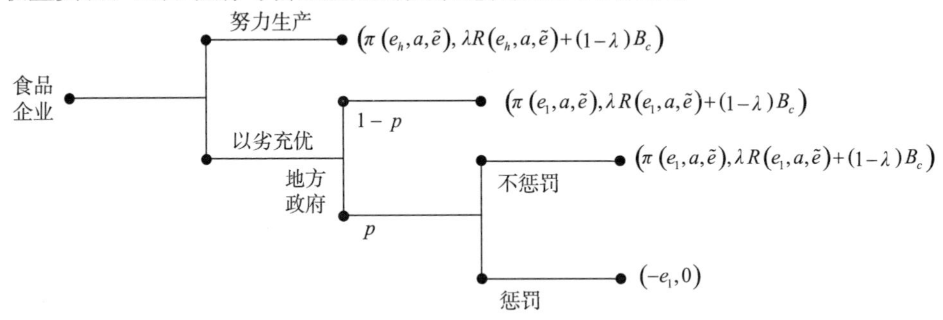

图 2-3　地方政府与食品企业的决策过程

在第一阶段食品企业进行生产时，可以选择努力生产或者以劣充优。企业努力生产意味着在生产过程中会严格控制食品安全、遵循质量标准，如使用合格原料、采取规范技术等，此时将产出优质食品；企业也可能为了降低成本而以劣充优，产出有质量缺陷的食品。这里用e表示企业的生产成本，有

$$e=\begin{cases} e_h, & \text{努力生产} \\ e_l, & \text{以劣充优} \end{cases}$$

式中，$e_h > e_l$。

在第二阶段，地方政府进行食品质量检测和食品安全监管。由于食品种类繁多、成分复杂，政府受自身技术能力所限往往难以做出全面精准的检测。我们用 p 代表质量有缺陷的食品被检出的概率，p 越大，表示监管技术越高。检测后，政府将根据检测结果选择监管行为，即政府在检测出食品质量存在缺陷后，可以选择严惩企业并向消费者公开信息（s）；或者不予惩罚并隐瞒信息（n）。我们用A表示政府的决策集，有 $A=\{s,n\}$。

在第三阶段，消费者进行购买决策。类似于Cachon和Swinney（2009）、Hann等（2008）、Amaldoss和Jain（2005）等模型，我们将市场中的消费者划分为无经验群体和有经验群体，比例分别为 μ 和 $1-\mu$。由于食品市场普遍存在信息非对称，尤其在政府没有公开信息时，消费者往往难以准确判断食品的真实质量。此时，无经验的消费者会选择购买；有经验的消费者会对食品质量进行推断（belief），如果推断企业生产的是优质食品（$\tilde{e}=e_h$），会选择购买，如果推断是质量有缺陷的食品（$\tilde{e}=e_l$），则不会购买。然而，一旦政府严惩企业并公开信息，消费者就会得知企业生产的是质量有缺陷的食品，都不会进行购买。我们用 B_c 表示消费者效用，假定当消费者购买到优质食品将获得 $B>0$ 的正效用；不购买的效用为 0；购买到有质量缺陷食品的效用为 b，考虑到质量有缺陷的食品通常会给消费者的健康造成损害，有 $b<0$。即

$$B_c(e,a,\tilde{e})=\begin{cases}B，& \text{买到优质食品}\\0，& \text{不购买}\\b，& \text{买到有质量缺陷的食品}\end{cases}$$

食品企业的收入依赖于消费者的行为。当两类消费者都购买时，企业获得较高收入 R_h；当只有无经验的消费者购买时，企业获得较低收入 R_l；当两类消费者都不购买时，企业没有收入。即

$$R(e,a,\tilde{e})=\begin{cases}R_h，& \tilde{e}=e_h\\R_l，& \tilde{e}=e_l\\0，& e=e_l,a=s\end{cases}$$

企业利润为企业收入扣减生产成本后的剩余，即

$$\pi(e,a,\tilde{e})=R(e,a,\tilde{e})-e$$

企业的目标是利润最大化。

地方政府的收益包含两个部分，即消费者效用和食品企业对政府政策目标的贡献，也即企业承担的政策性负担，表示为

$$V_g(\lambda,R,B_c)=\lambda R+(1-\lambda)B_c$$

这里 $\lambda \in (0,1)$ 衡量政府对企业效益的重视程度，即政策性负担程度；λR 代表企业承担的政策性负担。

接下来，我们考察两种不同的食品安全监管方式：弹性执法，即地方政府根据食品质量检测结果相机选择最大化政府收益的监管行为；严格监管，即政府严格按照相关法律法规，一旦发现企业以劣充优，就给予严格惩处和信息公开。我们分别探讨两种监管方式下，地方政府、食品企业和消费者之间博弈行为与互动策略。

2. 弹性执法与规制俘获

弹性执法有利于地方政府根据实际情况，灵活选择最能够维护地区经济快速发展和地方就业的监管行为。在博弈 $G=\{e,A,\tilde{e};\pi(e,a,\tilde{e}),V_g(\lambda,R,B_c),B_c\}$ 中，企业首先进行生产决策（e_l 或 e_h），使其预期利润 π 最大化，即

$$\max_{e\in\{e_l,e_h\}} \pi(e,a,\tilde{e}) \tag{2-17}$$

接下来，地方政府对食品质量进行检测。如果检测出食品存在质量缺陷，政府将决定采取何种监管行为（s 或 n）实现政府收益 V_g 最大化，即

$$\max_{a\in\{s,n\}} V_g(e_l,a,\tilde{e}) \tag{2-18}$$

最后，有经验的消费者将根据其推断决定是否购买，理性预期的条件为

$$\tilde{e}=e \tag{2-19}$$

当市场达到均衡时，式（2-17）~式（2-19）同时满足。

我们考察上述博弈中政策性负担、监管技术与监管能力和消费者效用如何影响政府及企业的决策。

第一，政策性负担。

我们首先考察政策性负担的两个方面，即政策性负担程度和企业规模。

其一，政策性负担程度。政策性负担程度 λ 衡量地方政府对食品企业效益的重视和依赖程度，λ 越大表明政府对企业效益越重视、依赖程度越高。

根据博弈分析，我们有引理 2-4：

【引理 2-4】市场均衡条件下，当 $\lambda>-\dfrac{\mu b}{R_l-\mu b}$ 时，存在唯一纯策略均衡 (e_l,n,e_l)；当 $-\dfrac{b}{R_h-b}<\lambda<-\dfrac{\mu b}{R_l-\mu b}$ 且 $p<\dfrac{e_h-e_l}{R_l}$ 时，存在唯一纯策略均衡 (e_l,s,e_l)；当 $\lambda<-\dfrac{b}{R_h-b}$ 且 $p>\dfrac{e_h-e_l}{R_l}$ 时，存在唯一纯策略均衡 (e_h,s,e_h)；当 $\lambda<-\dfrac{b}{R_h-b}$ 且 $p<\dfrac{e_h-e_l}{R_h}$ 时，存在唯一纯策略均衡 (e_l,s,e_l)；当 $\lambda<-\dfrac{b}{R_h-b}$ 且

$\frac{e_h - e_l}{R_h} < p < \frac{e_h - e_l}{R_l}$时，存在多重均衡$(e_h, s, e_h)$、$(e_l, s, e_l)$，其中，均衡$(e_h, s, e_h)$帕累托最优。

因此，在食品安全监管中，我们发现有命题 2-8：

【命题 2-8】在弹性执法中，政策性负担程度过大易导致地方政府被规制俘获，食品安全监管出现缺位。即存在$\bar{\lambda} = -\frac{\mu b}{R_l - \mu b}$，当$\lambda > \bar{\lambda}$时，企业会选择以劣充优，而政府的理性选择是不予严格惩罚。

命题 2-8 表明，政策性负担程度过大是诱发政府食品安全监管缺位的重要因素。对于对当地发展就业有着重大影响的食品企业，地方政府难以承担严惩带来失业激增、税收锐减、发展受阻等严重后果。企业利用这一点，就可以迫使政府在发生食品安全事故时放弃严格执法，甚至提供庇护支持。这解释了在三聚氰胺、双汇瘦肉精等事件中，地方政府甘冒风险为事故企业包庇隐瞒的现象。

其二，企业规模。企业规模也是影响政策性负担的重要因素，我们用企业收入R_l[①]来表示。与上一部分分析类似，我们有命题 2-9：

【命题 2-9】在弹性执法中，企业规模过大易导致地方政府被规制俘获，食品安全监管出现缺位。即存在$\bar{R}_l = \frac{\mu b(\lambda - 1)}{\lambda}$，当$R > \bar{R}_l$时，企业会选择以劣充优，而地方政府的理性选择是不予严格惩罚。

我们经常看到一些大型企业在发生食品安全事故后“大事化小、小事化了”。除了大型企业本身具有较强的公关能力，其承担的政策性负担也是挟制政府的重要筹码。由于大型企业对地方的经济和就业影响深广，因而才能在地方政府的支持和庇护下屡屡“大而不能倒”。

【推论 2-1】在给定企业规模的条件下，政策性负担程度越小，出现规制俘获的可能性越小，即$\frac{\partial \bar{R}_l}{\partial \lambda} = \frac{\mu b}{\lambda^2} < 0$。

推论 2-1 表明，在企业规模一定的条件下，降低企业的政策性负担程度有助于克服规制俘获。因此，可以通过适当降低经济指标在地方政府绩效中的比重，更多地将食品安全纳入评估，从而缓解政府片面追求经济发展而导致的食品安全监管缺位。

第二，监管技术与监管能力。

通常认为，提高食品安全监管技术和监管能力能够加强食品安全监管效力。

---

① 根据 2011 年国家统计局制定的《统计上大中小微型企业划分办法》，企业规模主要依据从业人员、营业收入、资产总额等指标进行划分。我们采用企业收入来衡量企业规模。

然而事实表明，即使政府具备了足够的监管技术和较强的监管能力，也并未阻止三聚氰胺、双汇瘦肉精事件等大型食品安全事故发生。尽管政府发现企业以劣充优的概率增加了，但由于陷入了规制俘获，即使查获也难以进行严格的监管惩罚。

结合命题 2-8 和命题 2-9，我们得到命题 2-10：

【命题 2-10】在政策性负担导致规制俘获后，提高监管技术难以有效加强地方政府食品安全监管。即当 $\lambda > \overline{\lambda}$ 或 $R > \overline{R}_l$ 时，增大 p 不改变企业以劣充优、政府不予惩罚的选择。

例如，在温州毒水龙头事件中，地方政府在屡次检测出水龙头质量不合格后并没有进行严格惩处。由此可见，在地方政府被规制俘获的背景下，先进的食品安全监管技术无法充分发挥出增强监管效力的作用。这同时解释了我国在学习国外经验、引入先进监管技术后，食品安全监管效率没有得到有效提升，食品安全事故仍然频繁发生的现象。

第三，消费者效用。

消费者效用也是地方政府在进行食品安全监管时重点考虑的因素。消费者效用对政府行为的影响可直接由命题 2-8、命题 2-9 推出，见推论 2-2：

【推论 2-2】食品安全问题导致消费者效用下降越大，地方政府因规制俘获而出现监管缺位的可能性越小，即 $\frac{\partial \overline{\lambda}}{\partial b} = -\frac{\mu R_l}{(R_l - \mu b)^2} < 0$，$\frac{\partial \overline{R}_l}{\partial b} = -\frac{\mu(1-\lambda)}{\lambda} < 0$。

3. 严格监管

接下来，我们考察当地方政府严格监管，即在发现企业以劣充优后一定依法进行严格惩处时的食品安全监管状况。在博弈 G 中，地方政府的行为外生给定为严格监管，即

$$a = s \tag{2-20}$$

均衡达到时，式（2-17）~式（2-19）同时满足。与命题 2-8 的证明分析类似，我们得到命题 2-11：

【命题 2-11】严格监管能够遏制食品企业以劣充优的必要条件是监管技术与监管能力达到足够水平。即在严格监管下，存在 $\overline{p} = \frac{e_h - e_l}{R_h}$，当 $p > \overline{p}$ 时，企业选择努力生产；当 $p < \overline{p}$ 时，企业选择以劣充优[①]。

命题 2-11 表明，严格监管要想取得好的效果，地方政府必须具备发达的监管技术和较强监管能力。当监管技术与能力不足时，企业容易逃避政府监管，这使

① 在出现多重均衡时，我们主要考察其中帕累托最优的均衡。

得政府的严打范围仅限于少数被查获的企业，难以对整个市场形成威慑。可以看到，在我国市场化初期，黑心作坊、制假窝点十分猖獗，但随着监管技术与监管能力的提升进步，这一现象逐步得到了缓解。在严格监管能够有的放矢的条件下，政府规范市场的能力将大大加强。

4. 市场发展阶段与监管方式的选择

对比上述两种监管方式：弹性执法易导致规制俘获，食品企业会在食品安全方面产生投机行为，即在发生食品安全事故时，企业凭借其承担的政策性负担游说政府使其免于惩罚，造成监管缺位；严格监管能够严厉打击以劣充优的企业，但是当监管技术和监管能力不足时，难以对以劣充优起到实质有效的威慑和遏制，反而会对地方经济发展和就业等政策性目标产生负面影响，妨碍政策目标实现。接下来，我们探讨政府在不同的市场发展阶段，如何为实现其政策性目标选择最优的监管方式。

其一，地方政府的选择。在不同的市场发展阶段，社会对食品安全监管会提出不同的要求。在市场发展初期，实现区域发展和就业稳定既是地方政府的优先目标，也是绩效考核的重点。因此，当发生食品安全事故时，企业利用自身承担的政策性负担，很容易使地方政府对其网开一面。同时，由于客观上监管技术和监管能力较低，政府受资源所限无法有效规范市场，严格的监管打击还会导致企业向其他地区转移，对当地经济发展和就业造成严重损害。此时，政府的理性选择是采取弹性执法，以牺牲食品安全为代价换取地方的快速发展。随着监管技术进步和市场机制的逐步健全，严格监管对规范企业行为的效果日趋明显。此时注重食品企业的诚信生产能够促进整个食品行业的健康发展，这不仅有利于提高食品安全水平，更有利于政府政策目标的实现。弹性执法与严格监管下地方政府收益对比见图2-4。

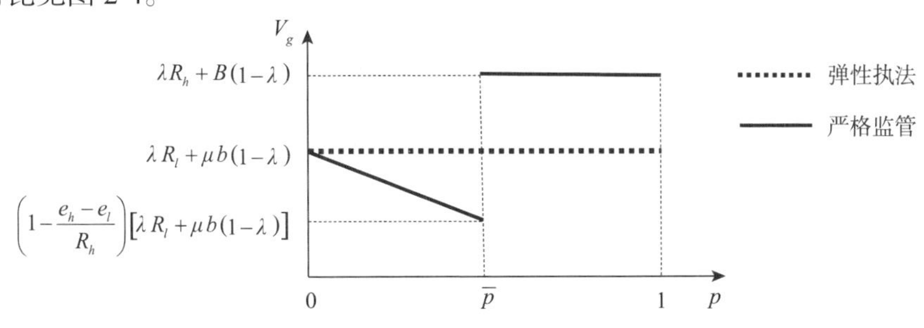

图2-4 弹性执法与严格监管下地方政府收益对比

如图2-4所示：在市场发展初期，监管技术与监管能力较为低下时（$p<\bar{p}$），政府采取弹性执法的收益为$\lambda R_l + \mu b(1-\lambda)$；如果实施严格监管，政府政策目标无

法实现，收益降低$\{(1-p)[\lambda R_l+\mu b(1-\lambda)]<\lambda R_l+\mu b(1-\lambda)\}$。随着政府监管技术与监管能力的不断提高（$p>\overline{p}$），实施严格监管能够使企业努力生产，相较于弹性执法，政府收益提高$[\lambda R_h+B(1-\lambda)>\lambda R_l+\mu b(1-\lambda)]$。我们得到命题 2-12：

【**命题 2-12**】当监管技术与监管能力不足时（$p<\overline{p}$），地方政府的最优选择是弹性执法；当监管技术与监管能力发达时（$p>\overline{p}$），地方政府的最优选择是严格监管。

其二，消费者效用。接下来，我们考察食品安全弹性执法和严格监管对消费者效用的影响（图 2-5）。

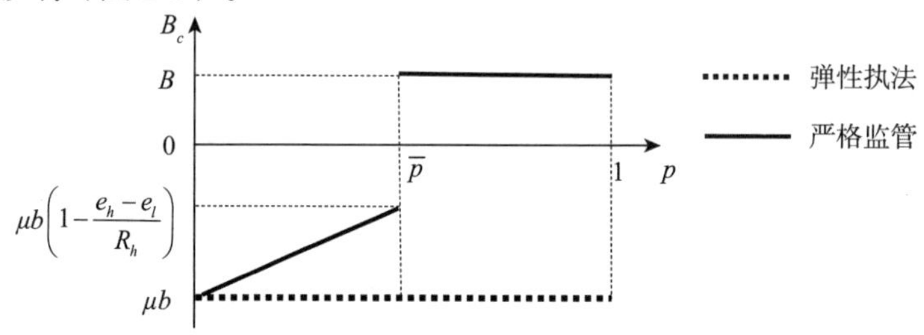

图 2-5　弹性执法与严格监管下消费者效用对比

如图 2-5 所示：当地方政府采取弹性执法时，由于规制俘获，政府对企业的以劣充优行为将不予惩罚，市场中无经验的消费者将购买到质量有缺陷的食品，效用为μb。而在实施严格监管时，如果监管技术不足（$p<\overline{p}$），市场中只会有部分以劣充优的企业被查处，无经验的消费者仍有$1-p$的可能性购买到有质量缺陷的食品，期望效用为$\mu b(1-p)$；如果监管技术足够（$p>\overline{p}$），企业就会选择努力生产，所有消费者都将购买到优质食品，效用为B。

结合命题 2-12，我们得到命题 2-13：

【**命题 2-13**】在监管技术与监管能力不足时（$p<\overline{p}$），地方政府实现政策目标和保障消费者利益相冲突，政府往往为实现政策目标而牺牲食品安全；在监管技术与监管能力足够时（$p>\overline{p}$），通过严格监管，政府的政策目标和消费者利益能够同时实现。

命题 2-13 表明，在经济发展初期，保障食品安全和维护消费者利益往往让位于实现区域快速发展等政策目标，此时由地方政府进行统筹规划对促进经济增长更有效率。然而随着社会的不断发展，保障和改善民生、实现可持续发展等目标逐步取代了以前对经济增速的单一追求。在当下食品安全意识日益增强的社会环境中，实施严格的食品安全监管能够有效保障消费者利益。同时，加强市场的规范与信息公开也有利于企业公平竞争和重塑消费者信心。此时实施严格监管更加符合地方政府利益。

5. 监管模式转型的策略分析

严格的食品安全监管有利于地方政府长远利益的实现，如何有效地实施严格监管是我们重点探讨的问题。目前，我国食品安全监管的职责主要由地方政府承担，然而政府同时还肩负保障地方就业、实现区域发展等职责和目标。这给不法企业利用政策性负担实施规制俘获留下了可乘之机。因此，只要不改变原有监管模式，企业就会抱有发生事故而不被惩处的预期，选择以劣充优获取更高利润。如果在事后政府坚持严格惩处，其政策性目标就无法实现。由于政府难以承受严惩事故企业带来的经济发展倒退、失业率激增等严重后果，严格的食品安全监管也就无从谈起。

【推论 2-3】地方政府由于难以克服政策性负担导致的规制俘获，无法实施严格的食品安全监管。

严格监管难以实施的原因是作为监管者的地方政府无法克服企业政策性负担导致的规制俘获。而规制俘获形成的机制是企业利用政府目标与企业利益的紧密联系，即政策性负担这一优势条件要挟政府以寻求庇护。因此，想要克服规制俘获，就必须使监管者利益与企业利益分离。也就是说，通过引入不受政策性负担影响的监管主体，消除企业的利用政策性负担俘获监管者的机会主义预期。具体实践中可以采取司法独立、垂直监管、社会监督等方式来转变监管模式、实现严格监管。

我们在地方政府、食品企业和消费者博弈的基本模型中引入不受政策性负担影响的监管主体，如图 2-6 所示。

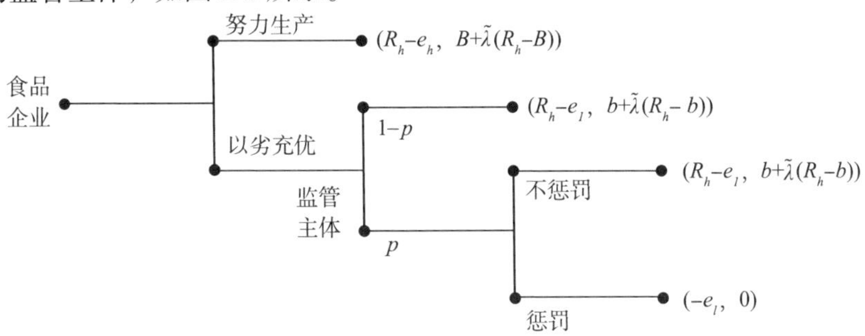

图 2-6　引入不受政策性负担影响的监管主体后的均衡

$\tilde{\lambda}$表示不受政策性负担影响的监管主体对企业利益的重视程度。在实现司法独立时，可认为$\tilde{\lambda}\to 0$；推行垂直监管和加强社会监督后，$\tilde{\lambda}$将远小于λ。

在采取了上述措施后，企业一旦被发现以劣充优，就会受到严格惩罚$\left[b+\tilde{\lambda}(R_h-b)<0\right]$。因此，在监管技术与监管能力足够的条件下（$p>\overline{p}$），企业的最优选择是努力生产$\left[(1-p)(R_h-e_l)<R_h-e_h\right]$。我们得到命题 2-14：

【命题 2-14】实现严格监管需要采取司法独立、垂直监管、社会监督等转变监管模式。引入不受政策性负担影响的监管主体，推动食品安全向严格依法治理转型。

命题 2-14 提出了实施严格监管的具体方法，包括实现司法独立，推进食品安全严格依法治理；采取垂直监管，减轻地方政府利益对监管执法的干预；加强社会监督，引入第三方力量来保障严格监管的有效执行等。这些措施的核心是引入不受政策性负担影响的监管主体实施监管，优化食品安全监管执法权的配置，打破监管者与被监管方利益攸关的格局，使食品安全监管走向法制化、规范化和专业化。

总之，上述讨论表明，政策性负担导致的规制俘获是造成我国目前食品安全监管低效的重要原因。不同于通常将政府监管缺位归咎于监管技术不足或者官商勾结、权利寻租等腐败行为。我们发现，即使不存在这些问题，由政策性负担导致的规制俘获仍然会造成这一现象。只要地方政府在处理食品安全问题时预期到企业倒闭将造成经济发展受阻、地方税收锐减、失业人口激增等严重后果，就难以对承担了政策性负担的事故企业进行严格惩处。仅仅提高监管技术与监管能力无助于打破地方政府被规制俘获的困境。这也解释了为何随着监管技术与监管能力不断提升、反腐力度不断增强，食品安全事故仍然频繁发生。研究表明，将监管执法与政策性负担分离，是当前解决食品安全监管缺位导致政府失灵困局的策略之一。

提升食品安全水平必须依靠引入不受政策性负担影响的监管主体来实施严格的食品安全监管。具体实施中可以采取司法独立、垂直监管、社会监督等转变监管模式，优化执法权配置。只有确保事后的严格惩处能够落实，监管才能真正发挥其事前的威慑作用。否则只要企业预期到能够利用自身承担的政策性负担俘获监管者，为获取更高利润而以劣充优的动机就会继续存在。因此，必须引入不受政策性负担影响、独立于地方利益的监管主体来实施严格监管，保证依法严格治理食品安全问题，消除企业的侥幸预期。

进一步讨论发现，严格监管必须基于发达的监管技术和较强的监管能力才能实现。在市场发展初期，政府由于监管技术和能力不足，难以有效发现企业的违规生产行为，即使严惩个别企业也无助于改变整个市场以劣充优的局面。并且，严格监管还会导致企业向其他地区转移，对当地经济发展和就业造成损害。因此，在区域竞争激烈、各地以发展经济为主要任务的背景下，地方政府难以实施严格的食品安全监管；而弹性执法有利于政府权衡利弊，采取最适宜地方发展的监管行为①。随着监管技术与监管能力的不断提高，政府采取严格的食品安全监管能

① 本模型中的弹性执法是指在发生食品安全事故后，地方政府根据最有利于政策目标实现的原则相机惩处，即根据政府利益最大化来决定是否严惩事故企业。

够有效规范市场，有力促进食品企业的安全生产，推动食品产业健康发展。在目前食品安全监管技术趋于成熟、社会食品安全意识不断加强的环境下，通过引入不受政策性负担影响的监管主体，并严格依照相关法律法规对违法企业进行严惩，不仅能够有效提升食品安全水平，同时能够更好地实现政府的发展目标。

2.2.4　发现概率 θ 困局

地方政府的政策性负担只是中国食品安全治理中政府失灵的众多原因之一。归纳现有研究结论，可以认为，政府对食品安全违规事件的发现概率低下是政府失灵众多原因中的一个重要原因，影响到众多领域的政府失灵问题。为简单化，令政府发现食品安全违规行为或事件的概率为 θ ，我们提炼出食品安全治理中提高控制变量 θ 面临的八个现实治理困局：

第一，技术进步带来的信任品范围扩大的困局。现代产业的发展和技术进步，使原有的搜寻品和经验品越来越多地变成信任品，如实木家具原先属于搜寻品，但轻工技术进步制成的合成板材可能包含甲醛等有害物质而使部分家具成为信任品[①]。食品市场更是如此，食品添加剂的技术进步导致越来越多的食品成为信任品，食品中信任品范围的扩大提高的信息非对称程度，可能甚至超过建立可追溯体系和信息披露降低的信息非对称程度，使食品市场的信息非对称程度越来越高，监管部门自身也可能存在较严重的信息非对称[②]。简言之，食品工业的技术进步在不断抵消可追溯体系和信息披露形成的信息对称努力，即使建立可追溯体系和加大信息披露，θ 也存在难以大幅度提高的困难。

第二，加大处罚力度的困局。在提高 θ 的前提下，加大对食品安全违规行为的处罚力度是一种有效的制度。但是，当 θ 较低时，单一加大处罚力度的效果受到质疑，尤其当食品行业出现群体道德风险时，加大处罚力度通常与法不责众的监管执行难题相冲突。

第三，扩大监管覆盖面的困局。2009~2013 年中国产品质量国家监督抽查合格率达到 89%[③]，继续向上提升质量空间需要支付更高的抽检成本和制造成本。以 2013 年深圳市流通环节农产品批发检测年检测费 4.3 亿元和 1 036 万常住人口

① 例如，2013 年 12 月 31 日国家质检总局抽检的儿童家具中有 56%不合格，甲醛超标占重要比例。这方面的变化不仅反映在家具行业，而且反映在家庭装修、交通工具、办公场所等日常生活和工作环境的多个领域。

② 1981 年全国食品添加剂标准化委员会制定《食品添加剂使用卫生标准》（GB 2760—1981），纳入添加剂 213 种，到 2011 年扩大为 332 种，香料从 207 种扩大为 1 853 种，助剂从无扩大为 157 种，胶剂从无扩大为 55 种。GB 2760 —2011 年版中纳入的食品添加剂数量达 2 310 种。现代食品工业技术进步形成的行业知识非对称程度远远超过了监管机构和消费者的一般认知能力。参见邹志飞（2013）。

③ 2009~2013 年中国产品质量国家监督抽查合格率分别为 87.7%、87.6%、87.5%、89.8%、88.9%。

为基准，可以推算出全国各环节农产品批发市场检测总费用约 2 721 亿元[①]，占 2013 年GDP（国内生产总值）比重的 0.5%。在不考虑时间成本的条件下，对包含农产品在内的各类食品全面检测的总费用估计超过中国当年GDP的 1.5%[②]。显然，这种高昂的检测成本是当前条件下社会无法承受的。即使社会可以承担这样的检测成本，现有监管机构的繁重负荷和社会第三方也无法有效执行这样的检测[③]，使进一步扩大监管覆盖面成为执行的难题。

第四，提升检测技术的困局。提升检测技术不仅涉及检测投入等财务成本问题，而且涉及检测内容的复杂性、操作检测技术的专业性、检测项目的完整性等多方面工作，更主要表现在检测技术周期的时间成本上[④]。提升检测技术的各种社会成本是高昂的，认识和理解检测技术结果的信息非对称程度也较高。

第五，加强信息披露的困局。首先，全行业信息披露的直接成本是高昂的，制度上也不可实现；其次，尽管科学技术部（简称科技部）、农业部等部委设立了不同的可追溯体系，但现实中相关部门和各部委并未将食品安全的法律法规等制度安排与安全监管及信息透明化的技术进行有效结合，难以保障可追溯体系中食品安全信息的完整、及时、准确和可靠；最后，可追溯体系与食品信息资源之间存在“两张皮”问题，现有可追溯体系投资主要集中在硬件和软件的购买及维护上，缺乏针对食品质量信息采集、整理、披露和共享等方面的投资及管理，使可追溯体系难以发挥应有的治理价值（汪鸿昌等，2013）。

第六，声誉机制的困局。食品治理中声誉机制对上市公司、大型企业或有品牌知名度的企业是有效的（吴元元，2012；王永钦等，2014），但是，由于中国食品企业绝大多数都是中小微企业，这些企业本身就不存在多高的社会声誉或品牌，声誉机制对这些没有市场声誉的主体也面临失灵的困局（刘亚平，2011）。

第七，转变监管模式，鼓励多方参与监管的困局。首先，转变监管模式，多方有效参与的前提是有效的信息披露，发现概率 θ 低本身就限制了第三方参与的有效性；其次，企业与政府之间存在双边机会主义，多方参与的利益相关者之间同样存在双边或多边机会主义，企业和政府需要治理，消费者、媒体、行业组织等第三方参与者同样也需要治理；最后，多主体参与社会治理意味着多种利益并

---

① 以 2010 年全国普查 13.705 4 亿人口为参照值计算。

② 以 2012 年教育支出占中国 GDP 的比例首次超过 4%为基准，相当于占当年教育支出的 37.5%。

③ 例如，2011 年机构调整前，广州市全市食品安全监管人员约 2 440 人，人均监管 50 家食品生产经营餐饮单位。温州乐清市食品安全执法监管人员约占全市人口比例的万分之一，监管负荷繁重可见一斑。

④ 食品安全检验指标主要包括食品一般成分分析、农药残留分析、兽药残留分析、微量元素分析、霉菌毒素分析、食品添加剂分析和其他有害物质分析等，在有机污染物、天然毒素和生物性污染的检测中，仅二噁英类物质就有 200 多种，其中 29 种有毒，将这 29 个种类从复杂的样品中分离提取出来并定量通常需要一周左右时间。参见李怀燕和王云国（2010）。

存，如何降低多主体参与的社会协调成本，使多种利益间冲突的成本小于利益协调创造的协同效应，其中存在诸多的不确定性。

第八，加大监管问责的困局。尽管国家已加大了对食品监管渎职罪的处罚力度[①]，但现实中食品生产流通的每个环节监管都有可能出现监管渎职问题，因而面临查处渎职行为发现难、取证难、认定难和成案难的困境[②]，导致难以追究食品安全监管渎职罪的刑责。例如，在 2006 年全国检察机关立案侦查的重大责任事故渎职犯罪案件中，判处免予刑事处罚和宣告缓刑的比例高达 95.6%（袁映，2011）。同时，一般而言，有效问责的前提依然是 θ 足够高，θ 极低时要求准确问责是难以操作的。

上述八个方面形成的 θ 困局，无疑构成食品安全治理中政府失灵的重要原因。面对市场失灵和政府失灵，人们开始从社会共治角度寻找解决之道，但食品安全治理也同样面临社会共治失灵的困局。

2.3　社会共治失灵：食品安全公共池塘治理难题

如果将社会共治单纯地看做多主体参与社会公共事务管理，那么，社会共治并不是食品安全治理的市场失灵和政府失灵的灵丹妙药，因为社会共治本身也会出现公地悲剧困局或公共池塘的群体道德风险困局。

2.3.1　食品安全的公共池塘资源特征

“公共池塘资源”是指一个自然的或人造的资源系统，由于资源系统规模庞大，排斥使用资源而受益的潜在受益者的成本很高（Ostrom，1990）。我们可以把公共池塘资源看做一种储存变量，并且在有利的条件下公共池塘资源的理想状态是系统资源单位流量最大化而又不损害储存量或资源系统本身。

Ostrom从排他性和竞争性两个角度，将物品分为四类，即私人物品、公共物品、使用者付费物品和公共池塘资源物品（参见图 2-7）。私人物品是指容易排他并呈

① 2009 年 6 月 1 日实施的《食品安全法》中，对监管部门和认证机构人员失职、渎职的行为规定了降级、撤职或开除等行政处罚措施。2011 年 2 月 25 日《中华人民共和国刑法修正案（八）》增设食品监管渎职罪，规定了比滥用职权罪和玩忽职守罪更重的法定刑，将最高法定刑从七年有期徒刑提高到十年，加大对食品监管渎职犯罪的打击力度。

② 例如，2011 年全国仅查处涉嫌食品安全渎职罪 120 人，平均每个省份不足 4 人，最终以食品监管渎职罪定罪量刑的更少。2011~2013 年年初福建省立案侦查食品安全监管渎职罪仅 14 件 23 人。参见陈晓华（2012）、黄奋强等（2013）。

现出高竞争性的物品，如洗衣粉和牙刷等日用品，一旦人们占用（购买）了物品，其他人就无法再占用，有着明显的竞争性，且很容易将不付费的人排除在使用群体之外。公共物品则与私人物品相反，难以排他并且竞争程度低。公共物品一般以规模化的形式存在，如国防和路灯等。使用者付费物品与私人物品类似，具有明显的排他性，但与私人物品不同的是，相对而言其竞争性不强，个人的消费并不影响其他人的消费，如收费的公园和俱乐部服务等。我们所关心的公共池塘资源物品，由于其排他成本很高，因而具有较低的排他性，但对于资源系统中每个具体的资源单位的使用权而言，均具有较高的竞争性，如牧场和灌溉系统等。

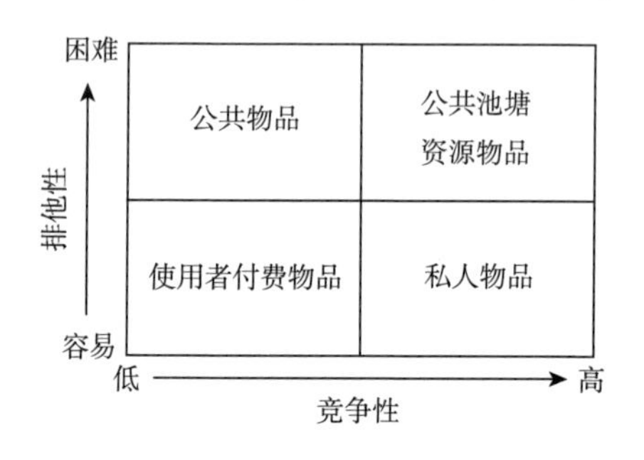

图 2-7　物品的基本分类

资料来源：奥斯特罗姆（2000）

食品市场中的核心博弈成员为食品生产经营者、消费者及监管者。食品生产经营者在食品市场上提供食品，消费者通过购买行为消费生产经营者所生产的食品，生产经营者则从消费者的购买行为中获益，监管者则对食品从种植/养殖、生产、流通到消费全过程进行监督和质量控制。

首先，从消费者的角度看，食品生产经营者在食品市场获益的根本在于消费者的消费购买行为，体现消费者购买行为的结果变量是消费者支付总量，因而消费者支付总量这一变量是食品市场中的核心资源。在某个特定的短期内，市场上消费者支付总量可以认为是固定的，如每个人在一天中对水或大米的需求量是较稳定的，人们每天用于消费水或大米的支付总量也相对固定。众多食品生产经营者在这一特定时期内需要进行充分甚至是激烈的竞争，才能抢得更多的市场份额，也即生产经营者总是追求“占用”更多市场上现存的“支付总量”资源，且一旦资源单位被一方占用，其他生产经营者便无法再占用该资源。

其次，从生产经营者的角度看，在现实的食品市场中，一个生产经营者很难将其他生产经营者排除在食品市场生产经营者群体之外，即使是权力集中的监管者，只要食品生产经营者满足初期的准入要求，生产经营者便能轻而易举地加入生产经营者与监管者的博弈困境之中，使得监管者也难以限制食品生产经营者的生产行为。当面对激烈的市场竞争压力时，食品生产经营者与非信任型消费品（如服装、电器和书本等）生产经营者一样，往往只能通过不断降低成本来抢占市场份额。对于小规模食品生产经营者而言，成本减低空间小，只能通过机会主义的违规行为来降低成本，以抢占市场份额，占用消费者支付总量资源。对于大规模食品生产经营者而言，原本存在一定的成本降低空间，但由于大量小规模食品生产经营者的违规行为大大拉低了食品的市场价格，加之不断挤压成本减低的空间，导致大规模食品生产经营者最终也因为市场竞争压力而选择机会主义违规行为，进而出现市场的整体“退化”。而食品市场与其他普通非信任型消费品之间的重要区别在于，监管者对市场的监管难度。所不同的是，普通非信任型消费品市场在遭遇“退化”的过程中，政府能够及时发现并有效地发挥监管作用。而由于食品市场的高度信息非对称，当食品市场出现“退化”时，政府对违规行为的发现概率较低，若要提高政府的发现概率则要付出十分高昂的监管成本，在监管资源有限的束缚下，政府对已经“退化”的食品市场难以有效监管。

因而，食品市场是一个典型的具有排他性和竞争性的市场，是一种典型的公共池塘系统，由于在食品公共池塘系统中开展的各项活动几乎都离不开政府安排和设计的各项规则，因而政府是这一公共池塘系统的提供者。具体而言，食品市场上消费者“支付总量”是一种典型的公共池塘资源，食品生产经营者是食品市场这一庞大的公共池塘中的资源占用者，食品消费者既是食品公共池塘系统中“支付量”资源的提供者，同时也由于自身的消费活动形成了食品市场中的一些活动规则，因而食品消费者也是食品公共池塘系统的提供者。食品生产经营者对他们占用的资源单位进行两种处理方式：一是为自己消费，即生产经营者将占用的支付量资源用于自身有关需求的消费；二是投入再生产，即将占用的支付量投入下一次生产的过程，以提升下期占用更多市场支付量资源的可能性。而食品安全问题频发正是典型的公共池塘治理失灵的结局。

2.3.2　公共池塘治理的关键变量

事实上，大多数食品生产经营者本身并不希望整个食品市场变为“柠檬市场”，然而，现实却出现了食品市场的群体道德风险现象。公共池塘资源占用者面临两个核心问题，一是资源占用问题，二是资源供给问题（Ostrom，1990，1992）。资源占用问题考虑的是资源流量的配置，是时间独立的；资源提供问题考虑的是资源的存量变化，是时间依赖的。任何一个公共池塘资源中都会同时存在这两类问题，有效的食品安全公共池塘资源占用问题的解决方案，必须能够同时应对这三方面的问题。

第一，考虑资源占用问题。

首先，生产经营者不愿意把可得的资源单位让给其他占用者，或不断地投资于生产设备和人员等以占用更多的池塘资源，或不断地投资于生产技术等以降低资源占用的成本，只要生产经营者的边际利润大于 0，生产经营者就会不断地生产。当资源的占用流量超过了整个资源系统的最优流量，或者单个占用者因单独行动而产生过度投资行为时，都会造成资源系统租金的散失。

其次，消费者支付总量资源在空间上和时间上的配置存在不确定性及异质性。我国广泛存在的区位优势或政策优势等，使部分生产经营者具有更高的生产率，并且先进入食品市场的生产经营者也更容易在规模、技术和市场上建立先发优势。这些具有优势的生产经营者很容易占用公共池塘的资源，这就对其他生产经营者构成明显的竞争压力。于是，在食品市场高度信息非对称而引发的机会主义诱惑下，由于制度约束或技术瓶颈而难以占用更多的资源时，生产经营者便选择采取不正当的违规行为来抢占市场，达到非法占用市场支付资源的目的，并通过不正当的资源占用行为获取了额外的违规收益。

这样，生产经营者选择违规行为对资源进行非法占用的关键在于超额违规收益的大小，即生产经营者采取违规行为非法占用资源所能获得的比常规收益水平（即常规的资源占用带来的收益）增加的收益，与生产经营者采取违规行为非法占用资源所导致的比常规收益水平减少的损失之间的差距，即超额违规收益=预期违规增加收益-预期违规惩罚损失，如图 2-8 所示。从收益风险角度来看，若超额违规收益越大，则生产经营者选择非法占用资源行为的动机越大，反之，若超额违规收益越小，则生产经营者选择非法占用资源行为的动机越小。因而违规增加收益和违规惩罚损失是影响食品市场超额违规收益的两个关键变量。

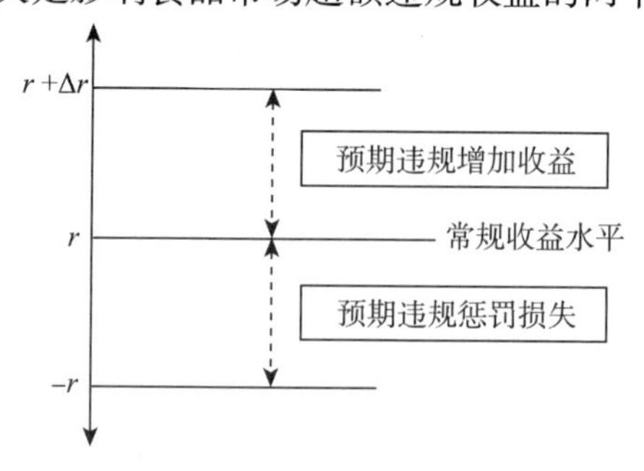

图 2-8　食品安全市场超额违规收益图

第二，考虑资源供给问题。

公共池塘资源供给问题是与资源本身的建设和保养紧密联系在一起的。公共资源提取率的高低直接决定了资源的占用活动是否会对公共池塘资源本身产生负面影响。许多经典的“租金散失”动态模型重点研究了资源的当前提取量与未来资源产出的时间依存关系，从制度分析的角度而言，影响本年度（或其他单位时间）资源单位分配的统一规则会影响下一年度和以后年度可获取的资源单位。

食品市场公共池塘的资源提供难题主要表现在两个方面：首先，从资源建设的角度考虑，食品市场公共池塘的资源建设相当于提升消费者的支付能力，消费者支付能力由消费者的可支配收入决定，由于消费者收入水平与特定的经济社会发展阶段紧密相关，虽然从中长期来看，消费者的收入会增加或减少，但在短期内通常不会发生明显变化。其次，从资源保养的角度考虑，食品市场公共池塘资源保养相当于维持和提升消费者的支付意愿。一方面，支付意愿会受到支付能力的直接影响和约束，只有在消费者具备一定的支付能力时，支付意愿才能够转化为支付总量资源，没有产生实际消费行为的支付意愿不是我们所说的食品公共池塘资源；另一方面，除支付能力外，支付意愿还受到其他许多因素的影响。

许多学者从不同角度对消费者支付意愿的影响因素进行了研究。周应恒和彭晓佳（2006）以青菜为例，分析了江苏省城市消费者对食品安全的支付意愿及其影响因素，结果表明除消费者的家庭平均月收入水平外，安全食品的价格、消费者所居住城市的规模、家中小孩数、消费者对农药残留的风险感知、家庭总人口数、消费者对农药使用的承受指数等变量对消费者的支付意愿有显著的影响。总的来说，现阶段食品市场公共池塘资源的供给问题既受到客观约束的消费者支付能力的影响，又受到主观感知的消费者支付意愿的影响。消费者支付能力和支付意愿的核心指向在于消费者的支付水平，只有同时具备较高的消费者支付能力和较高的支付意愿，才可能实现较高的消费者支付水平。因而，消费者支付是反映食品市场公共池塘资源供给程度的关键变量。

第三，考虑资源系统维护问题。

正如现有食品安全研究的广泛共识，影响食品生产经营者提供安全食品的动机及其实现的关键因素是消费者的认知、行为和监管政策的制定。资源占用和资源供给活动都依赖于整个资源系统，政府是维护资源系统的关键角色，政府的监管同时对食品市场公共资源占用问题和供给问题产生重要作用。

首先，食品生产经营者对公共池塘资源的非法占用行为内含着两个信念基础：一方面，就自身的违规行为而言并不会对整个食品市场造成恶劣的影响，更不可能导致整个食品市场的衰退；另一方面，自身的违规行为混夹在庞大的市场行为之中，不容易被发现或发现后的惩罚成本较低。而政府能够通过对食品安全的监管揭示违规行为对食品市场的损害，并提高监管发现概率和违规惩罚，有效地修正生产经营者选择违规行为的信念基础。

其次，“坐享其成”式的资源供给“搭便车”现象广泛存在于公共池塘系统的管理之中。食品市场公共池塘资源单位是无法共用的，然而资源系统却总是共用的，资源系统的改进或衰退都将直接影响到每个资源占用者。局部生产经营者的改进努力虽然能够改进资源系统的局部，但他们无法将其他未付出改进努力的生产经营者排除在改进的局部资源系统之外，最终改进的局部资源系统也由于外部违规占用者的侵入而发生了衰退，这就导致了成果由大家共享而成本却由他们独自承担且付出得不到回报的不利局面。而政府的监管行为能够将有利于资源供给的努力行为从市场系统中分隔出来，对改进的局部资源系统加以保护，鼓励资源占用者主动为系统的资源供给付出努力。因此，监管力度代表着政府监管行为的参与和资源投入程度，是保障食品安全公共池塘系统运行的关键变量。

管制政策执行失效是导致转轨经济国家“政府管制失效”的主要成因。上述讨论表明，社会共治失灵既有市场失灵的原因，也有政府失灵的原因，也可能是市场失灵与政府失灵交互作用导致的。食品安全治理中的公地悲剧或群体道德风险，只是社会共治失灵的典型体现。

2.3.3　逆向选择与群体道德风险[①]

由于政府与企业依然构成食品安全社会共治中两个最重要的主体，企业与政府博弈关系中的逆向选择与群体道德风险现象，无疑为我们探讨社会共治失灵提供了一个微观分析可能。根据新制度组织理论，规制、规范和认知（Scott et al.，2014）这三个制度的支柱维度，将为社会行为提供稳定性和意义。其中，规制性制度作为强制性机制的有效性或合法性在于有效的法律制裁，其威胁作用将对行动者个体或组织产生强制性遵从意义。同时，这并非是人们自觉遵守规制性制度的唯一因素，“‘遵守’这种制度仅仅是他们做出的很多可能性反应之一”（Scott et al.，2014）。

现实中，企业会采取一系列的措施来规避、违抗和操纵制度管制。在我国市场转型时期存在的问题在于政府管制性规则的“软约束”和法律制裁的不到位，一是管制的规则和惩罚的法律不完备或滞后市场发展；二是企业可以通过提供虚假信息、收买监督的官员和有关专家，以及通过与地方政府结成利益联盟等多种方式，来弱化管制的监督和事后处罚。更为重要的是，当社会存在较为普遍的信任危机和欺诈行为时，制度的失范可能成为一种盛行的主流文化，朝向私利动机的规避、违抗和操纵制度管制及规范就成为一种普遍的文化认知，或称为一种“潜规则”。这将使得遵从制度规范的行为受到负向的激励，即遵从者将因为规范性

① 2.3.3 小节~2.3.5 小节内容发表在李新春和陈斌《企业群体性败德行为与管制失效——对产品质量安全与监管的制度分析》，《经济研究》2013 年第 10 期，内容有删减、更改和补充。

经营而承担较高的成本，在存在大量伪劣产品的市场上将因为劣币驱逐良币效应而被挤出市场。

在我国当前出现的劣质品、危害人体的食品添加剂以及其他违法造假行为不是个别的，而是群体性的，在该行业具备地方经济的支柱地位时，甚至也可能得到政府或有关部门的默许。一是存在着行业管制或监管的空白或灰色地带，在消费者信息非对称的情况下，厂商生产的伪劣产品会充斥市场以谋取行业的不正当利润，由此形成了一个充斥行业的伪劣产品市场。二是道德风险不是个别企业的行为，而成为市场经营的“潜规则”，道德风险行为在行业中较大范围地扩散传播。在这个市场上，参与的企业众多而人多势众，将造成两种效应，一是通过劣币驱逐良币将正当经营企业排挤出市场；二是使得监管部门事后的处罚因为法不责众而失效。同时，也使各种推进社会共治的政策措施因丧失来自市场的激励或来自政府晋升竞标赛的激励而失灵。

假定存在两种情况，一是市场上仅存在着极少数的几家违法投机行为企业时，市场的竞争规则很少受到破坏，这时，这几家企业或者获得违法的超额收益或暴利，他们将有着远低于一般企业的成本或远高于市场平均的收益，因为他们采用了替代性的劣质原料或以次充优。要对他们进行监管或处罚，这是比较可行的。同时，其监管的威胁是可信的，这就如同社会的一般普通公民皆遵纪守法，因而警察和法律的维护与威胁是有效的。二是当整个行业形成一种规则，或较为普遍地采用造假或劣质原料，结果将是不造假者因为成本过高而面临破产的危险。可能的情况是，在这种违法造假成为一种普遍现象时，市场将出现法律或监管部门面临尴尬的法不责众的局面——大家都有违法行为，监管和执法部门将面临无法执行有效的处罚的监管不可信，监管和执法因此是失效的。即便抓住几个“重点”加以处罚（他们作为牺牲品），而其他大量企业则因此受到了“保护”。

值得注意的是，这并非仅仅是中小企业在生存竞争以及资源匮乏之下的行为，而可能危及有良好市场声誉和品牌影响的大企业。例如，制药厂商为了节省成本，在本身就微利的胶囊上下功夫，每一颗胶囊用工业明胶替代可以降低一厘钱，如果每年加工生产 20 亿颗胶囊药，则仅胶囊的采购成本就可以降低 2 000 万元，产量越大，则成本节约越多[①]。这就出现了有意义的问题，即便是大型企业也同样有强烈的动机来获取这种不法之财。在这种违法造假的处罚成本很低且监管难以到位或不可信的情况下，企业的行为便会较为普遍地转向这种道德风险或违法行为以牟取利益。如果部分企业坚持用合格的原料而导致成本相对于行业平均成本远为高的时候，这些企业在竞争市场上就处于劣势。尤其在行业面对激烈的价格

① 据《羊城晚报》2012 年 4 月 22 日的报道，修正药业 2011 年购进空心胶囊 18 亿~19 亿粒。每年使用 20 亿颗胶囊的制药企业大致为一个中型规模。

竞争时，当劣质企业（违法造假企业）将价格降到低于合规经营的平均成本之下时，劣质企业是可以生存并具有正的利润的，而合规经营企业则将面临经营的赤字或亏损。结果是，即便为了生存，这些企业也将转向违法造假行为。市场上因此充斥着伪劣产品，优质企业被劣质企业挤出市场，而出现逆向选择现象。

为了进一步说明这种逆向选择的群体道德风险行为（Scott et al.，2014），这里用直观的几何图形来说明该现象发生中政府监管和企业的博弈过程。假设企业在市场竞争中只有两种目标-手段可供选择，即创新或者道德风险。创新意味着企业通过技术和新产品开发、提高服务及质量（手段）来获取利润（目标），道德风险则是通过劣质原料或有害添加剂等方式降低成本来获取利润，或者称为获取违规超额利润。我们考虑三种典型的情况。

（1）不同监管力度下单个企业的创新或道德风险选择。

首先，考虑企业在不同的政府监管力度（用 F 表示）下的创新或道德风险的收益结构（图 2-9），道德风险收益会随着监管力度 F 的增大而下降（这里简化为一条直线关系），原因在于道德风险随着监管力度提高其被发现的概率增大，其惩罚的罚金也会提高，这使道德风险的收益随着监管力度 F 的加大而呈现下降趋势。创新行为的收益则会随着监管力度的加强而呈现增加态势，原因在于政府监管抑制了道德风险对创新的挤出效应。同时，监管形成的更为规范的市场竞争也保护了创新动态租金的回报率提高，使创新的收益呈现增长的趋势。

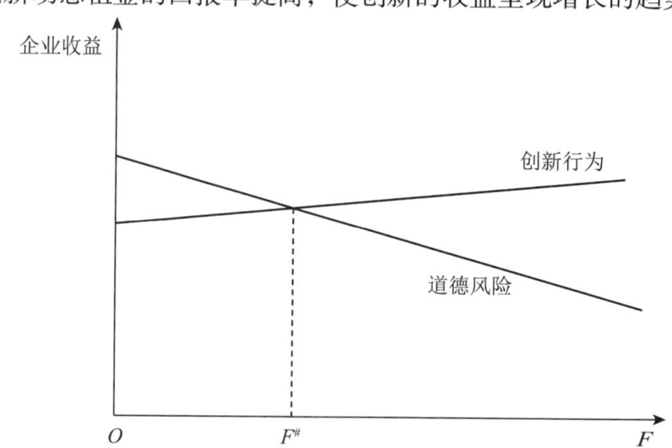

图 2-9　不同监管力度下企业选择道德风险或创新行为的分析

由图 2-9 看出，这两条曲线相交于 $F^{\#}$ 点。在 $0<F<F^{\#}$ 区间，企业采取道德风险的收益将大于创新的收益，企业合理的策略将是选择道德风险策略。只有当监管力度增加到足够水平 $(F>F^{\#})$ 之后，道德风险的收益才会下降到创新收益之下，在这一区间内创新行为是更优的战略选择。

（2）同质企业竞争过程中的创新或道德风险选择。

同样在图 2-9 中，假设两家企业A和B具有同质的产品、成本结构及规模，则其道德风险和创新行为的收益曲线是一致的。如果一家企业A选择道德风险，另一家企业B选择创新行为，在 $F<F^{\#}$ 区间内，B企业将具有竞争劣势，在质量信息难以被显示的情况下，B企业将被驱逐出市场。而在 $F>F^{\#}$ 区间，创新策略是具有优势的，或者说，道德风险在高的管制力度下将是得不偿失的。由此看出，在较低的监管力度下（此处为 $F<F^{\#}$ 区间），企业的竞争将很容易出现逆向选择的道德风险。

（3）异质性企业竞争情况下的创新或道德风险选择。

如果两家成本结构和规模不同的异质企业竞争，假设C是规模较大、成本结构较低的企业，D是规模较小、成本结构较高的企业。为进一步说明，我们用图2-10给出两家异质企业的创新–道德风险收益曲线图。在图 2-10 中，C的创新效益曲线处于较高的位置（因为其创新的规模效应），但同时其监管被发现和受到处罚的可能性更大，这也意味着，对于较大型的企业其道德风险损失更大，在图形上表现为其道德风险收益曲线向下倾斜的斜率更大。因此，对于较大的企业创新与道德风险的均衡点（监管力度阈值 F^*）更低或更易于在监管力度加强的情况下转向创新行为。而中小企业则更难监管，在更高的监管力度下才可能达到创新–道德风险的转换点。在质量信息失灵的情况下，创新的收益很难获得相应的市场收益，而且由于逆向选择的挤出效应，大型企业将被迫在创新收益较低的区间 $0<F<F^*$ 甚至 $F^*<F<F^{**}$ 段同样采取道德风险。

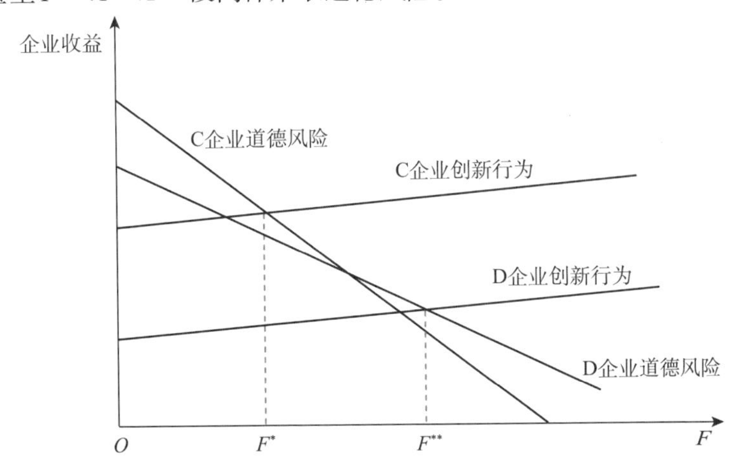

图 2-10　不同企业选择道德风险或创新行为的分析

这里，可以区分三个不同的区间。在 $0<F<F^*$ 区间，无论大小，企业选择

道德风险都是更优的选择。在 $F^{*}<F<F^{**}$ 区间，尽管较大型的企业选择创新是更优的策略，但因为较小的企业采取道德风险，其获得的成本优势或定价优势在质量信息失灵的情况下将会产生逆向选择效应，而将优质企业挤出市场，大企业因此可能转向道德风险，市场因此出现逆向选择。这一区间由此可以界定为市场的逆向选择区域。只有当监管力度超过 F^{**} 时（$F>F^{**}$ 区间），企业才会普遍地出现创新作为更优策略的选择域。这表明，政府监管力度是企业在创新或道德风险选择及市场是否出现逆向选择的一个关键变量。目前，中国监管力度尤其是执行力度较低，企业道德风险行为的预期收益较高，创新受到其高度不确定性和资源约束，这时，出现群体道德风险行为就是一个必然的结果。

2.3.4　创新还是道德风险：基于混合寡头竞争模型分析

本小节将构建一个序贯博弈模型，旨在刻画企业选择道德风险的市场发生机制和条件。与Tirole（1988）不同，我们研究的不是一个基于企业共同道德失信的模型，而是一个寡头企业理性选择竞争策略的模型，所以也区别于其他研究危机传染机制的文献。为简化分析，我们只分析两家寡头企业的竞争策略选择，并对传统的混合寡头竞争模型进行扩展：企业不仅可以选择产量和价格策略参与市场竞争，还可以通过选择创新或道德风险降低生产成本或改变产品质量。研究发现：当政府监管不力时，博弈均衡往往是市场中所有企业都选择道德风险作为最优策略。如果我们进一步考虑企业策略选择的动态性，先动企业选择道德风险会导致后动企业跟随选择道德风险，这也给出了道德风险的传导机制。接下来，拟先刻画参与博弈的企业的支付函数及博弈时序，然后分析企业选择道德风险的条件和道德风险成为所有企业最优选择纳什均衡的条件，最后将模型扩展，分析当企业允许先后选择道德风险后的纳什均衡。

按照新制度组织理论的观点，政府管制作为组织的外在环境提供制度规范，但管制者并非与企业直接进行博弈，而是设定管制的标准及进行监管和法律等惩罚。管制行为并非随每一个企业的行为而进行动态调整，而是在过程中根据监管的效果阶段性调整监管处罚政策和力度。因此，本小节将政府管制设计为在行业竞争行为中的外在约束条件，并可能随着管制的效果而进行阶段性调整。此外，拟重点分析行业中企业策略互动的局部市场均衡关系，考虑到单个行业或单个市场的均衡不必然影响政府全局的监管目标函数收益，将政府监管政策假设为外生，研究这些监管参数改变对企业竞争均衡改变的比较静态问题。

在本小节中，拟用一个序贯博弈来刻画食品行业的企业动态竞争过程。在模型中，每个企业首先可以选择创新行为或道德风险来降低生产成本，其次在混合寡头竞争市场上确定价格与产量，再次求解模型，刻画市场竞争均衡，分析在子博弈精炼纳什均衡时各企业的成本降低策略，最后研究各种均衡的成因及福利经济学意义。

为简单化，假设行业内有两家企业进行竞争，分别为企业 1 和企业 2。其中，企业 1 代表规模较大且创新能力较强的厂商，企业 2 代表规模相对较小且创新能力较弱的厂商。它们生产产品的成本函数（由于不考虑企业进入壁垒，所以忽略固定成本）为

$$C_i(q_i)=(c_i-d_i)q_i$$

式中，i代表企业 1 或企业 2；q_i 代表企业i选择的产量；括号内的部分代表单位产品的边际成本，具体由两种因素决定。

第一，反映企业异质性的初始边际成本 c_i。我们假设，由于规模经济性，大企业往往具有更高的生产效率，因此初始边际成本较低，即 $c_1<c_2$。这里，大、小企业的差异在于初始边际成本，其实际生产规模（即 q_i）是内生的企业最优选择，无额外限制。

第二，企业可以采用某种手段，降低生产的边际成本，体现在 d_i。我们假设企业可以选择两种策略：一是通过创新行为提高生产效率；二是使用劣质原材料节约成本，即采用道德风险。假设两种策略在实施上互相矛盾，企业不能同时选择这两种策略，只能选择其一。为简单化，假设这两种策略对边际成本的影响是相同的，即无论哪种策略被采用，都将边际成本降低 $d_i=D$。若不采用任何一种策略降低成本，则 $d_i=0$。

假设不同降低成本的策略对质量的影响不同。创新行为不损害产品质量，道德风险损害产品质量。消费者在选择商品时只能根据价格决定其需求，不能观测到质量。但若企业实施道德风险经营，事后可能造成安全事故，被政府处罚。假设实施道德风险企业的“期望”惩罚程度为 F，其数值反映政府监管政策强弱。我们进一步假设这个参数大小与政府选择的监管力度有关，越强的监管力度对应越大发现道德风险的概率。同时，F 也与企业选择道德风险后生产的规模有关，即为 q_i 的单调增函数，因为越大规模的造假行为带来越大的显示度，越容易被政府发现。假设企业通过创新行为降低边际成本本身具有成本，若企业i选择创新行为，要投资 H_i；若实施创新行为，两家企业的投入是非对称的。又假设企业 1 创新能力较企业 2 更强，创新行为的效率更高，投入更低，即 $H_1<H_2$。

企业i在竞争市场上面临的反需求函数为

$$P_i=a-b(\theta q_i+q_j)$$

式中，P_i 代表企业i产品的价格；q_i 为企业i的产量；q_j 为竞争对手的产量；a反映市场容量；$1/b$反映产品价格弹性；θ 反映产品差异度，或企业 1 与企业 2 产品的

可替代程度，其取值范围为$\theta \in [0,1]$。若$\theta = 0$，表明两家企业产品是完全不同的，两家企业间无竞争关系；若$\theta = 1$，则表明两家企业产品是完全替代的，两家企业间竞争关系最强①。

首先，考虑一个各个企业同时选择策略的博弈模型，然后扩展模型研究动态策略选择。博弈时序如下：第 1 期各个企业选择降低成本的策略，创新行为或道德风险，或两者都不选；第 2 期各个企业选择产量、价格；第 3 期消费者选择产品，市场竞争实现纳什均衡，企业实现利润；第 4 期政府对有质量问题的产品提供商进行处罚。同时，为使分析变得更有意义，避免不必要的讨论，假设：

$$c_2 - c_1 > \left(\frac{\theta}{2+\theta}\right)D$$

以强调企业 1 较企业 2 而言具有足够的成本优势，即c_1较c_2足够小，从而保证行业内竞争的非对称性。如果该假设不成立，意味着企业 2 虽具有成本劣势，但可以通过选择诸如道德风险等策略将成本“数倍”赶超企业 1，使我们关于非对称的两类企业定义颠倒②。

可以运用逆向归纳法来解析模型，首先分析第 2 期企业的产量竞争行为，求解各个企业的利润。然后回到第 1 期，分析企业应该选择何种成本降低策略最大化各自的利润，从而得到子博弈精炼纳什均衡。

（1）企业产量竞争行为。

首先，给定企业各自的成本降低策略d_i，考虑企业i在第 2 期的利润最大化行为，刻画其最优反应函数。例如，若企业 2 选择q_2，企业 1 将选择产量q_1最大化其利润：

$$\max \pi_1 = q_1\left[a - b\left(q_1 + \theta q_2\right) - \left(c_1 - d_1\right)\right]$$

求解最优化问题，得出其最优产量选择为

$$q_1 = \frac{\left(a - b\theta q_2 - c_1 + d_1\right)}{2b}$$

同理，给定企业 1 选择q_1，企业 2 的最优反应函数为

$$q_2 = \frac{\left(a - b\theta q_1 - c_2 + d_2\right)}{2b}$$

则若达到市场竞争的纳什均衡，两家企业的产量分别为

① 类似的需求函数常用在混合寡头模型中，以及刻画转轨经济国有企业的竞争行为，如 Mazzeo（2002）及孙群燕等（2004）。

② 这样的分析与假设成立时分析类似，只要将企业 1 和企业 2 的定义对调即可。类似刻画企业非对称竞争的假设可见 Tirole（1988）。

$$q_1^* = \frac{(2-\theta)a - 2c_1 + \theta c_2 + 2d_1 - \theta d_2}{4b - b\theta^2}$$

$$q_2^* = \frac{(2-\theta)a - 2c_2 + \theta c_1 + 2d_2 - \theta d_1}{4b - b\theta^2}$$

（2）企业成本降低策略选择。

如果企业 2 选择某种策略实现了 d_2，企业 1 选择某种策略实现 d_1 后的利润为

$$\begin{aligned}\pi_1(d_1) &= q_1^*\left[a - b\left(q_1^* + \theta q_2^*\right) - \left(c_1 - d_1\right)\right] \\ &= \frac{(2-\theta)a - 2c_1 + \theta c_2 + 2d_1 - \theta d_2}{4b - b\theta^2} \\ &\quad \times\left[a - b\left(\frac{(2-\theta)a - 2c_1 + \theta c_2 + 2d_1 - \theta d_2}{4b - b\theta^2}\right.\right. \\ &\quad \left.\left. + \frac{(2-\theta)a - 2c_2 + \theta c_1 + 2d_2 - \theta d_1}{4b - b\theta^2}\right) - \left(c_1 - d_1\right)\right]\end{aligned}$$

所以，企业 1 若选择某种策略降低成本（即 $d_1=D$）时，较不选择任何一种策略降低成本（即 $d_1=0$）而言，所增加的利润为

$$\begin{aligned}\Delta\pi_1(d_2) &= \pi_1(d_1 = D) - \pi_1(d_1 = 0)\mathbb{S} \\ &= \frac{2D}{4b - b\theta^2} \times \left[a - c_1 + \frac{4D - (2-\theta)\theta a + 2\theta c_2 - \theta^2 c_1 - 2\theta d_2}{4 - \theta^2}\right]\end{aligned}$$

我们注意到企业 1 运用某种策略降低成本时，其利润增加额是企业 2 选择 d_2 策略的函数。同理，给定企业 1 选择 d_1，企业 2 选择某种策略降低边际成本，所提高的利润为

$$\begin{aligned}\Delta\pi_2(d_1) &= \pi_2(d_2 = D) - \pi_2(d_2 = 0) \\ &= \frac{2D}{4b - b\theta^2} \times \left[a - c_2 + \frac{4D - (2-\theta)\theta a + 2\theta c_1 - \theta^2 c_2 - 2\theta d_1}{4 - \theta^2}\right]\end{aligned}$$

简单分析可以发现，企业 i 将选择成本降低策略，当且仅当其利润增加额高于策略本身的投入时。此外，若企业 i 已决定选择成本降低策略，究竟选择何种策略降低成本取决于创新行为与道德风险的相对成本比较。进一步分析，可以刻画子博弈精炼纳什均衡。为方便表述，首先定义以下 D_1、D_2、D_3、D_4 变量，它们分别是以下各个方程的解。

$$\frac{2D_1}{4b - b\theta^2} \times \left[a - c_1 + \frac{4D_1 - (2-\theta)\theta a + 2\theta c_2 - \theta^2 c_1}{4 - \theta^2}\right] = F \tag{2-21}$$

$$\frac{2D_2}{4b - b\theta^2} \times \left[a - c_2 + \frac{4D_2 - 2\theta D_2 - (2-\theta)\theta a + 2\theta c_1 - \theta^2 c_2}{4 - \theta^2}\right] = F \tag{2-22}$$

$$\frac{2D_3}{4b-b\theta^2}\times\left[a-c_1+\frac{4D_3-(2-\theta)\theta a+2\theta c_2-\theta^2c_1}{4-\theta^2}\right]=H_1 \tag{2-23}$$

$$\frac{2D_4}{4b-b\theta^2}\times\left[a-c_2+\frac{4D_4-2\theta D_4-(2-\theta)\theta a+2\theta c_1-\theta^2c_2}{4-\theta^2}\right]=H_2 \tag{2-24}$$

我们首先证明引理 2-5 成立。

【引理 2-5】如果 $F<H_1<H_2$，则 $D_1<D_2$；如果 $H_1<F<H_2$，则 $D_3<D_2$；如果 $H_1<H_2<F$，则 $D_3<D_4$。

引理 2-5 证明：

给定任意D 值，由于 $c_1<c_2$，有以下关系成立：

$$\frac{2D}{4b-b\theta^2}\times\left[a-c_1+\frac{4D-(2-\theta)\theta a+2\theta c_2-\theta^2c_1}{4-\theta^2}\right]$$

$$>\frac{2D}{4b-b\theta^2}\times\left[a-c_2+\frac{4D-2\theta D-(2-\theta)\theta a+2\theta c_1-\theta^2c_2}{4-\theta^2}\right]$$

同时，以上不等式左右两边都是 D 的增函数。所以，根据函数的连续性与中值定理，我们发现由方程（2-21）定义的 D_1 小于方程（2-22）定义的 D_2。类似的，当 $H_1<F<H_2$ 时，根据函数的连续性与中值定理，可发现由方程（2-23）定义的 D_3 小于方程（2-22）定义的 D_2；当 $H_1<H_2<F$ 时，由方程（2-24）定义的 D_3 小于方程（2-24）定义的 D_4。证毕。

在 $F<H_1<H_2$ 的情况下，若企业 1 或企业 2 选择某种策略降低成本，那么这种策略就是道德风险。在子博弈纳什均衡中，如果企业 1 和企业 2 均不选择道德风险，其充分必要条件是

$$\Delta\pi_1(d_2=0)=\frac{2D}{4b-b\theta^2}\times\left[a-c_1+\frac{4D-(2-\theta)\theta a+2\theta c_2-\theta^2c_1}{4-\theta^2}\right]<F \tag{2-25}$$

并且

$$\Delta\pi_2(d_1=0)=\frac{2D}{4b-b\theta^2}\times\left[a-c_2+\frac{4D-(2-\theta)\theta a+2\theta c_1-\theta^2c_2}{4-\theta^2}\right]<F \tag{2-26}$$

进一步分析，当 $D<D_1$ 时，式（2-25）和式（2-26）均成立。在子博弈纳什均衡中，如果企业 1 选择道德风险，企业 2 不选择该行为，其充分必要条件是

$$\Delta\pi_1(d_2=0)=\frac{2D}{4b-b\theta^2}\times\left[a-c_1+\frac{4D-(2-\theta)\theta a+2\theta c_2-\theta^2c_1}{4-\theta^2}\right]>F \tag{2-27}$$

并且

$$\Delta\pi_2(d_1=D)=\frac{2D}{4b-b\theta^2}\times\left[a-c_2+\frac{4D-2\theta D-(2-\theta)\theta a+2\theta c_1-\theta^2c_2}{4-\theta^2}\right]<F \tag{2-28}$$

进一步分析，发现式（2-27）和式（2-28）成立的充分必要条件是 $D_1<D<D_2$。

在子博弈纳什均衡中，如果企业 1 和企业 2 均选择道德风险，其充分必要条件是

$$\Delta\pi_1\left(d_2=D\right)=\frac{2D}{4b-b\theta^2}\times\left[a-c_1+\frac{4D-2\theta D-(2-\theta)\theta a+2\theta c_2-\theta^2 c_1}{4-\theta^2}\right]>F \quad (2\text{-}29)$$

并且

$$\Delta\pi_2\left(d_1=D\right)=\frac{2D}{4b-b\theta^2}\times\left[a-c_2+\frac{4D-2\theta D-(2-\theta)\theta a+2\theta c_1-\theta^2 c_2}{4-\theta^2}\right]>F \quad (2\text{-}30)$$

进一步分析，发现式（2-29）和式（2-30）成立的充分必要条件是 $D>D_2$。

在完成对引理 2-5 第一种情形的分析前，还需证明不会出现“企业 1 不选择道德风险，企业 2 选择道德风险”的子博弈纳什均衡。现运用反证法证明，若出现这种情况，则以下两式成立：

$$\Delta\pi_1\left(d_2=D\right)=\frac{2D}{4b-b\theta^2}\times\left[a-c_1+\frac{4D-2\theta D-(2-\theta)\theta a+2\theta c_2-\theta^2 c_1}{4-\theta^2}\right]<F$$

$$\Delta\pi_2\left(d_1=0\right)=\frac{2D}{4b-b\theta^2}\times\left[a-c_2+\frac{4D-(2-\theta)\theta a+2\theta c_1-\theta^2 c_2}{4-\theta^2}\right]>F$$

若以上两个式子同时成立，其必要条件是

$$\frac{2D}{4b-b\theta^2}\times\left[a-c_1+\frac{4D-2\theta D-(2-\theta)\theta a+2\theta c_2-\theta^2 c_1}{4-\theta^2}\right]$$
$$<\frac{2D}{4b-b\theta^2}\times\left[a-c_2+\frac{4D-(2-\theta)\theta a+2\theta c_1-\theta^2 c_2}{4-\theta^2}\right]$$

进一步可以化简为

$$-2\theta D<(4+2\theta)\left(c_1-c_2\right)$$

这一条件与我们模型的基本假设相违背，所以这种纳什均衡不会出现。

这样，我们完成对第一种情形，即 $F<H_1<H_2$ 的所有分析。第二种情形，即 $H_1<F<H_2$ 的分析与第一种情形相似，只需将式（2-25）、式（2-27）和式（2-29）的右边换成 H_1 即可。此时，企业 1 若选择降低成本，就会选择创新行为。对于第三种情形，即 $H_1<H_2<F$ 的分析，只需将式（2-25）、式（2-27）和式（2-29）的右边换成 H_1，将式（2-26）、式（2-28）和式（2-30）的右边换成 H_2。此时，意味着无论企业 1 或企业 2 如何选择降低成本的策略，都将选择创新行为。由此，可得命题 2-15。

【命题 2-15】在子博弈纳什均衡时，企业 1 与企业 2 的成本降低策略选择依以下情况分析：

（1）$F<H_1<H_2$。若 $D<D_1$，则企业 1 和企业 2 均不选择任何策略降低成本。

（2）$F<H_1<H_2$。若 $D_1<D<D_2$，则企业 1 选择道德风险，而企业 2 不选

择任何策略；若 $D < D_2$ ，企业 1 和企业 2 均选择道德风险。

（3）$H_1 < F < H_2$。若 $D < D_3$ ，则企业 1 和企业 2 均不选择任何策略降低成本；若 $D_3 < D < D_2$ ，则企业 1 选择创新行为，而企业 2 不选择任何策略；若 $D > D_2$ ，企业 1 选择创新行为，而企业 2 选择道德风险。

（4）$H_1 < H_2 < F$ 。若 $D < D_3$ ，则企业 1 和企业 2 均不选择任何策略降低成本；若 $D_3 < D < D_4$ ，则企业 1 选择创新行为，企业 2 不选择任何策略；若 $D > D_4$ ，则企业 1 与企业 2 均选择创新行为。

命题 2-15 给出了当该博弈达到子博弈精炼纳什均衡时，各个厂商的成本竞争策略选择的参数条件。如情形（1）所示，若政府管制对道德风险的惩罚过低，甚至低于具有创新优势的企业 1 的创新成本，那么所有企业都将不会考虑创新行为来降低成本。进一步发现，若道德风险可以足够降低企业 1 生产的边际成本，大于预期面临的惩罚，即 $D > D_1$ ，企业 1 会先于企业 2 去铤而走险，实施道德风险。当道德风险带来的好处进一步增加时，即 $D > D_2$ ，企业 2 才会和企业 1 一样，实施道德风险。此时，全行业企业，无论大小，都将使用低劣原材料进行损害产品质量的生产方式，出现群体道德风险现象。

现阶段我国由于监管执行不到位，企业在选择道德风险后的惩罚期望过低；或由于法不责众，往往对道德风险的事后惩罚威胁不可置信。所以，这种情况适用于命题 2-15 中情形（1）的分析条件，即 $F < H_1 < H_2$ 。观察发现，在我国往往行业内具有成本或创新优势的企业会先于其他企业尝试道德风险，选择造假，损害消费者利益。例如，毒奶粉事件一次又一次爆发，无独有偶，都首先发生在大型企业。又如，毒胶囊事件就发生在生产规模巨大的企业，或生产集中的地区。这种大企业带动小企业集体选择道德风险的行为，极有可能导致全行业出现产品质量危机。该理论模型为这一现象提供了解释，其背后的经济学逻辑在于，具有成本优势的企业原本占有大量的市场份额，其使用低劣原材料带来单位边际成本的节省会给其带来更多的利润增额，而市场竞争行为进一步加剧了该问题。由于实施道德风险降低了成本，低质商品进一步充斥市场，抢占原本属于其他竞争对手的市场份额，该企业实施道德风险的利益驱动进一步增大。另一个有趣的发现是，在政府管制对道德风险惩罚过低的社会中，若行业内的小企业实施道德风险，大企业的最优策略一定会选择道德风险；当大企业实施道德风险时，小企业的最优策略不一定选择道德风险，因为大企业已通过道德风险抢占了原本属于小企业的份额，小企业生产的最优规模进一步缩小，其模仿大企业选择道德风险的经济回报降低。若采用道德风险受惩罚的威胁还是没有变化，小企业在此时选择道德风险的利益驱动力将降低。

命题 2-15 对情形（2）和情形（3）的分析，刻画了在监管惩罚提高后的子博弈精炼纳什均衡，具有一定的政策含义。我们证明了，若监管执行力度加大或企业的创新效率提高，企业群体道德风险现象将不复出现。当监管惩罚高于企业 1 的创新成本投入时，则作为具有成本优势或创新优势的企业 1 就不会再选择道德风险，而选择创新行为降低成本；只有处于竞争劣势的企业 2 才有可能选择道德风险压缩成本，同企业 1 进行竞争。若政府监管惩罚进一步提高，或全行业创新效率进一步提升，哪怕是处于竞争劣势的企业 2 也不会采用道德风险来非法竞争压缩成本。

我们可以用图 2-11 来反映命题 2-15 得到的结论。横轴表示创新行为或道德风险对单位边际成本的降低额 D，纵轴表示政府监管对道德风险的惩罚力度 F。其中，区域Ⅰ代表当惩罚力度过低而可节约的成本很大时，无论是企业 1 还是企业 2 都会选择道德风险，进而出现全行业溃败的企业群体道德风险现象。区域Ⅱ代表当惩罚力度过低而可节约的成本稍小时，市场上将出现只有有竞争优势的企业 1 选择道德风险，企业 2 不选择任何策略降低成本。区域Ⅲ代表当惩罚力度较高而可节约的成本很大时，在子博弈精炼纳什均衡时，具有相对竞争优势的企业 1 将选择创新行为，而企业 2 将选择道德风险来降低成本。区域Ⅳ、区域Ⅴ均代表当惩罚力度较高而可节约的成本较小时，市场上只有企业 1 选择创新行为来降低成本，而企业 2 不作为。区域Ⅵ代表当惩罚力度很大并且可节约的成本也很大时，在子博弈精炼纳什均衡时，两家企业都将选择创新行为。此外，区域Ⅶ、区域Ⅷ、区域Ⅸ代表由于可节约成本过低，无论企业 1 还是企业 2 既不选择道德风险也不选择创新行为，保持原来的成本不变。

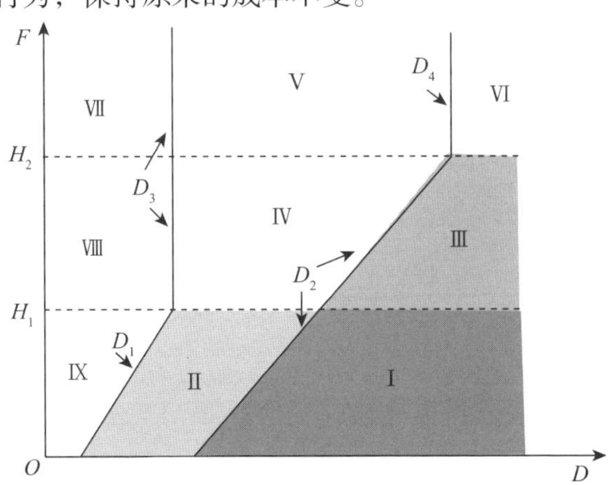

图 2-11　创新行为还是道德风险子博弈精炼纳什均衡

通过对上述模型的分析，不难发现：当竞争对手选择道德风险的时候，企业自身选择创新行为的收益较低，但选择道德风险时企业收益受政府监管力度 F 下降的速度较为缓慢，这使该企业在较大参数范围内（$0 < F < F^*$）选择道德风险。

当竞争对手选择创新行为的时候，企业自身选择创新行为的收益较高，但选择道德风险时企业收益受政府监管力度 F 下降的速度较为迅速，会使该企业在较小的参数范围内（ $0<F<F^{**}$ 并且 $F^{**}<F^{*}$ ）选择道德风险。综上，竞争对手选择道德风险可以强化行业内其他企业选择道德风险的激励，故迫使它们放弃创新，转而以道德风险行为来降低成本，抢占市场份额。

进一步分析模型各个参数的比较静态性质，可得下面的结论。

【命题 2-16】若 $F<H_1<H_2$ ，在以下情况下，企业 1 更有可能在子博弈精炼纳什均衡中采用道德风险：① c_1 减少；② c_2 增大；③ a 增大；④ b 减少；⑤ θ 增大。

具体证明如下，可以定义：

$$\begin{aligned}\Delta\pi_1&=\pi_1\left(d_1=D\right)-\pi_1\left(d_1=0\right)\\&=\frac{2D}{4b-b\theta^2}\times\left[a-c_1+\frac{4D-(2-\theta)\theta a+2\theta c_2-\theta^2c_1-2\theta d_2}{4-\theta^2}\right]\end{aligned}$$

那么，结论①通过以下求导得到：

$$\frac{\partial\Delta\pi_1}{\partial c_1}=\frac{2D}{4b-b\theta^2}\times\left(-1-\frac{\theta^2}{4-\theta^2}\right)<0$$

结论②通过以下求导得到：

$$\frac{\partial\Delta\pi_1}{\partial c_2}=\frac{2D}{4b-b\theta^2}\times\left[\frac{2\theta}{4-\theta^2}\right]>0$$

结论③通过以下求导得到：

$$\frac{\partial\Delta\pi_1}{\partial a}=\frac{2D}{4b-b\theta^2}\times\left[\frac{4-2\theta}{4-\theta^2}\right]>0$$

结论④通过以下求导得到：

$$\frac{\partial\Delta\pi_1}{\partial b}=-\frac{2D}{4b^2-b^2\theta^2}\times\left[a-c_1+\frac{4D-(2-\theta)\theta a+2\theta c_2-\theta^2c_1-2\theta d_2}{4-\theta^2}\right]<0$$

结论⑤通过以下求导得到：

$$\begin{aligned}\frac{\partial\Delta\pi_1}{\partial\theta}=&\frac{4bD\theta}{\left(4b-b\theta^2\right)^2}\times\left[a-c_1+\frac{4D-(2-\theta)\theta a+2\theta c_2-\theta^2c_1-2\theta d_2}{4-\theta^2}\right]\\&+\frac{2D}{4b-b\theta^2}\times\left[\frac{\left(-2a+2\theta a+2c_2-2\theta c_1\right)}{\left(4-\theta^2\right)}+\frac{2\theta\left(4D-(2-\theta)\theta a+2\theta c_2-\theta^2c_1\right)}{\left(4-\theta^2\right)^2}\right]\\&>0\end{aligned}$$

证毕。

命题 2-16 考察在政府监管惩罚很弱时，本身具有竞争优势企业的行为特征。结论①表明，当企业 1 自身成本优势进一步提高时，即 c_1 减少，其更有可能采用道德风险，原因在于初始边际成本更低，与其他企业竞争时占得的市场份额更大，则运用劣质原材料节约边际成本导致的总利润增幅更为丰厚。结论②表明当其竞争对手的成本劣势更为明显时，即c_2增大，则其采用道德风险降低成本的利益驱动也更为强烈。这一结论的直觉与结论①是对称的。结论③表明，若市场容量增大，即a增大，企业1的道德风险动机也增大，原因在于通过道德风险可以“发展”的市场需求空间更为巨大。结论④表明当产品需求价格弹性上升时，即$1/b$上升，企业选择道德风险的经济动机也更大，原因在于若市场需求弹性增大，采用这种行为压缩成本将催生更多市场需求，赢得更多比例的市场份额，从而带来更大的经济利润增幅。结论⑤表明当竞争对手产品对自己产品的替代性增强，或产品竞争压力增大时，即θ增大，企业采用道德风险的动机也增强。这一点可以解释在产品竞争度较高的食品行业，为什么更容易出现道德风险或企业群体道德风险现象。该结论更为深刻的内涵在于，当政府监管惩罚较低时，市场竞争度的加强不仅不能催生提高生产效率的创新行为，反而会带来坏的结果，即厂商纷纷采用道德风险来压缩成本，导致全行业的失信与产品质量危机。

由于信息问题，消费者对即期产品的质量不能观察。消费者如果发现产品质量问题，往往会减少在以后各期对该企业的购买数量。这种声誉机制对当期企业策略选择而言，可以理解为道德风险会导致一个期望消费者惩罚，这一点对模型均衡的影响分析类似前述的惩罚参数F变化的比较静态分析。

2.3.5　群体道德风险的动态复杂性

事实上，诸多市场行为或产品竞争策略的选择呈现先动跟随的动态性特征。为描述食品企业道德风险选择的动态性，将前述模型进行扩展，且在尽量保持原来关于收益和成本的假设不变的情况下，对博弈的时序做以下调整：第1期企业1选择降低成本的策略，创新行为或道德风险，或两者都不选；第2期企业2选择降低成本的策略，创新行为或道德风险，或两者都不选；第3期企业1与企业2各自选择产量和价格；第4期消费者选择产品，市场竞争实现纳什均衡，企业实现利润；第5期政府对有质量问题的产品提供企业进行处罚。这里，为刻画企业参与道德风险的先动跟随特征，假设企业1和企业2没有大小之分，即对企业成本和创新能力的参数不加以任何限制。同时，为丰富政策建议，假设政府对企业1和企业2投入的监管力量是不同的，同样选择道德风险，企业1被发现的概率和被惩罚的力度也区别于企业2，即$F_1 \neq F_2$。

企业1和企业2选择成本降低策略的先后次序可用逆向归纳来分析。首先，考虑给定两企业选择成本降低策略后的市场产量竞争均衡（即第3期企业的策略选择），企业1和企业2产量选择如下：

$$q_1^* = \frac{(2-\theta)a - 2c_1 + \theta c_2 + 2d_1 - \theta d_2}{4b - b\theta^2}$$

$$q_2^* = \frac{(2-\theta)a - 2c_2 + \theta c_1 + 2d_2 - \theta d_1}{4b - b\theta^2}$$

现在分析第2期企业2在观察到企业1的策略选择后如何选择成本降低策略。给定企业1选择d_1，企业2选择某种策略降低边际成本，提高的利润为

$$\begin{aligned}\Delta\pi_2(d_1) &= \pi_2(d_2 = D) - \pi_2(d_2 = 0)\\ &= \frac{2D}{4b - b\theta^2} \times \left[a - c_2 + \frac{4D - (2-\theta)\theta a + 2\theta c_1 - \theta^2 c_2 - 2\theta d_1}{4 - \theta^2}\right]\end{aligned}$$

由于$\Delta\pi_2(d_1 = 0) > \Delta\pi_2(d_1 = D) > 0$，故若先动者（企业1）已选择道德风险或创新行为来降低成本，企业2选择成本竞争策略的利润增幅下降。但是，只要政府监管惩罚足够小，即$F_2 < \Delta\pi_2(d_1 = D) < \Delta\pi_2(d_1 = 0)$，企业2还是会在任何时候都选择道德风险。

在第1期，企业1面临策略选择时，将考虑两种可能的情况：①如果选择$d_1 = 0$，即不选择成本降低策略，企业2更有可能会选择$d_2 = D$，这样企业1的市场份额被企业2抢占，利润大幅压缩；②如果选择$d_1 = D$，即不选择成本降低策略，企业2更有可能会选择$d_2 = 0$，这样企业1由于先动者的优势地位，通过成本降低进一步巩固优势地位，挤占更多的企业2的市场份额，利润大幅提高。具体分析如下：

$$\begin{aligned}&\pi_1(d_1 = D)\\ &= \frac{(2-\theta)a - 2c_1 + \theta c_2 + 2D}{4b - b\theta^2}\\ &\quad\times\left[a - b\left(\frac{(2-\theta)a - 2c_1 + \theta c_2 + 2D}{4b - b\theta^2}\right.\right.\\ &\quad\left.\left. + \theta\frac{(2-\theta)a - 2c_2 + \theta c_1 - \theta D}{4b - b\theta^2}\right) - (c_1 - D)\right]\\ &> \pi_1(d_1 = 0)\\ &= \frac{(2-\theta)a - 2c_1 + \theta c_2 - \theta D}{4b - b\theta^2}\\ &\quad\times\left[a - b\left(\frac{(2-\theta)a - 2c_1 + \theta c_2 - \theta D}{4b - b\theta^2}\right.\right.\\ &\quad\left.\left. + \theta\frac{(2-\theta)a - 2c_2 + \theta c_1 + 2D}{4b - b\theta^2}\right) - c_1\right]\end{aligned}$$

并且，发现$\pi_1(d_1 = D) - \pi_1(d_1 = 0)$比原来增大，说明企业1更倾向于选择道德

风险降低成本。K_1 与 K_2 分别表示企业 1 和企业 2 选择道德风险的门槛值，均为其创新投入成本 H_i 与成本降低幅度 D 的函数。由于企业 1 具有先动优势，进一步提高其门槛值，故 $K_1 > K_2$。那么，当 $F_1 < K_1$，$F_2 > K_2$ 时，企业 1 选择道德风险而企业 2 不跟随（即不选择任何成本降低策略）；当 $F_1 < K_1$，$F_2 < K_2$ 时，企业 1 选择道德风险并且企业 2 跟随相同策略；当 $F_1 > K_1$，$F_2 > K_2$ 时，企业 1 与企业 2 均不选择道德风险；当 $F_1 > K_1$，$F_2 < K_2$ 时，企业 1 不选择道德风险而企业 2 选择道德风险。

总之，在上述动态博弈模型中，企业 1 由于其先动性的特点，更有可能选择道德风险，并且企业群体性选择道德风险的纳什均衡出现的参数范围扩大。具体来说，若行业内的某些企业率先选择道德风险，由于它们用劣质原料替代的方式降低了生产成本，在产品市场上会有更大的价格竞争优势，其他企业的市场份额、利润空间就会受到损害。所以，对于原本并没有选择道德风险的企业来说，最优的策略也是选择道德风险，与市场内也已选择道德风险的企业进行竞争。

如果将上述动态均衡从企业层面扩展到全行业层面，也会出现因行业性信息非对称而出现食品安全违规行为（王永钦等，2014；李想和石磊，2014），其均属于先动跟随的企业群体道德风险行为。这种群体道德风险行为，造成食品安全社会共治中多主体协同或参与的资源占用、资源供给和资源维护的激励不相容，或达到参与约束条件的社会协同成本极其高昂，因而是导致食品安全社会共治体制失灵的主要成因。

2.4　社会系统失灵：世界难题的复杂机制

信息非对称导致的逆向选择和道德风险，构成微观市场机制中导致市场失灵的两个基本成因，这种微观市场机制与政府干预的社会行为组合在一起，将会产生更为复杂动态的社会管理难题。由本章上述分别对食品市场失灵、食品安全监管的政府失灵及食品安全社会共治面临公共池塘资源配置失灵的讨论可知，食品安全治理就是这样一个世界性的公共管理难题。针对这个世界性公共管理难题，目前经济学家尚未给予足够的关注和研究，但与此相关的市场失灵、政府失灵和社会共治失灵研究，无疑为我们解剖这个公共管理难题提供了理论基础和解决思路。

2.4.1　多重失灵的复杂性

从经济学角度来看，所谓失灵是指失去效率。因此，市场失灵是指市场失去效率，即当市场的资源配置出现低效率或无效率时，就出现市场失灵。一般地，市场失灵源于不完全竞争、信息不完全和外部性。为了纠正市场失灵，凯恩斯学派主张政府干预市场，但政府自身的缺陷又导致政府失灵。政府失灵是指政府为矫正和弥补市场机制的功能缺陷而干预市场，采取立法、行政管理及各种经济政策手段却最终导致经济效率低下和社会福利损失的状况（文贯中，2002）。Ostrom（1990，1992）提出通过社会自组织来实现自主治理和自主监督，形成区别于市场和政府的第三种资源配置机制。同时，也有研究主张除政府干预市场外，市场自身也存在对失灵的自我矫正机制，或者认为在政府与市场之间，还存在一种市民社会的第三种纠正市场失灵的机制（吴练达和韩瑞，2008）。

一般地，只要存在信息非对称、不完全竞争和外部性，无论市场还是政府，或其他资源配置机制，其都会失灵，且政府失灵源于对市场失灵的匡正。主张政府干预隐含市场失灵不能得到自我矫正或自我矫正成本极高的假设，但反对者认为，政府干预市场的理由并不充分，因为政府配置资源的效率未必比市场更有效。在芝加哥经济学派看来，市场是在现有可供选择的机制中配置资源最有效的，以比市场更低效率的政府行为来治理市场失灵几乎是本末倒置。但是，凯恩斯学派认为，尽管政府自身存在缺陷，但这种缺陷与市场缺陷之间恰好形成互补，社会通过两种具有互补性的资源配置机制，可以更好地促进经济增长和实现社会福利目标。

以食品安全治理为例，食品本身复杂性、信息非对称及监管缺位外部性等导致的食品市场失灵，比一般的市场失灵更为复杂。因此，食品安全治理成为一个世界难题，也是当代全球公共管理治理中的一个重要热点议题。既有研究认为，食品安全需要政府加强监管，但政府监管又存在政策性负担而被俘获出现政府失灵。为此，人们提出食品安全社会共治的解决模式，似乎通过社会共治这个第三条道路可以解决市场失灵和政府失灵难以解决的食品安全危机，但社会共治本身也存在公地悲剧的失灵问题。这样，在食品安全治理中，不仅存在市场失灵和政府失灵现象，而且存在社会共治失灵的多重失灵现象，形成了比单纯市场失灵或政府失灵更为复杂的社会系统失灵。

所谓的社会系统失灵，是指一国或地区出现的既非单纯的市场失灵、政府失灵或社会共治失灵，又非三者或两者之间的协同失灵，而是这三个失灵之间相互影响而产生的全社会体系性的治理失灵现象。与市场失灵等单一的资源配置机制失灵相比，社会系统失灵有三个明显特征：首先，社会系统失灵表现为既有市场失灵，也存在政府失灵，同时还存在社会共治失灵或其他资源配置机制失灵现象，且资源配置失效具有跨部门或跨领域的传染性；其次，表现为复杂动态的变化过程，形成相互关联、相互影响的复杂社会网络结构，即市场失灵、政府失灵与社会共治失灵三者之间互为因果关系，难以通过单纯解决其中一种失灵现象而使问题得到解决或缓解；最后，社会系统失灵具有反向自适应的动态变化特征，在不同的发展阶段或不同区域范围内其失灵影响形成不同的自我超速放大特征，如当社会发生食品安全事件时，媒体的不当报道既可能迅速递增社会舆情压力，也可能使某个食品行业迅速陷入全行业生产萎缩的窘境。因此，社会系统失灵是当代尤其是互联网时代政府公共管理乃至全球公共治理需要关注和重视的管理问题之一。

图 2-12 简要描述了食品安全治理中社会系统失灵的三边结构，社会系统失灵既有可能是市场失灵、政府失灵和社会共治失灵传递过来形成的资源配置失效（图2-12 中的a线条），也有可能是市场失灵、政府失灵、社会共治失灵三者之间相互影响导致的资源配置失效（图 2-12 中的b线条），同时可能是市场失灵、政府失灵和社会共治失灵共同作用形成的结构性资源配置失效（图 2-12 中的c线条）。显然，社会系统失灵比现有经济学理论中讨论的任何一种资源配置失灵现象都更加复杂，也更加逼近食品安全治理的现实。

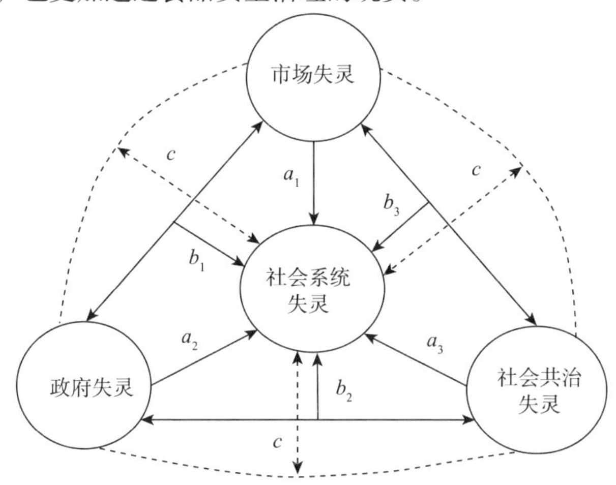

图 2-12　食品安全治理的社会系统失灵结构

由图 2-12 可以看出，解决类似食品安全治理这样的社会系统失灵问题，不能单纯依靠解决市场失灵或政府失灵的常规手段，而应采取既包括自上而下的顶层制度设计，又包括自下而上的社会边缘革命或创新带动的渐进变革的综合性系统管理方式来解决，因为系统性问题需要系统性方式来解决。由此，我们给出为什么食品安全治理是一项世界难题的经济学解释，因为食品安全治理目标是解决复杂的社会系统失灵问题，既需要解决市场失灵带来的机会主义问题，也需要解决政府失灵带来的机会主义问题，同时还要解决社会共治失灵带来的机会主义问题，因此，食品安全治理是一项世界难题。解决这个世界难题，需要引入复杂系统思维和理论及相应的管理手段。

2.4.2 社会系统失灵三个核心问题

由食品安全社会系统失灵的三个特征可以看出，社会系统失灵的自适应特征是现实中食品安全治理最难解决和掌握的特征。一般认为，市场失灵存在自我矫正机制而无须政府干预，政府失灵和社会共治失灵也存在类似市场失灵那样的自我矫正机制。但是，由图 2-12 的复杂结构可以看出，食品安全治理的社会系统失灵似乎不存在类似市场失灵那样的自我矫正机制，相反，食品安全社会系统失灵的自适应性反而会使食品市场状况及其治理状况向相反的方向不断自我增强和演化，直至出现大规模群体事件或随机事件诱发社会动荡后形成政府的强力干预。政府对食品市场监管的强力干预短期内可以起到较好的治理效果，但长期来看一方面支付的社会总成本过于高昂（导致社会无法接受），另一方面由于社会群体道德风险，不安全食品的数量不会减少反而可能会增加，食品生产违规行为只是更加分散化和隐蔽而已（导致社会难以稳定）。由此，我们提出食品安全治理社会系统失灵的第一个核心问题:单纯依靠市场或政府治理不能解决社会系统失灵。

社会系统失灵的第一个核心问题表明，食品安全治理可能会出现既非市场失灵，也非政府失灵导致的监管失灵问题，单纯依靠市场或政府力量无法有效解决食品安全的监管问题。或者说，食品安全监管失灵不能从单一视角来考察，需要从不同视角和领域来剖析，这也就可以解释为什么食品安全治理受到多学科领域学者普遍重视的原因。在涉及的众多学科中，从经济学角度探讨食品安全监管失灵无疑是最为基础的理论分析视角。同时，食品市场中的违规行为既表现出理性的决策特征，又表现出有限理性的决策特征，因此，食品安全违规决策分析需要引入社会人假设。

食品安全治理中存在社会系统失灵的现象表明，现实中将食品安全治理寄托于通过社会共治一种模式来解决社会管理矛盾是不可行的。或者说，需要摒弃市场失灵用政府干预来补救，市场与政府都失灵用社会共治来补救的食品安全治理思路，社会共治不是解决食品安全社会系统失灵的灵丹妙药，因为从市场或从政府单一层面解决不了的食品安全治理问题，社会共治也同样解决不了。由此，我们提出食品安全治理社会系统失灵的第二个核心问题：单纯依靠社会共治不能解决社会系统失灵。

社会系统失灵的第二个核心问题表明，试图单纯借助社会共治来解决食品安全治理这个世界难题很可能是徒劳的，至少这么思考存在着极高的失败风险，不要期待市场和政府解决不好的难题可以通过社会共治就能够解决得好，这本身就不符合市场第一、政府第二、社会第三的资源配置效率排序原则。

市场无疑是社会资源有效配置的主体，也是促进市场自身得到不断改善的原动力。然而，由于人类行为的多样性和随机性，市场自身也存在着不确定性和风险。在公共管理理念上，作为市场补充角色的政府的定位与作为和市场并驾齐驱的政府的定位是截然不同的，前者更多地相信市场的力量，政府的作用在于拾遗补缺，社会共治的作用亦如此；后者更多地相信政府拥有与市场不一样的力量，政府是主导社会经济发展的两种基本力量之一，社会共治或者是政府主导社会经济发展模式下的一种补充模式，或是市场与政府双轨制下的一种社会管理的补充模式。显然，食品安全社会共治在不同的公共管理理念下有不同的制度安排价值。由此，我们得到社会系统失灵的第三个核心问题：单纯依靠正式或非正式治理不能解决社会系统失灵。

社会系统风险的第三个核心问题表明，解决食品安全治理这样的社会系统失灵问题,需要综合应用正式治理与非正式治理的各种手段或措施来形成混合治理。因此，解决社会系统失灵的前提，一是需要培育市场、政府与社会三者之间的协同意识，二是需要提高这三者之间的协同管理能力，由此带来一个近似悖论的管理命题：解决社会系统失灵需要提高社会系统的协同意识和协同能力，但社会系统协同意识和协同能力的提高又有赖于社会系统的协同。解决这个管理命题，需要市场、政府和社会三者的持续改进。因此，社会系统风险的第三个核心问题表明，食品安全社会共治是渐进的、持久的和长期的过程，既不可能一蹴而就，也不可能半途而废，需要稳定持久地推进管理。

这样，基于社会系统失灵的三个核心问题，接下来，我们可以逐一探讨食品安全“监管困局”现象及其内在发生机制、食品安全社会共治的横向结构与纵向结构，以及社会共治的正式治理与非正式治理的混合治理等主要议题。

第3章

食品安全“监管困局”的经济分析

食品广泛存在的信任品特征以及食品行业交易信息的缺乏，导致食品行业经济活动存在高度的信息非对称性。这种信息非对称性既存在于生产经营者与消费者之间，也存在于监管者与生产经营者之间，甚至存在于同一供应链上不同的生产经营者之间。同时，由于中国的独特饮食习惯和经济发展水平，目前仍存在大量中低档需求，在今后相当长的一段时间内食品市场仍将由大量中小企业及个体商贩所主导（刘亚平，2011）。而导致中国食品安全问题的主要因素正是人源性因素。人源性危害在食品供应链各环节中均不同程度地存在，而食品深加工是危害最大的环节（刘畅等，2011）。此外，中国食品市场的高度信息非对称性、需求多样性和供应分散性无疑进一步加大了人源性的危害风险。因此，研究食品生产经营者的风险决策机制，是预防和监督食品安全治理中人源性危害的关键。

根据社会系统失灵的第一个核心问题，本章分别基于期望效用理论和累积前景理论构建食品安全理性情境及有限理性情境下违规行为决策模型，分析公共池塘关键变量对食品安全事件的短期静态影响机理，探讨生产经营者完全理性短期静态决策与在不确定性环境下的有限理性短期静态决策之间的异同，为建构食品安全社会共治理论提供微观经济学的理论基础。

3.1 理性情境下生产经营者违规决策分析

3.1.1 博弈顺序与模型假设

考虑一个食品生产经营者、消费者和监管者在市场中进行的反复博弈模型，考察各方低复杂性决策情境下的博弈行为，即意味着各方能够凭借历史信息和经验对有关博弈信息进行准确判断，并很容易通过思考做出理性决策。为不失一般性，我们通过一个两期博弈模型来刻画食品生产经营者、消费者和监管者三方之间的短期博弈特征，考虑到现实中监管者受到监管资源与监管难度的限制，对生产经营者的违规行为监管往往存在滞后现象，当出现较严重或影响面广的食品安全问题时，监管者才针对性地加大局部范围的监管力度。因此，本小节模型考虑的博弈顺序如图 3-1 所示。

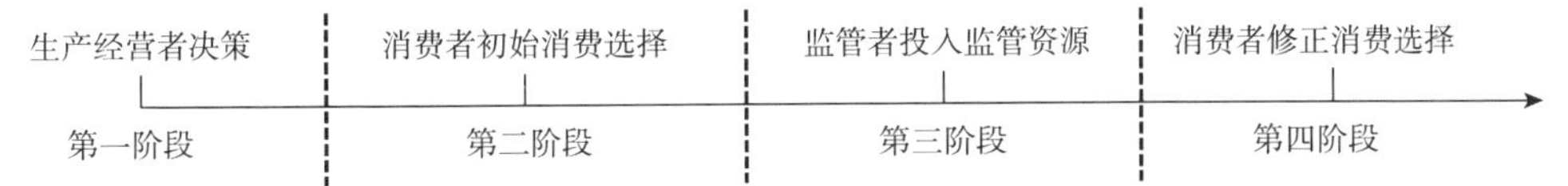

图 3-1　食品生产经营者、消费者与监管者的博弈顺序

首先，假设生产经营者在每期需要决定生产次品占生产总量的比例x，由于生产经营者短期内的生产行为不易变化，假设第一期与第二期生产经营者的总产量D和生产策略均不变。又假设生产经营者的生产策略表示为(q_H, q_L)，其中q_H为每期生产合格品的数量，q_L为每期生产次品的数量，$q_H=(1-x)D$，$q_L=x\times D$，并假设合格品和次品生产成本分别为c_H和c_L，由于违规生产次品能够获得的额外增加收益来自生产次品成本的降低，因而c_H-c_L为生产经营者违规增加收益，其与生产经营者的超额违规收益正相关。鉴于违规惩罚已有大量研究，且近年来政府已大幅提高对违规行为的惩罚，因而我们重点分析违规增加收益，以反映超额违规收益对违规行为产生的影响。

其次，监管者的监管策略为选择监管力度$\rho_t(0\leqslant\rho_t\leqslant1)$，反映监管者选择的监管范围、监管资源投入、惩罚力度、技术检测水平等监管要素，每期的监管力度ρ_t代表生产经营者当期生产的次品被揭露的概率。

再次，现实中，消费者对食品安全的信任存在一个心理满意范围，当食品安全违规行为感知程度处于这个心理满意范围内时，消费者对食品安全的信任得到增强，反之若食品安全违规行为感知程度超出这个心理满意范围，消费者对食品安全的信任水平降低。为了静态地分析消费者心理满意范围对消费者支付的影响，我们假设存在一个消费者食品安全接受水平r与食品安全容忍度$R(0<r<R<1)$，（0，r）即表示消费者感知违规行为的心理满意范围，R表示超出（0，r）范围后消费者放弃食品安全信念的临界点。

最后，消费者的策略为支付水平P_t，且P为各期的市场出清价格。由于中国食品市场由成千上万的小企业乃至小商贩构成，且食品作为一种必需品其需求价格弹性较弱，为更好地考察各关键变量之间的关系，假设食品市场价格由消费者食品安全信念决定，消费者根据上期次品揭露情况 ρx 调整对本期食品安全的信念，进而调整当期支付水平 P。为此，假设消费者策略表示为 $(P_1, P_2, \cdots, P_t)$，且 $\rho_t \times x_t \leqslant R$ 时，$P_{t+1}=P_t(1+r-\rho_t \times x_t)$；当 $\rho_t \times x_t > R$ 时，$P_{t+1}=0$。即当次品揭露在（0，R）区间内时，若次品揭露低于 r，则消费者的支付水平增高；若次品揭露在（r，R）区间时，则消费者的支付水平降低；当次品揭露高于 R 时，消费者的支付水平为 0，即消费者当期不愿为食品进行支付①。为了更好地考察上期博弈结果对下期消费者策略选择的影响，假设消费者的首期支付水平 P_1 为次品揭露正好等于次品接受水平时的支付水平。于是，生产经营者的策略选择 (q_H, q_L) 可产生的结果集为（不超过容忍度进行生产，超过容忍度进行生产），等价于 $\left(x \leqslant \frac{R}{\rho} < 1,\ x > \frac{R}{\rho}\right)$。

3.1.2　生产经营者策略选择模型

策略一：生产经营者选择不超过食品安全容忍度进行生产。

$$\begin{aligned}\pi &= (P_1 - c_H)q_H + (P_1 - c_L)q_L + (P_2 - c_H)q_H + (P_2 - c_L)q_L \\ &= D(1-x)(P_1 + P_2 - 2c_H) + Dx(P_1 + P_2 - 2c_L) \\ &= D\left[P_1(2 + r - \rho x) - 2c_H + 2x(c_H - c_L)\right]\end{aligned}$$

为考察生产经营者收益对各因素的变化关系，将上式分别对 r、ρ、x 进行求导，分析如下：

$$\begin{aligned}\frac{\partial \pi}{\partial r} &= DP_1 > 0 \\ \frac{\partial \pi}{\partial \rho} &= -DP_1 x \leqslant 0 \\ \frac{\partial \pi}{\partial x} &= D\left[2(c_H - c_L) - \rho P_1\right]\end{aligned} \tag{3-1}$$

令式（3-1）等于 0，可得 $\rho = \frac{2(c_H - c_L)}{P_1}$。

（1）当 $\frac{2(c_H - c_L)}{P_1} > 1$ 时的生产经营者策略选择。恒有式（3-1）大于 0，此时无论 ρ 取何值，生产经营者都会生产最大量的次品，即次品比例为

① 假设支付意愿大幅度降低是基于现实的考虑，当消费者感知食品风险大于自身所能承受的风险时，消费者或者选择不再消费此类食品转而寻求其他替代品，或者只愿意用很小的支付来消费。此处假设支付意愿为 0 与假设支付意愿为某个低值对模型的结论不会产生显著影响。

$$x_{\max}=\begin{cases}R/\rho, & R/\rho\leqslant 1\\ 1, & R/\rho>1\end{cases}$$

将以上结果用图 3-2 表示，当监管力度 $\rho<R$ 时，生产经营者将会选择完全生产次品；当监管力度 $\rho>R$ 时，生产经营者生产次品的数量将随着监管力度 ρ 的增大而减小。若消费者的容忍度R增大，图 3-2 中A点将向右移动，B点向上移动，曲线AB将移动至曲线 $A'B'$ 位置，即生产经营者选择完全生产次品的概率增大，且生产经营者最低次品生产比例也增大为 B'，这表示食品安全问题将会进一步恶化。

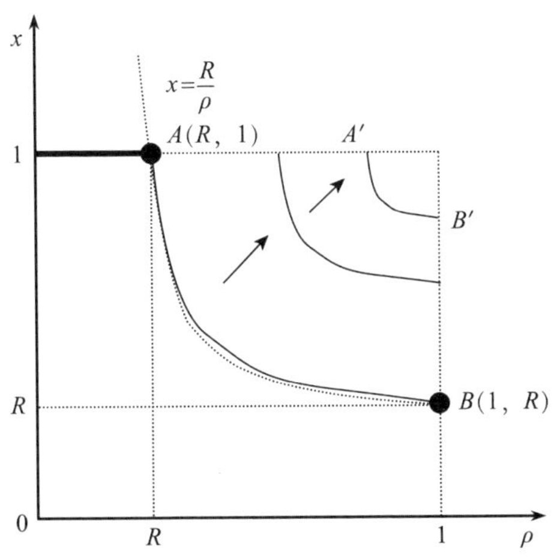

图 3-2　当 $\frac{2(c_H-c_L)}{P_1}>1$ 时的生产者策略选择

（2）当 $\frac{2(c_H-c_L)}{P_1}\leqslant 1$ 时的生产经营者策略选择。此时，需要考虑监管力度的大小。若 $\rho<\frac{2(c_H-c_L)}{P_1}$，则 $2(c_H-c_L)-\rho P_1>0$，生产经营者收益随 x 的增大而递增，此时，生产经营者会生产最大量的次品，即次品比例为

$$\begin{cases}R<\dfrac{2(c_H-c_L)}{P_1}, & x_{\max}=\begin{cases}R/\rho, & R/\rho\leqslant 1\\ 1, & R/\rho>1\end{cases}\\[2ex] R>\dfrac{2(c_H-c_L)}{P_1}, & x_{\max}\equiv 1\end{cases}$$

若$\rho>\frac{2(c_H-c_L)}{P_1}$，则$2(c_H-c_L)-\rho P_1\leqslant 0$，生产经营者收益随$x$的增大而递减，此时生产经营者不会生产次品，$x\equiv 0$；若$\frac{2(c_H-c_L)}{P_1}=\rho$，则$2(c_H-c_L)-\rho P_1=0$，生产经营者收益与$x$的大小无关。

将以上结果用图3-3和图3-4表示，若容忍度$R>\frac{2(c_H-c_L)}{P_1}$，则完全生产次品是生产经营者的严格占优策略（图3-3）。若容忍度$R<\frac{2(c_H-c_L)}{P_1}$，当监管力度$\rho<R$时，生产经营者将会选择完全生产次品；当监管力度$\rho>R$时，生产经营者生产次品的数量将随着监管力度ρ的增大而减小；当监管力度$\rho>\frac{2(c_H-c_L)}{P_1}$时，生产经营者的占优策略为完全生产合格品（图3-3）。并且，由图3-4可知，若消费者的容忍度R增大至R'，则A点将向右移动，B点和C点将向上移动，曲线AB将移动至曲线$A'B'$位置，曲线AC将移动至曲线$A'C'$位置，直至当R增大至$\frac{2(c_H-c_L)}{P_1}$时，生产经营者占优策略转变为完全生产次品。

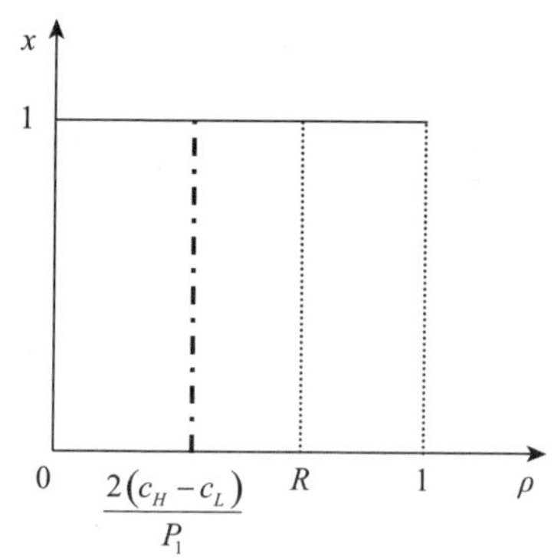

图3-3　当$\frac{2(c_H-c_L)}{P_1}\leqslant 1$且$R>\frac{2(c_H-c_L)}{P_1}$时的生产者策略选择

策略二：生产经营者选择超过食品安全容忍度进行生产。

$$\begin{aligned}\pi'&=(P_1-c_H)q_H+(P_1-c_L)q_L+(0-c_H)q_H+(0-c_L)q_L\\&=D\left[P_1-2c_H+2x(c_H-c_L)\right]\end{aligned}$$

显然，收益随x的增大而增大，当$x=1$时，收益最大，即

$$\pi'_{\max}=D\left[P_1-2c_H+2(c_H-c_L)\right]$$

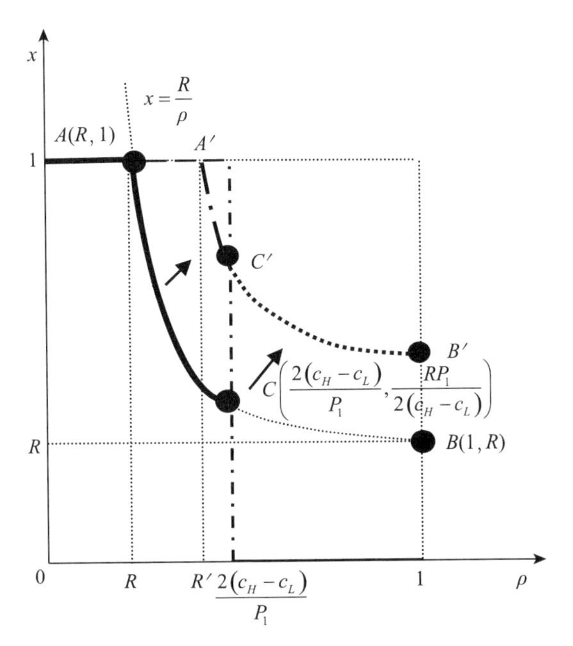

图3-4　当$\frac{2(c_H-c_L)}{P_1}\leqslant 1$且$R<\frac{2(c_H-c_L)}{P_1}$时的生产者策略选择

3.1.3　策略选择对比分析

$$\begin{aligned}\pi'_{\max}-\pi_{\max}&=D\left[P_1-2c_H+2(c_H-c_L)\right]-D\left[P_1(2+r-\rho x)-2c_H+2x(c_H-c_L)\right]\\&=D\left[2(1-x)(c_H-c_L)-P_1(1+r-\rho x)\right]\end{aligned}$$

令$f=2(1-x)(c_H-c_L)$，g=$P_1(1+r-\rho x)$，$\frac{f}{g}=\frac{2(c_H-c_L)}{P_1}\times\frac{1-x}{1+r-\rho x}$。

由$r>0$知$\frac{1-x}{1+r-\rho x}<1$，存在以下情形。

首先，当$\frac{2(c_H-c_L)}{P_1}>1$时，$\pi'_{\max}$与$\pi_{\max}$的大小不确定，而只有在$\frac{R}{\rho}<1$时，生产经营者才具有选择性。反之，生产经营者的策略集中仅有一个策略（不会超过容忍度生产）。此时，不超过容忍度的最优生产策略$x=\frac{R}{\rho}$，故令

$$\frac{2(c_H-c_L)}{P_1}\times\frac{1-x}{1+r-\rho x}=\frac{2(c_H-c_L)}{P_1}\times\frac{1-R/\rho}{1+r-R}=1$$

可得生产经营者、消费者、监管者三方博弈的均衡解：

$$\rho = \frac{2R\left(c_H - c_L\right)}{2\left(c_H - c_L\right) - P_1\left(1 + r - R\right)}$$

于是，当 $\rho < \dfrac{2R\left(c_H - c_L\right)}{2\left(c_H - c_L\right) - P_1\left(1 + r - R\right)}$ 时，有 $\pi'_{\max} - \pi_{\max} < 0$。

此时，食品生产经营者将选择不超过容忍度生产策略中的第 1 种情况进行生产（图 3-2），即

$$x = \begin{cases} R/\rho, & R/\rho \leqslant 0 \\ 1, & R/\rho > 1 \end{cases}$$

此时，不一定会出现行业性群体道德风险，其关键在于容忍度与监管力度的比值大小。反而，当 $\rho \geqslant \dfrac{2R\left(c_H - c_L\right)}{2\left(c_H - c_L\right) - P_1\left(1 + r - R\right)}$ 时，有 $\pi'_{\max} - \pi_{\max} \geqslant 0$。生产经营者将选择超过容忍度生产策略，即 $x = 1$。此时，将出现行业性群体道德风险（图 3-5）。

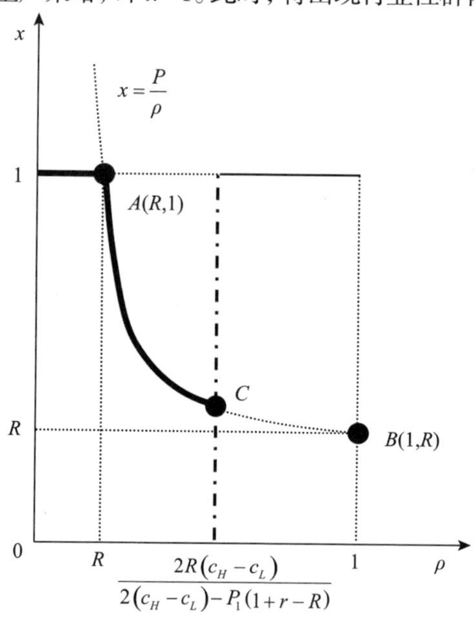

图 3-5　当 $\dfrac{2\left(c_H - c_L\right)}{P_1} > 1$ 时的生产者策略选择

其次，当 $\dfrac{2\left(c_H - c_L\right)}{P_1} \leqslant 1$ 时，有 $\dfrac{f}{g} < 1$，于是 $\pi'_{\max} - \pi_{\max} < 0$，生产经营者将选择不超过容忍度生产策略中的第 2 种情况进行生产（图 3-3 和图 3-4）。可知，此时既可能出现行业性群体道德风险，也存在群体守法的可能。

综上分析，可知：只有当$\frac{2(c_H-c_L)}{P_1}\leqslant 1$时，才存在群体守法的可能，并且此时只要$\rho$足够大，就能够实现$x=0$；当$\frac{2(c_H-c_L)}{P_1}>1$时，政府提高$\rho$对食品安全行为的监管影响存在两面性或不确定性。在$\left(0,\ \frac{2R(c_H-c_L)}{2(c_H-c_L)-P_1(1+r-R)}\right)$的区间范围内，政府提高$\rho$可使得$x$降低，但当$\rho$提高到一定程度后$\left[\rho\geqslant\frac{2R(c_H-c_L)}{2(c_H-c_L)-P_1(1+r-R)}\right]$，提高$\rho$不仅不能使$x$降低，反而将逼迫食品生产经营者出现群体道德风险①。通过以上分析，我们得到命题 3-1 和命题 3-2：

【命题 3-1】从短期来看，生产经营者的收益与消费者的食品安全接受水平正相关，与监管者的监管力度负相关。

【命题 3-2】在面对生产次品可获得比生产合格品更高收益的情形下，虽然食品生产经营者的收益与监管力度负相关，但提高监管力度ρ对食品安全违规行为的影响存在两面性或不确定性，即监管者加大监管力度ρ或采取严格的“零容忍”政策并不一定能够抑制生产经营者的违规行为。同样的监管力度ρ在不同情况下可能导致相反的结果，当违规增加收益和消费者支付水平满足$\frac{2(c_H-c_L)}{P_1}>1$，且监管力度处于区间$\left[\frac{2R(c_H-c_L)}{2(c_H-c_L)-P_1(1+r-R)},\ 1\right)$时，提高监管力度$\rho$或采取严格的“零容忍”政策反而会增加食品安全违规行为。

因此，在某个监管力度范围内，监管力度或“零容忍”政策的影响具有两面性或不确定性。主要原因在于：一方面，加大监管力度能够提高生产经营者的违规发现概率，增加生产经营者的惩罚风险进而威慑其违规行为；另一方面，加大监管力度（提高违规发现概率）同时会影响消费者对食品安全的信任，进而影响消费者对安全食品的支付。尤其是在生产经营者普遍存在违规行为且消费者对食品安全信任度较低的环境中，单纯加大监管力度会显著增加违规发生数量。如果违规发生数量超过消费者对食品安全的心理可接受范围，将大幅降低消费者对食品安全的信任度，进而降低消费者对安全食品的支付水平，这直接导致生产经营者的超额违规收益迅速增大，反过来又增强了生产经营者的违规动机。上述两方面因素叠加在一起，形成了监管力度或“零容忍”政策影响的两面性或不确定性。

① 现有研究主要探讨了食品市场中逆向选择的群体道德风险（Scott et al., 2014；李新春和陈斌，2013），这里从政府监管影响的不确定性视角提供了食品市场中群体道德风险发生的新证据。

3.2　有限理性情境下生产经营者违规决策分析[①]

3.2.1　模型假设与基准模型

在 3.1 节中，我们基于低复杂性决策情境建立了一个两期博弈模型来分析生产经营者、监管者、消费者三者之间的理性博弈行为。本节将延续 3.1 节模型的分析思路,基于累积前景理论建立一个高复杂性决策情境下的有限理性决策模型。

为更好地说明有限理性决策结果与理性决策结果之间的异同，本节先基于同一范式建立一个期望效用理论决策模型，用于与累积前景理论决策模型进行对比分析。在不影响分析结论的前提下，为简单化，我们在本节中用所有生产经营者中的违规者数量占比来刻画违规行为，也即生产经营者策略选择是完全生产合格品，或完全生产次品。生产经营者在每期需要选择不违规生产合格品或违规生产次品。具体地说，我们考察食品安全监管中生产经营者、消费者和监管者三者之间的博弈，各期的行动顺序如下：第一阶段，生产经营者选择提供合格品或不合格品；第二阶段，消费者在不了解食品的合格属性情况下进行消费选择；第三阶段，监管者投入监管资源对生产经营者行为进行监管，市场状况影响生产经营者收益；第四阶段，消费者根据监管者查处的违规情况修正对食品安全的信任水平或支付水平，进而影响下期的生产经营者预期收益水平。

假设生产经营者生产次品能够获得的收益为π_0，并且生产次品有可能被监管者的监管行为揭露并惩罚，假设监管惩罚风险为p_1，监管惩罚风险即违规行为的揭露概率，同 3.1 节模型一样，揭露概率由监管者的监管力度策略选择决定，被惩罚后的收益为$\pi_{0\times r}$，显然$\pi_{0\times r}<\pi_0$。生产经营者生产合格品能够获得的正常收益为π_c，由于即使是正当竞争市场也存在一定的经营风险与损失，因而假设生产合格品遭遇市场波动风险概率为p_2，市场波动风险由行业环境和市场环境决定，遭受市场波动风险损失后的收益为$\pi_{c\times r}$，显然$\pi_{c\times r}<\pi_c$。

期望效用理论下生产合格品和次品的效用分别为

$$\text{生产合格品：}U_c=u(\pi_c)\times(1-p_2)+u(\pi_{c\times r})\times p_2$$

$$\text{生产次品：}U_0=u(\pi_0)\times(1-p_1)+u(\pi_{0\times r})\times p_1$$

累积前景理论下生产合格品和次品的效用分别为

① 本小节内容发表在谢康、赖金天、肖静华和乌家培《食品安全、监管有界性与制度安排》,《经济研究》2016 年第 4 期，内容有适当更改。

$$\text{生产合格品：} V_c = v(\pi_c)\times\pi(1-p_2)+v(\pi_{c\times r})\times\pi(p_2)$$

$$\text{生产次品：} V_0 = v(\pi_0)\times\pi(1-p_1)+v(\pi_{0\times r})\times\pi(p_1)$$

为了说明有限理性情境下违规行为决策与理性情境下违规行为决策的异同，这里先基于期望效用理论构建基准模型用于对比分析。

令 $\Delta U = U_c - U_0$，当 $\Delta U > 0$ 时，期望效用理论预测生产经营者选择生产合格品，即

$$\Delta U = \left[u(\pi_c)\times(1-p_2)+u(\pi_{c\times r})\times p_2\right]-\left[u(\pi_0)\times(1-p_1)+u(\pi_{0\times r})\times p_1\right]>0$$

为重点考察期望效用理论与累积前景理论范式下生产经营者行为决策结果的异同，为便于分析，我们暂假设 $p_1 = p_2 = p$，此时有

$$\Delta U = (1-p)\times\left[u(\pi_c)-u(\pi_0)\right]+p\times\left[u(\pi_{c\times r})-u(\pi_{0\times r})\right]>0 \tag{3-2}$$

由于 $u(\pi_c)-u(\pi_0)<0$、$u(\pi_{c\times r})-u(\pi_{0\times r})>0$，则式 3-2 等价于：

$$p>\frac{u(\pi_0)-u(\pi_c)}{\left[u(\pi_{c\times r})-u(\pi_{0\times r})\right]+u(\pi_0)-u(\pi_c)}$$

令 $\varphi=\dfrac{u(\pi_{c\times r})-u(\pi_{0\times r})}{u(\pi_0)-u(\pi_c)}$，式（3-2）等价于：

$$p>\frac{1}{\varphi+1}$$

亦即

$$\frac{1-p}{p}<\varphi \tag{3-2a}$$

3.2.2　基于累积前景理论的违规行为分析

在此，我们假设生产经营者的参照点 $T=0$，即生产经营者以不投资生产为参照点。当参照点 T 不为 0 的时候，亦可得到类似结论。

由 $v(\pi_0)>v(\pi_c)>0$，知：

$$v(\pi_0)=u(\pi_0);\ v(\pi_c)=u(\pi_c)$$

而根据监管惩罚的大小，$\pi_{c\times r}$ 与 $\pi_{0\times r}$ 存在三种可能，即

$$\text{情形一：} v(\pi_{c\times r})>v(\pi_{0\times r})>0$$

$$\text{情形二：} v(\pi_{c\times r})>0>v(\pi_{0\times r})$$

$$\text{情形三：} 0>v(\pi_{c\times r})>v(\pi_{0\times r})$$

下面先讨论监管惩罚较小的情形一，继而讨论监管惩罚较大的情形二，并与情形一进行对比，情形三可以看做情形一的变形，与情形一并无本质区别，且能

够将情形一的结论推广应用于情形三，故不再单独对情形三进行分析讨论。

（1）情形一：$v(\pi_{c\times r})>v(\pi_{0\times r})>0$。

令 $\Delta V=V_c-V_0$，当 $\Delta V>0$ 时，累积前景理论预测生产经营者选择生产合格品，即

$$\Delta V=\left[v(\pi_c)\times\pi^+(1-p_2)+v(\pi_{c\times r})\times\pi^+(p_2)\right]-\left[v(\pi_0)\times\pi^+(1-p_1)+v(\pi_{0\times r})\times\pi^+(p_1)\right]>0$$

$$\Delta V=\pi^+(1-p)\times\left[v(\pi_c)-v(\pi_0)\right]+\pi^+(p)\times\left[v(\pi_{c\times r})-v(\pi_{0\times r})\right]>0 \quad (3\text{-}3)$$

式（3-3）成立，等价于下式成立：

$$\frac{\Delta V}{\pi^+(p)\times\left[v(\pi_c)-v(\pi_0)\right]}=\frac{\pi^+(1-p)}{\pi^+(p)}+\frac{v(\pi_{c\times r})-v(\pi_{0\times r})}{\left[v(\pi_c)-v(\pi_0)\right]}<0$$

认知心理学中关于w^+和w^-的差异很小①，并不影响我们累积前景理论与期望效用理论下生产经营者选择的分析结论，因而为简化求解过程，使结果更加直观，我们假设：

$$w^+=w^-=w$$

令 $\varphi'=\dfrac{v(\pi_{c\times r})-v(\pi_{0\times r})}{v(\pi_0)-v(\pi_c)}$，则式（3-3）成立进一步等价于下式成立：

$$\frac{\pi^+(1-p)}{\pi^+(p)}<\varphi'$$

即

$$\frac{w(1-p)}{1-w(1-p)}<\varphi'$$

由于当 $v(\pi_{c\times r})>v(\pi_{0\times r})>0$ 时，$v(\pi_{c\times r})=u(\pi_{c\times r})$，$v(\pi_{0\times r})=u(\pi_{0\times r})$，因而：

$$\varphi'=\varphi=\frac{u(\pi_{c\times r})-u(\pi_{0\times r})}{u(\pi_0)-u(\pi_c)}$$

因而，式（3-3）成立等价于式（3-3a）成立：

$$\frac{w(1-p)}{1-w(1-p)}<\varphi \quad (3\text{-}3a)$$

---

① Kahneman 和 Tversky（1992）在提出累积前景理论时给出的权重函数为 $\omega^+(p)=\dfrac{p^\gamma}{[p^\gamma+(1-p)^\gamma]^{1/\gamma}}$，$\omega^-(p)=\dfrac{p^\tau}{[p^\tau+(1-p)^\tau]^{1/\tau}}$，其中，参数 γ=0.61，τ =0.69。

容易证明 $\frac{1-p}{p}$ 与 $\frac{\pi^+(1-p)}{\pi^+(p)}=\frac{w(1-p)}{1-w(1-p)}$ 均是p的单调递减函数，令 $f(p)=\frac{w(1-p)}{1-w(1-p)}-\frac{1-p}{p}$，能够证明 $f(p)$ 也为p的单调递增函数，且存在一个 p^* 使得 $f(p^*)=0$[①]。并且有以下情形成立。

当 $p<p^*$ 时：

$$\frac{w(1-p)}{1-w(1-p)}<\frac{1-p}{p}$$

当 $p>p^*$ 时：

$$\frac{w(1-p)}{1-w(1-p)}>\frac{1-p}{p}$$

通过以上分析，我们得到命题 3-3 和命题 3-4：

【命题 3-3】生产经营者违规概率的高低受到违规增加收益（生产次品与生产合格品之间的收益差）以及违规增加风险（市场波动损失与违规监管惩罚之差）的共同影响。

具体而言，当违规增加收益越低，或违规增加风险越大时，生产经营者违规概率越低，维持一定的生产经营者违规概率范围对监管者的资源投入要求也越低；当违规增加收益越高，或违规增加风险越小时，生产经营者违规概率越高，维持一定的生产经营者违规概率范围对监管者的资源投入要求也越高。特别的，当违规增加风险大于违规增加收益时，生产经营者将不会违规，而当违规增加风险接近于 0，即市场波动与监管惩罚的收益几乎相等时，生产经营者一定会选择违规。

【命题 3-4】决策风险对有限理性食品经营者的违规决策存在同向扩大效应。当面临的决策风险较大时，与完全理性下食品经营者的决策结果相比，有限理性下食品经营者的违规概率增大；而当面临的决策风险较小时，与完全理性下食品经营者的决策结果相比，有限理性下食品经营者的违规概率减小。

这主要是因为生产经营者作为一个社会人存在，当面临不确定的决策环境时，决策者存在决策权重扭曲效应。根据认知心理学研究成果，决策者在不同风险前景下并不是简单地将概率作为决策权重，而是对概率进行扭曲后再将其作为决策权重，这表现在当面临的前景风险较小时，有限理性决策者会高估实际面临的风险，而在面临的前景风险较大时，有限理性生产经营者会低估实际面临的风险。由于 $f(p)$ 为p的单调递增函数，且存在一个 p^*，使得 $f(p^*)=0$，故当p越远离 p^*

① p^* 的值会由于价值函数与权重函数系数取值的不同有所不同，但只要函数类型一致，p^* 总是存在的。在 Kahneman 和 Tversky（1992）给出的系数下求解得 $p^*=0.645$。

时，有限理性生产经营者与完全理性生产经营者的决策结果差异越大。具体而言，当 $p < p^*$ 时，随着p的减小，有限理性生产经营者与完全理性生产经营者的决策结果差异增大，表现为生产经营者对低风险的高估效应增强；当 $p > p^*$ 时，随着p的增大，有限理性生产经营者与完全理性生产经营者的决策结果差异增大，表现为生产经营者对高风险的低估效应增强。

（2）情形二：$v(\pi_{c\times r}) > 0 > v(\pi_{0\times r})$。

$$\begin{aligned}\Delta V &= \left[v(\pi_c)\times\pi(1-p_2)+v(\pi_{c\times r})\times\pi(p_2)\right]-\left[v(\pi_0)\times\pi(1-p_1)+v(\pi_{0\times r})\times\pi(p_1)\right]\\ &=\left[v(\pi_c)\times\pi^+(1-p)+v(\pi_{c\times r})\times\pi^+(p)\right]-\left[v(\pi_0)\times\pi^+(1-p)+v(\pi_{0\times r})\times\pi^-(p)\right]\\ &=\pi^+(1-p)\times\left[v(\pi_c)-v(\pi_0)\right]+\pi^+(p)\times v(\pi_{c\times r})-\pi^-(p)\times v(\pi_{0\times r})\\ &=w(1-p)\times\left[v(\pi_c)-v(\pi_0)\right]+\left[1-w(1-p)\times v(\pi_{c\times r})-w(p)\times v(\pi_{0\times r})\right]\end{aligned}$$

根据前景理论的次确定性，确定性事件决策权重大于互补概率事件决策权重的和，即对于任意的$0<p<1$，权重函数$w(p)$均有$w(p)+w(1-p)<1$，令

$$g(p)=1-w(1-p)-w(p)$$

于是，有

$$w(p)=1-w(1-p)-g(p)$$

故使生产经营者选择生产合格品的条件是

$$\begin{aligned}\Delta V &= w(1-p)\times\left[v(\pi_c)-v(\pi_0)\right]+\left[1-w(1-p)\right]\\ &\quad\times\left[v(\pi_{c\times r})-v(\pi_{0\times r})\right]+g(p)\times v(\pi_{0\times r})>0\end{aligned} \quad （3-4）$$

欲使式（3-4）成立，只要下式成立：

$$\begin{aligned}&\frac{\Delta V}{\left[1-w(1-p)\right]\times\left[v(\pi_c)-v(\pi_0)\right]}\\ &=\frac{w(1-p)}{1-w(1-p)}+\frac{v(\pi_{c\times r})-v(\pi_{0\times r})}{v(\pi_c)-v(\pi_0)}+\frac{g(p)}{1-w(1-p)}\times\frac{v(\pi_{0\times r})}{v(\pi_c)-v(\pi_0)}<0\end{aligned}$$

等价于下式成立：

$$\frac{w(1-p)}{1-w(1-p)}<\frac{v(\pi_{c\times r})-v(\pi_{0\times r})}{v(\pi_0)-v(\pi_c)}+\left[1-\frac{w(p)}{1-w(1-p)}\right]\times\frac{v(\pi_{0\times r})}{v(\pi_0)-v(\pi_c)}$$

显然，由于：

$$0<\frac{w(p)}{1-w(1-p)}<1\text{；}\quad\frac{v(\pi_{0\times r})}{v(\pi_0)-v(\pi_c)}>0$$

故有

$$\left[1-\frac{w(p)}{1-w(1-p)}\right]\times\frac{v(\pi_{0\times r})}{v(\pi_0)-v(\pi_c)}>0$$

并且由于损失厌恶效应的存在，此时：

$$v(\pi_{0\times r})<u(\pi_{0\times r})$$

令 $G(p)=\dfrac{w(p)}{1-w(1-p)}$，可证明 $G(p)$ 是 p 的单调递增函数，式（3-4）等价于[①]：

$$\frac{w(1-p)}{1-w(1-p)}<\varphi'+\frac{u(\pi_{0\times r})-v'(\pi_{0\times r})\times G(p)}{u(\pi_0)-u(\pi_c)}$$

式中，φ' 与前文分析一致，$\varphi'=\dfrac{u(\pi_{c\times r})-u(\pi_{0\times r})}{u(\pi_0)-u(\pi_c)}$，$\dfrac{u(\pi_{0\times r})-v'(\pi_{0\times r})\times G(p)}{u(\pi_0)-u(\pi_c)}>0$，令 $\varphi''=\varphi'+\dfrac{u(\pi_{0\times r})-v'(\pi_{0\times r})\times G(p)}{v(\pi_0)-v(\pi_c)}$，有 $\varphi''>\varphi'$，则式（3-4）等价于：

$$\frac{w(1-p)}{1-w(1-p)}<\varphi'' \qquad (3\text{-}4a)$$

通过以上分析，我们得到命题 3-5：

【命题 3-5】在某个决策风险环境下，即使违规增加风险、违规增加收益都不发生变化，生产经营者在面临较大的违规监管惩罚比面临比较小的违规监管惩罚时，违规的概率更低。

显然，这与完全理性下生产经营者决策结果不会改变的预测不相符，也与有限理性生产经营者在监管惩罚力度较小情况下的决策结果有所不同。对比式（3-3a）与式（3-4a）可知，$\varphi''>\varphi'$ 导致条件不等式（3-4a）将比条件不等式（3-3a）更容易满足，如图 3-6 所示。

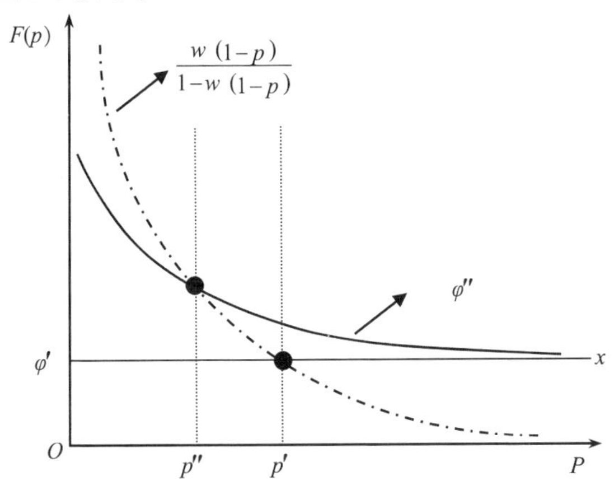

图 3-6　生产经营者的损失厌恶效应

① 为区分于 $v(\pi_{c\times r})>v(\pi_{0\times r})>0$ 情形下的 $v(\pi_{0\times r})$，此处将 $v(\pi_{0\times r})$ 标记为 $v'(\pi_{0\times r})$。

监管惩罚力度较小的情况下，当 $p > p'$ 时，生产经营者将生产合格品，不会违规；而在监管惩罚力度较大的情况下，只要满足 $p > p''$，生产经营者就会选择生产合格品，不会违规。显然 $p'' < p'$，因而生产经营者生产合格品获得的价值大于生产次品所获价值的概率变大。造成这种差异的主要原因是生产经营者损失厌恶效应的存在，人们在对待等量的损失和等量的获得时，对损失的厌恶程度要大于对获得的喜悦程度，因而会赋予损失更大的价值减量。图 3-6 中 p'' 与 p 之间的差异即生产经营者损失厌恶效应的结果。

由图 3-6 可知，当 $u(\pi_0) - u(\pi_c)$ 减小时，曲线 φ'' 将向上移动，因而 p'' 将向左移动，这意味着，生产次品与生产合格品之间的收益差越小时，生产经营者损失厌恶效应越强。同样的，当生产次品的违规惩罚 $u(\pi_{0\times r})$ 增大时，生产经营者损失厌恶效应也将逐步增强。

总结本节的短期静态博弈结果，可以得到以下结论：首先，生产经营者违规增加收益和消费者支付对生产经营者的违规决策选择有着显著的影响，尤其是在违规增加收益较大或消费者的支付水平很低的情况下，无论监管力度多大，都会出现一定程度的食品安全问题；其次，监管力度过大 $\left[\rho \geqslant \dfrac{2R(c_H - c_L)}{2(c_H - c_L) - P_1(1 - r - R)}\right]$ 时，反而会导致食品安全违规行为由局部违规转变为行业性群体违规，即更高的监管资源投入却导致了更多的违规行为；最后，当生产经营者面临不确定性决策时，由于社会人难以避免的决策权重扭曲和损失厌恶效应的存在，有限理性违规决策结果和理性违规决策结果存在差异。

3.3　“监管困局”仿真分析与讨论①

在 3.2 节静态博弈分析的基础上，为了更深入地分析监管力度、消费者支付和生产经营者超额违规收益三个关键变量对违规行为的长期动态影响机理，以及有限理性违规决策和理性违规决策结果对食品安全治理的差异，本节基于期望效用理论和累积前景理论构建三个食品安全违规行为仿真模型，分别在理性假设和有限理性假设下对监管力度、消费者支付和生产者超额违规收益进行分析，并对比三个模型在各参数组合下的仿真结果差异，分析理性和有限理性情境下不同食品安全治理路径的效果差异，进而剖析食品安全事件的发生机理。

① 本小节内容部分发表在谢康、肖静华、赖金天、李新春和乌家培《食品安全“监管困局”、信号扭曲与制度安排》,《管理科学学报》2017 年第 2 期，内容有适当更改。

本节将采用仿真方法展开研究，对仿真方法学界存在两种主要的观点：有的学者认为仿真是一种有效发展理论的研究方法，尤其是在传统的实证分析和案例分析方法无效的时候。例如，实证方法难以获得大量的动态数据，而案例分析无法进行精确描述，这时通过仿真可以深入分析变量之间的复杂理论关系。也有的学者认为仿真缺乏真实性而难以推动理论发展（廖列法和王刊良，2009）。出现这两种观点分歧的主要原因在于没有清晰理解仿真方法和所研究理论问题之间的关系，当理论模型还处于归纳阶段(区别于理论研究的演绎逻辑和实证验证阶段)，而且所研究问题是动态性、适应性（或交互性）、非线性，以及难以获得实证数据的时候，仿真研究可以有效地发展理论（Davis et al.，1972）。并且，随着仿真技术与理论的不断发展，当前管理学和社会学领域的仿真不仅对现实情况进行定量仿真，还侧重于为发展理论和因果关系探究而进行的定性仿真。计算机仿真方法是管理科学领域的一种全新研究方法，尤其在对经济发展中出现的独特现象进行研究时具有明显优势（谭劲松，2008）。食品安全治理是一个社会影响巨大、研究变量繁多的研究议题，并且其一手实证数据难以获取，也难以采用实验性的方法进行研究，综合考虑食品安全治理研究的现实条件、实施成本和探索性研究的需要，虚拟仿真方法是一种更加综合与细致的研究方法，适用于对食品安全治理展开研究，我们使用Matlab 2014a软件进行建模仿真，模型代码见附录 1。

3.3.1　模型假设与运行机制

1. 仿真模型假设

食品安全治理中监管力度仿真模型的基本假设如下。

假设 1：现实中食品市场的生产经营者有着不同的规模和利润率，由于生产经营者的规模在短期内难以发生明显的变化，且对生产经营者行为选择起关键主导作用的是利润率的差异，为尽量减少多个变量间相互影响而导致仿真结果的不稳定，模型中用收益这一经济变量来刻画生产经营者盈利能力的异质性，不考虑各生产经营者的市场规模差异。

假设 2：采取违规生产行为能够大大降低食品生产经营者的生产成本，并能够低于市场价格出售产品，进一步减少销售成本。我们暂不考虑生产经营者的规模差异，故在售出同等数量产品时，次品生产经营者的收益要高于合格品生产经营者的收益。

假设 3：对于次品生产经营者而言，当其违规生产的次品被监管者查处时，监管者将对其违规生产经营行为处以严厉的惩罚。通常不仅要没收违法所得利润，还会对其进行追加罚违规款，造成严重食品安全问题的还将追究刑事责任，因而假设一旦违规生产经营者被监管者发现，则其当期为亏损，即监管风险收益为负值。

假设 4：对于合格品生产经营者而言，虽然没有违规监管风险，但要面临经济行为的市场风险，尤其是冗长的食品供应链，其要面对繁多的风险源，如自然灾害、疾病疫情、社会事件、经济波动，以及法制和科技等方面的风险。并且，食品行业日益激烈的竞争也使得食品生产经营者面临的压力和风险越来越大，因而市场风险会影响合格品生产经营者的收益水平，市场风险收益可能为正也可能为负（取决于具体的市场风险类型），但与监管风险收益相比，在当前对食品安全违规最严厉惩罚的情形下，市场风险收益显然要高于监管风险收益。

假设 5：监管资源的投入决定违规者面临的监管风险大小。现实中，监管部门对食品安全的监管资源投入是有限的，并且有限的监管资源总量在各期的分配并不相同，如监管部门大多数时候执行日常监管模式，但有时采用突击检查模式或定点全面盘查模式等。这其中既有计划性的监管资源分配模式，也有临时性的监管资源调配模式。根据监管资源的实际特点，监管资源在各期的具体分配模式分为四种，即随机分配、递增分配、递减分配、大小交叉分配。在既定的模式中，监管风险与监管资源投入成正比。

假设 6：消费者对食品安全的信任会影响食品的价格，进而影响到生产经营者的收益。消费者的信任水平主要根据消费者对食品安全水平的心理接受水平，以及被监管者查处的违规生产经营者占总体生产经营者的比例决定。当违规查处比例低于消费者心理接受水平时，消费者对食品安全的信任度有所提高，将愿意逐步提高食品的支付价格；当违规查处比例高于消费者心理接受水平时，消费者对食品安全的信任度会降低，将会逐步降低食品的支付价格。

假设 7：模型在各期的行动顺序——生产经营者选择提供合格品或不合格品；消费者在不知道食品的合格属性的情况下进行消费；监管者投入监管资源对生产经营者行为进行监管，市场状况影响生产经营者收益；消费者根据监管者查处的违规情况修正对食品安全的信任水平，进而影响下期的生产经营者预期收益水平。

2. 变量假设

π_c：生产经营者在不违规情况下的正常收益。在仿真开始第 1 期，假设生产经营者都不违规，即都选择生产合格品，这是为了更好地考察生产经营者行为从不违规至违规的整个动态演化过程。对所有生产经营者的初期收益 π_{i1} 进行随机取值，π_{i1} 即代表不同生产经营者在不违规时的盈利水平。鉴于食品行业企业收益率几乎都分布在 0~30%，将生产经营者初始收益率初始化为服从均值为 0.15、标准差为 0.07 的正态分布，根据正态分布的数理特性，这样能够保证约 95%的生产经营者其初始收益率分布在 0.0~0.3，且大多数分布在行业收益率均值的 15%上下（根据正态分布性质可知约占 68%）。而生产经营者后期收益 $\pi_{ij}\left(j>1\right)$ 在每期根据生产经营者生产行为选择、市场风险、监管风险和消费者支付的变化而变化。

$\pi_{c\times r}$：生产经营者的市场风险收益，即当生产经营者未违规时由于市场风险而导致的收益水平。从生产经营者的决策模型可知，生产经营者监管风险收益和市场风险收益的差值是影响生产经营者决策的关键，单一某个值的大小并不会对模型结果产生显著影响，因而不妨假设 $\pi_{c\times r}=0$。

$\Delta\pi$：生产经营者的违规收益，即违规提供不安全食品所能获得的高于不违规时正常利润的差值。由于违规收益水平与企业初始盈利水平相关，故假设 $\Delta\pi$ 为（0，b）之间的均匀分布。

π_0：违规生产经营者的总收益，$\pi_0=\pi_c+\Delta\pi$，即生产经营者的违规收益为当期正常收益与当期违规收益的总和。

$\pi_{0\times r}$：生产经营者的监管风险收益，即当生产经营者违规行为被发现后其当期收益水平。考虑到违规惩罚额度与企业本身的收益水平相关，通常企业的收益水平越高，则惩罚额度越大，企业的收益水平较低，则惩罚额度相对较低。因而设 $\pi_{0\times r}$ 为 $-\pi_c$，即监管风险收益为当期正常收益的负值。

p_1：生产经营者面临的违规监管风险，也即违规发现概率。由于政府监管资源有限，假设 p_1 在所有 t 期内的总和为一定值。并且，考虑到食品市场的分散性，以及食品安全监管的模式、违规行为的信息非对称等因素，现实中监管部门不可能在某个时间点上一次性投入太多的监管资源，也即不可能一次性大幅提高食品安全违规行为的发现概率，因而模型还假设任一期的违规发现概率存在一个最大值。综上，假设 p_1 在所有 t 期中服从（0，a）均匀分布。

p_2：生产经营者面临的市场波动风险，也即经营失败概率。设各期 $p_2=0.3$。

o_r: 查处违规占比，即监管者查处的违规生产经营者数量占市场生产经营者总量的比例。

acc：消费者对食品安全的接受水平，通过其与当期监管违规发现比例的差值来影响消费者的当期支付水平。

q：消费者信任溢价率，反映各期中消费者信任水平对生产经营者收益的影响比率，为了降低溢价率对生产经营者决策结果的影响幅度，设 $q(i)=\left(1+\text{acc}-\text{o\_r}\right)^{0.1}\times q(i-1)$，$q(1)=1$。

n：市场中生产经营者的个数，设 n=1 000。

t：仿真时间长度，设 t=500。

3. 运行机制与过程

对完全理性假设和有限理性假设下三个模型进行数值模拟仿真，其中理性假设模型基于期望效用理论构建（即模型一），而有限理性假设下则基于累积前景理论构建了两个模型，分别假设参照点$T(i)=\pi_{i-1}$（即模型二）以及参照点$T(i)=\bar{\pi}$（即模型三），各模型中食品生产经营者、政府和消费者的行动属性及基础变量均是一致的。模型行动过程为，第 1 期默认所有生产经营者提供合格品，从第 2 期开始，每个生产经营者每期都面临是否生产次品的选择，通过比较提供合格品获得的期望效用（前景理论下的表述为比较前景价值，为了方便我们在具体模型分析中将进行不同表述，本节则不做区分）与提供次品获得效用的大小，若提供合格品的期望效用大于提供次品的期望效用，则生产经营者在本期就选择提供合格品，反之则选择提供次品。若生产经营者选择提供合格品，则其需要面对市场经营风险，此时生产经营者在本期将以概率p_2遭遇经营失败，即本期收益为 0。而对于经营成功的生产经营者，若查处违规占比低于消费者食品安全容忍水平，则其收益为上期收益与本期消费者信任溢价率的乘积，即$\pi(i)=\pi(i-1)\times q(i)$；反之，若查处违规占比高于消费者食品安全容忍水平，则$\pi(i)=0.5\pi(i-1)\times q(i)$。若生产经营者选择提供次品，则其需面对监管惩罚风险，此时生产经营者在本期将以概率p_1被查处违规行为并遭遇监管惩罚，此时本期收益$\pi(i)=-\pi(1)\times q(i)$。而对于未被监管发现的违规者，其收益$\pi(i)=\pi(i-1)\times q(i)+\Delta\pi$。

3.3.2　生产经营者策略函数

首先，定义理性假设下生产经营者策略函数。提供合格品的效用函数为

$$u(\pi_c)\times(1-p_2)+u(\pi_{c\times r})\times p_2$$

提供次品的效用函数为

$$u(\pi_0)\times(1-p_1)+u(\pi_{0\times r})\times p_1$$

我们直接使用财富值作为决策效用，即函数$u(\pi)=\pi$，并且期望效用理论将概率p直接作为决策权重。

其次，定义有限理性假设下生产经营者策略函数。提供次品的价值函数为

$$V_1=v(\pi_0)\times w(1-p_1)+v(\pi_{0\times r})\times w(p_1)$$

提供合格品的价值函数为

$$V_2=v(\pi_c)\times w(1-p_2)+v(\pi_{c\times r})\times w(p_2)$$

对涉及的两个函数$v(\pi)$和$w(p)$说明如下。

$$v(\pi)=\begin{cases}(\pi-T)^{\alpha}, & \pi\geqslant T\\ -\lambda(T-\pi)^{\beta}, & \pi<\mathrm{T}\end{cases}$$

式中，α、β 为风险态度系数；λ 为损失厌恶系数。根据Kahneman和Tversky（1992）的研究结果，通常认为$\alpha=\beta=0.88$，$\lambda=2.25$，但在不同的情况下不同学者的研究得到了不同的参数结果，我们将对α、β、λ进行静态比较分析，由于α、β之间含义相近且数值接近，下文分析中将假设$\alpha=\beta$以做整体分析，减少不必要的干扰。T为决策参照点，分别取$T(i)=\pi_{i-1}$和$T(i)=\bar{\pi}$，从两个方面考察决策参照点对生产经营者违规行为决策的影响。

若生产经营者选择提供合格品，则有

$$v(\pi_c)=\begin{cases}(\pi_c-T)^{\alpha}, & \pi_c\geqslant\bar{r}\times d\\ -\lambda(T-\pi_c)^{\beta}, & \pi_c<\bar{r}\times d\end{cases}$$

$$v(\pi_{c\times r})=\begin{cases}(\pi_{c\times r}-T)^{\alpha}, & \pi_{c\times r}\geqslant\bar{r}\times d\\ -\lambda(T-\pi_{c\times r})^{\beta}, & \pi_0<\bar{r}\times d\end{cases}$$

若生产经营者选择提供次品，则有

$$v(\pi_0)=\begin{cases}(\pi_0-T)^{\alpha}, & \pi_0\geqslant\bar{r}\times d\\ -\lambda(T-\pi_0)^{\beta}, & \pi_0<\bar{r}\times d\end{cases}$$

$$v(\pi_{0\times r})=\begin{cases}(\pi_{0\times r}-T)^{\alpha}, & \pi_{0\times r}\geqslant\bar{r}\times d\\ -\lambda(T-\pi_{0\times r})^{\beta}, & \pi_{0\times r}<\bar{r}\times d\end{cases}$$

根据累积前景理论对权重函数分布泛函的定义，$w(p)$将根据π的不同情况选择取值：

$$w^{+}(p)=\frac{p^{\gamma}}{\left[p^{\gamma}+(1-p)^{\gamma}\right]^{1/\gamma}}$$

$$w^{-}(p)=\frac{p^{\tau}}{\left[p^{\tau}+(1-p)^{\tau}\right]^{1/\tau}}$$

根据累积前景理论，参数$\gamma=0.61$，$\tau=0.68$，具体如下：

若生产经营者选择提供合格品，则有以下情形。

当$\pi_c\geqslant\pi_{c\times r}\geqslant T$时：

$$\begin{cases}w(p_2)=1-w(1-p_2)\\ w(1-p_2)=\dfrac{(1-p_2)^{0.61}}{\left[p_2^{\,0.61}+(1-p_2)^{0.61}\right]^{1/0.61}}\end{cases}$$

当$T \geqslant \pi_c \geqslant \pi_{c\times r}$时：

$$\begin{cases} w(p_2)=\dfrac{{p_2}^{0.68}}{\left[{p_2}^{0.68}+(1-p_2)^{0.68}\right]^{1/0.68}} \\ w(1-p_2)=1-w(p_2) \end{cases}$$

当$\pi_c \geqslant T \geqslant \pi_{c\times r}$时：

$$\begin{cases} w(p_2)=\dfrac{{p_2}^{0.68}}{\left[{p_2}^{0.68}+(1-p_2)^{0.68}\right]^{1/0.68}} \\ w(1-p_2)=\dfrac{(1-p_2)^{0.61}}{\left[{p_2}^{0.61}+(1-p_2)^{0.61}\right]^{1/0.61}} \end{cases}$$

若生产经营者选择提供次品，则有以下情形。

当$\pi_0 \geqslant \pi_{0\times r} \geqslant T$时：

$$\begin{cases} w(p_1)=1-w(1-p_1) \\ w(1-p_1)=\dfrac{(1-p_1)^{0.61}}{\left[{p_1}^{0.61}+(1-p_1)^{0.61}\right]^{1/0.61}} \end{cases}$$

当$T \geqslant \pi_0 \geqslant \pi_{0\times r}$时：

$$\begin{cases} w(p_1)=\dfrac{{p_1}^{0.68}}{\left[{p_1}^{0.68}+(1-p_1)^{0.68}\right]^{1/0.68}} \\ w(1-p_1)=1-w(p_1) \end{cases}$$

当$\pi_0 \geqslant T \geqslant \pi_{0\times r}$时：

$$\begin{cases} w(p_1)=\dfrac{{p_1}^{0.68}}{\left[{p_1}^{0.68}+(1-p_1)^{0.68}\right]^{1/0.68}} \\ w(1-p_1)=\dfrac{(1-p_1)^{0.61}}{\left[{p_1}^{0.61}+(1-p_1)^{0.61}\right]^{1/0.61}} \end{cases}$$

本节旨在基于食品安全治理核心主体的角度对食品安全治理中的多主体的微观行为进行分析，以为食品安全的宏观治理模式提供支撑和指导，其中食品安全违规行为是我们考察的重点，因而模型中作为重点分析的因变量包括：①市场各期中生产经营者的违规数量，主要反映市场的食品安全水平情况，当期生产经营者的违规数量越多，则说明食品安全问题越严重；②各期的行业平均收益水平，主要反映当期食品市场的总体收益情况；③每位生产经营者在一段时间内的平均收益水平及其所对应的总违规次数，主要反映食品生产经营者的违规行为与其收益水平之间的关系。

模型中作为重点静态分析的自变量包括：①监管违规发现概率，主要考察食品安全违规行为的监管力度大小对食品安全违规行为的影响；②生产经营者的超额违规收益，主要考察生产经营者由于选择违规行为而获得的额外收益对食品安全违规行为的影响；③生产经营者的风险态度，考察生产经营者在决策中的风险倾向对食品安全违规行为的影响；④生产经营者的损失厌恶程度，考察生产经营者的损失厌恶程度对食品安全违规行为的影响；⑤消费者食品安全接受水平，主要考察消费者对食品安全的认识、理念和信任度等对食品安全违规行为的影响。重点分析的自变量和因变量取值分析范围如表 3-1 所示，将遵循静态比较分析的范式，分别考察不同参数组合情况下食品安全治理的规律和特征。

表 3-1　仿真模型重点分析变量

<table>
<tr><th colspan="3">考察变量</th><th>参数取值范围</th></tr>
<tr><td rowspan="5">自变量</td><td>监管力度</td><td>违规发现概率 p_1</td><td>a =0.3，0.4，0.5，0.6，0.7，0.8，0.9</td></tr>
<tr><td>消费者支付</td><td>消费者的食品安全接受水平 acc</td><td>acc =0.05，0.15，0.25</td></tr>
<tr><td>超额违规收益</td><td>生产经营者违规收益 $\Delta\pi$</td><td>b =0.3，0.4，0.5，0.6，0.7，0.8，0.9</td></tr>
<tr><td rowspan="2">食品安全质量行为决策模式</td><td>期望效用理论下的决策模式</td><td>$T=0$，$\alpha=\beta=\lambda=0$</td></tr>
<tr><td>累积前景理论下的决策模式</td><td>T=T-front，T-mean
$\alpha=\beta=0.88$，λ=2.25</td></tr>
<tr><td rowspan="3">因变量</td><td colspan="3">市场各期违规数量</td></tr>
<tr><td colspan="3">生产经营者平均收益水平</td></tr>
<tr><td colspan="3">行业平均收益水平</td></tr>
</table>

合理设置仿真模型的参数取值范围是有效仿真的关键。表 3-1 的参数取值范围设置主要有两方面依据：

其一，文献和现实调查。例如，现实中食品行业生产经营者不违规的收益率几乎都分布在 0~30%，且近似呈正态分布，因此，生产经营者的初始收益水平设定为满足均值 0.15、方差 0.07 的正态分布，这样绝大多数生产经营者的初始收益水平分布在（0，0.3）区间。

其二，等式平衡原则。例如，为使生产经营者的初始收益、违规收益和惩罚风险之间是相互平衡的，因此，生产经营者违规收益设定为 $\pi_{0\times r}=-\pi_c$，这样在符合现实惩罚安排下，使违规收益的初始均值为−0.15 来尽可能避免因参数初始值的设定而影响仿真结果。又如，除对违规收益进行静态分析外，其他模型中将违规收益均设定为b=0.6，则生产经营者的违规收益水平 $\Delta\pi=0.3$，因而在决策初始时，生产经营者面临的是不违规选择（$\bar{r}=0.15$）和违规选择（$r=\bar{r}+0.3$ 或 $r=\bar{r}-0.3$）之间的平衡，这样，在不考虑发生概率的情况下，生产经营者不违规选择与违规选择的收益期望是相等的，由此避免参数初始值设定不当而使仿真结果产生不正常偏差。

最后，对食品安全治理动态过程进行仿真。根据表 3-1 中所述参数取值范围，我们对所有参数组合进行仿真分析（多主体仿真代码参见附录 2），仿真结果均呈现出近似连续分布状态。由于篇幅的限制，在不影响分析的情况下，下文仅抽取部分具有代表性的仿真结果来加以说明。

3.3.3　监管者监管力度仿真分析

取中间值b =0.6，acc =0.15，对三个模型的p_1进行仿真，得到模型仿真结果如下。

模型一：完全理性假设，分别取 a =0.3，0.6，0.9（图 3-7）。

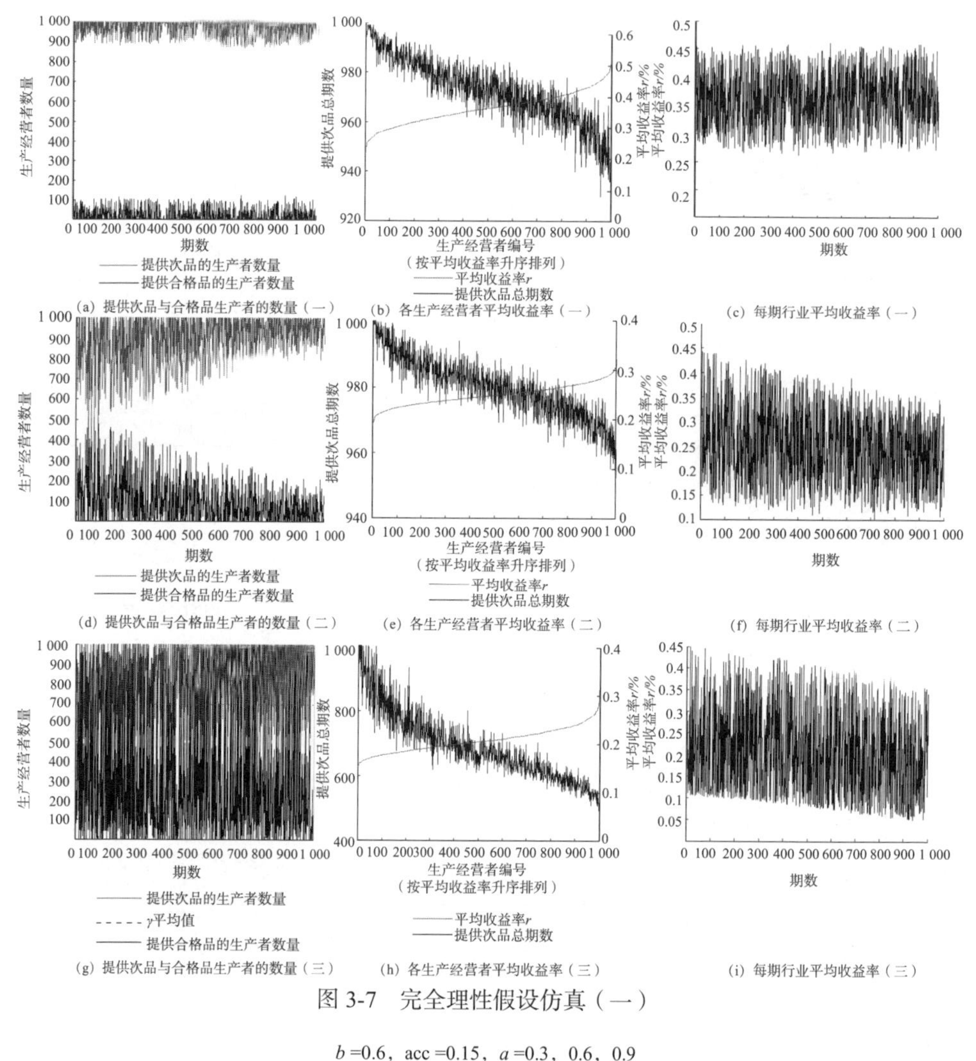

(a) 提供次品与合格品生产者的数量（一）　(b) 各生产经营者平均收益率（一）　(c) 每期行业平均收益率（一）

(d) 提供次品与合格品生产者的数量（二）　(e) 各生产经营者平均收益率（二）　(f) 每期行业平均收益率（二）

(g) 提供次品与合格品生产者的数量（三）　(h) 各生产经营者平均收益率（三）　(i) 每期行业平均收益率（三）

图 3-7　完全理性假设仿真（一）

b =0.6，acc =0.15，a =0.3，0.6，0.9

模型二：有限理性假设，$\alpha=\beta=0.88$，λ=2.25，分别取 a =0.3，0.6，0.9（图 3-8）。

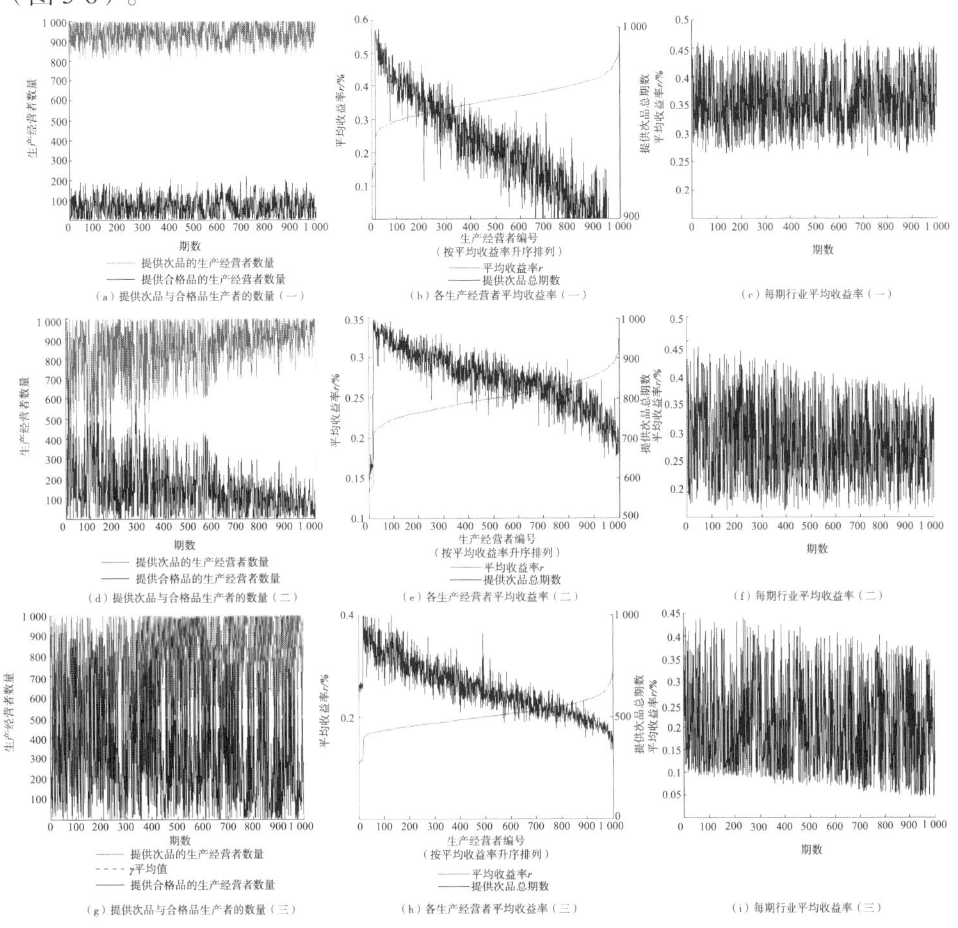

（a）提供次品与合格品生产者的数量（一）（b）各生产经营者平均收益率（一）（c）每期行业平均收益率（一）
（d）提供次品与合格品生产者的数量（二）（e）各生产经营者平均收益率（二）（f）每期行业平均收益率（二）
（g）提供次品与合格品生产者的数量（三）（h）各生产经营者平均收益率（三）（i）每期行业平均收益率（三）

图 3-8　有限理性假设仿真（一）

b =0.6，acc =0.15，$\alpha=\beta$=0.88，λ=2.25，T-front，a =0.3，0.6，0.9

模型三：有限理性假设，$\alpha=\beta$=0.88，λ=2.25，分别取a =0.3，0.6，0.9（图3-9）。

在以上仿真结果中，我们发现当监管力度在中间范围变动时，随着监管力度的增大，违规行为在后期有逐渐增多的趋势。为进一步验证这种仿真结果，我们对不同的参数组合都进行了多轮和多期的重复仿真验证，研究结果进一步证实了这一理论发现。其中，典型仿真结果如图 3-10 所示。

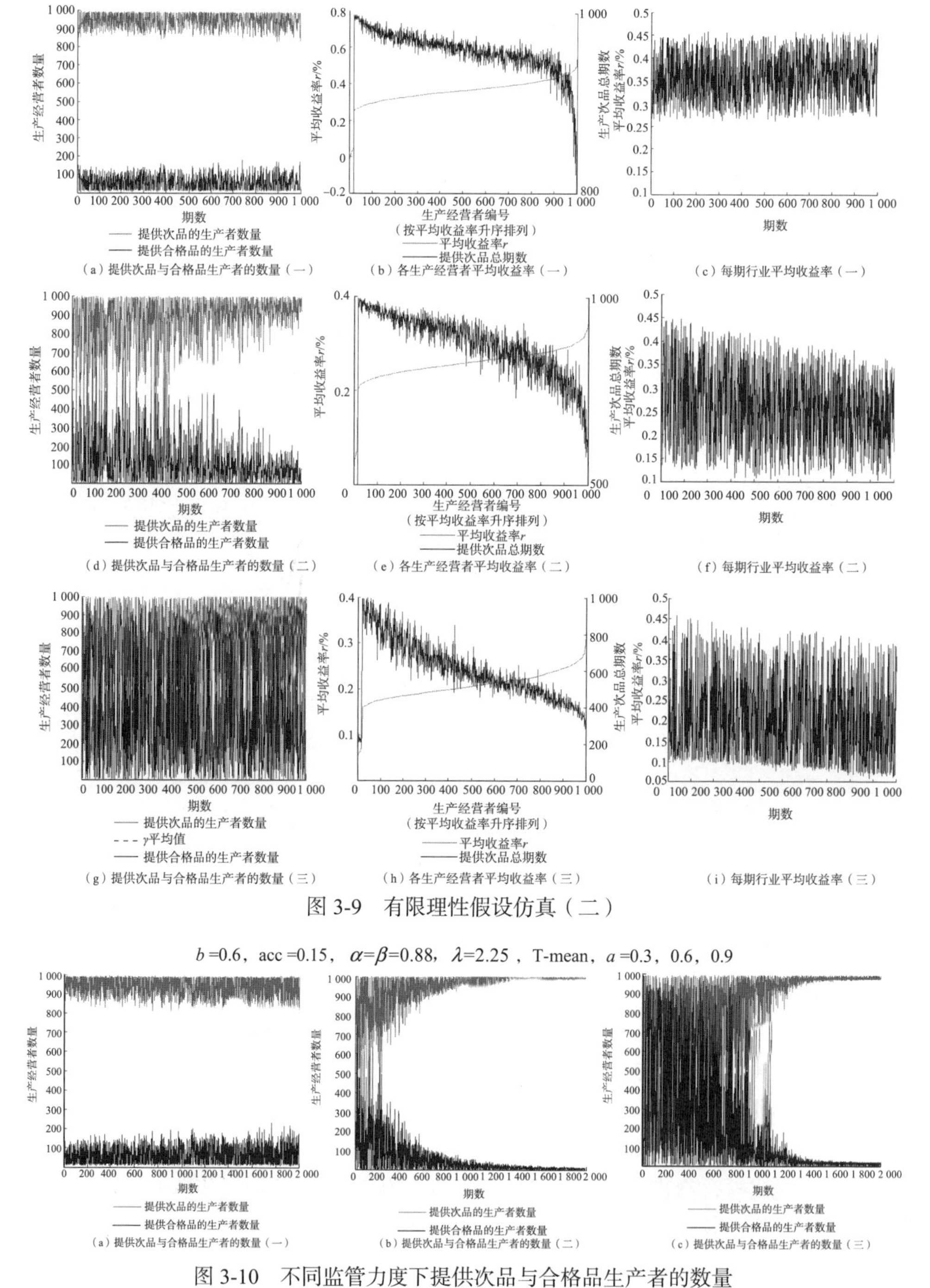

图 3-9　有限理性假设仿真（二）

b =0.6，acc =0.15，$\alpha=\beta$=0.88，λ=2.25，T-mean，a =0.3，0.6，0.9

图 3-10　不同监管力度下提供次品与合格品生产者的数量

b =0.6，acc=0.15，$\alpha=\beta$=0.88，λ=2.25，T-mean，a = 0.3，0.6，0.9

由上述仿真结果可知：

（1）不论是完全理性假设还是有限理性假设下，总体上每期市场违规总数均随着监管发现概率的增大而降低，然而当违规监管发现概率处于中间一定范围时存在“监管困局”现象。具体来说，当a=0.3 时，市场违规概率（次数）几乎都维持在 80%左右，并随时间的推移保持稳定，也即此时食品市场呈现出了长期稳定的近乎群体道德风险现象。当逐步增大违规监管发现概率时，违规概率逐渐降低，当a =0.6 时，市场违规概率呈现出两阶段特征，在前中期相对稳定地降低到了 60%以上，然而在中后期随时间的推移违规概率逐渐增高，不断接近于 100%。尤其从图 3-10 中可以更明显地看出，当a =0.6 时，虽然短期内比a =0.3 时的违规行为要少，但从长期来看出现了“监管困局”的结果，即监管力度加大，反而市场中违规行为逐渐增多，甚至出现了群体道德风险现象。当违规监管概率继续逐步增大时，食品市场在前中期的违规行为总数进一步降低，并且中后期的“监管困局”现象逐渐消失，违规行为逐步平稳。具体的，当a =0.9 时，长期的平均违规概率降低到了 60%左右，并且交替地在某些时间里出现违规概率在 10%至 50%的区间之中。

从长期看，在同样的监管力度下，有限理性决策下的食品安全违规行为比完全理性决策下更少；并且在参照点为行业平均收益水平的有限理性决策时，市场违规行为比参照点为上期收益决策时的也有小幅减少。

（2）不论是在完全理性假设还是在有限理性假设下，行业平均收益水平均随着监管发现概率的增大而降低，并且当监管力度较小时，行业平均收益水平呈现长期的稳定性，而随着监管力度的增大，行业平均收益水平随时间的推移呈现逐渐下降的趋势。

从长期看，在同样的监管力度下，生产经营者在完全理性决策或有限理性决策下时，行业的平均收益水平没有明显的差异。

（3）不论是在完全理性假设还是在有限理性假设下，生产经营者长期的平均收益水平与自身违规总次数之间呈反比例关系，出现了“违规困局”现象，即长期违规较少的生产经营者能够获得更高的平均收益，而违规频繁的生产经营者，其收益水平反而更低。列出三个模型在低、中、高三种监管力度下生产经营者的长期最高违规率和最低违规率，如表 3-2 所示。可知，不论生产经营者完全理性决策或有限理性决策，虽然在低、中或高的监管力度下都存在始终选择违规的生产经营者（即违规率为 100%），但随着监管力度的增大，最低违规率呈现降低的趋势，如完全理性决策的模型一中，最低违规率从 90%逐步降低到 40%。

表 3-2　监管力度仿真违规数据

最高、最低违规次数	$a = 0.3$	$a = 0.6$	$a = 0.9$
模型一	100%、90%	100%、70%	100%、40%
模型二	100%、80%	100%、60%	100%、30%
模型三	100%、75%	100%、55%	100%、20%

从长期看，在同样的监管力度下，有限理性决策下生产经营者最低违规率比完全理性决策下更低，并且在参照点为行业平均收益水平的有限理性决策下，生产经营者最低违规率比参照点为上期收益决策时也有小幅降低。

3.3.4　消费者支付仿真分析

取a =0.6，b =0.6，对三个模型的 acc 进行仿真，得到模型仿真结果如下。

模型一：完全理性假设，分别取 acc =0.05，0.15，0.25（图 3-11）。

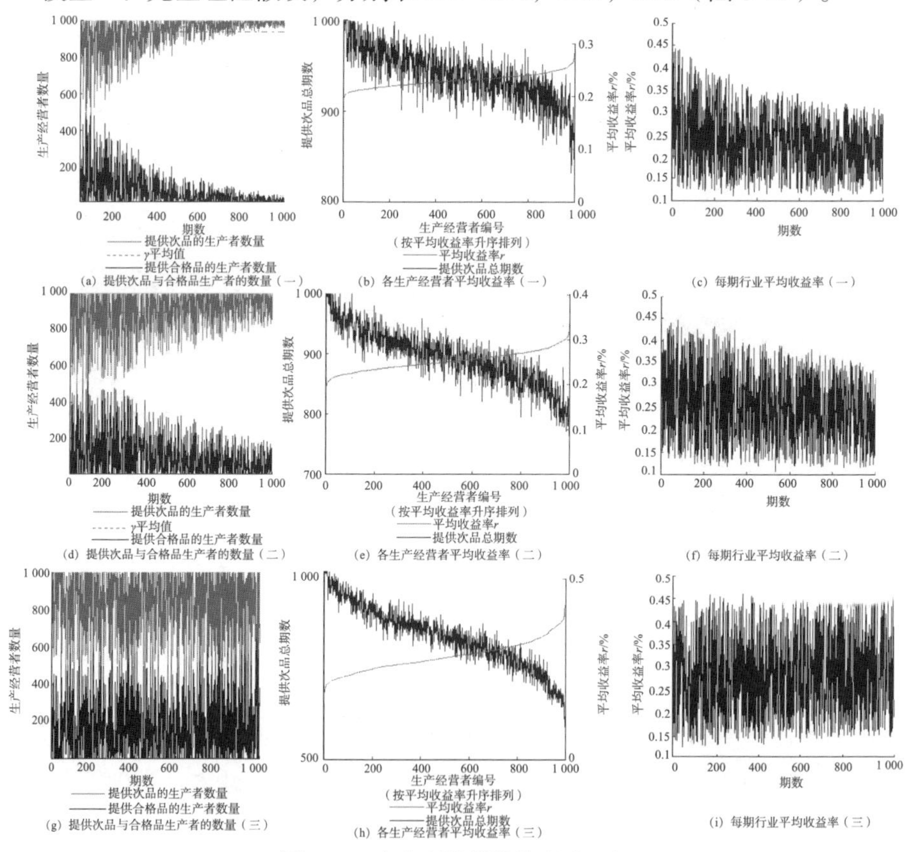

图 3-11　完全理性假设仿真（二）

$a = 0.6$，$b = 0.6$，acc = 0.05，0.15，0.25

模型二：有限理性假设，$\alpha=\beta=0.88$，$\lambda=2.25$，分别取 acc=0.05，0.15，0.25（图 3-12）。

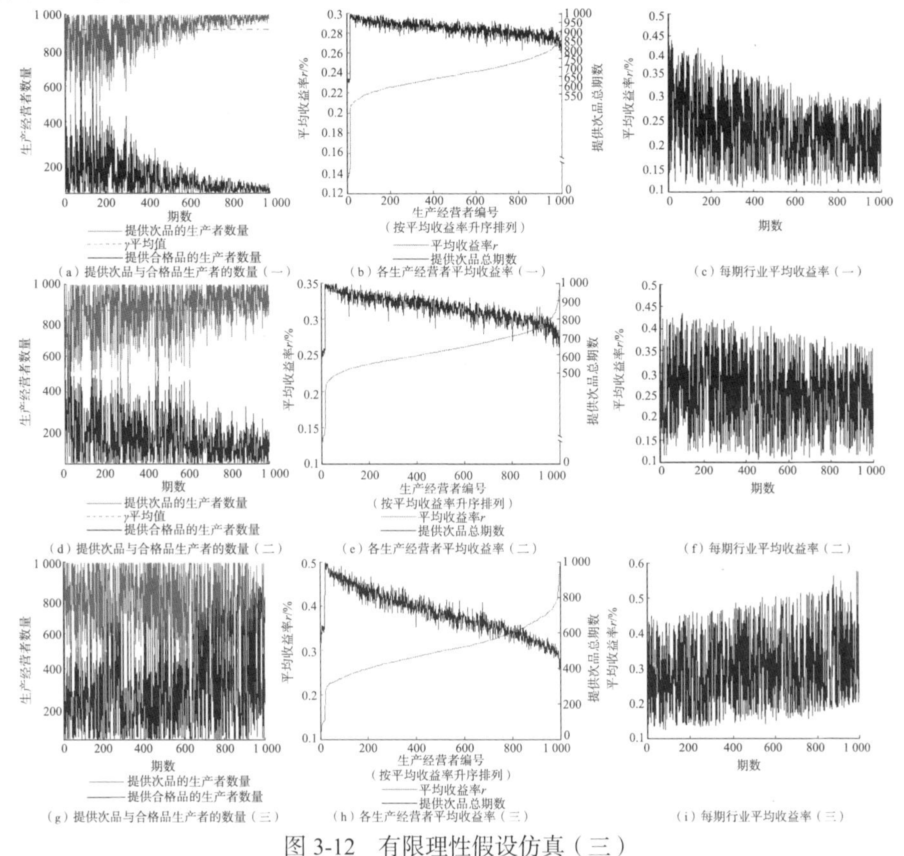

图 3-12　有限理性假设仿真（三）

$a=0.6$，$b=0.6$，$\alpha=\beta=0.88$，$\lambda=2.25$，T-front，acc = 0.05，0.15，0.25

模型三：有限理性假设，$\alpha=\beta=0.88$，$\lambda=2.25$，分别取 acc =0.05，0.15，0.25（图 3-13）。

由上述仿真结果可知：

（1）无论是在完全理性假设还是在有限理性假设下，总体上每期市场违规总数均随着消费者食品安全接受水平的提高而降低，且消费者食品安全接受水平会对食品安全违规行为的数量和稳定产生显著的长期影响。当食品安全接受水平较低时，随着时间的推移，食品安全违规行为呈现越来越多的趋势，并且消费者食品安全接受水平的提高能够使违规行为在更长的时期内保持稳定。例如，当 acc =0.03，仿真进行到约 300 期时，食品安全违规行为开始出现大幅增加，之后随时间的推移逐步增加，总体平均违规数量在 90%以上；当acc = 0.06，仿真进行到约

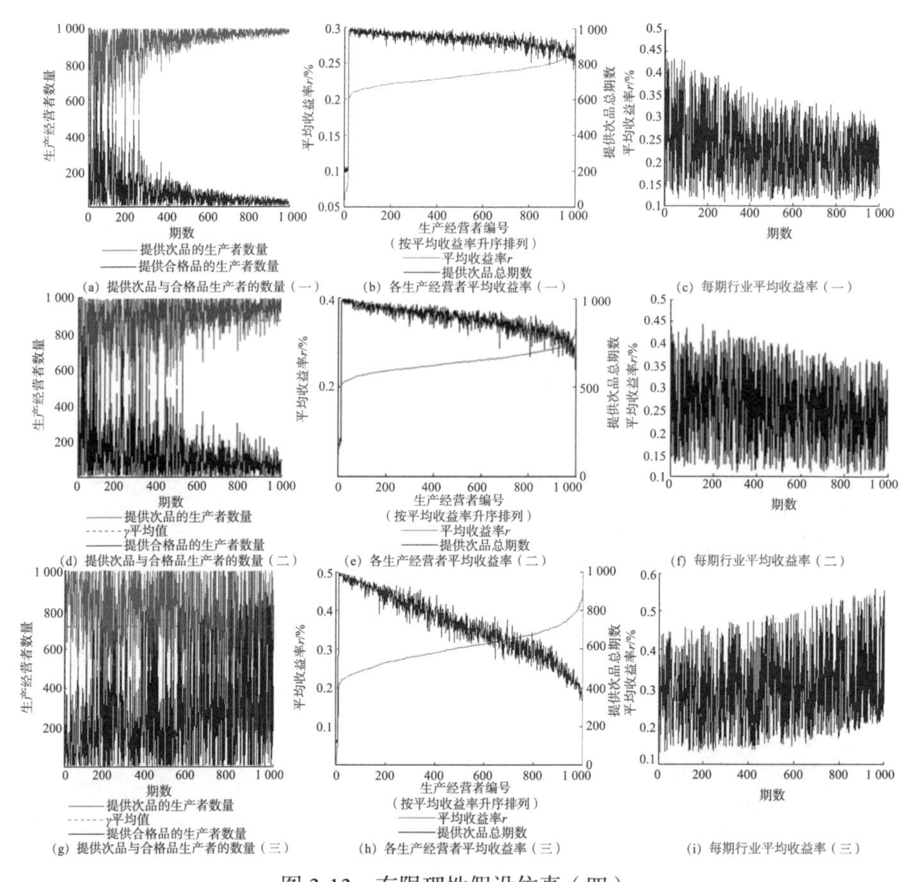

图 3-13 有限理性假设仿真（四）

$a = 0.6$，$b = 0.6$，$\alpha=\beta=0.88$，$\lambda=2.25$，T-mean，acc = 0.05，0.15，0.25

500 期时，食品安全违规行为开始出现大幅增加，之后随时间的推移逐步增加，总体平均违规数量在 80%以上；当acc = 0.25，仿真进行到约 700 期时，食品安全违规行为开始出现大幅减少，之后随时间的推移逐步减少，总体平均违规数量在 60%以上。

从长期看，在同样的消费者食品安全接受水平下，有限理性决策下的食品安全违规行为比完全理性决策下更少，尤其是在参照点为行业平均收益水平的有限理性决策时，市场违规行为比参照点为上期收益决策时的也有小幅减少。当食品安全接受水平较高时，理性决策下预测食品安全违规行为随时间推移的减少效应不明显，但在有限理性决策模式下能够预测食品安全违规行为随时间推移具有明显的递减效应。

（2）不论是在完全理性假设还是在有限理性假设下，总体上每期市场的平均收益水平随着消费者食品安全接受水平的提高而提高。当消费者食品安全接受水平较低时，市场平均收益随时间推移而递减，随着消费者食品安全接受水平的逐步提升，市场平均收益水平逐步从随时间的递减效应转变为随时间的递增效应。

从长期看，当消费者食品安全接受水平位于中低水平时，在同样的消费者食品安全接受水平下，理性决策与有限理性决策下市场生产经营者的平均收益水平并无明显差异。但当消费者食品安全接受水平较高时，在同样的消费者食品安全接受水平下，有限理性决策下市场生产经营者的平均收益水平比理性决策下市场平均收益水平更高，尤其是在参照点为行业平均收益水平的有限理性决策时，在同等条件下，市场平均收益达到最高水平。这主要是由于有限理性决策模式下食品安全违规行为随时间推移具有明显的递减效应，而参照点为行业平均收益水平的有限理性决策时这种递减效应最强。

在模型设计中，除了接受水平外，影响消费者支付的另一个关键因素是消费者对食品安全支付的敏感度，也即消费者对食品安全感知水平的单位变化所愿意增加或减少的支付水平。对消费者食品安全支付敏感度进行仿真分析，取a=0.6，b=0.6，α=β=0.88，λ=2.25，对模型三（参照点为行业平均收益水平）进行仿真，结果如图 3-14 和图 3-15 所示。

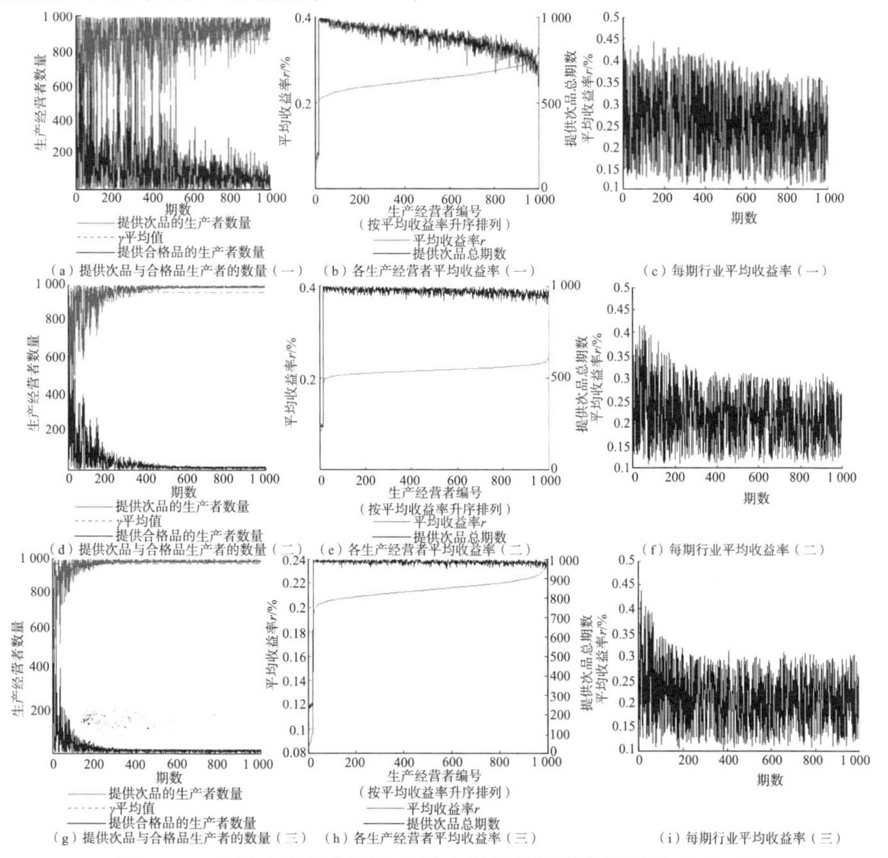

（a）提供次品与合格品生产者的数量（一）（b）各生产经营者平均收益率（一）（c）每期行业平均收益率（一）

（d）提供次品与合格品生产者的数量（二）（e）各生产经营者平均收益率（二）（f）每期行业平均收益率（二）

（g）提供次品与合格品生产者的数量（三）（h）各生产经营者平均收益率（三）（i）每期行业平均收益率（三）

图 3-14　参照点为行业平均收益水平的有限理性假设仿真（一）

a =0.6，b =0.6，acc =0.15，T-mean，wtp=0.01，0.05，0.10

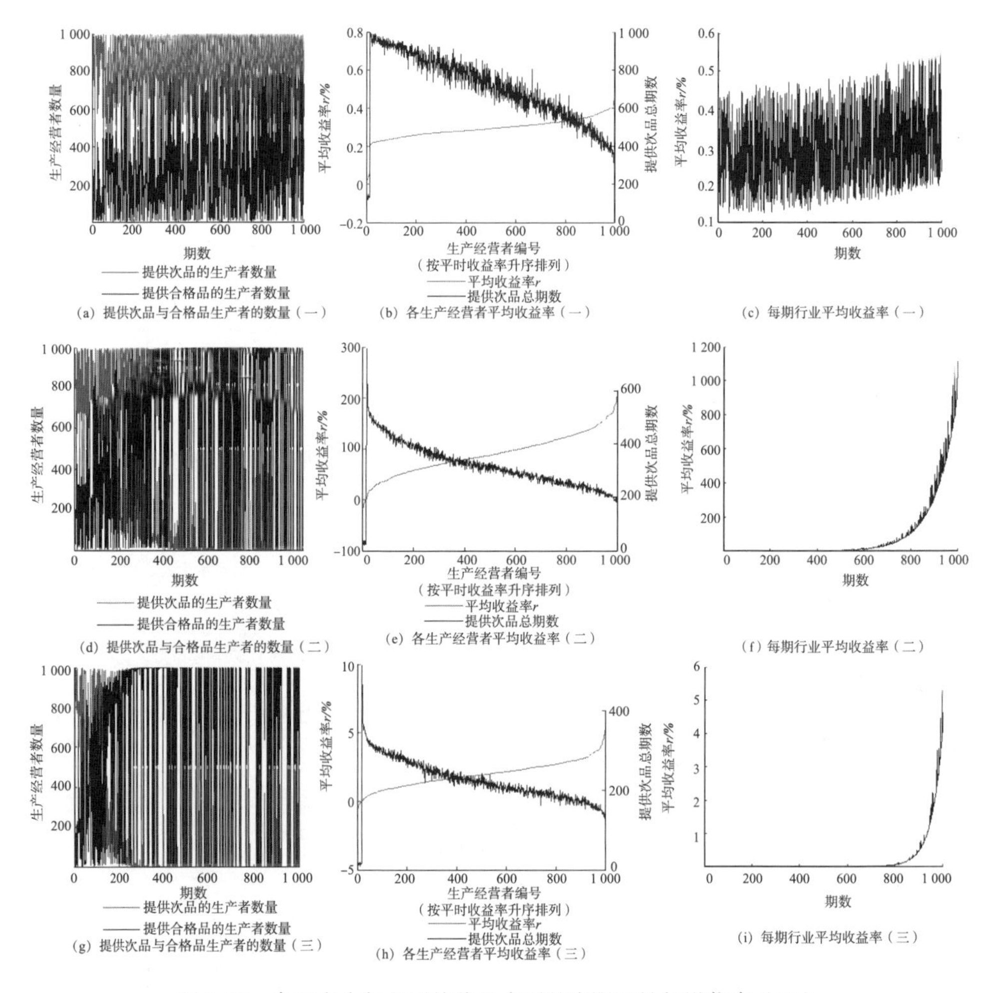

图 3-15　参照点为行业平均收益水平的有限理性假设仿真（二）

a =0.6，*b* =0.6，acc=0.15，T-mean，wtp =0.01，0.05，0.10

可以发现，消费者支付敏感度能够放大或缩小消费者食品安全接受水平对食品安全违规行为的影响。具体而言，当消费者食品安全接受水平acc =0.15 时，随着消费者支付敏感度的增大，食品安全违规现象越来越严重，同时行业平均收益水平逐步下降；当acc =0.25 时，食品安全违规现象越来越少，同时行业平均收益水平逐步上升。这也说明，消费者支付敏感度起到的是对违规趋势的强化或弱化作用，而食品安全接受水平主要决定了违规的趋势变化。

3.3.5　生产经营者超额违规收益仿真分析

取中间值$a=0.6$，acc =0.15，对三个模型的b值进行仿真，得到模型仿真结果如下。

模型一：理性假设，$\alpha=\beta=0.88$，$\lambda=2.25$，分别取 $b=0.3$，0.6，0.9（图 3-16）。

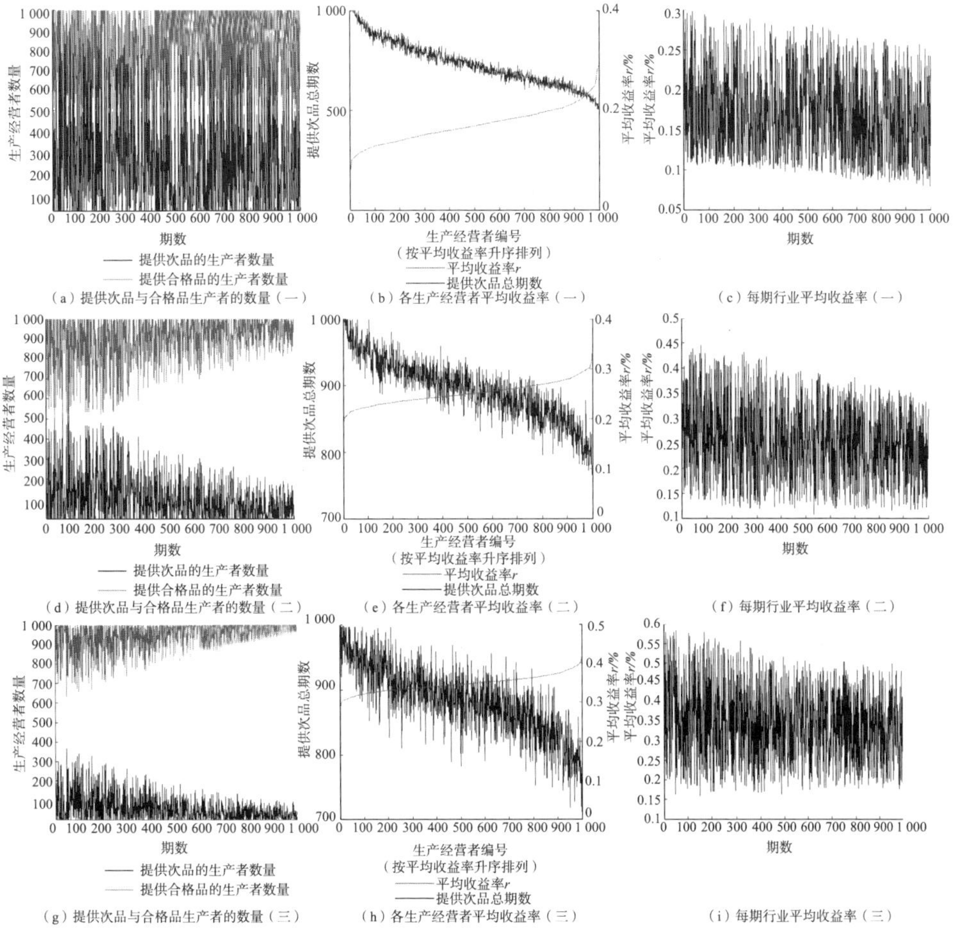

（a）提供次品与合格品生产者的数量（一）　（b）各生产经营者平均收益率（一）　（c）每期行业平均收益率（一）

（d）提供次品与合格品生产者的数量（二）　（e）各生产经营者平均收益率（二）　（f）每期行业平均收益率（二）

（g）提供次品与合格品生产者的数量（三）　（h）各生产经营者平均收益率（三）　（i）每期行业平均收益率（三）

图 3-16　理性假设仿真

$a=0.6$，acc =0.15，$\alpha=\beta=0.88$，$\lambda=2.25$，$b=0.3$，0.6，0.9

模型二：有限理性假设，$\alpha=\beta=0.88$，$\lambda=2.25$，分别取 $b=0.3$，0.6，0.9（图3-17）。

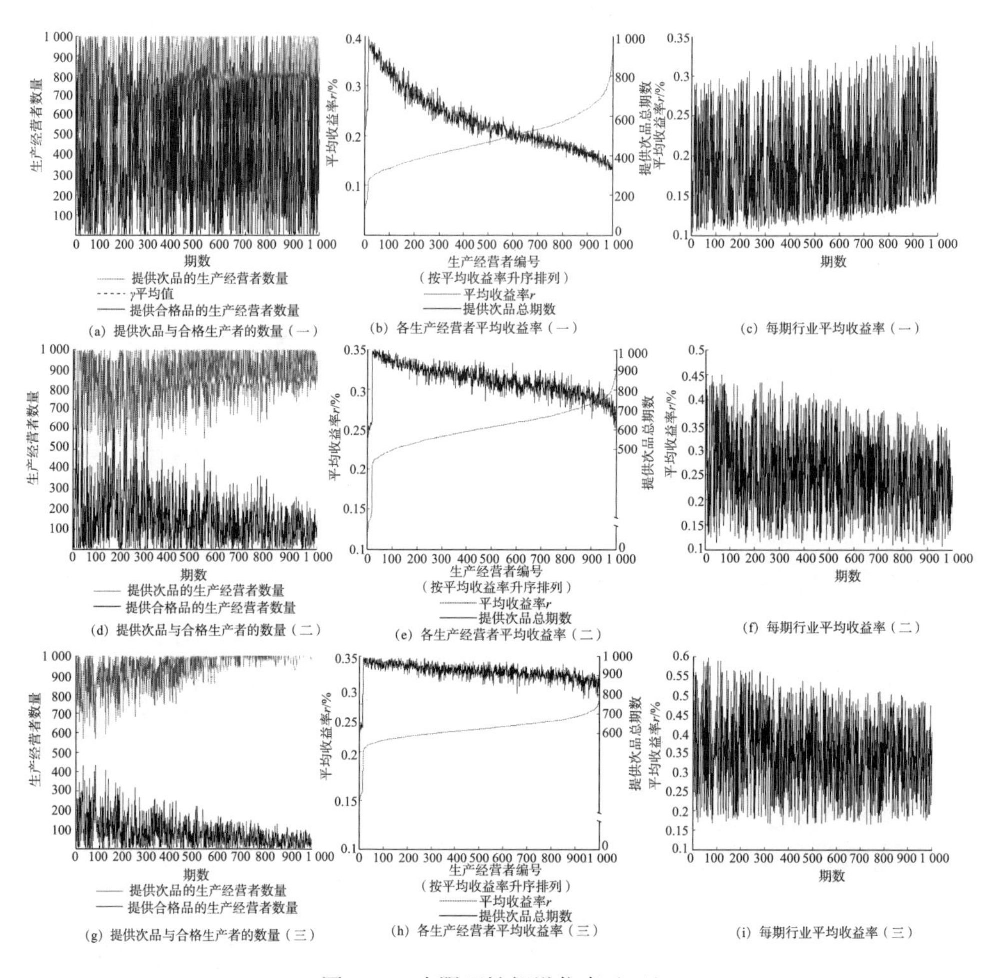

图 3-17 有限理性假设仿真（五）

$a=0.6$，$acc=0.15$，$\alpha=\beta=0.88$，$\lambda=2.25$，T-front，$b=0.3$，0.6，0.9

模型三：有限理性假设，$\alpha=\beta=0.88$，$\lambda=2.25$，分别取 $b=0.3$，0.6，0.9（图 3-18）。

由仿真结果可知：

（1）随着食品生产经营者违规收益的增大，食品安全违规行为呈现逐渐增多的趋势。并且，当生产经营者违规收益较小时，市场食品安全违规行为较为稳定地保持在一定水平，而随着生产经营者违规收益的增大，市场食品安全违规行为逐步呈现出前中期保持在较高的违规数量，中后期随着时间的推移食品安全违规行为呈现出不断扩大趋势，使得行业违规行为越来越多。

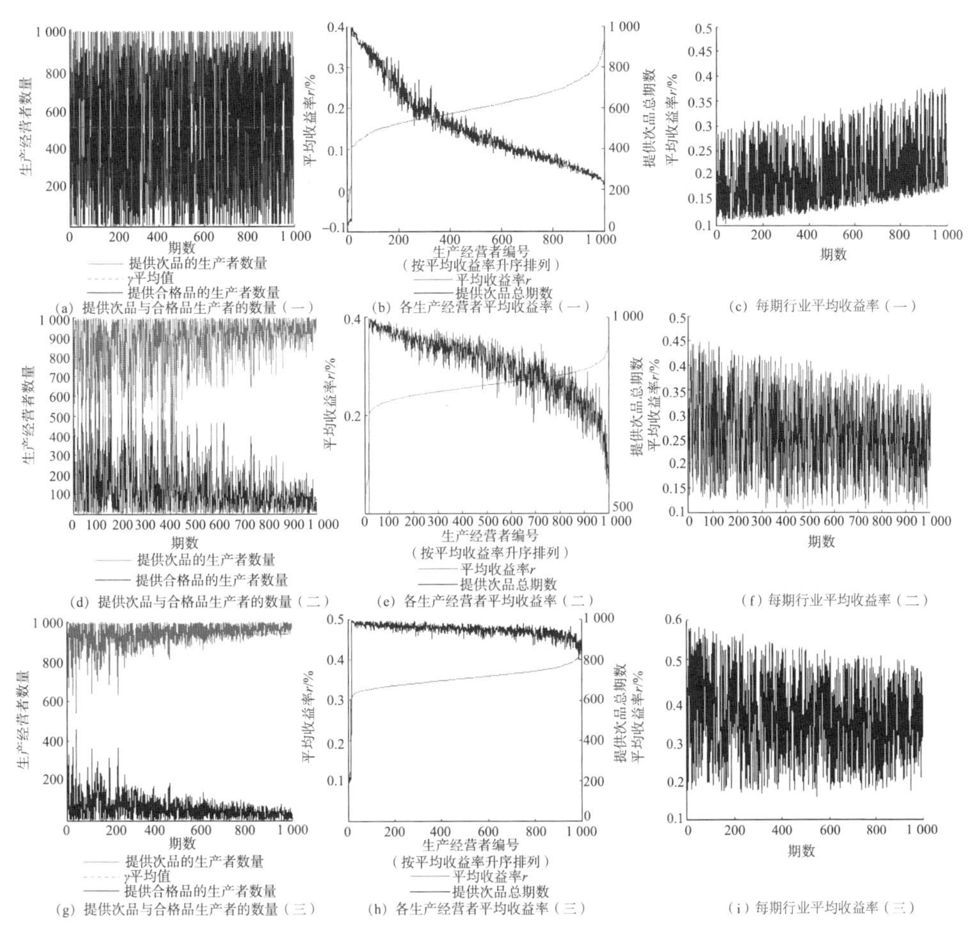

图 3-18　有限理性假设仿真（六）

a=0.6，acc=0.15，$\alpha=\beta$=0.88，λ=2.25，T-mean，b = 0.3，0.6，0.9

（2）随着食品生产经营者违规收益的增大，行业平均收益水平不断增大。当生产经营者违规收益较小时，行业平均收益随时间推移而逐渐增长，食品行业发展呈现出较为良性的局面；随着生产经营者违规收益的增大，行业平均收益逐渐呈现出随时间推移而逐渐降低的趋势，然而违规行为却越来越多，再一次呈现出“违规困局”现象。具体来说，当 b =0.3 时，行业平均收益水平为 0.22，并随时间而递增；当b =0.6 时，行业平均收益水平为 0.26，并随时间而递增；当b =0.9 时，行业平均收益水平为 0.34，并随时间而递增，直至出现近乎群体道德风险现象，才逐步保持稳定。

综上，可以认为，本章 3.2 节理论模型提出的“监管困局”和“违规困局”等主要结论，得到仿真结果的支持。

第4章

食品安全监管有界性与混合治理需求

第3章理论分析结果表明，食品安全监管力度具有两面性，不是越高越好，也不是越低越好，在不同情境下食品安全监管存在一个恰当的监管力度。据此如何制定或优化食品安全监管政策呢？本章聚焦于讨论此问题。

4.1 监管有界性假说与监管平衡

4.1.1 食品安全监管有界性假说

理性假设分析认为强化监管就会减少违规，因而将食品安全监管政策的总体方向定位为强化监管（Jouanjean et al.，2015；王永钦等，2014），强调提升监管标准及加强执法力度能有效提升食品安全治理水平，增强消费者信心（Sohn and Oh，2014）。然而，本书第3章的理论模型及仿真结果表明，从短期来看，生产经营者违规超额收益和消费者支付水平对生产经营者的违规决策选择有显著影响，尤其在违规超额收益较大或消费者支付水平很低的情况下，无论监管力度多大，社会都会出现一定程度的食品安全问题。而且当监管力度过大时，其反而会导致食品安全违规行为由局部违规转变为行业性群体违规，即更多的监管资源投入却导致了更多的违规行为。从长期来看，监管力度并不是越大越好，因为单方面加大监管力度可能造成更加严重的“监管困局”和行业收益水平退化困境。

因此，食品安全监管是有界的，在一定范围内最有效，监管力度过大或过小都不利于解决食品安全问题。其内在的机理在于：随着监管力度的加大，更高的违规揭露形成，当更多的违规事件被揭露后，消费者感受到处于更不安全的食品市场中，因而会降低对食品市场的信任，即降低支付水平。随着消费者支付水平的降低，食品行业收益水平退化导致生产经营者需要以更低的成本生产食品来满足利润要求，从而导致更多的生产经营者以违规方式生产食品，形成加大监管力度导致更多违规的监管困境。

M. 弗里德曼和R. 弗里德曼（2015）对政府监管的负面影响进行了深入分析，在进入管制与产品质量关系的研究中也得出管制的影响并不必然是积极的结论，通过经验或理论模型发现，管制与实际质量水平呈负相关关系。与现有结论不同的是，我们研究发现，当考虑政府、生产经营者与消费者三者共同作用时，加大监管力度具有两面性，在某个监管力度范围内加大力度具有负面影响，但在这个范围内的两端，随着监管力度的加大，监管的影响还是具有积极性的。

食品安全协同监管研究也关注监管者与生产经营者之间的协同（Martinez et al.，2007；Rouvière and Caswell，2012；Chen et al.，2015），但缺乏对它们的协同行为与消费者支付之间关系的微观经济分析。食品安全监管有界性假说表明，最有效的监管边界根据市场当期情况的不同而不同，主要取决于市场当期存在的违规行为数量、市场违规收益水平、生产者违规超额收益、违规发现概率、消费者食品安全接受水平与支付水平等关键变量的变化。这样，监管力度应根据生产经营者的违规超额收益、消费者支付水平来动态调整，使违规行为不一定是生产经营者的最优策略选择，从而使食品市场存在可能的激励空间，即生产经营者在减少违规行为的同时能提升其收益水平。具体而言，对于由监管力度增大而导致行业收益水平不断降低的难题，监管部门能够通过提高消费者的支付意愿来平衡监管力度对行业违规数量和收益水平的双重效应。违规超额收益的降低是食品安全有效治理的基础，但仅靠降低违规超额收益水平并不能够完全遏制生产经营者的违规行为，即使在较低的违规超额收益水平下，市场上依然存在一定的违规行为，因为生产经营者的食品安全质量行为受到其决策模式的显著影响。总体上，有限理性下质量行为决策模式比完全理性下质量行为决策模式更有利于食品安全的治理，尤其是参照点为行业平均收益水平的有限理性决策，这是我们探讨的三种决策模式中最有利于节约监管资源的决策方式。因此，食品安全监管的合适目标不是要杜绝违规行为，而是将部分违规行为控制在一定程度之下。最优会计监督的文献也得出类似结论，但有效食品安全监管实施的基本条件比有效会计监督复杂得多。

基于食品安全监管有界性假说，提出以下监管平衡的公共池塘治理思路。现有研究基于监管资源的有限性，对食品安全监管边界的探讨侧重在监管力度（a）与生产经营者违规行为（n）之间的二维选择［图 4-1（a）］。然而，食品安全违规行为以理性或非理性的形式随机出现，监管者的监管力度、生产经营者的违规超额收益和消费者的支付水平三者之间相互影响，共同导致了食品安全问题的治理困境。食品安全治理的困境是典型的公共池塘治理难题，因为食品安全具有公共池塘资源特征。

公共池塘资源占用者面临的核心问题一是资源占用问题，二是资源提供问题（Ostrom，1990），有效的公共池塘资源占用问题解决方案必须能够同时应对这两个方面的问题。第一，资源占用问题。生产经营者选择违规行为对资源进行非法占用的关键在于违规超额收益的大小，即生产经营者采取违规行为非法占用资源所能获得的比常规收益水平（即常规的资源占用带来的收益）增加的收益，与生产经营者采取违规行为非法占用资源所导致的比常规收益水平减少的损失之间的差距，即违规超额收益=预期违规增加收益–预期违规惩罚损失。生产经营者的违规超额收益构成衡量食品市场公共池塘系统非法占用程度的关键变量。第二，资源供给问题。现阶段食品市场公共池塘资源的供给问题既受到客观约束的消费者支付能力的影响，又受到主观感知的消费者支付意愿的影响。消费者支付能力和支付意愿的核心指向在于消费者的支付水平，只有同时具备较高的支付能力和支付意愿，才可能实现较高的消费者支付水平。因而，消费者支付是反映食品市场公共池塘资源供给程度的关键变量。

此外，公共池塘资源系统的维护问题也是一个重要变量。影响食品生产经营者提供安全食品的动机及其实现的关键因素是消费者的认知、行为和监管政策的制定，资源占用和资源供给活动都依赖于整个资源系统，政府、媒体或行业协会等监管者是维护资源系统的关键角色，监管者的行为同时对食品市场公共资源占用问题和供给问题产生重要作用。监管行为能够将有利于资源供给的努力行为从市场系统中分隔出来，对改进的局部资源系统加以保护，鼓励资源占用者主动为系统的资源供给付出努力。因此，监管力度代表着监管行为的参与和资源投入程度，是保障食品安全公共池塘系统运行的关键变量。

这样，监督者的监管力度、生产经营者违规超额收益和消费者支付水平构成食品安全公共池塘治理的三大关键要素。现实中频繁出现的食品安全治理失灵，是典型的公共池塘治理失灵问题。解决这个问题，单纯依靠加大监管力度不一定有效果，需要遵循公共池塘治理的基本框架，构建监管者的监管力度、生产经营者违规超额收益和消费者支付水平三者之间的动态平衡机制，根据生产经营者违规超额收益和消费者支付水平动态调整监管力度，此后迭代修正，形成动态优化的监管力度［图 4-1（b）］。

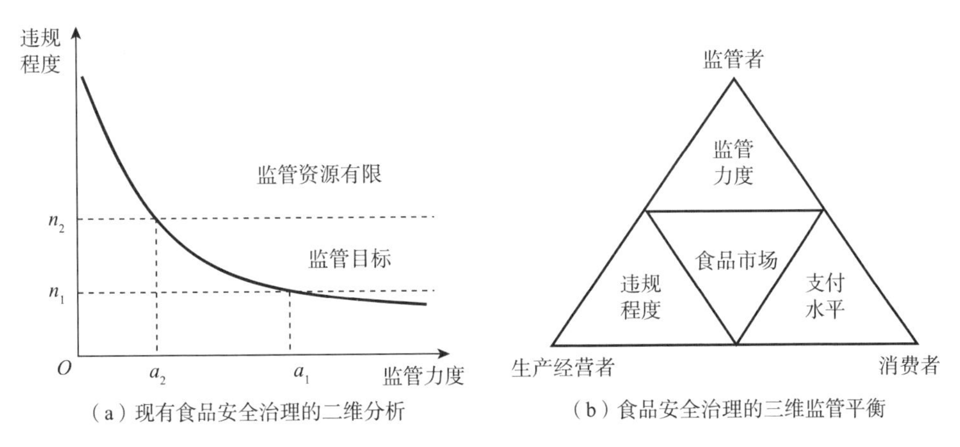

（a）现有食品安全治理的二维分析　（b）食品安全治理的三维监管平衡

图 4-1　食品安全治理的二维监管与三维监管

下面，通过探讨监管平衡中的几方面矛盾关系，对监管有界性的形成机理做进一步的讨论。

（1）监管困境与监管力度抉择。

传统食品安全监管研究认为加大监管力度一定能够遏制生产经营者的食品安全违规行为（李想和石磊，2014），而由于监管资源的有限性，食品安全监管边界在于监管部门的监管资源投入成本和生产经营者违规行为的降低之间的二维选择，如图 4-1（a）所示。我们基于数学建模和动态仿真发现，加大监管力度对生产经营者食品安全违规行为的影响是两面的，同样的监管力度在不同的环境下可能导致相反的结果，加大监管力度并不一定能够遏制生产经营者的违规行为，食品安全监管必须寻求由监管者、生产经营者和消费者组成的三元结构之间的三维平衡，如图 4-1（b）所示。

具体而言，由于当监管力度较低时，生产经营者承担的违规惩罚风险较低，而选择违规行为能够获得额外收益，因而大多数生产经营者会选择违规行为；并且此时由于违规发现占比近似等于消费者食品安全接受水平 15%（实际仿真结果模型一均值为 14.75%，模型二均值为 13.5%），对消费者支付影响很小，因而行业平均收益水平保持稳定。由于当监管力度增大时，承担的违规惩罚风险较大，此时部分生产经营者不会选择违规行为；由于此时违规发现占比近似高于消费者食品安全接受水平 15%（实际仿真结果模型一的均值为 29.10%，模型二均值为 28.06%），对消费者的支付产生了明显的负面影响，因而行业平均收益水平逐步下降；随着行业平均收益水平的下降，也即总体上生产经营者的收益水平在逐步下降时，超额违规收益逐步上升，也即违规所带来的额外收益与现有收益的差值和现有收益与违规惩罚后收益的差值之间的差距越来越大。当违规所带来的收益空间大于违规的惩罚空间时，生产经营者开始更倾向于违规，这又进一步导致消费者支付的降低，使得整个行业进入恶性循环，直至出现群体道德风险现象，由此形成食品安全治理中的“监管困局”。当监管力度很大时，由于监管惩罚风险过高，抵消了超额违规收益空间的增大效应，因而生产经营者不会大面积选择违规行为，并且由于高压的监管力度使得违规发现概率较高，这又影响到了消费者的安全食品支付水平，因而行业平均收益水平在逐步降低，这充分说明监管力度并不是越大越好，因为单方面不断增大监管力度可能造成食品安全问题更加严重的“监管困局”和行业收益水平退化的困境。

（2）超额违规收益与治理基础。

食品市场的违规行为超额收益是生产经营者选择违规行为的最大诱因。而市场违规收益水平直接影响生产经营者超额违规收益的高低，市场违规收益水平越高，则生产经营者越倾向于选择违规行为。因而，食品安全问题的治理应该从降低违规收益水平入手。首先，违规收益水平的降低有助于生产经营者主动选择不违规，使得违规行为控制在适当范围，不至于出现群体道德风险而导致法不责众和监管成本过高等问题。其次，在降低违规收益水平后，食品市场的平均收益水平将随时间推移逐渐提高，虽然在短期内大量的违规生产经营者会因此而降低收益水平，但从长期来看，反而会高于违规收益较高情形下的收益水平，这主要是由于较低的违规收益使得市场逐步形成良性的市场环境，随着消费者信心和支付的逐渐增加，合规的生产经营者能够逐步获得安全食品的合理收益。

因此，超额违规收益的降低是食品安全有效治理的基础，降低生产经营者的违规收益水平是治理的关键。另外，即使在较低的违规收益水平下，市场上依然存在一定的违规行为，这说明，食品市场违规收益的降低虽然是食品安全治理的重要一环,但仅靠违规收益水平的降低并不能够完全遏制生产经营者的违规行为，需要同时兼顾其他关键变量来共同作用于食品安全系统。

（3）消费者支付与监管平衡。

消费者食品安全支付的提高能够从根本上改变食品市场的收益结构，从而影响生产经营者的食品安全行为选择，进而降低食品安全违规行为的数量。这与现有关于价格管制会导致食品安全整体水平下降的研究结论相一致，消费者食品安全接受水平和支付能力是影响消费者食品安全支付水平的两大核心要素，并且虽然消费者支付能力很难在短期内改变，但消费者食品安全接受水平却能够根据情况而上下波动。因此，对于由监管力度增大而导致行业平均收益水平不断降低的难题，能够通过提高消费者的支付来平衡监管力度对行业违规数量和行业平均收益水平的双重效应，这也进一步说明了食品安全的治理不仅要通过单方的监管来遏制食品安全违规行为，还应该通过多方共同努力创造良好的市场环境，使得生产经营者愿意主动地抵制食品安全违规行为。

同时，消费者食品安全接受水平也是一把双刃剑。一方面，消费者食品安全接受水平的提高能够提高消费者支付，这有助于降低生产经营者的超额违规收益，进而降低食品安全违规行为并提升行业平均收益水平；另一方面，消费者食品安全接受水平的提高也会使得生产经营者对由市场违规揭露过高而导致食品市场退化的风险担忧有所减弱，这对食品安全违规行为的遏制起到了一定的负面作用。

（4）“违规困局”与激励空间。

现有研究从经济学视角广泛分析了生产经营者选择违规行为的经济动机，并从短期静态博弈角度得出了在短期内生产经营者选择违规行为能够提升收益的结论。我们基于现有研究基础，从长期动态博弈角度考察了生产经营者违规行为和收益之间的关系，发现短期内选择违规行为的确能够提升生产经营者的收益水平，但与现有研究不同的是，从长期来看，生产经营者选择频繁的违规行为却可能导致平均收益水平的下降。然而当监管力度较低时，生产经营者呈现普遍的同质化高频率违规现象，但随着监管力度的增大，生产经营者违规频率开始出现分化，并且食品市场随监管力度的逐步增大开始出现“违规困局”现象，即生产经营者的违规次数与其平均收益水平呈反比关系，出现生产经营者越违规收益水平越低的困境。这是由于更高的监管力度意味着更高的违规发现概率，这一方面使得违规频繁的生产经营者遭受违规惩罚的次数增多，另一方面使消费者对食品安全信念恶化并降低了支付水平，从而导致其长期平均收益水平随着违规次数的增多而降低。生产经营者“违规困局”表明，违规行为不一定是最优策略选择，食品安全市场中存在着明显的激励空间，使得减少食品市场违规行为的同时提升生产经营者的收益水平。

（5）有限理性决策模式与监管资源节约。

生产经营者的食品安全质量行为受到其决策模式的显著影响，有限理性下质量行为决策模式比完全理性下质量行为决策模式更有利于食品安全的治理，尤其是参照点为行业平均收益水平的有限理性决策，这是我们探讨三种决策模式之中最有利于节约监管资源的决策方式。首先，在同样的监管力度和环境条件下，参照点为行业平均收益水平的有限理性决策时，市场违规行为最少，并且行业平均收益水平保持稳定。其次，在同样的消费者支付下，参照点为行业平均收益的有限理性决策时，市场的违规行为最少、行业平均收益水平最高，并且此时食品安全违规行为随时间推移而递减的效应最强。因而，食品安全治理应该充分利用以行业平均收益水平为参照点的有限理性决策模式特征，积极引导生产经营者的生产经营决策模式，营造以行业平均收益水平为决策参照点的有利决策环境，既有助于在有限的资源投入下取得最大的治理效果，也有助于使食品市场的收益结构和收益水平保持稳定，形成良性发展的市场格局。只有在同样的监管资源投入下取得更好的治理效果，才能在食品安全监管资源捉襟见肘的现实困境中节约宝贵资源。

（6）监管平衡下的治理路径。

加大监管力度对违规行为的影响存在两面性的原因主要有：一方面，增大监管力度能够提高生产经营者的违规揭示概率，使得生产经营者惩罚风险增加进而对生产经营者的违规行为产生威慑。但另一方面，增大监管力度也会使得违规揭露水平提升，这会影响消费者对食品安全的信任度并进而影响消费者对安全食品的支付。尤其在当前生产经营者存在普遍违规行为且消费者对食品安全信任度较低的现实环境下，监管力度的不断增大会导致违规揭露数量大大增加，一旦超过了消费者对食品安全的心理接受水平，将会使得消费者进一步降低食品安全信任度并减少对安全食品的支付水平，这将直接导致生产经营者的超额违规收益增大，反过来又增强了生产经营者的违规动机。

因此，单方面增大监管力度并不一定能够遏制生产经营者的食品安全违规行为，监管部门应该根据现实环境中生产经营者的总体违规水平和消费者对食品安全的心理接受水平，将监管力度控制在一定的范围内，既要避免监管力度过小导致违规威慑不足，也要避免监管力度过大导致消费者信任恶化，尤其面对监管资源不足的严峻现实，更应该联动地看待生产经营者、消费者和监管者的三元结构，追求食品安全监管的三维平衡。因而，在食品安全违规行为已经广泛存在的现实情境下，仅依靠加大监管力度这一路径来治理食品安全问题已经失灵，尤其在监管资源有限的现实约束下，必须同时依靠生产经营者和消费者这两类主体的参与，并从降低生产经营者超额违规收益、提升消费者支付和平衡监管力度这三条路径来对食品安全进行协同治理，才能够长期地遏制食品安全违规行为。

总结以上讨论，食品安全治理的多主体交互关系如图 4-2 所示。

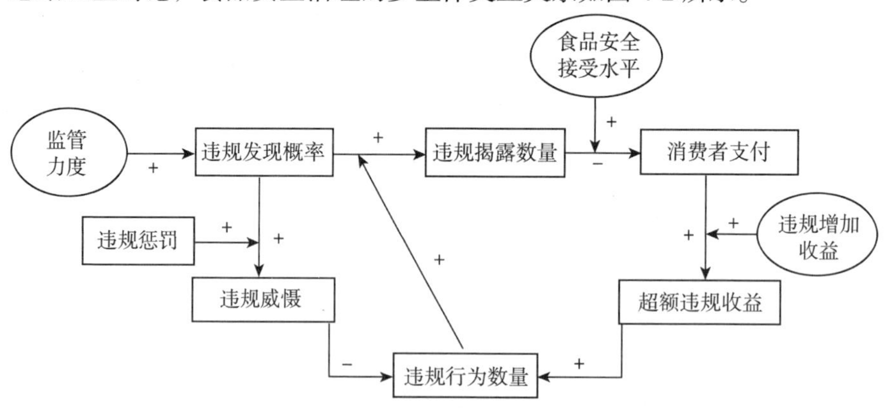

图 4-2　食品安全社会共治的多主体参与的交互结构

由图 4-2 可以认为，在食品安全社会共治框架下，社会多主体行为之间是相互影响的，这种相互影响的社会共治框架来自对食品安全违规超额收益、监管力度、消费者支付水平之间的互动结构。或者说，食品安全市场中政府监管力度与企业违规超额收益、消费者支付水平三者之间的互动结构，决定了食品安全社会共治多主体参与的模式选择，这在既有相关研究中被严重忽视了。

4.1.2　“监管困局”发生机理：信号扭曲[①]

根据信号发送原理（Spence，1973），政府与企业之间、政府与消费者之间会形成两种信息结构［图 4-3（a）中的信息结构A和B］，政府监管部门对食品企业的监管力度作为一种食品市场安全水平的信号会发送给消费者，从而影响消费者的支付意愿。假设食品企业生产的产品中包含有高质量、低质量和不安全产品三类[②]，政府加大监管力度是期望将企业生产的不安全产品甄别出来，但由于监管能力限制，通常将低质量产品甚至高质量产品与不安全产品一并视为不安全食品来打击，形成监管力度的信号混同，消费者由于自身认知能力的限制难以甄别监管力度的信号混同程度，将政府的监管力度视为食品不安全平均水平的一个参照标准，形成接收信号混同。这样，图 4-3（b）中两个信息结构之间形成监管力度传递的信号扭曲。

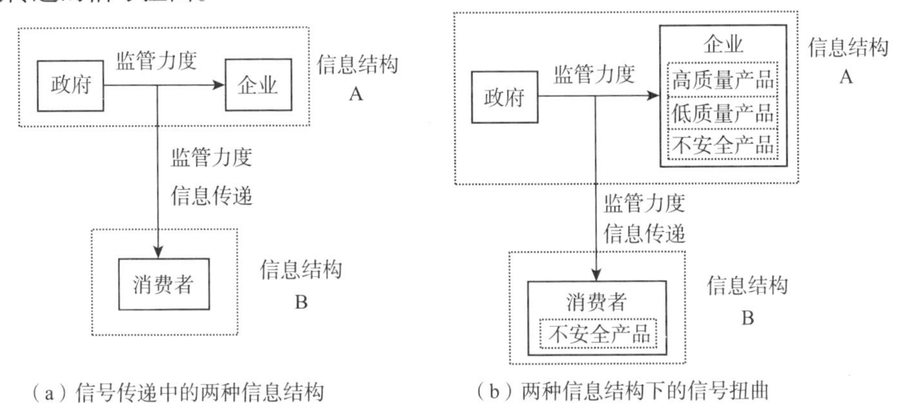

图 4-3　食品安全监管中的信息结构与信号扭曲

通俗地说，政府加大对食品企业的监管力度，认为这样可以向消费者发送更安全的信号预期，但政府监管中出现不安全产品与低质量产品甚至高质量产品的

---

① 本小节内容部分发表在谢康、肖静华、赖金天、李新春和乌家培《食品安全“监管困局”、信号扭曲与制度安排》，《管理科学学报》2017 年第 2 期，内容有适当更改。

② 现有研究对食品安全与食品质量之间的关系尚未形成统一认识，李想（2011）认为食品质量的概念更为宽泛，既包括食品安全，也包括口味、新鲜程度、营养含量等消费者关注的多方面非安全属性。本书也将食品安全的概念包含在食品质量的概念中。

混同，使消费者接收到的市场信号几乎都是不安全的产品，导致消费者从政府加大监管力度中解读出市场更不安全的信号预期。同时，消费者无法通过市场价格实现质量信号分离，即消费者将价格信号等同为安全信号，认为价格低的食品是不安全的，在缺乏信任时往往无法判断高价格产品是否是安全食品，消费者难以通过价格判断食品安全水平，形成消费者端的信号混同。由此，在政府与企业、政府与消费者两种信息结构之间出现信号扭曲。这种信号扭曲的不利影响主要体现为损害行业的规模发展，如政府加大监管力度后使消费者降低消费支付，也使生产低质量但安全的食品企业被一并打击，反而提高了违规企业获取超额违规收益的概率。

为进一步讨论上述机理，我们考虑食品市场中一个生产者、消费者和监管者构成的两期博弈，博弈顺序如下：首先，生产者进行生产，选择生产高质量产品、低质量产品及不安全产品的数量；其次，消费者在不了解食品具体质量的情况下进行消费；再次，监管者进行监管，揭露生产者的违规行为；最后，消费者根据观察到的监管者的监管信号调整自身的支付水平。

食品生产者的特征如下：食品生产者向市场提供差异化的产品，产品质量水平可能有两种，一种是质量水平h，代表高质量产品，另一种是质量水平l，代表低质量产品。质量为h和质量为l的产品对于消费者只在效用上有区别，但均为安全产品。然而，生产者也有可能投机，即生产可能对消费者的健康产生伤害的不安全食品。令生产者的当期生产策略表示为（q_h，q_l，q_f），其中q_h为生产者每期生产高质量产品的数量，q_l为每期生产低质量产品的数量，q_f为每期生产不安全食品的数量。令x_1为生产低质量产品的比例，x_2为生产不安全产品的比例，于是，有$q_h=(1-x_1-x_2)D$、$q_l=x_1D$、$q_f=x_2D$，$x_0=(1-x_1-x_2)$则为生产高质量产品的比例。

监管者的特征如下：监管者的监管策略为$\theta_t\,(0\leqslant\theta_t\leqslant 1)$，表明生产者当期生产的不安全食品被揭露的概率。由于监管者自身的认知差异，以及采用统一的食品安全质量标准这一局限，监管者在监管过程中可能将低质量但仍然安全的产品（即对消费者有正效用的产品）作为不安全产品来揭露。令$\gamma(0\leqslant\gamma\leqslant 1)$表示监管者的认知能力，当$\gamma=1$时，监管者只揭露不安全食品；当$\gamma=0$时，监管者将同时揭露不安全产品$q_f$和低质量产品$q_l$；当$0<\gamma<1$时，监管者的揭露为$\theta_t=(1-\gamma)q_l+q_f$。

消费者的特征如下：消费者的策略为支付水平p_t，假设p_t由消费者食品安全的信念决定，即根据监管者在上一期的揭露θ_t调整对食品安全的信念，进而调整支付水平。这里，低质量产品的揭露不会降低消费者的信念，不安全产品的揭露则会降低消费者的信念。消费者同样由于自身认知的局限，对监管者的监管信号有自身的认知，进而调整自身的支付。因此，监管力度传递到消费者处的实际监管信号可以表示为$\theta_{\text{treal}}=(1-\lambda)q_l+(1-\gamma)q_l+q_f$[1]。与监管者的认知相同，$\lambda$表示消费者的认知能力，且当$\theta_t x_t \leqslant R$时，$p_{t+1}=p_t\left(1+r-\theta_t x_t\right)$，当$\theta_t x_t > R$时，$p_{t+1}=0$。该式表明如果食品安全的违规行为超过了消费者的容忍度，其支付将降为 0。

基于上述刻画，食品生产经营者的生产策略可表述为

$$\begin{aligned}\pi&=\left(p_1-c_h\right)q_h+\left(p_1-c_l\right)q_l+\left(p_1+c_f\right)q_f+\left(p_2-c_h\right)q_h+\left(p_2-c_l\right)q_l+\left(p_2-c_f\right)q_f\\&=D\left(1-x_1+x_2\right)\left(p_1+p_2-2c_h\right)+Dx_1\left(p_1+p_2-2c_l\right)+Dx_2\left(p_1+p_2-2c_f\right)\\&=D\left\{p_1\left[2+r-\theta(1-\gamma)x_1-\theta x_2\right]-2c_h+2x_1\left(c_h-c_l\right)+2x_2\left(c_h-c_f\right)\right\}\end{aligned}$$

将上式分别对r、θ、x_1、x_2求导得

$$\frac{\partial\pi}{\partial r}=Dp_1>0$$

$$\frac{\partial\pi}{\partial\theta}=-Dp_1\left[(1-\gamma)x_1+x_2\right]$$

$$\frac{\partial\pi}{\partial x_1}=D\left[-\theta(1-\gamma)p_1+2\left(c_h-c_l\right)\right]$$

$$\frac{\partial\pi}{\partial x_2}=D\left[-\theta p_1+2\left(c_h-c_f\right)\right]$$

令$\frac{\partial\pi}{\partial x_1}=0$，可得

$$\theta=\frac{2\left(c_h-c_l\right)}{(1-\gamma)p_1} \tag{4-1}$$

同理，令$\frac{\partial\pi}{\partial x_2}=0$，可得

$$\theta=\frac{2\left(c_h-c_f\right)}{p_1} \tag{4-2}$$

当监管力度的信号混同时，有$0\leqslant\lambda<1$，$0\leqslant\gamma<1$。此时，监管者存在自身的认知差异，在监管过程中可能将低质量但安全的产品（对消费者有正效用的产品）作为不安全产品揭露，消费者对监管信号形成认知偏差。因此，每期监管者的揭露为$\theta_t=\theta_{\text{treal}}=(1-\lambda)q_l+(1-\gamma)q_l+q_f$。监管者与消费者双方都有高认知能

① 这里消费者的认知偏差主要表现在对低质量食品与不安全食品的认知偏差上，因此认知能力λ的影响项为q_l。

力（用H表示）和低认知能力（用L表示）两种状态[①]，根据监管者及消费者认知能力的差异，我们将双方的信息结构归纳为以下四种类型，即（监管者$_H$，消费者$_H$）、（监管者$_H$，消费者$_L$）、（监管者$_L$，消费者$_H$）和（监管者$_L$，消费者$_L$）。在四种情形中，当监管者和消费者其中一方属低认知能力时，由于$\theta_{\text{treal}}=(1-\lambda)q_l+(1-\gamma)q_l+q_f$的对称性，只需讨论（监管者$_L$，消费者$_H$）的情形，（监管者$_H$，消费者$_L$）的情形可做对称的替换。这样，具体存在两种情形，一是监管者认知能力与消费者认知能力不对应的情形［即情形（1）］，二是监管者低认知能力与消费者低认知能力对应的情形［即情形（2）］[②]。

在情形（1）中，当$\frac{2\left(c_h-c_f\right)}{p_1}>1$时，恒有式（4-2）：$\frac{\partial\pi}{\partial x_2}>0$，此时无论$\theta$取何值，生产经营者都会生产最大量的不安全食品。当$\frac{2\left(c_h-c_f\right)}{p_1}\leqslant 1$时，此时，需要考虑监管力度和监管机构的认知能力。首先，若$\theta<\frac{2\left(c_h-c_f\right)}{p_1}$，则$2\left(c_h-c_f\right)-\theta p_1>0$，生产经营者收益随$x_2$的增大而增大，此时生产经营者会生产最大量的不安全食品，即不安全食品比例：

$$x_{\max}=\begin{cases}R/\theta, & R/\theta\leqslant 1\\ 1, & R/\theta>1\end{cases}$$

这样，若$\frac{c_l-c_f}{c_h-c_f}<\gamma<1$，则有$\frac{\partial\pi}{\partial x_1}$恒小于0，此时生产经营者不会生产低质量食品，$x_1\equiv 0$；若$\gamma<\frac{c_l-c_f}{c_h-c_f}$，则有$\frac{\partial\pi}{\partial x_1}$恒大于0，此时生产经营者会生产最大量的低质量食品（参见图 4-4）。其次，若$\theta>\frac{2\left(c_h-c_f\right)}{p_1}$，则$2\left(c_h-c_f\right)-\theta p_1\leqslant 0$，生产经营者收益随$x_2$的增大而递减，此时生产经营者不生产不安全食品，$x_2\equiv 0$。若$\frac{c_l-c_f}{c_h-c_f}<\gamma<1$，则有$\frac{\partial\pi}{\partial x_1}$恒大于0，生产经营者会生产最大量的低质量食品；若$\gamma<\frac{c_l-c_f}{c_h-c_f}$，则有$\frac{\partial\pi}{\partial x_1}$恒小于0，生产经营者不会生产低质量食品，$x_1\equiv 0$（参见图4-5）。

① 监管者和消费者的认知能力均受到食品安全环境的影响。

② 假设监管者高认知能力与消费者高认知能力对应的情形不存在信号扭曲，因此不属于本书考虑的情形。

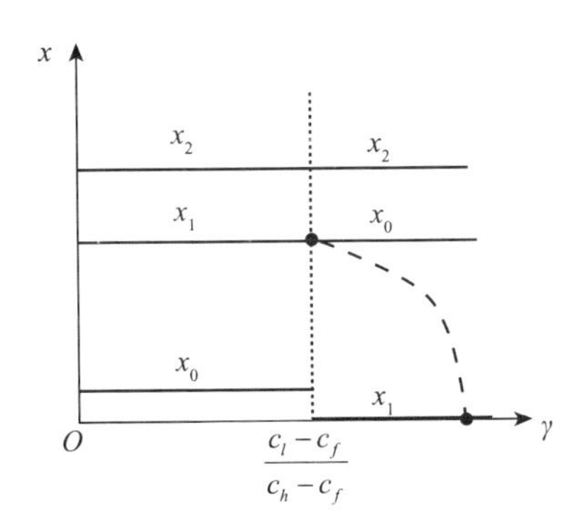

图 4-4　情形（1）下 $\theta < \frac{2(c_h - c_f)}{p_1}$ 时信号混同

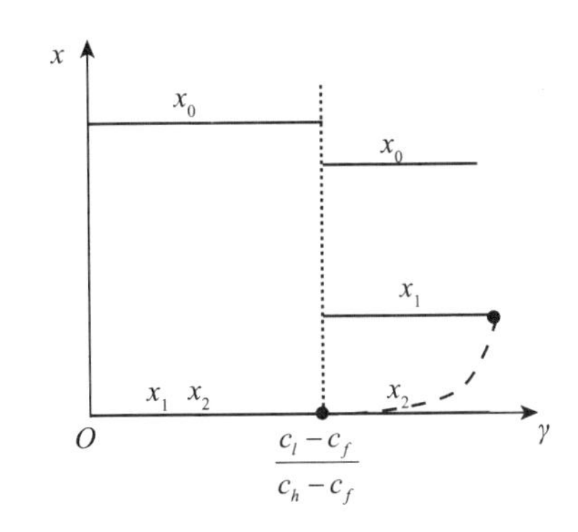

图 4-5　情形（1）下 $\theta > \frac{2(c_h - c_f)}{p_1}$ 时信号混同

从图 4-4 和图 4-5 中可以看出，情形（1）时生产经营者的行为与监管力度大小及信号扭曲程度两者相关。当监管力度较小时 $\left(\theta < \frac{2(c_h - c_f)}{p_1}\right)$，最大限度地生产不安全食品是生产经营者的一个占优策略；随着监管者认知能力提升 $\left(\frac{c_l - c_f}{c_h - c_f} < \gamma < 1\right)$，生产经营者生产低质量食品的数量下降，生产高质量食品的数量增加。也就是说，随着监管信号扭曲程度的减小，食品生产的平均质量在不断上升；当监管力度较大时 $\left(\theta > \frac{2(c_h - c_f)}{p_1}\right)$，显然，不生产不安全食品是生产经营者的严格占优策略。但是，随着监管者认知能力的提升，监管信号扭曲程度减小时 $\left(\frac{c_l - c_f}{c_h - c_f} < \gamma < 1\right)$，生产经营者会最大限度地生产低质量产品以取代高质量产品。

在情形（2）下，当监管者和消费者均是低认知能力时，监管者存在自身的认知差异，在监管过程中可能将低质量但安全的产品（即对消费者有正效用的产品）当做不安全的产品揭露。同理，消费者也会对监管信号形成认知偏差，从而形成监管信号的扭曲。当 $\frac{2(c_h - c_f)}{p_1} > 1$ 时，恒有式（4-2）：$\frac{\partial \pi}{\partial x_2} > 0$，此时无论 θ 取何值，生产经营者都会生产最大量的不安全食品。当 $\frac{2(c_h - c_f)}{p_1} \leqslant 1$ 时，此时，需要考虑监管力度、监管机构及消费者的认知能力。

首先，若 $\theta < \frac{2(c_h - c_f)}{p_1}$，则 $2(c_h - c_f) - \theta p_1 > 0$，生产经营者收益随 x_2 的增大而增大，此时生产经营者会生产最大量的不安全食品，即不安全食品比例：

$$x_{\max} = \begin{cases} R/\theta, & R/\theta \leqslant 1 \\ 1, & R/\theta > 1 \end{cases}$$

若 $\frac{c_l - c_f}{c_h - c_f} < \gamma < 1$ 且 $\frac{c_l - c_f}{c_h - c_f} < \lambda < 1$，则有 $\frac{\partial \pi}{\partial x_1}$ 恒小于 0，此时生产经营者不会生产低质量食品，$x_1 \equiv 0$；若 $\gamma < \frac{c_l - c_f}{c_h - c_f}$，$\frac{c_l - c_f}{c_h - c_f} < \lambda < 1$，或者 $\frac{c_l - c_f}{c_h - c_f} < \gamma < 1$，$\lambda < \frac{c_l - c_f}{c_h - c_f}$，则有 $\frac{\partial \pi}{\partial x_1}$ 恒大于 0，此时生产经营者会生产最大量的低质量食品（参见图 4-6）。

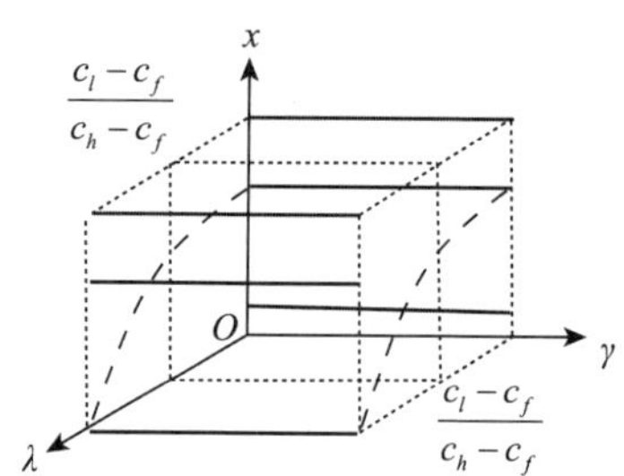

图 4-6　情形（2）下 $\theta < \frac{2(c_h - c_f)}{p_1}$ 时信号混同

其次，若 $\theta > \frac{2(c_h - c_f)}{p_1}$，则 $2(c_h - c_f) - \theta p_1 \leqslant 0$，生产经营者收益随 x_2 的增大而递减，此时生产经营者不生产不安全食品，$x_2 \equiv 0$。这样，若 $\frac{c_l - c_f}{c_h - c_f} < \gamma < 1$，

$\frac{c_l - c_f}{c_h - c_f} < \lambda < 1$，则有 $\frac{\partial \pi}{\partial x_1}$ 恒大于 0，生产经营者会生产最大量的低质量食品；若 $\gamma < \frac{c_l - c_f}{c_h - c_f}$，$\frac{c_l - c_f}{c_h - c_f} < \lambda < 1$，或者 $\frac{c_l - c_f}{c_h - c_f} < \gamma < 1$，$\lambda < \frac{c_l - c_f}{c_h - c_f}$，则有 $\frac{\partial \pi}{\partial x_1}$ 恒小于 0，生产经营者不会生产低质量食品，$x_2 \equiv 0$（参见图 4-7）。

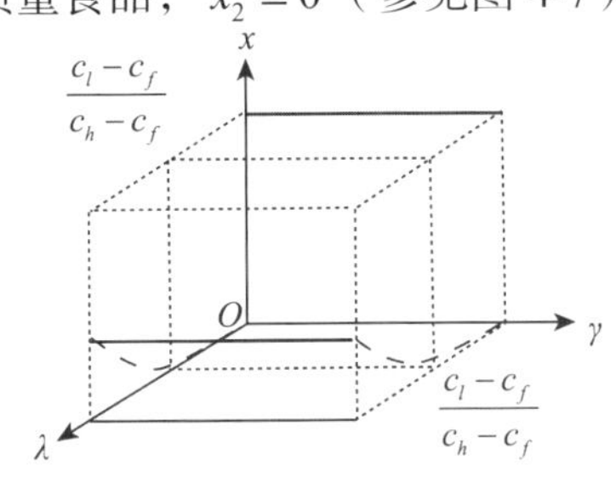

图 4-7　情形（2）下若 $\theta > \frac{2(c_h - c_f)}{p_1}$ 时信号混同

从图 4-6 和图 4-7 中可以看出，情形（2）时生产经营者的行为与监管力度大小、监管者和消费者的认知能力相关。当监管力度较小时 $\left(\theta < \frac{2(c_h - c_f)}{p_1}\right)$，生产经营者的占优策略是最大限度地生产不安全食品。当监管者和消费者两者的认知能力（γ和λ）都提升时（即同时满足 $\frac{c_l - c_f}{c_h - c_f} < \gamma < 1$，$\frac{c_l - c_f}{c_h - c_f} < \lambda < 1$），生产经营者生产低质量食品的数量下降，生产高质量食品的数量增加，即随着监管信号扭曲程度的减小，食品生产的平均质量在持续上升；当监管力度较大时 $\left(\theta > \frac{2(c_h - c_f)}{p_1}\right)$，生产经营者的严格占优策略是不生产不安全食品。随着监管者和消费者认知能力的提升，生产经营者会最大限度生产低质量产品来取代高质量产品。这样，在监管者和消费者认知能力都提升的条件下，随着消费者支付意愿和监管者的监管力度的提高，生产经营者会部分生产高质量产品、部分生产低质量产品①，并减少生产不安全产品的概率。

总之，食品安全“监管困局”内在形成机理在于监管者、生产经营者、消费者之间两个信息结构的信号传递发生扭曲，信号扭曲的关键在于监管者与消费者两者的认知能力偏差出现信号混同。因此，解决“监管困局”制度安排的目标首先是将信号混同转变为信号分离，即在图 4-3（b）信息结构A中，监管者关键是

① 这里，生产经营者生产高质量产品与低质量产品的比例取决于消费者支付水平的变化。

确定企业生产不安全产品与低质量产品的界限，只打击不安全食品，不打击低质量产品，生产经营者只要不生产不安全产品即可，生产高质量还是低质量产品是企业自身的选择。在图 4-3（b）信息结构B中，监管者关键是帮助消费者了解或掌握不安全产品与低质量产品的界限，使消费者可以通过价格信号将低质量产品与不安全产品分离出来，像伊利经典奶与纯牛奶、蒙牛特仑苏与纯牛奶那样能够将高质量与普通质量产品分离。现实中，政府可通过可追溯体系建设和消费者风险交流来减少监管力度的信号扭曲程度，如召开监管力度听证会，将监管力度信号扭曲内部化，加大监管力度而不影响消费者的支付意愿，使消费者对市场保持信心等，或者积极培育行业协会、媒体、职业打假人等食品市场“检察官”角色，减小信号扭曲程度等，由此使监管信号形成分离。

进一步讨论，当监管信号形成分离时，有 $\lambda=\gamma=1$。此时，监管者不存在自身的认知差异，只揭露不安全的食品，消费者也不存在认知差异，即监管者和消费者均具有高认知能力。因此，每期监管者的揭露为 $\theta_t=\theta_{\text{treal}}=q_f$。当 $\dfrac{2\left(c_h-c_f\right)}{p_1}>1$ 时，恒有 $\dfrac{\partial\pi}{\partial x_2}>0$，此时无论 θ 取何值，生产经营者都会生产最大量的不安全食品，即不安全食品比例：

$$x_{\max}=\begin{cases}R/\theta, & R/\theta\leqslant 1\\ 1, & R/\theta>1\end{cases}$$

由于 $\gamma=1$，于是有 $\dfrac{\partial\pi}{\partial x_1}$ 恒大于 0，生产经营者会生产最大量的低质量食品。

当 $\dfrac{2\left(c_h-c_f\right)}{p_1}\leqslant 1$ 时，需要考虑监管力度的大小。

首先，若 $\theta<\dfrac{2\left(c_h-c_f\right)}{p_1}$，则 $2\left(c_h-c_f\right)-\theta p_1>0$，生产经营者收益随 x_2 的增大而递增。此时，生产经营者会生产最大量的不安全食品，即不安全食品比例：

$$\begin{cases}x_{\max}=\begin{cases}R/\theta, & R/\theta\leqslant 1\\ 1, & R/\theta>1\end{cases}, & R<\dfrac{2\left(c_h-c_f\right)}{p_1}\\ x_{\max}\equiv 1, & R>\dfrac{2\left(c_h-c_f\right)}{p_1}\end{cases}$$

其次，若$\theta > \frac{2(c_h - c_f)}{p_1}$，则$2(c_h - c_f) - \theta p_1 \leqslant 0$，生产经营者收益随$x_2$的增大而递减，此时生产经营者不生产次品，$x_2 \equiv 0$。这样，现实中食品市场中不安全产品的比例逐步下降。

4.1.3　食品安全监管平衡制度创新

上述内容理论上发现并通过仿真验证加大食品安全监管力度存在两面性或“监管困局”，即现有研究认为强化监管就会减少违规的假设是有条件的，这些条件包括市场当期存在的违规行为数量、市场违规收益水平、生产者违规超额收益、违规发现概率、消费者食品安全接受水平与支付水平等关键变量。具体而言，当监管力度超过一定程度时会出现反向激励，导致食品安全违规行为由局部违规转变为行业性群体违规，由此出现食品安全治理中的“监管困局”。同时，生产经营者的平均收益水平和行业总体收益水平也在不断降低，出现食品安全生产的“违规困局”。因此，食品安全治理中的监管是有界的。食品安全监管有界性假说表明：在违规超额收益较大或消费者的支付水平很低的情况下，无论监管力度多大，都会出现一定程度的食品安全事件。该结论明确了有效监管的目标在于“控制风险”而非“消灭风险”。

2015 年 10 月新《食品安全法》被媒体或政府誉为中国史上最严食品安全法。这种提法本意是好的，体现了政府及监管部门对国民生命健康的高度重视。但是，发生食品安全事件在概率上是不可避免的，未来一旦出现严重食品安全事件，社会公众或舆论很可能因为政府采用了“最严谨的标准、最严格的监管、最严厉的处罚、最严肃的问责”，仍未能避免出现严重食品安全事件而抱怨或谴责，有可能使政府公信力受到损害。同时，不断加大监管力度会激励消费者产生不切实际的高预期，不利于食品安全治理效果（Wilson and Worosz，2014；da Cruz and Menasche，2014；Matsuo and Yoshikura，2014）。因此，政府应加强与生产经营者、媒体、行业协会及消费者的风险交流，合理控制社会公众对监管效果的预期，这应是完善中国食品安全治理的一个重要方向，也应是中国“十三五”规划食品安全战略中社会共治的一个主要建设方向。

现实中频繁出现的食品安全治理失灵，是典型的公共池塘治理失灵问题，需要遵循公共池塘治理的基本框架，将监管者的监管力度、生产经营者违规超额收益和消费者支付水平视为食品安全公共池塘治理的三大关键要素，构建三者之间的动态平衡机制。该结论的政策含义在于：首先，对监管者而言，应避免单纯通过投入更多资源来加大监管力度，同时避免单纯根据生产经营者的违规超额收益高低来加大或减小监管力度，应综合考虑生产经营者的违规超额收益和消费者支付水平来动态调整监管力度，形成结构动态优化的监管力度，如在不同阶段、不同地区采取不同的监管力度，或对不同产品、不同企业、不同行业采取不同的监管力度等。同时，媒体和行业协会对食品安全的监督采取动态弹性的监督及评价，结合消费者支付水平考虑监管投入，以较小的资源投入实现较高的社会监管效能。这种监管平衡的制度安排思想对互联网环境下的食品安全监管创新更加重要，因为互联网环境下企业协同演化动态能力的增强（肖静华等，2014），会进一步提高食品企业应对监管力度的适应性，因而监管者更需要"以变应变"。其次，对食品生产经营者加强行业平均收益水平信息的交流与通报，引导生产经营者由理性决策模式更多地转变为有限理性决策模式，因为有限理性下质量行为决策模式比完全理性下质量行为决策模式更有利于食品安全的治理，其中参照点为行业平均收益水平的有限理性决策是三种决策模式中最有利于节约监管资源的。最后，加强对消费者的食品安全风险教育，一方面降低消费者对食品安全支付的容忍度，另一方面加强消费者对食品安全治理活动的参与和关心，强化消费者支付敏感度对生产经营者违规趋势的抑制效能，避免或降低消费者支付敏感度对生产经营者违规趋势的强化作用，因为消费者支付敏感度能放大或缩小消费者食品安全接受水平对食品安全违规行为的影响，食品安全接受水平主要决定了违规的趋势变化。这一点在之前的研究中被严重忽略了。

综上，应对食品安全"监管困局"的制度安排在于：食品安全治理不能仅依靠加大监管力度这类正式治理来抑制违规行为，需要引入非正式治理，与正式治理形成混合治理方能有效解决"监管困局"带来的监管失灵问题。正式治理机制与非正式治理机制的混合，意味着需要建构食品安全治理的社会共治体制。食品安全社会共治的正式治理包含两方面要义：首先，政府通过制定和实施法律、法规、行业标准规范等正式制度，以约束或引导食品供应链利益相关方的行为。因此，正式治理既包括负向激励式的正式制度治理，如政府在未发生食品安全问题时的检查、许可等事前监管，以及发生问题后的查处、惩罚等事后监管，也包括正向激励式的正式制度治理，如对特定食品进行价格补贴或税收减免等。其次，在没有政府强制介入的情况下，通过市场竞争或市场合作方式达到食品市场资源的优化配置，实现食品供应链利益相关方与政府之间共同的经济社会目标，如食品价格、供需和质量的平衡等。食品安全社会共治非正式治理则不依赖于公共管理部门的正式法律法规，能够在无政府组织或无政府干预状态下形成各方相互依赖的信任和声誉关系网络，通过自发形成相互合作和共同监督的行为来实现食品供应链利益相关方的激励及约束治理模式，如声誉机制、通畅的风险交流、社会信任，以及以自主治理和多中心治理为代表的非正式制度安排。

食品安全"监管困局"现象的动态形成过程及内在发生机理的分析表明，食品安全监管失灵问题，不仅源自现有体制中的监管缺位或监管不力，也与食品安全治理中政府、企业与消费者三者互动的结构复杂性带来的不确定性有密切联系。解决食品安全“监管困局”，一方面需要建构正式与非正式的混合治理体制，使参与主体的强制执行特征与自发行动特征相互补充，另一方面需要对食品安全治理设置有限监管目标，因为量多分散的中国食品企业难以短期内从生产不安全产品跃升到生产高质量产品，会继续一段时间以生产低质量产品为主。拔苗助长式的食品安全监管，可能会出现更多的食品安全违规行为。这一点，在既有文献中被严重忽视了。

本小节的结论和政策含义对腐败、污染等公共领域治理的政策方向也具有启示价值。与现有腐败、污染治理加大处罚的政策方向不同，可以认为，除以加大处罚力度的绝对处罚水平来解决腐败、污染问题的思路外，寻求相对处罚水平的治理政策也是一个可以选择的思路，也许还是一种具有更高社会效能的治理思路。

上述讨论中为简单化而假设生产经营者的规模无差异，没有考虑不同生产规模的影响，事实上中国食品市场由成千上万的小企业乃至小商贩构成，不同规模的企业有不同的违规决策选择。同时，食品作为一种必需品其需求价格弹性较弱的特征有待进一步刻画。此外，我们将生产经营者的生产行为策略定义为违规或不违规，但现实中生产经营者往往不是简单地完全生产合格品或完全生产次品，而是投机性地选择生产部分合格品与部分次品，因此，未来应在模型中加入生产经营者每期生产次品的比例，以更贴近现实，这就需要对不同情境下监管部门的监管力度、生产经营者的违规超额收益、消费者支付水平三者之间动态平衡形成的监管模式做进一步探讨，因而需要对生产经营者的决策权重扭曲和损失厌恶效应及监管困境的关系有更深入的洞察与分析。总之，在监管力度有界性假说下，食品安全社会共治下的监管，需要在正式治理的震慑与非正式治理的价值重构之间实现动态平衡。

4.2　正式治理与非正式治理：震慑与价值重构[①]

食品安全监管有界性假说一方面支持了社会系统失灵的第一个核心问题，另一方面也为制定食品安全社会共治的监管政策提供了理论依据。社会共治不是抛

① 本小节内容发表在谢康、肖静华、杨楠堃和刘亚平《社会震慑信号与价值重构——食品安全社会共治的制度分析》，《经济学动态》2015 年第 10 期，内容有适当更改。

弃政府监管，也不是主张单纯地降低监管力度，而且需要对不断加大的监管力度治理成效进行政策反思和改进。基于这个研究动机，我们根据社会系统失灵的第三个核心问题，提出社会共治下实现正式治理的震慑与非正式治理的价值重构之间的平衡治理思路。

4.2.1　社会震慑信号的发生与作用机制

基于 2.2.5 小节发现概率 θ 困局的讨论，可以认为，θ 困局意味着大幅度提高发现概率和加大处罚力度等治理政策，都将可能面临社会无法承受的巨大成本而出现操作失灵。既然大幅度提高发现概率和加大处罚力度面临社会成本的约束，那么，小幅度或一定幅度地提高发现概率和适当加大处罚力度会怎么样呢？

首先，随着信息技术成本的下降，尤其是随着云计算、物联网和大数据技术及服务模式的成熟，可追溯体系的建设成本和社会信息共享成本在大幅度下降，从而为缓解信息披露困局提供了契机。通过可追溯体系建设，尤其是通过加强可追溯体系与处罚制度安排之间的有效协同形成混合治理，以及借助信息技术降低投资成本，在一定程度上能够提升 θ（汪鸿昌等，2013）。θ 的社会震慑信号价值主要体现在两方面：一是对现有试图违规者形成威慑，提高其违规的心理成本和预期风险；二是降低潜在的违规进入者未来通过违规获益的预期。从长远来看，θ 在这方面的社会价值远远大于其发现违规行为进行处罚带来的直接价值，从而逐步扭转当前违规的收益大于守规则收益的囚徒困境。

其次，当前中国监管部门难以对食品安全违规行为进行高力度的全面打击，除资源约束外，主要原因之一是违规现象普遍存在，担心法不责众。然而，随着适当提高 θ 形成社会震慑信号的传播，只要适当提高处罚力度就有可能起到“四两拨千斤”的效果，因为 θ 的作用并不在于对所有违规者进行处罚，而是通过提高 θ 来形成有效的社会威慑，从而抑制违规行为的发生和潜在违规行为的扩散，使规避风险禀赋低的大多数违规者转为不违规或少违规，从而逐步扭转群体道德风险中法不责众的困局。

由此我们给出破解 θ 困局的基本思路：通过技术与制度混合治理，借助信息技术降低投资成本可以适度提高 θ，再适度提高处罚力度，强化社会震慑信号的约束作用，提升民众对政府的信任，形成广泛的社会共识，这种社会共识进一步形成民众对食品市场的信心，并随着市场信心的扩散，形成社会治理中震慑信号的发生与作用机制（参见图 4-8）。其中，政府信任是指公众对政府食品安全治理有效性的信念，市场信心是指公众对食品市场的平均信任预期。

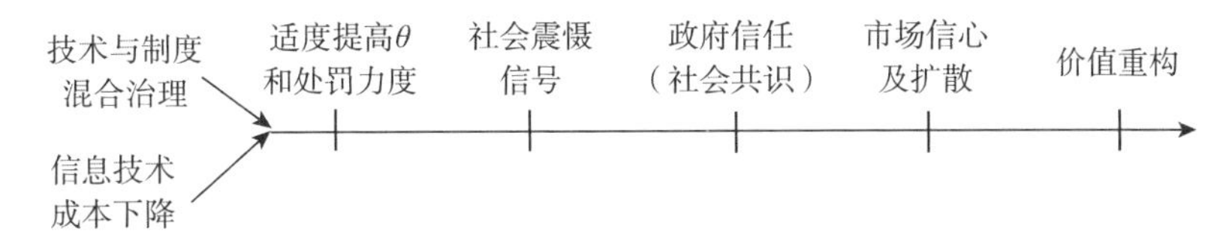

图 4-8　社会震慑信号的发生与作用机制

下面具体讨论社会震慑信号价值的实现机制。在食品市场中，食品生产企业诚信经营获得的收入为P，诚信经营的成本为c；倘若违规经营，企业由于投机获利同样可获得P收入，违规经营的成本则为$(1-\alpha)c$，其中α为企业违规经营的违规程度，$0\leqslant\alpha\leqslant1$（$\alpha=0$时为诚信经营）。很显然，企业违规程度越高，其经营成本越小。

政府为治理食品安全问题，投入市场的补贴为c_1，包括给予企业信息披露的信息化补贴和建设可追溯体系的投资$\delta c_1(0<\delta<1)$，对媒体曝光、消费者有奖举报等的奖励为$(1-\delta)c_1$。$c_1\in\{c_{1a},c_{1A}\}$，其中c_{1A}表示政府的高补贴，c_{1a}表示政府的低补贴。现实中企业在运营成本不降的情况下，难以对信息披露进行投资以达到政府“完美披露”要求的制度安排，因此，我们假设在没有政府信息披露补贴时，企业不会主动地披露信息。这样，由于θ受到食品的信任品特征影响，信息披露在一定程度上能抵消食品的信任品特征带来的信息非对称，且信息化程度越高披露能力越强。同理，政府对媒体曝光、有奖举报等奖励也更能够激励媒体和消费者参与到食品安全的治理中来。不同于政府对食品安全执法资源投入的是，对食品安全治理的补贴一方面加大了企业自身信息披露的途径和可能性，另一方面也调动了社会资源的积极性，进而加大了食品安全违规发现概率θ提高的可能性。

可见，发现概率θ与政府给予企业信息披露的补贴以及媒体、消费者的有奖举报奖励相关。为简单化，θ可看做信息披露补贴δc_1和媒体、消费者的有奖举报奖励$(1-\delta)c_1$的线性加和函数，令$\theta=k_1\delta c_1+k_2(1-\delta)c_1$，其中$k_1,k_2>0$，分别表示信息披露补贴和有奖举报奖励对发现概率$\theta$的影响因子。$\theta\in\{\theta_a,\theta_A\}$，其中$\theta_A$为政府监管机构高补贴$c_{1A}$下的发现概率，$\theta_a$为低补贴$c_{1a}$下的发现概率。进一步，在低补贴下，政府发现食品企业违规的概率θ_a小到不能对企业构成可信威胁的程度。c_D表示高处罚力度下的监管机构的执法成本，c_d表示低处罚力度下的执法成本。

企业经营的支付函数：

$$\pi_E=\begin{cases}P-(1-\alpha)c+\delta c_1-\theta_A\alpha^2\{D,d\}, & 0<\alpha\leqslant1\\ P-c+\delta c_{1A}, & \alpha=0\end{cases}\quad（政府高补贴时）$$

$$\pi_E=\begin{cases}P-(1-\alpha)c-\theta_a\alpha^2\{D,d\}, & 0<\alpha\leqslant1\\ P-c+\delta c_{1a}, & \alpha=0\end{cases}\quad（政府低补贴时）$$

政府低补贴时的 θ_a 小到不能对企业构成可信威胁的程度，为简化计算，我们进一步假设，低补贴时的 θ_a 相对于能够对企业构成可信威胁的高补贴时的 θ_A 忽略不计，那么，企业经营的支付函数将简化如下：

$$\pi_E = \begin{cases} P-(1-\alpha)c+\delta c_{1A}-\theta_A\alpha^2\{D,d\}, & 0<\alpha\leqslant 1 \\ P-c+\delta c_{1A}, & \alpha=0 \end{cases} \quad （政府高补贴时）$$

$$\pi_E = \begin{cases} P-(1-\alpha)c, & 0<\alpha\leqslant 1 \\ P-c, & \alpha=0 \end{cases} \quad （政府低补贴时）$$

监管机构的支付函数：

$$\pi_G = \begin{cases} -c_{1A}-\{c_D,c_d\}, & 0<\alpha\leqslant 1 \\ I-c_{1A}-\{c_D,c_d\}, & \alpha=0 \end{cases} \quad （政府高补贴时）$$

$$\pi_G = \begin{cases} -\{c_D,c_d\}, & 0<\alpha\leqslant 1 \\ I-\{c_D,c_d\}, & \alpha=0 \end{cases} \quad （政府低补贴时）$$

式中，I 为社会不存在食品安全问题时政府监管机构获得的政绩收益。

我们知道，在极端情况下即 $\theta\to 0$，监管机构的处罚制度安排 $\{D,d\}$ 会失效。那么，下面我们探讨当 $\{D,d\}$ 失效时的临界阈值 θ_a 是多少。假设博弈由监管机构和企业组成，监管机构为了治理食品安全，一方面通过政府补贴 c_1 加强信息披露来调节 θ，同时向社会公布治理食品安全的处罚力度 $\{D,d\}$，θ 为监管机构的私有信息，即企业对政府发现食品安全的概率 θ 的变化并不掌握，只了解监管机构向社会公布的处罚力度集合 $\{D,d\}$，由此形成了信息非对称结构的逆转。显然，这是一个不完全信息的动态博弈。该博弈由两阶段组成：$T=1$ 时，由自然决定政府的 $\theta\in\{\theta_a,\theta_A\}$，$\theta$ 为监管机构的私有信息，但企业了解 θ 的先验概率分布为 $p(\theta_A)=p_n\ (0\leqslant p_n\leqslant 1)$，$p(\theta_a)=1-p_n$。监管机构了解自己的类型 θ，向外界发布食品安全的治理规则，即实施的处罚力度 $S\in\{s_1,s_2\}$，s_1 为高处罚 D，s_2 为低处罚 d。$T=2$ 时，企业观察到监管机构的行动 S 后，使用贝叶斯法则从先验概率 $p=p(\theta)$ 推出后验概率 $\tilde{p}=\tilde{p}\left(\dfrac{\theta}{S}\right)$，然后根据对后验概率（$p_n$ 和 q_n 分别对应企业观测到高处罚力度和低处罚力度时的后验概率）的判断从策略集 $G=\{g_1,g_2\}$ 中选择应对策略，g_1 为诚信经营，g_2 为违规经营。博弈树和支付函数如图 4-9 所示。

由图 4-9 可以证明命题 4-1。为求得信息披露补贴 δc_1 和违规程度 α 的关系，采用逆向归纳法，在 $T=2$ 时，针对 $T=1$ 时政府监管部门的任意处罚力度 $\{D,d\}$，企业选择最佳的违规程度 α 来达到自己的投机效用最大化。

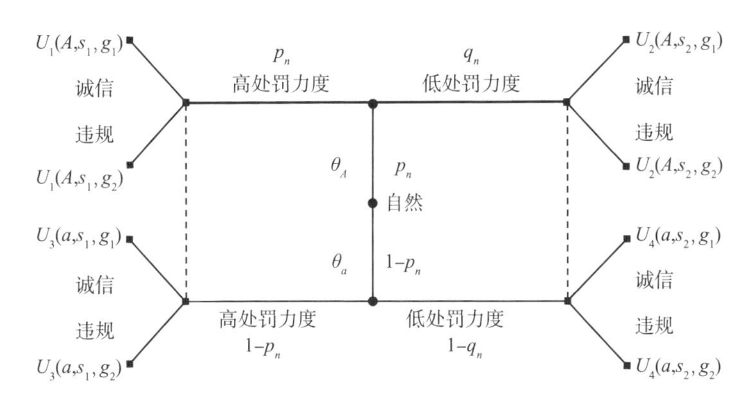

图 4-9　博弈树与支付函数

（1）$\alpha=0$ 时，此时企业选择诚信经营，不予以讨论。

（2）$0<\alpha\leqslant1$ 时，令 $\dfrac{\mathrm{d}\pi_E}{\mathrm{d}\alpha}=\dfrac{\mathrm{d}\{p-(1-\alpha)c+\delta c_1-\theta\alpha^2\{D,d\}\}}{\mathrm{d}\alpha}=0$。

由 $\theta=k_1\delta c_1+k_2(1-\delta)c_1(k>0)$，解得 $\alpha^*=\dfrac{c}{2[k_1\delta+k_2(1-\delta)]c_1\{D,d\}}$。

只需证明，在一个确定的处罚力度 $\{D,d\}$ 下，α^* 是 c_1 的严格单调递减函数。

$\dfrac{\mathrm{d}\alpha^*}{\mathrm{d}c_1}=-\dfrac{c}{2[k_1\delta+k_2(1-\delta)]c_1^2\{D,d\}}<0$，故在 $0<\alpha\leqslant1$ 上单调递减。

由此得命题 4-1：

【**命题 4-1**】食品安全市场中信息披露补贴的催化性。信息披露补贴是减少企业违规程度的动力，政府给予的信息披露补贴越大，企业违规程度越小。

我们以食品企业违规程度为 α 时的情形构造博弈树各个节点的支付函数如下：

$$U_1(A,s_1,g_1)=(I-c_{1A}-c_D,P-c+\delta c_{1A})$$

$$U_1(A,s_1,g_2)=(-c_{1A}-c_D,P-(1-\alpha)c+\delta c_{1A}-\theta_A\alpha^2D)$$

$$U_2(A,s_2,g_1)=(I-c_{1A}-c_d,P-c+\delta c_{1A})$$

$$U_2(A,s_2,g_2)=(-c_{1A}-c_d,P-(1-\alpha)c+\delta c_{1A}-\theta_A\alpha^2d)$$

$$U_3(a,s_1,g_1)=(I-c_D,P-c)$$

$$U_3(a,s_1,g_2)=(-c_D,P-(1-\alpha)c)$$

$$U_4(a,s_2,g_1)=(I-c_d,P-c)$$

$$U_4(a,s_2,g_2)=(-c_d,P-(1-\alpha)c)$$

在该情境下，监管机构存在两类策略：一是混同策略，即无论 $\theta=\theta_A$ 还是 $\theta=\theta_a$ 均采取一致的策略，即（高处罚力度，高处罚力度）或（低处罚力度，低处罚力度）；二是分离策略，即在 $\theta=\theta_A$ 和 $\theta=\theta_a$ 下分别采取（高处罚力度，低处罚力度）和（低处罚力度，高处罚力度）策略。下面依次对这几种策略进行分析，寻找该博弈的精炼贝叶斯均衡。

1）监管机构采用混同策略

对于监管机构的混同策略（高处罚力度，高处罚力度），企业无法根据监管机构的策略修正先验概率，因而 $\tilde{p}\left(\frac{A}{S_1}\right)=p_n$ ， $\tilde{p}\left(\frac{a}{S_1}\right)=1-p_n$ ，企业选择诚信的期望收益为

$$\pi_1=\tilde{p}\left(\frac{A}{S_1}\right)\times U_1(A,s_1,g_1)+\tilde{p}\left(\frac{a}{S_1}\right)\times U_3\left(a,s_1,g_1\right)=P-c+p_n\delta c_{1A}$$

企业选择违规的期望收益为

$$\pi_2=\tilde{p}\left(\frac{A}{S_1}\right)\times U_1\left(A,s_1,g_2\right)+\tilde{p}\left(\frac{a}{S_1}\right)\times U_3(a,s_1,g_2)=P-(1-\alpha)c+p_n\delta c_{1A}-p_n\theta_A\alpha^2 D$$

比较不同策略下的期望收益，可得 $\Delta\pi=\pi_1-\pi_2=p_n\theta_A\alpha^2 D-\alpha c$ 。

当政府监管机构采取（高处罚力度，高处罚力度）策略时，社会期望企业是诚信经营的，如果即使采取（高处罚力度，高处罚力度）企业依然违规经营，那么此时制度是失效的，也就是说，当 $p_n\theta_A\alpha^2 D-\alpha c<0$ ，即 $0<\theta=\theta_A<\frac{c}{p_n\alpha D}$ 时制度是失灵的，由于在该条件下，政府补贴小，发现食品企业违规的概率低，不能对企业构成可信威胁。可见， $0<\theta<\frac{c}{p_n\alpha D}$ 即是 θ_a 的范围。为确定两种监管力度下的监管机构是否都愿意选择（高处罚力度，高处罚力度）策略，需要明确当政府采用低处罚力度时企业会做出何种反应。如果在低处罚策略下企业的最优策略依然为诚信，则存在｛政府监管策略（高处罚力度，高处罚力度），企业（诚信，诚信）｝的混同精炼贝叶斯均衡，即企业观察到监管机构高处罚力度时，企业的最优策略为诚信；当观察到监管机构低处罚力度时，企业的最优策略也为诚信，从本质上看这是一种社会自律，该均衡存在的约束条件如下：

（1）监管机构在高处罚力度和低处罚力度的策略下，企业的最优策略均为诚信，即企业选择诚信的收益大于违规的收益，综合有 $p_n\theta_A\alpha^2 d-\alpha c>0$ ，化简得 $\theta_A>\frac{c}{p_n\alpha d}$ 。

（2）监管机构在高处罚力度下的收益大于低处罚力度下的收益，即

$$\left[p_nU_1(A,s_1,g_1)+(1-p_n)U_3(a,s_1,g_1)\right]-\left[p_nU_2(A,s_1,g_1)+(1-p_n)U_4(a,s_1,g_1)\right]>0$$

整理得到 $c_d>c_D$ ，不成立。

由约束条件（2）可知，这个均衡不存在。原因是，此时监管部门采取低处罚力度就能达到治理效果，则政府不会愿意投入更高的行政成本来加大处罚力度。那么，是否存在｛政府监管策略（低处罚力度，低处罚力度），企业（诚信，诚

信）｝的混同精炼贝叶斯均衡呢？答案是肯定的，即在不了解 θ 大小的情况下，企业观测到低处罚力度信号时的最优策略为诚信，观测到高处罚力度信号时的最优策略也为诚信，这种均衡也是一种社会自律。但是，存在这种混同精炼贝叶斯均衡的约束条件是苛刻的，由此可知，约束条件对制度治理的 θ 要求很高，这使得社会需要投入大量的资本以加强信息披露，这个高昂的成本是社会难以承受的。同时，随着食品信任品属性的不断增大，θ 要达到一个很高的 θ_A 极为困难。

当 $\frac{c}{p_n\alpha D}<\theta_A<\frac{c}{p_n\alpha d}$，此时是监管机构采用制度治理的可行范围（图 4-10）。即 θ_A 可以通过补贴来达到，同时也能使制度发挥震慑作用。此时，监管机构采取（高处罚力度，高处罚力度）策略时，企业的最优策略是（诚信，诚信），监管机构采取（低处罚力度，低处罚力度）策略时，企业的最优策略是（违规，违规），即出现偏移。因此，该混同精炼贝叶斯均衡有以下两种情况。

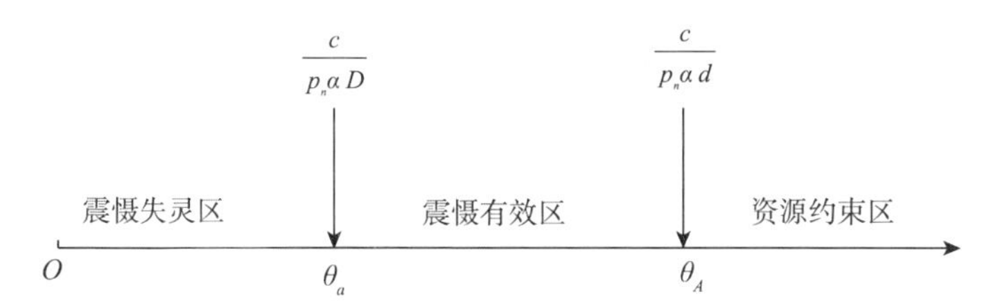

图 4-10　社会震慑信号的有效范围

（1）当 $\left[p_nU_1(A,s_1,g_1)+(1-p_n)U_3(a,s_1,g_1)\right]>\left[p_nU_2(A,s_2,g_2)+(1-p_n)U_4(a,s_2,g_2)\right]$，即 $I>c_D-c_d$，且 $\frac{c}{p_n\alpha D}<\theta_A<\frac{c}{p_n\alpha d}$ 时，形成｛政府监管策略（高处罚力度，高处罚力度），企业（违规，诚信）｝的混同贝叶斯均衡；这里的（违规，诚信）是监管机构采取低处罚力度时，企业违规，监管机构采取高处罚力度时，企业诚信。

（2）当 $\left[p_nU_1(A,s_1,g_1)+(1-p_n)U_3(a,s_1,g_1)\right]<\left[p_nU_2(A,s_2,g_2)+(1-p_n)U_4(a,s_2,g_2)\right]$，即 $I<c_D-c_d$，且 $\frac{c}{p_n\alpha D}<\theta_A<\frac{c}{p_n\alpha d}$ 时，形成｛政府监管策略（低处罚力度，低处罚力度），企业（违规，违规）｝的混同贝叶斯均衡。

由上述分析可以分别得到命题 4-2 和命题 4-3：

【命题 4-2】食品安全市场社会自律的强约束存在性。首先，社会不存在｛政府监管策略（高处罚力度，高处罚力度），企业（诚信，诚信）｝的混同精炼贝叶斯均衡；其次，存在｛政府监管策略（低处罚力度，低处罚力度），企业（诚信，诚信）｝的混同精炼贝叶斯均衡的社会自律均衡，但约束条件 $\theta_A>\frac{c}{p_n\alpha d}$ 的苛刻使社会成本难以承受，因此在现实中难以实现。

【命题 4-3】食品安全市场社会震慑信号的有效性。在混同策略下，监管机构可以通过向社会发送“高处罚力度”信号的方式来实现监管效果，约束条件分别为条件 1（$I > c_D - c_d$）和条件 2$\left(\frac{c}{p_n\alpha D} < \theta_A < \frac{c}{p_n\alpha d}\right)$（参见图 4-10）。也就是说，当发现食品企业违规的概率提升到震慑有效的区间$\left[\frac{c}{p_n\alpha D}, \frac{c}{p_n\alpha d}\right]$，即使在仍然相对较低的概率下，也可以通过$D$达到有效的威慑。这里，高处罚力度$D$具有两方面作用，一是提高了现有企业的违规成本，二是降低了潜在违规进入者的利润预期。

2）监管机构采用分离策略

监管机构一旦采取分离策略，即 $s_1 =$（高处罚力度，θ_A；低处罚力度，θ_a），$s_2 =$（低处罚力度，θ_A；高处罚力度，θ_a），那么，企业可以通过监管机构的策略判断其属性，在该策略下对博弈树进行修正。

如果监管机构采取（高处罚力度，θ_A；低处罚力度，θ_a）的分离策略，则企业的策略处于均衡路径上，这样，两个信息集上的后验概率取决于贝叶斯法则和监管机构的策略，$\tilde{p}\left(\frac{A}{S_1}\right)=1, \tilde{p}\left(\frac{a}{S_1}\right)=0; \tilde{p}\left(\frac{A}{S_1}\right)=0, \tilde{p}\left(\frac{a}{S_1}\right)=1$，因此，当约束条件为$I > c_{1A} + c_D - c_d$时，企业的最优均衡策略为（诚信，违规），形成分离均衡。当约束条件为$I < c_{1A} + c_D - c_d$时，θ_A下监管机构的策略有偏至低处罚力度的倾向，由此形成（低处罚力度，低处罚力度）下的混同均衡。因此，无论在θ_A还是θ_a下企业的最优策略都是违规，据此，该策略下的治理路径只能是无限加大θ。精炼上述内容得到命题 4-4：

【命题4-4】在约束条件$I > c_{1A} + c_D - c_d$下，形成 $s_1 =$（高处罚力度，θ_A；低处罚力度，θ_a）的分离均衡，企业最优策略为（诚信，违规），即企业能够观察监管机构的策略而不断修正自己的先验概率。当约束条件$I < c_{1A} + c_D - c_d$时，监管机构的策略偏离高处罚力度，形成（低处罚力度，低处罚力度）下的混同均衡，此时只有不断加大信息披露，才能防止企业违规。

命题 4-4 意味着监管机构在θ_a时也需要释放出“高处罚力度”的信号，使违规企业无法辨别监管机构的属性，从而形成混同策略，由此构成对市场违规行为的约束，但是这需要监管机构付出额外的行政成本。现实中政府由于资源约束通常只能采取“运动式”打击策略，企业重复博弈后可以识别出监管机构的属性，当监管机构的发现概率为θ_A，并实行“高处罚力度”时，企业的对策是诚信；当监管机构发现概率是θ_a，实行“低处罚力度”时，企业的对策是违规。这种博弈格局被企业识破后，企业根据监管机构释放的信号来选择是否违规，导致监管机构必须持续采取（高处罚力度，θ_A）才有可能扼制住市场的违规行为。然而，资源约束又使监管机构无法长期保持（高处罚力度，θ_A）的策略，客观上形成监管不足的结果。解决这个难题的一种可行的博弈策略是监管机构通过信息披露、媒体参与等多种方式不断释放“高处罚力度”的信号，使违规企业或潜在违规进入者无法识别监管机构的发现概率，这样，监管机构可以有更大的空间适当降低发现概率以满足资源约束的要求，同时在发现概率低时依然保持对食品安全违规行为或潜在违规进入者构成可信威胁。

综合命题 4-1 至命题 4-4 可知，食品安全治理中社会自律的强约束性意味着现实中不可能单纯依靠行业或社会自律来实现市场均衡，社会震慑信号有效性的两个条件意味着社会震慑信号本身的社会成本约束也有可能使其出现失灵，监管机构混同均衡策略的约束条件也同样可能使其出现失灵，由此可以得到推论 4-1：

【推论 4-1】在食品安全治理中，社会单纯依靠震慑信号等制度治理的短期成本相对低，但长期成本相对高，持续使用社会震慑信号长期有可能使食品市场出现失灵。

4.2.2　制度治理与价值重构的互补

社会单纯依靠制度治理存在着长期成本高的约束，且社会震慑信号中威慑的程度对震慑的作用发挥极为重要。威慑力度不足，发挥不了对现有或潜在违规者的威慑作用；威慑力度过大，一方面会使实施的社会成本高昂，另一方面有可能引起社会恐慌而适得其反。因此，存在一个与价值重构形成互补的最优社会震慑程度问题，且可以通过可追溯体系等信息披露补贴来调节社会震慑力度，保持合理的威慑程度（参见图 4-11）。

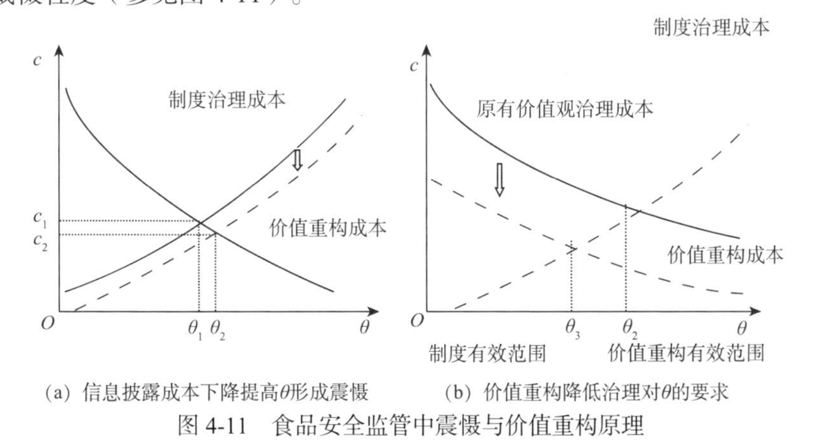

(a) 信息披露成本下降提高θ形成震慑　　(b) 价值重构降低治理对θ的要求

图 4-11　食品安全监管中震慑与价值重构原理

社会依靠制度治理和价值重构（即价值观治理）提升食品安全的发现概率θ的成本变化关系如下：社会提升食品安全违规的发现概率θ，通过制度治理短期成本低，长期成本高；而通过塑造正确的社会价值观以实现治理的短期成本高，长期成本低。图 4-11（a）描述了第一阶段由于信息技术单位投资成本下降，可追溯体系成本（即制度信任成本）从c_1下降为c_2，价值重构成本不变条件下的违规发现概率从θ_1提升到θ_2的情形；图 4-11（b）描述了第二阶段当制度治理的长期成本在不断提升时，监管机构借助第一阶段适当提高的θ发送社会震慑信号，通过媒体参与等扩散效应形成社会共识的价值重构，从而解决社会难以大幅度提高θ的困局情形。其中，社会共识的价值重构不仅能降低社会治理的长期成本，而且使社会治理对θ的有效性要求从θ_2降低为θ_3，使与θ密切相关的管制政策更易于恢复正常的治理功能。

具体而言，监管机构通过调节信息披露和政府监管力度增大θ，发送震慑信号来约束市场，这种制度安排短期成本低，但长期成本高，因为即使监管机构采取混同策略，也需要保证一定程度的强信息披露来维持企业的后验概率，长期的震慑信号尽管提高了公众对政府治理能力的信心，但也会造成一定程度的社会恐慌而降低公众对市场的信心，即社会震慑信号对消费者同样有心理效用。如果监管机构的θ_A和处罚力度过大，消费者每日接触到的信息都是食品安全问题的披露，长此以往会认为自身处在一个不安全的市场环境中，从而产生惶恐与畏惧，我们称之为社会震慑信号的次生效应，相当于政府对企业的社会震慑在消费者心理的投影。

政府在实施社会震慑信号制度治理的同时，启动社会价值重构的正向激励。正向激励表示为政府对诚信经营企业给予的激励措施，如标兵和模范等精神层面的鼓励，或者授予绿色食品认证等措施，记为R。接下来我们讨论三个问题：

一是制度治理对价值重构的启动意义。监管机构单纯依靠制度进行食品安全治理的社会成本是高昂的，但初期却是必要的，因为需要通过社会震慑信号制度来启动社会价值的重构。这样，对于企业而言，制度治理下的预期收益为$\Delta\pi_E=\theta\left(R+\alpha^2\{D,d\}\right)-ac$，其一信息技术单位成本下降使得社会成本降低，其二在政府与企业的不完全信息动态博弈中，通过媒体传播的扩散效应使θ提高的概率被放大，以此来释放制度安排$\{D,d\}$的影响力，调整了企业守信与违规的预期收益差，使企业诚信成本降低而违规成本增大。同时，R和D在消费者心理或社会心理中的投影$|\theta R_s|$和$|\theta D_s|$会对消费者价值观产生长期影响，当$|\theta D_s|$增大时，消费者倾向于更多的$|\theta R_s|$来平衡，$|\theta R_s|$一方面通过政府的激励信号在消费者心理形成投影，另一方面通过客观上刺激消费者主动剔除$|\theta D_s|$、寻找$|\theta R_s|$来达到平衡，从而逐步形成社会价值的重构。

二是社会震慑信号与价值重构互补。当监管机构发送社会震慑信号时，既对企业产生影响，也会对消费者产生影响，因此，社会存在一个最优θ^*，使社会震慑过高的社会震慑信号带来的次生效应危及消费者对市场的信心，避免消费者信心的逆转，同时通过 R_s 的调节作用使消费者对政府制度治理的信任转变为对市场的信心，再通过市场信心的扩散（传播社会正能量）使社会共识的价值重构成为可能。

三是食品安全社会共治福利最大化的约束条件。社会的决策变量为 θ 、信息披露补贴 c_1 和执法成本 c_D ，即社会寻求最优 θ^* 、信息披露补贴 c_1 和处罚的执法成本 c_D 来实现社会帕累托改进。令 β 为每提高 $\Delta\theta$ 所增加的社会福利，由此得到社会福利帕累托改进的目标函数为 $\max w = \beta\theta - c_D - c_1$ ，因为有 $\theta = k_1\delta c_1 + k_2(1-\delta)c_1 (k_1,k_2>0)$ ，所以 $\max w = \left(\beta - \dfrac{1}{k_1\delta + k_2(1-\delta)}\right)\theta - c_D$ 。

$$\begin{cases} \theta = k_1\delta c_1 + k_2(1-\delta)c_1 \\ \dfrac{c}{p_n\alpha D} < \theta < \dfrac{c}{p_n\alpha d} \\ c_1 + c_D \leqslant m \\ v + v_0(\theta - \underline{\theta}_v) \geqslant \underline{v} \end{cases}$$

式中， m 为社会可以投入的治理食品安全的资源； v 为社会当前的价值观程度； $\underline{\theta}_v$ 为价值重构的最低 θ 要求［对应图 4-6（b）中的 θ_3 ］； v_0 为每提升单位 θ 所提升的社会道德与共识、行业自律等重构价值； $\underline{v}$ 为形成社会价值重构的价值观程度，约束条件如下［参见图 4-7（a）和 4-7（b）］：

又因为 $\beta > 0$, 所以有 $\beta - \dfrac{1}{k_1\delta + k_2(1-\delta)} > -\dfrac{1}{k_1\delta + k_2(1-\delta)}$, 当 $\beta > \dfrac{1}{k_1\delta + k_2(1-\delta)}$ 时，食品安全社会共治帕累托改进的可行域及其变动如图 4-12（a）所示。

当 $\dfrac{1}{k_1\delta + k_2(1-\delta)} > \beta > 0$ 时，食品安全社会共治帕累托改进的可行域及其变动如图 4-12（b）所示。

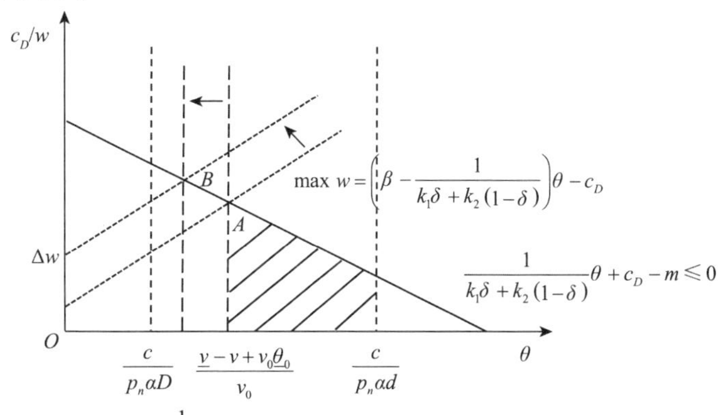

（a） $\beta > \dfrac{1}{k_1\delta + k_2(1-\delta)}$ 时食品安全社会共治帕累托改进的可行域及其变动

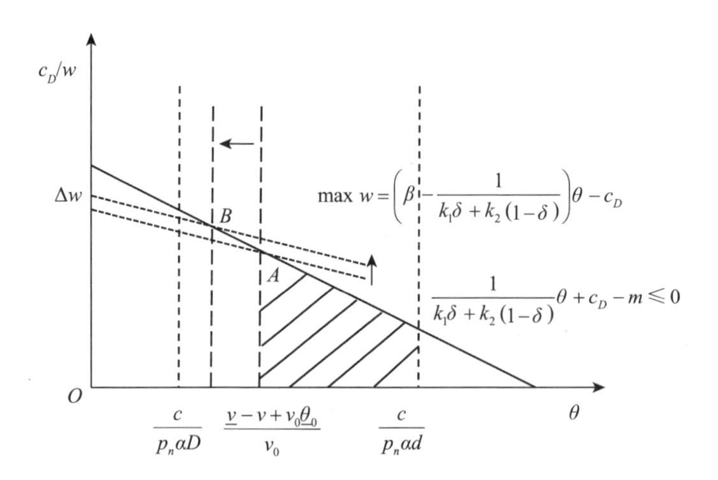

（b）$\frac{1}{k_1\delta+k_2(1-\delta)}>\beta>0$ 时食品安全社会共治帕累托改进的可行域及其变动

图 4-12　食品安全社会共治的帕累托改进及变动

由图 4-12（a）和图 4-12（b）可知，为简单化，该线性规划的最优值都在交点A处取得，此时最优的 $\theta^*=\frac{\underline{\nu}-\nu+\nu_0\underline{\theta}_\nu}{\nu_0}$ 。当基于社会震慑信号形成的价值重构降低了对制度治理的 $\underline{\theta}_\nu$ 的要求时，θ^* 向左偏移，线性规划的最优值从 A 点移动到 B点，社会总福利 w 相应地增大了 Δw ，由此实现食品安全社会共治的帕累托改进，并获得推论 4-2：

【推论 4-2】食品安全经营成本和监管机构对违规的高处罚力度与低处罚力度程度，尤其是高处罚力度与低处罚力度之间的差距等制度治理措施，以及社会道德与共识等信任价值重构，对 θ^* 范围的变动构成短期和长期影响。因此，食品安全社会共治既需要提高监管力度，更需要优化监管力度；既需要完善制度治理，更需要加强价值重构。

综上所述，发现概率和处罚力度依然构成食品安全社会共治的两个基本控制变量，且处罚力度的有效性受发现概率高低的影响。然而，现实中即使建立可追溯体系和加大信息披露，发现概率受社会资源约束和食品中信任品范围扩大的影响依然难以获得大幅度的提高，要使发现概率达到有效阻止食品市场发生违规行为的社会成本是高昂的，由此形成了食品安全治理中的 θ 困局。对此困局及其政策分析，现有研究缺乏深入、充分的探讨。

本小节提出解决 θ 困局的一种治理思路：尽管在发现概率低的情况下以契约为主的监管制度通过加大处罚力度、扩大监管面、提升检测技术、加强信息披露、鼓励多方参与、加大问责等治理政策难以对违规行为构成直接的可信威胁，但是，政府通过建设可追溯体系、适当的信息披露补贴和借助信息技术持续降低投资成本来适当地提高发现概率，并通过信号博弈形成社会震慑效应，能够将有限提高的发现概率的社会效用最大化。政府对信息披露的补贴构成启动食品安全社会治理的催化剂，通过适当提高违规发现概率，持续释放高奖励、高处罚的信号，使违规企业无法识别监管机构的监管力度和属性而形成混同均衡，一方面有更大的空间适当降低监管力度以满足资源约束的要求，另一方面在弱监管力度时依然对食品安全违规行为保持可信威胁，既提高了现有局中人违规的心理成本和预期风险，又降低了潜在违规进入者通过违规获益的预期，从而形成社会震慑信号的有效性。从长远来看，提高发现概率的社会震慑信号价值远远高于其发现违规行为形成直接处罚的价值。但社会震慑信号从长期来看是高成本的，需要通过震慑逐步形成社会共识，进而通过价值重构来降低社会的长期成本，使社会震慑信号与社会信任的价值重构形成互补，由此形成食品安全社会共治的帕累托改进。

总之，在食品安全社会共治中，既需要通过管制制度与可追溯体系等技术的结合，形成有效的社会震慑信号来抑制违规行为的发生和扩散，又需要在社会层面大力培育社会共识，重构社会诚信体系，形成持续发送“正能量”的社会道德观信号，以弥补制度治理长期成本高的不足。由于制度只能在行为层面抑制违规，难以在意识层面达成共识，因此，需要通过制度的威慑形成行为规范，再通过行为规范逐步形成社会共识，最后通过社会共识培育市场信心，进而实现食品市场的分离均衡和社会的价值重构。我们提出的这种社会共治模式对违规发现概率低的各类行为的社会治理具有较强的理论普适性，如对反腐震慑与中国梦之间互补的社会治理价值有较好的解释力。

4.3　正式与非正式混合治理机制

基于震慑的正式治理与基于价值重构的非正式治理之间的互补性结构，形成食品安全社会共治下的混合治理机制。一般地，当食品安全治理由政府集权控制时，政府掌握的信息并不完整、不完全准确以及监管资源有限或监督成本高昂等原因，导致了政府对食品安全监管的失败。当食品安全治理由完全的私有化市场进行调节时，由于食品安全市场是一个典型的“柠檬市场”，生产经营者与消费者之间的信息鸿沟巨大，这也导致了食品市场有效竞争的失灵。因而要突破中国食品安全双重困局，必须转变治理思路，而食品安全社会共治是有别于以往单中心的治理模式。多主体共同参与食品安全问题的治理是食品安全社会共治的直接要求，食品供应链生产经营者、政府和消费者是食品安全社会共治的核心主体，媒体、第三方行业组织（如行业协会等）和第三方消费者组织（如法律服务等）为食品安全社会共治的辅助主体，食品安全社会共治的首要核心机制是多主体参与构建的多中心治理，包括生产经营者治理中心、消费者治理中心和政府治理中心。

4.3.1　食品安全社会共治的多主体结构与协同

食品安全社会共治的多主体结构，主要由生产经营者治理中心、消费者治理中心、政府治理中心三个主体构成。

（1）生产经营者治理中心。食品安全问题的直接诱因是食品生产经营者由于种种原因向市场提供了不合格食品，因而食品供应链生产经营者是食品安全社会共治的首要责任主体，生产经营者治理中心是食品安全多中心治理机制的核心。传统依赖于政府单方监管的单中心机制中，生产经营者只是监管的被动接受者，在既定的监管体系内做出食品质量行为选择。而食品安全社会共治下的生产经营者应是有自主治理能力的公共池塘资源占用者。这意味着生产经营者不仅仅被动地融入食品安全治理环境中，而是能够主动地参与到改变食品安全治理环境的集体努力中的，这需要生产经营者中心具备三个方面的治理能力：第一，生产经营者不只是被动地接受现行食品安全的监管制度体系，还能够在合法范围内通过内部或行业制度的供给主动地参与到食品安全监管中；第二，生产经营者之间不只是单一的市场竞争关系，还能够建立起合作关系实现彼此之间提供合格食品的可信承诺；第三，生产经营者不只是接受国家、行业和企业内部各层次规则的监督，还能够对其他生产经营者是否遵守规则进行主动监督。

（2）消费者治理中心。消费者既是食品安全问题的直接受害者，也是食品安全问题的间接责任者，因而消费者既有责任也有动力参与到食品安全治理中，消费者（或公众）是食品安全社会共治的核心功能主体，消费者治理中心是食品安全多中心治理机制得以发挥的基础。消费者参与食品安全社会共治的核心职责在于发现和揭露食品生产经营者的违规行为，以对生产经营者的随机违规行为产生无处不在的威慑效应。这需要消费者治理中心具备两个方面的治理能力：第一，消费者能够便利地利用各种食品安全信息渠道，来提升自身对食品安全违规行为的发现能力，这既包括对食品安全违规行为的属性认识能力，也包括对食品安全违规行为的接触鉴别能力；第二，消费者能够借助各种途径向外部揭露所发现的食品安全违规行为，这也包括两个方面，一是消费者有动力主动向监管部门或社会揭露所发现的食品安全违规行为，这意味着消费者揭露行为的预期收益应满足参与激励约束，二是消费者能够获得揭露食品安全违规行为的有效渠道，这意味着消费者能够为预期收益采取实际行动，并且获得有益的结果。

（3）政府治理中心。政府是食品安全社会共治的主要促进主体，政府治理中心是中国食品安全多中心治理机制的引擎，是传统食品安全政府监管单中心的变革。社会共治下的政府治理中心不在于一定为强政府或者弱政府状态，而强调的是有效的政府治理，其定位在于推进食品安全的多主体参与并促成食品安全的多中心治理机制。因此，政府治理中心需要打破公共部门与私人部门之间的严格区分，连通市场机制与国家机制之间的分隔间隙，既发挥强政府状态的功能优势，又重视推进弱政府状态下社会组织和群体势力的相互合作与共同管理。此时，政府治理中心不再局限于单一的治理方式，而是集成政府指挥与控制、信息与教育、公平市场激励、多主体参与、企业自律以及无管制状态于一体的治理组合应用。

这样，生产经营者治理中心、消费者治理中心、政府治理中心三者之间存在食品安全社会共治的多主体协同问题。因此，食品安全多中心治理机制的建立必须依赖于生产经营者、消费者、政府以及行业组织、消费者组织和媒体等多主体的共同参与。

首先，不论是生产经营者治理中心或是消费者治理中心，都离不开政府的积极推进。其一，需要政府从宏观层面予以合法性支持，如从法律法规层面明确生产经营者和消费者在食品安全治理中的权责；其二，需要政府从中观层面给予扶持引导，如从产业管理层面积极扶持食品行业组织和消费者联盟或法律服务组织的成立，并引导其健康运转；其三，需要政府从微观层面给予激励培育，如对符合社会共治方向的生产经营者和消费者参与治理的行为进行奖励等。政府是创造生产经营者和消费者自组织治理环境的核心主体。

其次，生产经营者治理中心与消费者治理中心之间相互制约、相互促进。消费者治理中心能够对生产经营者的违规行为形成违规发现和揭露威慑，并对生产经营者的守规行为产生声誉信任激励,这有助于促进生产经营者治理中心的形成。生产经营者治理中心能够主动向消费者披露更多、更准确的食品安全信息，能够提升消费者的信任水平，这有助于促进消费者治理中心的形成。

再次，生产经营者治理中心和消费者治理中心也对政府治理中心的成功运作起着至关重要的作用。只有当生产经营者和消费者可以“把自己组织起来进行自主治理”时，政府才有可能从自上而下的监管模式改变为自下而上与自上而下协同并举的治理模式，从而能够在所有人都面对“搭便车”、规避责任或其他机会主义行为诱惑的情况下，取得持久的共同利益。一旦生产经营者治理中心或消费者治理中心失灵，政府将被迫强化自上而下的高压监管力度，这反过来又不利于生产经营者治理中心和消费者治理中心的有效运转。生产经营者治理中心和消费者治理中心作用的发挥本身即是政府治理中心得以有效运作的关键组成部分，有助于以市场经济的作用限制政府治理权力的过度扩散。

最后，媒体在食品安全多中心治理机制中扮演着中心联动的角色。食品安全问题的根源在于信息非对称，而媒体能够有效地促进多主体各类信息的传播，能够有效地促进政府治理中心、生产经营者治理中心和消费者治理中心三者之间的信息流动，增强多中心的联动效应（图 4-13）。在图 4-13 中，虽然政府位居多主体多中心协同的顶层制度设计位置，是社会共治制度的供给者，但政府监管中心不是高居社会共治主导位置的治理者，而是推动社会共治的促进者，在法理上或政治层面上与生产经营者治理中心、消费者治理中心处于平等的治理位置，其都受到政府治理中心的协调。具体而言，政府在生产经营者与消费者之间扮演虚拟的协调者角色，消费者在政府与生产经营者之间承担着虚拟的协调者的功能，生产经营者又在政府与消费者之间构成虚拟的协调者，这样，政府监管中心的监管力度、生产经营者的违规超额收益、消费者的支付水平三者之间的互动，形成了通过监管力度来调节生产经营者的违规超额收益和消费者支付水平，通过消费者调整支付水平来影响监管力度和违规超额收益的变动，通过抑制违规超额收益水平来降低提高监管力度的压力和促进消费者正常消费的动态机制，即食品安全治理的多主体多中心协同机制。诚然，这个协同机制不是一成不变的，会随着食品安全治理环境的变化而变化。

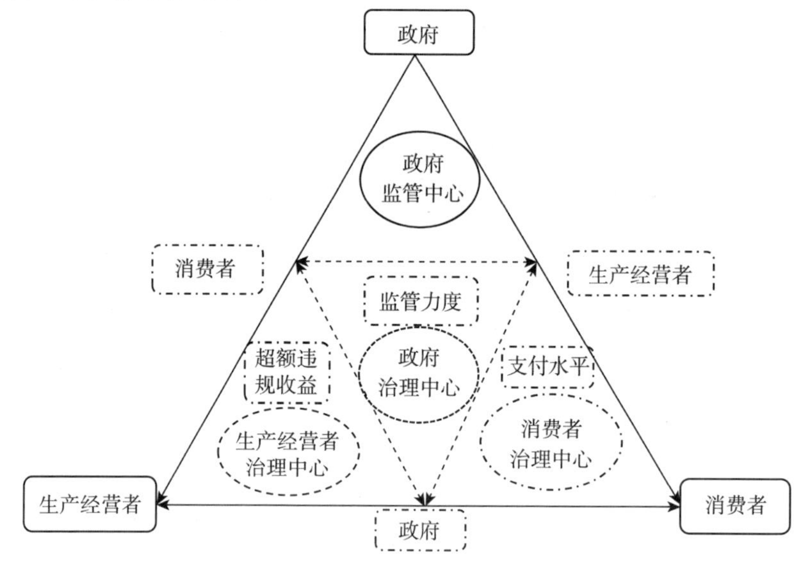

图 4-13　食品安全治理的多主体多中心协同机制

4.3.2　食品安全正式与非正式混合治理

中国食品市场是一个大规模的公共池塘资源，而多中心治理机制通过相互沟通、合作、信任以改变食品市场的博弈结构，将庞大复杂的食品市场变成一个个小的子市场，形成食品治理的多个子中心，进而促进无数个微观治理子中心的自主治理。并且，强调公私部门的紧密合作，政府、市场和消费者的共同参与，法律法规与声誉机制的互补效应等是食品安全社会共治的理论共识，可见，社会共治的理论内核本身即包含了正式治理机制与非正式治理机制的混合。

正式治理以正式制度或称为契约治理为主，由于契约在限制机会主义方面的强大能力以及相对于信任与权威而言的低成本，被视为抵御来自机会主义行为风险的基本手段（Feng and Lu，2013）和应对资产专用性的默认保障方式。并且，我们在现实生活中一般可以看到的机会主义形为也是指违反显性或隐性契约而追求单方利益的自利行为（Klein et al.，2012）。从社会共治的内涵出发，我们认为，食品安全社会共治的正式治理应包含两个方面的基本要义：首先，政府根据自身的公共权力和权威，通过制定和实施各项法律、法规、行业标准规范等正式制度以约束或引导食品供应链有关各方的行为，自上而下地对食品安全问题进行治理，这应是食品安全正式治理的第一基本要义。食品安全的正式治理既包括负向激励式的正式制度治理，如政府在未发生食品安全问题时的检查许可等事前监管以及在食品安全问题发生后的查处惩罚等事后监管，也包括正向激励式的正式制度治理，如对特定食品进行价格补贴或税收减免等。其次，在没有政府强制介入的情况下，通过公平的自由市场竞争与市场合作方式，以达到食品市场资源的最佳配置，并实现包括公众在内的食品供应链有关各方以及政府间共同的经济社会目标，构成食品安全正式治理的第二要义。食品安全正式治理的第二要义重点强调的是通过市场机制来自动调节食品产业有关各方的行为，并达到食品价格、供需和质量的平衡。

经济学家和社会学家都已经意识到跨组织交易活动的治理不仅仅包括正式契约，并指出以关系治理为代表的非正式治理的价值。Macneil（1980）将关系治理机制定义为那些在合作伙伴中分享的涉及一些特定行为的价值，这些价值能够维持和改进供应链成员间的关系。由于跨组织交易往往被嵌入一个固定的社会网络中重复进行，因而在这样的社会关系价值中将逐渐形成一种治理机制，较之契约，这种治理机制能更有效地降低交易成本，信任和声誉是最为典型的社会关系规范。吴元元（2012）认为声誉机制能够有效阻吓企业放弃潜在的不法行为，分担监管机构的一部分执法负荷，是一种颇有效率的社会执法。除了声誉机制外，与经济学家不同的是，社会学家更关心的是社会交往如何通过增强信任以达到治理的效果。Ostrom（1990）在摈弃企业理论和国家理论的基础上，对公共池塘资源管理和公共事物治理困境展开研究，提出以自主治理和多中心治理为代表的非正式但十分有效的制度安排理论。我们认为，从社会共治的内涵出发，食品安全社会共治非正式治理区别于食品安全正式治理的关键要义在于，食品安全非正式治理不依赖于公共管理部门的正式法律法规，能够在无政府组织或无政府干预的状态下形成各方相互依赖的信任与声誉关系网络，并通过自发形成相互合作和共同监督的行为来实现食品供应链有关各方相互约束与激励的治理模式。

可以认为，食品安全正式与非正式的混合治理机制是食品安全社会共治的关键内涵机制。可以将食品安全社会共治的正式治理分为两类，一种是自上而下的以监管者为主导的政府监管模式，另一种是自下而上的以市场为主导的有效市场模式，正式治理强调参与主体的强制执行特征。而食品安全非正式治理主要是指以食品安全关系治理为代表的治理机制，非正式治理强调参与主体的自发行动特征。由于食品安全问题是一个受众多因素影响的复杂系统问题，其大规模发生的因素既有行为人的理性决策因素，也有行为人的非理性决策因素，决策的复杂性对行为人的最终决策结果有重要影响。因此，在当前食品安全治理存在普遍失灵的情况下，不应该仅仅将食品安全治理的革新停留在单一的正式治理层面或非正式治理层面，而应遵照食品安全问题有关行为人总是在复杂多变的决策情境中选择行为的事实，将正式治理与非正式治理同食品安全理性决策行为和非理性决策行为统一在一个框架中进行分析，分别通过正式治理与非正式治理方式来应对食品安全违规行为中的理性行为和非理性行为，以此提高食品安全治理的有效性，如图 4-14 所示。

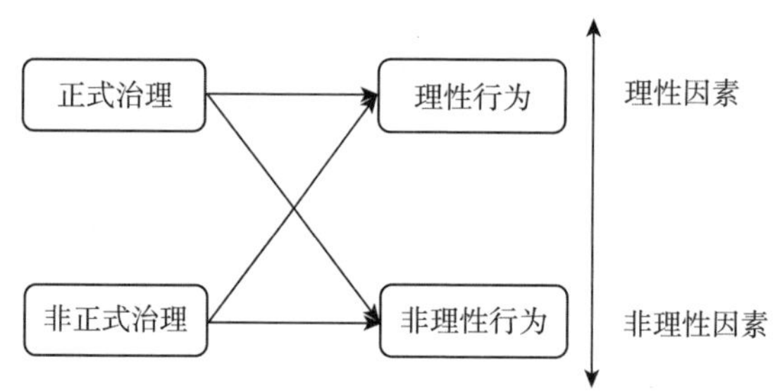

图 4-14　食品安全违规行为的混合治理

总之，社会共治的核心内涵机制在于多主体协同治理以及正式与非正式混合治理，一方面，我们从监管者、生产经营者和消费者三元结构出发分析了社会共治的多主体交互关系，揭示了在食品安全违规行为已经广泛存在的现实情境下，仅依靠加大监管力度这一路径来治理食品安全问题已经失灵，尤其在监管资源有限的现实约束下，必须同时依靠生产经营者和消费者这两类主体的参与，同时从降低生产经营者超额违规收益、提升消费者支付和平衡监管力度这三条路径来对食品安全进行协同治理，才能够长期地遏制食品安全违规行为，该结论为多主体社会共治比政府单一监管具有更高经济价值的观点提供了微观经济基础。另一方面，我们从社会人假设出发，在综合理性与有限理性假设的统一逻辑框架下，分析了理性决策模式与有限理性决策模式之间的违规行为选择差异。研究发现，在监管力度、消费者支付或超额违规收益的不同数值组合下，即使面对同样的市场环境和监管环境，与生产经营者完全理性决策结果相比，有限理性违规决策下市场违规行为更少，行业平均收益水平更高并且更加稳定。尤其是在决策参照点为行业平均收益的有限理性决策模式下，市场违规行为最少且行业平均收益水平最高。此时，食品安全违规行为随时间推移而递减的效应最强，说明生产经营者违规决策模式的不同将对同样的正式治理政策产生不同的效果，应该通过非正式治理机制积极引导生产经营者的生产经营决策模式，营造以行业平均收益水平为决策参照点的决策环境，既有助于在有限的资源投入下取得最大的治理效果，也有助于使食品市场的收益结构和收益水平保持稳定，形成良性发展的市场格局。可以认为，生产经营者有限理性违规决策结果和完全理性违规决策结果之间的内在差异，是生产经营者在决策时难以避免的参照点效应和损失厌恶效应所致的。

本节研究结果反映了食品安全社会共治中非正式治理机制的经济价值和作用机理，填补了社会共治的社会人内涵与传统的经济人微观分析脱节的逻辑空白，为正式与非正式混合治理的食品安全社会共治机制和食品安全违规行为微观发生机制的逻辑衔接提供了支撑。

4.3.3　风险交流的双重经济价值

本书第 2 章认为，食品安全监管不仅存在市场失灵，而且存在政府失灵，为解决市场失灵和政府失灵，人们寻求社会共治，但社会共治同样面临公共池塘资源配置失灵的现象。这三种失灵叠加在一起形成了社会系统失灵，这是食品安全治理成为世界难题的内在原因。在本章中，我们提出，“监管困局”的直接特征是监管力度、企业违规超额收益与消费者支付行为三者之间的互动关系，内在发生机理是既存在政府与企业之间的信息结构，又存在政府、企业与消费者三者之间的信息结构，政府加大监管力度信号在两个信息结构间的传递发生扭曲。除了提升政府和消费者的认知能力外，加强两个信息结构之间的风险交流也是一种有效的抑制“监管困局”的抵消性规则。

目前，国内外均很重视食品安全的风险交流，如日本食品安全风险交流以双向沟通机制、风险素养培养机制和国际合作机制为核心，形成了政府主导下多元主体参与的社会共治格局（钟凯等，2012）。然而，现有食品安全风险交流的研究均停留在政策操作层面，虽从交易成本等角度分析了风险交流的经济价值（王志涛和苏春，2014），但整体上依然缺乏经济学的微观分析成果，对为什么政府推动食品安全风险交流很重要这类问题难以给出标准的经济学解释。

根据食品安全治理社会系统失灵的三个核心问题，食品安全风险不可避免，即在某个阶段中在概率上食品安全事件是一定会发生的，无论监管力度多大，无论市场配置资源的机制多么高效，无论社会共治的协同水平多高，只要存在信息非对称、不完全竞争和外部性，食品安全事件就一定会发生，只是发生的概率高低不同而已。因此，为降低或控制消费者对食品安全出现事件概率的预期，提升消费者对食品安全事件发生概率的理性对应水平，食品安全的风险交流成为一种有效的治理手段，也构成抑制食品安全“监管困局”的抵消性规则。这一结论也表明，食品安全治理的“零容忍”政策，主要体现在食品安全治理的政策导向和治理的态度上，而非食品安全治理的政策目标和治理力度上。针对食品安全风险交流的经济分析，将有助于我们加深对“监管困局”内在发生机制的理解。

食品安全“监管困局”的分析表明，食品安全风险交流实质上有两种经济价值：一是风险规避，相当于政府向“自然”购买公共保险，以提高公众对食品安全违规行为的容忍度，为市场被扭曲的信号重新扭正回来赢得空间和时间。这里，政府的风险交流行为相当于在“购买”公共保险，公众“消费”这种公共保险，“公共保单”价格相当于政府或社会对风险交流的投入力度，“保险”收益体现在出现食品安全事件后公众对政府的容忍度。二是风险投资预期，如政府通过风险交流避免转基因食品被以讹传讹后，转基因企业由此得以生存且获得市场收益等。这样，政府风险交流的经济价值体现在对产业预期的风险投资，即通过投资公众的知识或认知能力来构建社会的产业基础，同时也为政府食品安全治理提供理性判断的社会基础。显然，这样一种投资具有高度不确定性，可能有效也可能失效，且失效的可能性极高，但一旦“投资”成功将对社会稳定和产业长远健康发展具有极高的社会价值，是一种带有社会福利增值的投资，由此我们将风险交流的这个经济功能称为风险投资预期。这样，食品安全风险交流就具有了风险规避和风险投资的双重经济价值。

由食品安全风险交流的双重经济价值可知，食品安全风险交流的内容，一是风险认知，二是控制风险的手段。前者重点解决政府通过风险交流使社会公众形成合理的风险预期的问题。例如，有效的风险交流首先是在政府、专家（行业协会）、企业之间的风险交流，如转基因产品是否可以吃，或在什么条件按下可食用，等等。这些风险交流内容不应首先在消费者之间传播，而应首先在政府、专家与企业之间进行交流，在确定交流内容后，再将风险交流的结果传播给公众或媒体。研究也发现，消费者对政府公共管理能力的信任程度显著影响消费者对转基因食品的接受程度。总之，在风险交流中政府不能将“风险”交给公众来判断，这不是风险交流的目的。后者重点解决什么样的手段可以有效识别和控制风险，并形成相应的预期，如政府对公众开展食品安全教育是否可以有效降低或控制公众对食品安全状况的焦虑感，进而有效控制消费者的支付预期。

以转基因食品的风险交流为例，食品安全风险交流形成的博弈顺序如下：第

1 期是政府、企业、专家之间的风险交流，对食品安全风险进行判断。这个阶段是关键，体现政府风险规避的公共保险价值。第 2 期是政府将第 1 期结果向社会公众传播，公众接受知识。其中，政府向公众告知风险结果，相当于食品安全的教育与宣传。第 3 期公众进行消费决策，相当于公众消费政府购买的公共保险产品后，形成对食品安全水平的恰当预期，这种预期水平与政府对食品安全监管投入的预期收益是匹配的。第 4 期企业获取市场回报，政府获取监管与发展平衡收益。风险交流的这个博弈结果是理想的，政府对风险交流的投资价值在这个阶段体现为投资收益，包括社会稳定、食品行业常态发展、消费者支付正常化等。

第 5 章

食品安全社会共治预防—免疫—治疗制度创新

第 3 章和第 4 章研究表明，食品安全社会共治是有条件的。一方面，针对食品市场中的违规行为，采取加大监管力度的“零容忍”政策，可以有效震慑和抑制食品生产经营者的违规行为。因此，需要持续投入监管资源来保持“零容忍”政策的可信威胁。但是，随着监管力度的加大，在某个监管力度范围内会出现加大监管力度反而增多违规行为的现象，由此出现监管失灵。面对这种监管失灵，单纯提高监管力度无法抑制食品市场的违规行为，中国地方监管部门的实践困惑也佐证了这一点[①]。根据社会系统失灵第二个核心问题，我们提出一种可能的食品安全社会共治的制度安排，即不是单纯地提高监管力度，而是根据食品市场发展的不同成熟程度，或者采取以提高监管力度为主的社会共治安排，或者采取维持一定的监管力度以多主体参与监管为主的社会共治安排，或者上述两种制度组合使用。

与单纯加大监管力度的“零容忍”制度相比，基于社会共治制度对社会多主体协同的要求更高，因为政府与企业的委托代理关系是清晰的，消费者与企业的委托代理关系也是清晰的。然而，在社会共治中，企业、政府、消费者、媒体、行业协会等多主体之间彼此互为委托代理关系，其协同难度比单一的或多重委托代理关系更为复杂和多变。监管力度的有界性在食品安全社会共治中同样存在，不是越多主体参与社会共治就越好，也不是参与面越广越好，而是存在一个最优协同度的问题。因此，必须进行分层分类的多类型混合治理才有可能形成高效的

① 在作者对广州、深圳、佛山和呼和浩特四地的访谈调研中了解到，地方监管部门有一个困惑的监管难题：已将国外各种成功经验和模式应用到中国食品安全监管中，为什么还不能有效抑制违规行为呢？

社会共治协作治理。因此，多主体社会共治的有效协同模式及策略选择，成为食品安全社会共治制度设计的关键所在。在这个方面，英美实践中逐步形成的预防—免疫—治疗三级协同治理模式，对我们探讨中国情境下食品安全社会共治制度设计有重要启示。

5.1　英美预防—免疫—治疗协同治理模式

面对中国复杂的食品安全问题，繁重的执法负荷、稀缺的公共执法资源与高昂的执法成本致使中国政府监管难以到位,需要在监管过程中引入多元社会主体，依靠社会共治模式加强食品安全监管。然而，中国情境下究竟建立一个什么样的食品安全社会共治体制，该体制如何运作才能解决单一监管体制难以解决的难题？现有研究侧重从理论层面探讨食品安全社会共治（陈彦丽，2014；张曼等，2014），缺乏从整体制度安排视角探讨食品安全社会共治的制度设计，因而现有研究未能较好地回答上述问题。对此，我们选择食品安全监管体制起步较早的英国和美国进行比较研究，认为无论是英国的自上而下社会共治模式，还是美国的自下而上社会共治模式，实践中均形成了类似生物学和医学上的预防—免疫—治疗三级协同的整体制度安排，我们在对英美两国的预防—免疫—治疗三级协同模式形成和具体内涵分析的基础上，提出中国特色的食品安全社会共治预防—免疫—治疗三级协同的制度设计。

5.1.1　预防—免疫—治疗协同治理模式的形成

英国在 1875 年食品安全立法之初,便形成了自上而下食品安全社会共治的制度雏形，即中央监管部门负责政策制定，地方政府主要负责政策执行。同时，企业与监管部门之间形成紧密的合作监管关系（Burns et al.，1983），这主要体现在政府、企业和专业组织等通过正式与非正式的途径达成政策共识。然而，利益集团在此过程能够利用经济实力实现“监管俘获”。其中，1997 年疯牛病事件的大规模爆发便是“监管俘获”的典型例子，英国农渔食品部为了保护食品生产商利益，故意拖延调查报告，忽视了其他社会主体的利益。经过疯牛病事件后，英国政府公信力严重受损,社会公众以各种形式表达了对政府食品安全监管的不满，对食品安全监管改革的呼声日益高涨。因此，1999 年布莱尔领导的工党政府对食品安全监管实行了一系列改革，包括成立了代表消费者利益的食品标准局（Food Standards Agency，FSA），以及制定《食品标准法》等。这次改革的主要特点是以法律形式保障社会公众有效参与，政府产业发展职能与食品安全监管职能分离，以及推动企业强制性自我监管，重塑政府、企业和公众之间的互动关系（刘亚平，2013）。可见，英国自上而下的食品安全社会共治，是指由中央监管机构启动社会参与机制，以法律法规等形式承认私人监管活动，并通过行政权力强制推行至基层。英国的自上而下食品安全社会共治模式，主要是为了获取民众对政府监管的信任，加强公众对食品安全监管政策的理解和配合（Vincent，2004）。

19 世纪末，在英国进行自上而下食品安全监管改革的同时，美国食品安全监管仍然推崇自由市场和地方自治，缺乏联邦层面的食品安全监管，对食品安全纠纷主要通过不断完善的司法体系来解决（Glaeser and Shleifer，2001），由此构成自下而上的食品安全社会共治制度基础。可以说，推崇地方自治和自由市场精神的美国式食品安全监管，一方面促进了食品产业的迅速发展，造就了一批世界级食品企业，另一方面也带来了食品安全市场的隐患。自由市场的失灵、诉讼制度的失效及地方政府治理的乏力，使得美国食品造假事件越来越严重，不仅食品产业声誉受到损害，而且政府公信力也受到严重质疑。20 世纪初，在政府、企业和公众的共同推动下，美国联邦政府进行食品安全立法，设立联邦层面的食品安全监管机构，逐步弥补司法体系的不足（刘亚平，2008）。2011 年《食品安全现代化法案》的出台，完成了近 70 年来美国最大的食品安全监管体系变革，建立起自下而上的食品安全社会共治体制。

自下而上的社会共治模式，是指首先由基层监管机构启动社会参与机制，承认私人监管活动，通过将部分监管职能转移给社会第三方来落实公共政策目标，通过逆向简政放权向上递进直至中央。美国的自下而上食品安全社会共治模式，一方面是为了响应民众对食品安全的诉求，另一方面也是为了减少大企业的政治干扰，以保持监管有效性和独立性。

由此可见，如何平衡好食品产业发展与食品安全之间的关系，既是英国政府也是美国政府在推动社会公共管理与经济发展过程中面临的共同问题，这使英美两国食品安全社会共治体制表现出越来越明显的趋同性，因为社会共治与政府主导并不等同于对立，“强社会”并不一定意味着“弱政府”，共治本身是对国家干预的一种认可。无论是英国式还是美国式的社会共治都包含两个共同特征：一是互补性，即政府提供私人不能提供的公共物品（如技术推广、基础设施）来培育社会多主体的合作；二是嵌入性，是指政府参与社区日常活动，通过塑造社区成员身份获得信任与认同，从而增强社会共治的效果（Evans，1997）。

根据上述理解，我们以食品安全事件发生前、发生过程中及发生后三个时间维度的治理体制为标准，考察英国和美国食品安全社会共治体制中政府、企业与社会公众三个主体行为的交互关系，以此提炼英国和美国食品安全社会共治制度设计的共同特征。这种共同特征可以概括为食品安全社会共治预防—免疫—治疗三级协同模式的制度安排（参见表 5-1）。

表 5-1　英美食品安全社会共治预防—免疫—治疗三级协同模式的制度设计（部分措施）

层面	食品安全事件发生前的预防体系	食品安全事件发生中的免疫体系	食品安全事件发生后的治疗体系
政府层面	监管理念转变：以风险预防为主； 食品供应链风险分析监控机制； 多部门联合构建完善教育体系； 对违法犯罪处以重刑； 专业化、职业化的执法队伍	监管部门加强对食品安全事件的应急处理能力，如出版《食品安全突发事件指导》手册； 监管部门与社会主体之间搭建风险交流平台； 监管部门实时公布违规情况	专门成立机构打击食品安全违法犯罪行为； 加强多部门信息共享，将食品违法犯罪暴露在严格的监管控制之下； 不预先通知的突击检查，提高检查结果的真实性
市场层面	理念灌输：强制性自我监管； 以立法形式实施可追溯系统； 以立法形式实施 HACCP 等风险控制计划； 政府推动私人农场保证计划； 社会形成诚信机制，企业主动制定严格的食品安全标准	企业自愿性或主动性召回问题食品，可以避免引起集体诉讼与刑事责任； 企业内部“吹哨人”制度和加强举报员工的保护机制； 行业协会处罚机制	企业不按规定主动召回问题食品时，监管部门强制性命令企业召回； 企业主动信息披露机制
社会层面	《自由信息法》保障公众知情权； 《行政程序法》保障公众参与权； 《国家食品卫生评价计划》公布执法情况； 专业社会组织承担行业食品安全监管； 专业第三方机构承担检疫检验业务	消费者利用司法体系保护自身权利； 社会组织发现食品安全事件后，第一时间向有关部门反映情况； 媒体曝光机制	消费者“用脚投票”； 声誉谴责； 媒体科学引导社会公众机制； 行业协会、社会组织协助监管部门机制

通过对英美两国预防—免疫—治疗三级协同模式的分析发现，该模式可以较好地保障食品安全事件发生前、发生中和发生后三个阶段的监管有效性，形成社会各主体积极、主动和有序参与。英美两国食品安全社会共治模式的构建过程均可以划分为三个阶段：第一阶段，英国主要依靠行业协会对企业实行监管，政府层面缺乏监管；美国主要通过地方政府监管和企业自律保障食品安全，依靠司法体系解决食品安全纠纷。第二阶段，英国成立中央监管部门，与行业协会、企业和专家机构等合作监管，初步形成社会共治模式；美国逐步构建联邦层面的监管机构，以弥补司法体系和市场机制的缺陷，但联邦层面监管力量与英国相比略显不足。第三阶段，英国中央监管机构逐步重视社会公众有效参与，通过制度安排保障公众参与的有效性，形成自上而下的社会共治模式；美国主要通过完善的司法体系保障社会公众的有效参与，持续强化联邦层面监管机构的权力，有效制约大企业的政治和经济影响，形成自下而上的社会共治模式。

5.1.2　英美三级协同治理的内涵

1）食品安全社会共治的预防体系

当社会形成一种企业不敢违法、不能违法和不想违法的食品安全文化时，监管部门的监管负担最小，社会公众食品安全满意度最高。要实现这一目标，需要通过制度设计构建一种类似生物学和医学的预防体系，强调食品安全事件发生前的预防措施，制度设计目标是“治未病”。根据英美两国食品安全监管的经验，这种预防体系可以从政府、市场和社会公众三个维度进行构建。

第一，政府的预防体系。政府是食品安全预防体系的核心基础，只有政府部门具有食品安全风险预防意识，才能够影响其他主体共同构建食品安全社会共治预防体系。在美国，2011 年FDA首次提出以风险预防为主的监管理念，推动政府监管职能快速转变,在食品供应链的各个环节建立起全面的风险分析与监控机制，按照影响公共卫生的风险水平对食品进行风险分级排序，作为采取监管措施的依据，并加强对食品生产企业的检查和执法频率，对食品企业起到震慑作用。同时，监管部门与其他相关部门联合建立完善的食品安全教育体系，除了为食品安全执法人员提供必要的监管培训以外，还强化企业自律和消费者自我保护能力。在英国，FSA首先建立监管影响评价体制（regulatory impact assessment，RIA），将其作为一种常规的风险评估手段，使用不同渠道提前收集和了解食品安全存在的风险，实施各项食品安全风险调查，从而实现更好的风险管理。同时，英国法律对食品安全犯罪课以重刑，一般违法将被处以 5 000 英镑的罚款和 2 年监禁，严重违法可以处以无上限的罚款和终身监禁。此外，FSA以免费或者低廉的价格向企业提供政策相关的建议和培训服务，如举办食品安全培训、法律研讨会等，为企业预防风险提供支持和帮助。

第二，市场的预防体系。无论是英国还是美国，政府和企业之间除了形成监管与被监管的关系外，还达成了一种合作共赢、责任共担的食品安全共识，即政府监管目标是让消费者对食品产业更加放心，最终使企业受益。因此，英美两国的市场主体在政府推动下也建立起一套预防体系。1995 年引入《食品安全法》后，英国食品企业向自我监管模式转变（Yapp and Fairman，2005），所有食品生产企业都必须遵循食品安全可追溯体系的相关规定。此外，政府部门为了推行企业自我监管，除了采用教育和磋商等手段以外，还建立家畜跟踪系统（cattle tracing system，CTS）等可追溯系统，使用统一的代码和识别技术，实现对食品安全的实时监控。同时，英国政府推动食品生产环节实施私人农场保证计划，该计划包含了一系列行为准则，要求参与保证计划的生产企业严格自觉遵守，该计划已涵盖 85%的牛奶、鸡蛋和猪肉生产（Garcia et al.，2007）。在美国，《食品安全现代化法案》规定，美国食品生产经营者必须实施HACCP，评估可能影响其所生产、加工、包装或存储食品的危害，确定并采取预防措施将危害的产生降至最低甚至避免发生。美国企业也可以制定食品安全标准，当企业标准受到广泛认可时，会给企业带来巨大收益，从而形成企业与监管部门激励相容的食品安全预防体系。

第三，社会公众的预防体系。这包括三个方面：其一，社会公众特别是消费者的积极参与，是食品安全社会共治预防体系的重要保障。英美两国都有完善的司法体系为公众参与提供必要的信息披露，如美国《自由信息法》要求食品监管部门必须为公众实时提供食品安全信息，公众可以通过互联网等多种渠道搜寻相关信息，从而提高个体食品安全的预防能力。在英国，FSA与地方政府部门共同发起国家食品卫生评价计划，当地执法机构对饭店、酒吧和超市等食品安全卫生进行抽样评价，在官方网站上公布评价信息供公众查询和进行食品购买决策。其二，社会组织的广泛协作也是社会预防体系的重要组成部分。美国全美餐饮协会拥有超过 38 万家会员，是美国最大的专业食品行业组织之一。该协会除了代表餐饮行业游说国会、与政府部门沟通外，还承担起行业食品安全监管的责任，为成员企业提供必要的食品安全指导。英国国家农民联盟在FSA的推动下，积极参与到鸡肉弯曲杆菌的控制计划中，通过每季度与监管部门进行研讨，共同探讨新的监管干预方式。其三，专业第三方机构的运用充分激活社会监管力量，如美国FDA推行专业第三方审核认可制度，监管部门通过指定认可机构，由这些机构对相关企业进行审核。同时，推行实验室认可制度，由监管部门认可的实验室从事食品安全检验检测工作，相关部门承认其出具的报告。

综上，英美两国构建的食品安全社会共治预防体系，能够在政府、市场和社会主体之间形成责任共担、成果共享的食品安全文化。

2）食品安全社会共治的免疫体系

免疫体系是食品安全社会共治制度设计的关键一环。在英美两国中，企业利用信息非对称发生违规生产行为时，除了监管部门启动应急机制进行风险应对外，更多的是依靠大量分散的、随机形成的社会自组织，发挥着类似人体组成免疫系统的血细胞和蛋白质那样的防御能力，从而较好地解决食品安全事件的随机性和隐蔽性问题，提高执法资源的配置效率。食品安全社会共治的免疫体系强化了食品安全事件发生过程中的监管措施，制度设计的目标是防微杜渐。同样，可以从政府、市场和社会三个维度进行构建。

第一，政府的免疫体系。美国《食品安全现代化法案》加强了监管部门对食品安全事件快速有效的应急反应和处理能力，在最短时间内有效控制事态，将损失降到最低。其主要措施包括：其一，制定食品安全事件快速应急处置指南，为有关部门提供相应指导；其二，成立应急小组，提供资金和科学支持；其三，食品安全问题解决后立即形成制度文件，防止类似问题再次发生；其四，FDA与企业、媒体、消费者等相关利益主体建立信息沟通平台，利用风险交流机制激励其他主体的参与意愿，避免社会公众的恐慌。英国除了制定《食品安全突发事件指导》等应急措施外，FSA坚持公开监管信息，透明的监管信息不仅为企业诚信守法环境奠定基础，而且有助于遏制食品安全事件的恶化，如对餐饮企业进行检查后，FSA在其网站上公布企业违法处罚等信息，方便公众查询，形成食品安全社会共治的惩罚机制。

第二，市场的免疫体系。除了监管部门设置风险应急机制外，企业面对食品安全事件时也有自我纠错能力，形成市场的免疫体系。英美法律均规定，企业可以自愿或主动召回问题食品，以避免集体诉讼和刑事责任（高秦伟，2010），在制度层面上确立了市场免疫体系。当企业选择主动召回后，会向公众发布实施报告，列举召回的食品清单。该措施不仅增强了政府与企业之间的合作，而且降低了食品安全事件的潜在风险。此外，企业内部员工的“吹哨人”制度也是市场免疫体系的重要一环，美国《食品安全现代化法案》加强对企业内部员工举报的保护机制，规定企业不得降职和开除举报员工，使有社会责任感的内部人更有动力揭发食品安全问题。

第三，是社会的免疫体系。社会免疫体系是食品安全社会共治免疫体系中最难实现的环节，需要社会各主体在制度安排下有序、积极和主动地参与到食品安全监管中，承担起食品安全监管责任和义务。首先，社会公众强烈的参与意识是免疫体系的重要基础，社会公众的积极参与在英美两国中更多地表现在对自身权利的维护上。例如，2011 年美国消费者起诉著名冰激凌品牌Ben & Jerry，指控其标注的“天然”产品事实上添加了人工色素，存在欺骗消费者行为，Ben & Jerry最终从产品标签中撤掉“天然”字样；2010 年英国消费者将一家餐馆告上法庭，宣称该餐馆羊肉致使其过敏并引发其他病症，最后法院对餐馆处以 45 万英镑罚款（伍铎克，2014）。其次，英美社会公众除了有强烈的维权意识外，更重要的是有完善的法律体系保障其有效参与。1964 年美国《平等机会法案》要求联邦政府让更多民众参与到与他们利益相关的公共政策制定和管理过程中（于家琦和陆明远，2010），消费者能够利用司法体系保护自身权利。最后，社会组织的专业力量也是社会免疫体系的重要组成部分。2012 年 3 月，美国社会组织公共利益科学中心发现，可口可乐和百事可乐等多种可乐产品存在致癌物质，FDA第一时间表示将对该中心的评估加以重视，并实施进一步调查。

总之，英美两国构建起的食品安全社会共治免疫体系，能够利用政府、市场和社会主体的自组织形成不同层面的“刺激–反应”保护机制，应对食品安全事件发生过程中的随机性和隐蔽性问题。但是，类似人体免疫系统，食品安全社会共治的免疫体系针对“小病”有效，针对“大病”可能会失灵。

3）食品安全社会共治的治疗体系

在英美两国中，食品安全社会共治治疗体系是社会共治制度设计的最后一道防线，只有当食品安全事件造成严重社会影响时才会启动。在预防体系和免疫体系的基础上构建社会共治的治疗体系，可以将有限的执法资源集中在关键控制点上，采取精确目标锁定、重点打击、随机突击检查等点穴式执法监管模式，提高执法监管的社会震慑信号价值。食品安全社会共治的治疗体系强化食品安全事件发生后的监管措施，政府主体是治疗体系的核心，但市场和社会主体也发挥重要的协同和推动作用。

第一，政府的治疗体系。英美两国均高度重视培育监管部门对违法犯罪行为的打击能力。首先，针对马肉风波这样的国际性食品安全事件，英国成立专门机构重点打击食品欺诈行为；其次，FSA加强对食品安全信息收集和跨部门共享，使食品犯罪暴露在严格的监管控制下；再次，针对风险较高的食品产业，FSA采取不预先通知的突击检查，提高检查结果的真实性和准确性，如FSA突击检查并关闭约克郡彼得博迪屠宰场等；最后，英国提高实验室监测功能，对食品纯正性进行标准化检验（刘石磊，2014）。针对日常食品安全事件的发生，美国监管部门除了设置严格的HACCP和食品可追溯体系外，还制定检察官进驻检查制度。对于肉类加工商，检察官可以随意检查食品加工的各个环节，发现食品安全问题时检察官有权停止生产，直至厂商解决问题。为了防止检察官受贿，监管部门定期轮换检察官，发现徇私舞弊者一律解聘。

第二，市场的治疗体系。市场治疗体系在食品安全事件发生后可以帮助食品安全监管机构尽可能减少损失。在美国，《食品安全现代化法案》规定当食品生产企业不按规定主动召回问题产品时，监管部门有权强制企业召回问题食品。为了使产品召回更加迅速有效，监管部门成立协调事故应对和评价网络，由专业人员操作相应程序。例如，2014 年美国火星食品公司生产的大米导致数十名儿童出现过敏、头疼等不适症状，在美国FDA要求下对产品实施强制召回，避免了食品安全问题的蔓延。除了强制召回以外，企业主动信息披露也是重要的市场“治疗”手段之一，如马肉风波后英国著名大型超市乐购的牛肉制品供应商被查出含有 29%的马肉，乐购第一时间向FSA提供所有材料，以最快速度回收上市的可疑速冻牛肉（郝倩，2013）。

第三，社会的治疗体系。除了政府和市场外，媒体、行业协会、其他社会自组织等社会主体也可以在食品安全治疗体系中发挥作用，通过协助食品安全监管部门来形成社会共治的合力，如英国媒体在马肉风波爆发后，科学客观地向公众报道调查进展，使公众对政府监管重拾信心。同时，消费者“用脚投票”也会迫使企业加强食品安全监管，提高食品安全水平。英国天空电视台马肉风波后对 2 000 名英国消费者的调查发现，1/3 的受访者表示不再购买便宜的肉类加工食品，1/5 的消费者表示购买习惯会发生重大改变，超过 50%的消费者认为今后不再购买肉类加工品（白旭，2013）。消费者对违法犯罪企业的群体抵制，是最强有力的社会治疗措施之一。

综上，英美两国构建的食品安全社会共治治疗体系，能够在预防体系和免疫体系失灵的情况下，针对食品安全事件采取积极有效的监管措施，筑起最后一道防线。社会共治的治疗体系短期内是一种有效的制度安排，但长期来看是高成本的，且只针对“大病”有效，针对“小病”可能会失灵。这与人体的治疗系统相似，针对急症重症的有效治疗方案，用于治疗慢性病时则可能失灵。

5.1.3　对中国的启示

中国食品安全社会共治构建什么样的模式，是英国的自上而下模式，还是美国的自下而上模式？根据上述分析，我们的回答是：中国食品安全社会共治制度设计既不能完全照搬英国模式，也不可完全照搬美国模式，应充分吸收和借鉴英美两种社会共治模式中的核心制度要素，即食品安全社会共治预防—免疫—治疗三级协同模式，结合中国情境来建构中国特色的食品安全社会共治模式。主要理由在于以下几个方面。

首先，中国食品安全社会共治面对的情境部分类似于英国模式的情境，如中央监管机构处于强势主导地位，同时也存在美国模式的情境，如美国FDA监管范围广泛、公众存在多元化诉求等。因此，中国食品安全社会共治既要总结英国情境的社会共治思想和制度要素，也需要吸取美国情境的共治理念和制度要素。

其次，中国食品安全社会共治还存在英国模式和美国模式均没有的社会情境，这种情境总体上可以概括为“量大面广的消费总量、小散乱低的产业基础、尚不规范的产销秩序、相对缺失的诚信环境、滞后的企业主体责任意识和薄弱的监管能力”（张勇，2013）。这主要表现在四个方面：其一，中国食品企业数量众多，分布广，中小企业占其中的绝大多数，监管执法负荷沉重，执法资源稀缺导致监管不足，近年来食品安全事件频发是政府监管不足的博弈结果。其二，中国发生的食品安全事件既呈现理性和高有限理性特征，也呈现低有限理性和非理性特征。在中国食品安全事件中，既存在有目的、有组织的理性或高有限理性的违规行为，也存在随机、零星的低有限理性或非理性的违规行为，呈现出行为的复杂性（谢康，2014）。其三，中国经济社会转型期的矛盾复杂性、民众对公共管理的多元化诉求、城乡差别等约束条件，进一步限制了政府加大对食品安全监管的投入。其四，由于违规发现概率低，加大对违规的处罚力度、加大对监管渎职的问责，以及采用声誉机制等措施，在不少情况下成为社会的不可信威胁（谢康等，2015）。

因此，需要吸收和借鉴食品安全社会共治中英美两种模式的制度特征，结合中国的具体情境来建构中国特色的食品安全社会共治模式。具体地说，英美食品安全社会共治模式对中国实践的启示主要体现在以下四点：

（1）食品安全社会共治预防—免疫—治疗三级协同模式的顶层设计。

在制度顶层设计上，中国食品安全社会共治也需要建构预防—免疫—治疗三级协同机制。以往中国情境下政府过度依赖正式惩罚力量，企业和政府形成监管与被监管的简单对抗关系，政府单一主体的强大致使社会其他主体缺乏参与，食品安全事件防不胜防（刘亚平，2011）。2013年中国政府推动食品安全社会共治以来，虽然提出总体目标和模式，但缺乏具体策略和落地措施。中国快速城市化和工业化发展导致社会发展、城乡发展、区域发展及农工商业发展严重失衡（杨嵘均，2013），因此，中国不能完全模仿英国由中央监管部门制定一整套模式，再通过行政权力推行至基层，也不能完全借鉴美国由企业、地方政府、消费者、中央政府经过多轮博弈形成的共治模式，因为这种模式对公共资源基础和社会公众参与有非常高的能力要求，不符合中国现阶段国情。因此，中国特色的食品安全社会共治制度的顶层设计构建路径可以如下：借鉴中国经济体制改革经验，首先各级政府通过激励政策刺激基层社会主体开展社会共治试点，中央总结成功模式和经验后逐步提升到法律法规层面给予确权，其后全面铺开形成全国性的“赋能”效应，最终形成食品安全社会共治预防—免疫—治疗三级协同模式。

（2）以社会主体食品安全文化意识和能力为核心建设社会共治预防体系。

虽然中国各级监管部门也重视从食品安全监管到预防的转型，但与英美社会共治中的预防体系相比还存在差距，主要体现在预防体系中食品安全文化的建构和培育上（参见表5-2），因为任何政治制度的构建都有一个文化适应问题（周庆智，2013）。

表5-2　中国与英美食品安全社会共治预防体系的比较

层面	英美食品安全社会共治预防体系	中国食品安全社会共治预防体系现状
政府层面	监管理念转变：以风险预防为主； 食品供应链风险分析监控机制； 多部门联合构建完善教育体系； 对违法犯罪处以重刑； 专业化、职业化的执法队伍	有风险管理经验，但缺乏科学的风险防控手段； 建立严格的发证监管，但小企业缺乏专业能力办理，导致大量无证经营情况； 缺乏系统的食品安全教育，食品执法队伍职业化和专业化程度有待提升
市场层面	理念灌输：强制性自我监管； 以立法形式实施可追溯系统； 以立法形式实施HACCP等风险控制计划； 政府推动私人农场保证计划； 社会形成诚信机制，企业主动制定严格的食品安全标准	企业第一主体责任没有真正落实，监管部门本身对企业责任理解也不到位； 政府正在逐步引导企业进行风险管控和自我审计（HACCP），但缺乏立法； 企业没有形成诚信激励机制和惩罚机制

续表

层面	英美食品安全社会共治预防体系	中国食品安全社会共治预防体系现状
社会层面	《自由信息法》保障公众知情权； 《行政程序法》保障公众参与权； 《国家食品卫生评价计划》公布执法情况； 专业社会组织承担行业食品安全监管； 专业第三方机构承担检疫检验业务	社会组织基础薄弱，严重缺乏食品安全相关非营利组织； 行业协会专业化程度不高，没有发挥好专业协会的参与功能； 社区虽然有居委会等自组织，但缺乏食品安全监督和举报的协同职责，如社区教育缺失等

在政府层面，虽然监管部门已经有风险管理的实践经验，如部分地方食品药品监督管理局根据区域、行业、食品流通环节等进行风险排查，加强风险预防，但风险防控手段和措施依然有待优化。在市场层面，企业的主体责任没有得到较好落实，一方面，这归咎于企业缺乏食品安全意识，另一方面，监管部门对如何真正落实企业主体责任也缺乏有效抓手。在社会层面，近年来虽然政府努力培育社会组织，如2015年深圳市成立社会组织管理局，但目前专业化食品安全社会组织数量极少。因此，基于英美模式构建中国特色食品安全社会共治预防体系的路径可以如下：首先，以社会多主体食品安全文化意识和能力为核心建设食品安全社会共治预防体系，通过各类教育在社会主体之间形成责任共担的食品安全文化；其次，采取监管影响评价体制等多种风险评估手段加强风险管理；再次，以立法形式确立食品企业的内部安全审计，普及和落实HACCP；最后，有针对性地培育食品安全社会组织和行业协会，提高其专业化参与意识和能力。

（3）重点强化中国现有食品安全社会共治模式中的免疫体系环节。

无论在政府层面还是在企业和社会层面，中国食品安全社会共治中的免疫体系都存在不同程度的缺失（参见表5-3）。

表5-3　中国与英美食品安全社会共治免疫体系的比较

层面	英美食品安全社会共治免疫体系	中国食品安全社会共治免疫体系现状
政府层面	具备对食品安全事件的应急处理能力； 监管部门与社会主体之间搭建风险交流平台； 监管部门将违规情况实时公布	政府监管部门缺乏科学的应答机制； 监管部门缺乏有效的风险交流机制，违规情况信息披露与公众信息搜索不匹配
市场层面	企业自愿性或主动性召回问题食品，可以避免引起集体诉讼与刑事责任； 企业内部"吹哨人"制度，加强对内部员工举报的保护机制； 行业协会处罚机制	大多数情况下企业抱有侥幸心理，企业主动召回机制很可能失灵； 企业员工缺乏食品安全文化意识，内部"吹哨人"机制难以障举报人的权益； 行业协会难以有效参与到监管环节中
社会层面	消费者利用司法体系保护自身权利； 社会组织发现食品安全事件后，第一时间向有关部门反映情况； 媒体曝光机制	消费者缺乏维权意识，大多数情况下选择自我消化； 食品安全事件举报机制失灵； 社区食品安全志愿者积极性较低

在政府层面，监管部门专业科学的应急处理能力较弱，监管部门与其他社会

主体缺乏有效的风险交流机制，难以将监管信息及时通告消费者，新闻报道中的鱼龙混杂进一步加重了缺乏风险交流的风险，如中央电视台报道的大连养殖户大量使用抗生素等药物养海参事件，最后被监管部门证实是以偏概全，但已对当地产业造成影响。在市场层面，虽然中国部分地区已经发布食品企业主导召回制度，如 2014 年广东省食品药品监督管理局发布全国首个食品召回管理规定征求意见稿，但食品安全信用档案仍在摸索过程中，企业与政府监管部门之间缺乏合作关系，导致企业在大多数情况下抱有侥幸心理，选择不主动召回。同时，现有企业内部“吹哨人”制度无法有效保障举报人的利益，如 2014 年 9 月沃尔玛深圳洪湖店的 4 名员工举报企业使用过期原料制作熟食，最后被企业解雇（周琳等，2014）。在社会层面，社会公众缺乏参与食品安全监管的意愿和能力，如佛山每年财政预拨 100 万元用于食品安全举报奖励，但每年发放奖励金额不足 10 万元（樊美玲，2014）。因此，中国特色的食品安全社会共治模式应重点强化免疫体系环节。首先，监管部门尽快成立不同层级的食品安全风险交流中心，促进社会公众的风险沟通；其次，以立法形式要求企业（特别是大型企业）主动披露食品安全信息，主动实施召回制度，完善企业内部“吹哨人”制度；最后，监管部门通过大力扩大食品安全协管员队伍，完善社会公众有奖举报制度，规范市场职业打假人行为等措施，激活社会参与的意愿和培育参与的能力。

（4）治疗体系亟待从单一主体“运动式”执法转型为“精确打击”协同执法。

英美食品安全社会共治治疗体系建立在基于食品安全文化的预防体系和基于社会公众参与能力较强的免疫体系基础上，因而可以针对食品安全随机事件进行较好的“精确打击”。以英国为例，由于在食品供应链各个环节建立数据收集和实时监管控制，成立专门机构协调多部门行动，能够快速锁定食品安全污染源。但是，中国现有食品安全社会共治的治疗体系缺乏相应的预防体系和免疫体系为基础，沿用以往监管部门“运动式”执法模式，或者模仿英美“精确打击”的做法，难以有效应对新环境下各种复杂的食品安全违法违规事件。因此，中国特色的食品安全社会共治模式中的治疗体系建构路径可以如下：首先，在监管机制上从单一主体“运动式”执法转型为基于预防体系和免疫体系为基础的“精确打击”式协同执法，尤其需要强化市场层面和社会层面的治疗体系措施；其次，以大数据技术为基础实现对食品供应链的全程监控；最后，监管部门与其他社会主体建立多层次跨组织协同机制，提高打击精确率。例如，可以借助税务部门的数据分析掌握食品企业的实际经营状况，以此作为是否采取治疗行动的依据等。

总之，中国特色的食品安全社会共治模式既不是英国的自上而下模式，也不是美国的自下而上模式，而是一种强政府情境下上下结合的混合型社会共治模式，即通过政府引导和促进先行，激励社会多主体参与意愿，培育其参与能力，形成多层次多类别社会自组织的参与过程，以及政府内部跨部门、政府与社会其他主体跨组织协同的多元化食品安全社会共治模式。据此，我们下面重点探讨中国特色的上下结合的混合型社会共治模式。

5.2 食品安全社会共治的预防—免疫—治疗体系

5.2.1 预防—免疫—治疗体系的制度模型

Alfred Marshall在《经济学原理》中声称经济学应该是广义上的生物学的分支。社会生物学这一新兴学科便将社会与生物作为共同研究对象，其基本假定是人类行为具备生物机制，并遵守进化伦理。食品安全违规行为中既有近乎完全理性的机会主义违规行为，也有许多由认知偏差或过失导致的有限理性违规行为，食品安全治理的核心是对食品安全违规行为的治理。本节借助社会生物学的理论思想，提出食品安全社会共治的事前、事中、事后三阶段制度框架，即食品安全的预防—免疫—治疗三级协同制度模型。这里，借鉴社会有机体的生物特性构建食品安全社会共治的三级制度体系：一是食品安全治理系统的社会监督“基因”，构建食品安全社会共治的预防体系；二是食品安全治理系统的机体免疫血细胞，构成食品安全社会共治的免疫体系；三是食品安全治理系统的“救治”干预能力，构成食品安全社会共治的治疗体系。食品安全社会共治的预防—免疫—治疗三级制度体系，可以应对食品安全理性和有限理性违规行为的随机性，并协同食品安全的各个治理中心形成协同治理效果，这不仅需要建立起各个治理中心的内部三级制度体系，也需要形成贯穿多中心的外部三级制度体系。

生产经营者治理中心是社会共治体系的核心，在生产经营者治理中心内部构建起食品安全预防—免疫—治疗三级制度体系，既契合生产经营者治理中心有效运作的过程，也是食品安全社会共治得以实现的关键。

首先，在生产经营者治理中心搭建预防体系的核心是生产经营者之间的可信承诺。食品安全靠生产经营者的独自行动是无法改进的，需要生产经营者的集体行为才能够实现，而在每个生产经营者都面临机会主义诱惑的情景下，只有当生产经营者认为其他生产经营者做出了食品安全可信承诺，他才愿意做出食品安全可信承诺，进而愿意为了遵守承诺而付出努力，起到主动的事前预防作用。现有广泛研究的信息可追溯系统或HACCP体系的建立均可视为生产经营者治理中心预防体系建设的一个重要内容，通过建立信息可追溯系统或HACCP体系能够提高其他生产经营者的质量预期，进而加强生产经营者之间的可信承诺。

其次，相互监督是生产经营者治理中心免疫体系的关键机制，也是生产经营者承诺之所以可信的前提。当生产经营者的理性或有限理性质量行为能够被监督时，就可能在食品安全问题发生之前纠正食品安全违规行为或将其影响降到最低，也只有通过相互监督机制能够发现违规行为时，生产经营者才相信其他主体的可信承诺。典型的供应量契约治理和双边责任传递机制均可视为生产经营者治理中心免疫体系的重要内容，有利于生产经营者加强对外的监督。

最后，生产经营者的自组织构成生产经营者治理中心的治疗体系。食品市场公共池塘资源治理应该先借助生产经营者这一资源占用方的力量，鉴于资源占用者的信息和技术优势，与外部监管者相比，资源占用者能够更有效地将自身组织起来解决制度供给、可信承诺和有效监督难题。生产经营者中心治疗体系包括行业联盟或行业协会等第三方组织的自主治理以及核心企业的纵向联合机制等。但生产经营者治理中心的治疗体系需要借助政府和消费者治理中心的大力支撑才能够更好地发挥作用。

食品安全预防—免疫—治疗三级制度体系的有效运转，离不开消费者治理中心的积极参与和政府治理中心的大力推进。违规发现机制、违规揭露机制和消费维权机制构成消费者治理中心的三级制度体系，事前风险分析（包括风险识别、风险管理和风险交流）、事中查处整治和事后惩罚整改构成政府治理中心的三级制度体系。媒体作为食品安全多中心协同的中心主体，则通过信息教育、信息传播和宣传引导来为食品安全社会共治的预防—免疫—治疗体系提供服务支持。由此，构建起横向的食品安全多中心三级协同制度体系，通过多中心治理中的正式治理与非正式治理混合机制，形成纵向的食品安全社会共治三级制度体系，以有效应对食品安全理性违规行为和有限理性违规行为，如表 5-4 所示。

表 5-4　食品安全社会共治的总体制度框架

治理中心	预防	免疫	治疗
生产经营者治理中心	可信承诺机制（可追溯体系、HACCP、信息披露等）	相互监督机制（双边责任传递机制、供应链契约治理、供应链关系治理等）	行业自治（纵向联合、行业联盟、第三方组织自治等）
消费者治理中心	违规发现机制（学习食品安全知识、提升健康消费意识等）	违规揭露机制（投诉、举报等）	消费维权机制（起诉、拒绝购买等）
政府治理中心	事前风险管理	事中查处整治	事后惩罚整改

由于食品安全违规行为中既存在理性行为又存在有限理性行为，食品安全违规行为的混合治理成为必然。上述制度框架必然包含应对随机性和规律性的互补结构特征。因此，食品安全社会共治的预防—免疫—治疗三级协同体系，可以作为应对复杂动态环境下食品安全社会共治的一种可供选择的制度安排，针对食品

安全事件发生机制阶段特征实施不同的策略组合，推动解决单一监管体制下难以解决的治理顽疾。

5.2.2 “3-3-3”治理模式创新

如前述，食品安全社会共治的预防—免疫—治疗三级协同模式：一是在食品安全社会共治制度安排中，长期坚持宣传和贯彻形成的社会共识、伦理道德的价值重构，形成针对食品安全违规行为的类似基因遗传那样的社会监督“基因”，构成食品安全社会共治制度安排的预防体系；二是大量的、分散随机形成的社会自组织，发挥类似人体组成免疫系统的血细胞和蛋白质那样的防御能力，充当食品安全“零容忍”制度安排的免疫系统，正如公共危机管理中政府与社会力量之间的社会组织协同是一种有效处理公共危机的治理模式；三是政府监管机构的监管与执法活动，充当食品安全社会共治制度安排的治疗体系，由此形成食品安全社会共治治理的预防—免疫—治疗三级协同模式。该模式有助于解决政府监管与第三方混合治理的有效性问题。

鉴于中国情境下食品安全事件的复杂性、随机性、多样化和隐蔽性特征，考虑综合互补式和嵌入式两种社会共治模式的混合模式，构建社会共治体制三个层次、三个子系统、三个阶段策略组合形成的“3-3-3”治理模式。

三个层次分别是指：①多主体参与的总体社会结构层次，即企业、政府、消费者、媒体、行业组织、网络舆情、基层组织或自愿者等主体有序参与社会共治，社会共治体制为第三方提供参与的机会和途径，政府和企业在总体社会结构上接纳第三方参与，以此部分解决单一监管体制难以解决的参与协同问题；②部分主体社会结构层次，如政府和企业的监管与被监管结构层次、政府—企业—媒体三角关系结构层次等，这个层次上的社会共治稳定格局力图解决单一监管体制难以解决的结构性矛盾问题；③单一利益相关主体层次，企业和政府接纳社会第三方参与，媒体、消费者、行业组织等第三方参与社会治理，力图解决单一监管体制难以解决的多方利益协调问题。

三个子系统分别是指：①预防子系统，社会形成类似基因遗传那样的针对食品安全事件的监督“基因”来构成社会共治的预防体系，主要包括制度震慑信号、财政补贴政策、社会价值重构三种政策的组合策略；②免疫子系统，社会形成类似人体组成免疫系统的血细胞和蛋白质那样的防御能力，构成社会共治的免疫系统，如基层社会组织的联防联控、有奖举报、舆情黑名单、自愿者小团队等；③治疗子系统，社会形成类似外科手术式的治疗干预能力，如“精确打击”式查处、快速反应集中查处、从严惩罚和严格执法等，构成社会共治的治疗体系。

（1）预防系统。食品安全社会共治制度的预防系统的治理目标是"治未病"，即以预防为主，主要通过发送社会震慑信号与社会公众价值观重构等方式来实现。这种预防体系长期来看是有效的，但短期内会出现失灵，类似于治疗慢性病有效的方案，在对待急症重病时往往失灵一样。在这个阶段中，食品安全社会共治政策的制度安排主要体现在监管者与公众之间的有效风险交流和价值观重构上。对于已经实施社会共治等严格监管措施的国家及地区，监管部门需要针对社会共治等概念与消费者、企业进行充分交流，如利用新媒体特别是视频技术提升监管部门与消费者之间的交流效率，增强消费者对食品风险的认知，从而有效提升日常监管效能。

（2）免疫系统。食品安全社会共治制度的免疫系统的治理目标，是以分散行动的随机性应对违规行为的复杂性，通过建设食品安全社会共治制度中的社会自组织，发挥媒体、消费者、社区或舆情等社会监督力量的作用。这里，社会自组织的社会对象主要是指消费者个体或小世界网络的个体组织，如自愿者团队、街道社团，乃至有兴趣的个体等，通过联防联控、认知宣传、有奖检举、网上揭发、申诉和控告等消费者参与策略，构筑基于社会基层组织的食品安全社会共治监督体系，包括消费者参与的司法保护、消费者举报监督和消费者权益保障机制等。这样，以随机形成的社会自组织来应对违规行为的随机性和隐蔽性，形成信息监督先行动、执法有的放矢、"精确打击"的混合治理模式，或者依据风险分析实施分级管理及监督、与消费者和产业保持紧密联系，改变集权式监管中"小病大医，重症缺药"等稀缺资源配置不合理局面，弥补政府集权式治理机制灵活性不足的弱点，提高食品安全社会共治制度中执法资源的配置效率。这种制度安排主要基于重复博弈中针锋相对的策略，在食品生产经营者行为呈随机性和隐蔽特征情形下，监管者的最优博弈策略应呈现出多主体参与的应对模式，即以社会自组织的随机性应对违规行为的随机性，形成集权式与社会参与式之间相互协同的社会共治。这样，食品安全社会共治制度的免疫系统既可以满足监督的短期要求，也可以满足长期要求。

（3）治疗系统。食品安全社会共治制度的治疗体系的治理目标，是将有限的执法资源集中在最重要的风险控制点上，而不是单纯地提高监管力度，如采取精确目标锁定、重点打击、随机突击检查等"点穴式"执法监管模式，提高执法监管的社会震慑信号价值。

三个阶段分别是指食品市场的自然发展阶段、随机突变阶段和群体变异阶段三个阶段。根据现有统计分析和案例研究（王常伟和顾海英，2013；刘畅等，2011），我们将中国食品安全事件发生与演变划分为三个阶段（参见图 5-1）。

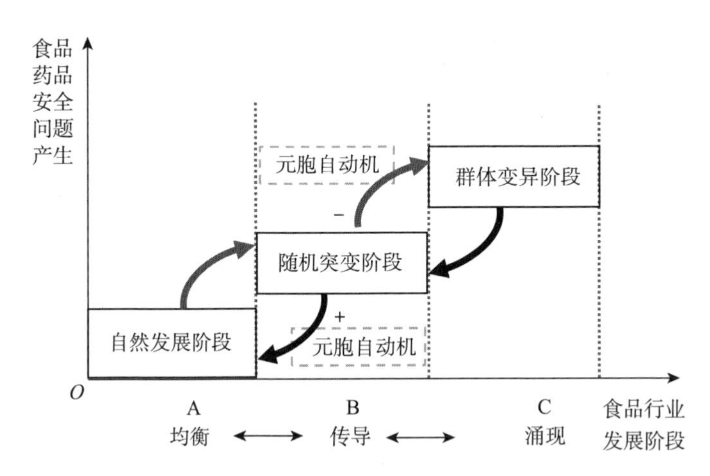

图 5-1　基于食品供应链质量协同的社会共治制度治理情境及思路

图中“−”表示主体（元胞）形成违规变异，“+”表示主体形成合规变异

在自然发展阶段，食品生产市场总体处于均衡状态，尽管少数企业存在违规或违法行为，但市场总体处于均衡状态，消费者总体信任市场质量，政府监管模式适合市场均衡状态。在随机突变阶段，一方面，部分企业形成机会主义行为既可能源于理性和高有限理性，也可能源于低有限理性和非理性，会呈现元胞自动机的随机特征，即政府监管加强或打击力度加大，生产销售主体就不违规或不违法，一旦放松监管或降低打击力度就可能转型为违规或违法，社会的投机行为远远超过投资行为，出现各式各样的随机突变的违规主体，导致食品安全事件发生具有复杂性、随机性和多样化等特征；另一方面，部分监管主体或社会主体由于资源约束、利益驱动等因素，也会呈现元胞自动机的随机特征，如放松监管、渎职等。在群体变异阶段，当违规突变的违规主体数量不断增加达到一定程度时，全行业涌现出类似有组织的集体违规现象——行业性群体道德风险，食品行业出现行业性信任危机，食品安全成为社会顽疾问题而被多方关注。监管机构压力剧增，形成各种“运动式”监管打击活动，但各类食品安全事件依然频发。

现实中由于受到资源约束限制，政府集权式监管的治理特点是通过“运动式”打击违规犯罪行动，可以在短期内有效地将食品行业或违规群体从图 5-1 中的C阶段转变回B阶段。但是，当食品行业整体上回到B阶段后，违规者或犯罪者具有分散性和低有限理性等特点，政府集权式监管机制难以有效防止食品行业再次从B阶段转变到C阶段，形成B阶段与C阶段反复交替的现象，原因在于当政府加大打击力度时，违规或犯罪主体转变为等待或转向；当政府打击力度减弱时，违规或犯罪主体由等待转变为行动或模仿。如此循环往复，出现屡禁不止、周而复始的食品安全问题顽疾。中国食品安全事件的这种发生特征及涌现方式，与元胞自动机原理及涌现特征极为吻合，因而基于理性或高有限理性设计的政府监管体制难以有效治理食品安全事件中的低有限理性或非理性行为，针对这类违规行为进行打击的社会成本极其高昂。

5.2.3　三级协同实现机制

食品安全社会共治是从单一监管体制向多主体协同体制转变的方向，但实现食品安全社会共治同样面临诸多需要解决的难题。构建预防—免疫—治疗三级协同社会共治的实现机制同样重要，实现机制主要包括以下六方面内容。

1）社会共治中自上而下和自下而上结合的制度供给机制

社会共治的制度供给，就是由谁来制定社会共治中的各种正式与非正式制度，如具体由谁来设计社会自组织的制度、由谁来设计社会共治中的预防—免疫—治疗协同制度，或者哪些主体或个体有足够的动力和能力来建立这套制度。我们认为，有序参与意味着需要有序规则，食品安全社会共治既不是平均分摊权力和责任，也不是社会主体可以无规则或无责任地参与监督，社会共治的制度供给者依然是政府监管机构，但需要政府监管机制与其他社会主体协同完成制度供给。结合中国社会经济体制改革的模式与要求，我们需要对不同发展阶段的制度供给模式的变化，尤其是在不同发展阶段中监管机构将什么权利何时以何种方式让渡给什么社会主体进行界定，这些“受让”的社会主体真正成为有意愿、有能力和有可能承担社会监管责任的主体，在不同阶段社会共治需要建构如表 5-5 所示的不同机制。

表 5-5　社会共治五个关键实现机制在不同阶段的特征

阶段	制度供给	预防“搭便车”机制	相互监督机制	多种利益并存协调机制	长期协作机制
初级阶段	政府独立完成制度设计与供给，社会简单参与	政府集权监管，社会主体配合，监管机构对社会主体开展部分授权监管试点	政府简政放权，鼓励社会主体相互监督，推动建立相互监督机制	重点推动行业组织建立行业层面的多种利益冲突解决机制，政府或媒体扮演“公正第三方”角色	政府监管机构主要通过制度规范来实现市场均衡，社会主体初步参与市场治理
中级阶段	政府与社会协作完成制度供给	政府监管机构部分授权行业组织或第三方行使监管权	社会主体自主建构相互监督的规则和处罚，并实施	社会形成针对多种利益冲突解决机制的社会适应性治理格局	制度规范和价值重构均会影响社会主体参与市场治理的行为
成熟阶段	政府与社会协同完成制度供给	政府监管机构较为充分授权社会利益相关主体行使监管权	相互监督成为社会主体活动的一项副产品	行业层面普遍建立多种利益冲突解决机制，形成社会整体的利益协调机制	社会共识与责任形成的价值重构为主，与制度规范协同形成治理

诚然，解决实现机制问题不可能一蹴而就，存在一个渐进的社会共治演化过程，

即从初级阶段的社会共治发展到中级阶段的社会共治，再发展到成熟阶段的社会共治。在这个过程中，实现机制问题的主要特征也会发生变化而各不相同。例如，在缺乏信任或需要通过制度设计来提高信任的情境中，政府监管机构与社会多主体协同完成社会共治的制度供给尤其重要，这在本书第 6 章中将会重点讨论。

2）食品安全社会共治的预防“搭便车”机制

社会共治的预防“搭便车”机制，是指如何防止多主体参与中的“出工不出力”窘局，包括多主体的“搭便车”倾向、逃避社会责任及各类机会主义行为等，这涉及社会共治中企业、政府、媒体、消费者、行业组织、第三方等利益相关方的社会责任意识、责任承担与社会可信承诺问题。现有研究大多关注对政府和企业机会主义行为的治理，对媒体、消费者、行业组织、第三方等利益相关方机会主义行为的治理研究相对不足。制度理论强调通过契约、权威等正式制度，以及声誉、信任等非正式制度等来实现对机会主义的限制。多中心治理理论则强调可以通过社会主体自我激励方式来监督社会公共事务，再通过处罚来形成对机会主义行为的威慑。

在社会共治预防—免疫—治疗模式下，政府监管机构将部分制度设计权限授权或让渡给行业组织、媒体、消费者，乃至基层社会自组织等社会主体或个体，规定制度供给者的相应权力，以充分满足不同层次不同类型社会组织的特殊要求，由拥有信任等社会资本的主体来自发地、随机地负责执行规则或程序，以及对违规者采取分层分类和累进分级处罚，实现对遵守社会承诺的激励和对机会主义的制约。例如，政府监管机构部分授权行业组织或第三方代理部分监管职能，并对其监管行为进行规范，行业组织或第三方可以有自己的检查监督员，自主地选择监督方式，自主决定对何种食品何时进行监督等，既可以缓解监管机构资源不足的困境，又可以提高行业组织或第三方参与的积极性和成就感。

3）社会共治的相互监督机制

社会共治的相互监督机制，是指如何通过多主体的相互监督来实现对“搭便车”等行为的限制，以此解决社会第三方监督企业或政府，又由谁来监督第三方的问题[①]。复杂系统理论强调主体行为中的元胞自动机原理具有自主性和随机性，多中心治理理论认为通过监督其他主体的行为可以确信大多数主体都是遵守规则的，从而增强社会组织相互监督的积极性，并降低监督的社会成本。

在社会共治的预防—免疫—治疗模式下，有以下对策举措：①政府监管机构推动并鼓励社会组织形成相互监督的风气和规则，通过简政放权、加强基层组织建设、强化行业组织监督职责、开展第三方评价、推广有奖举报等方式来激励社

---

① 这里，第三方是指除企业和政府外的食品市场中的其他利益相关方。

会组织形成相互监督行为，使监督行为成为社会组织实施自组织规则、进行自主治理的一种副产品，或者说是实现组织社会责任的一种“顺带完成的工作”，有效降低实施食品安全社会共治的社会成本；②通过社会共识、道德伦理等价值重构形成食品安全社会共治的预防体系，全社会主体之间的相互监督行为得到加强，相互监督行为的加强又进一步提高了社会组织对预防“搭便车”等行为的监督；③社会组织自行组建独立于政府监管机构之外的各类食品安全行为监督组织或网站，提供营利性或社会援助性质的普遍服务，为从食品生产源头到消费终端各环节的企业主体或个体提供咨询服务，在咨询服务或普遍服务过程中形成相互监督的社会监督信息披露，从而使相互监督成为社会组织活动的一种副产品；④重视社会或网络舆情中意见领袖在构建社会共治实现机制过程中的影响和作用。

4）社会共治的多种利益并存协调机制

社会共治的多种利益并存协调机制，是指社会主体通过建立矛盾或冲突解决机制形成对经济利益与非经济利益（如成就感、名誉）的集体行动安排，由此解决食品安全社会共治中集体行动的机会主义难题，如“大家都管，最后都不管”或“有利益都出来管，没有利益都不管”等问题。多中心治理理论和CAS理论均强调，社会主体不同利益集团的权力、观念和偏好的差异，以及参与监管过程中的低有限理性或非理性行为，不可避免地使不同主体在执法资源投放方向和使用方式等问题上存在冲突。如果这些冲突不能得到有效解决，将有可能涌现出无法预计的复杂结果。有以下对策举措：通过包含激励机制的协同契约设计等一系列促进多主体协同的策略，实现不同利益诉求的匹配或融合，不同利益诉求的多主体参与在治理过程中实现不同程度的协同效应。同时，将决策中心下移，或者从小规模协作来逐步实现大规模协作的目标等策略。在社会共治的预防—免疫—治疗三级协同模式中，不存在一个比政府监管机构更加独立的、固定的“公正第三方”来裁决或监督，而是需要通过政府监管机构与社会主体协同完成对多种利益并存协调机制的制度设计，建构利益冲突解决机制与程序、服从规则的机制与程序等来维护不同社会主体之间的利益均衡。在社会层面设计多种利益冲突解决机制是困难的，这也是食品安全社会共治可能失灵的内在原因之一。

因此，我们主张推动行业组织牵头建立行业层面的多种利益冲突解决机制，政府或媒体则扮演社会“公正第三方”角色进行监督，或者由行业组织委托研究机构、咨询机构或大学等建立行业层面的多种利益冲突解决机制。总之，行业层面建构多种利益冲突解决机制应根据食品行业的规模、技术与产品特征、市场结构和人力资源等条件不同而变化，形成针对多种利益冲突解决机制的社会适应性治理格局。

5）社会共治的长期协作机制

社会共治的长期协作机制，是指社会主体在实现自身经济或非经济利益的同时也实现社会共同目标的社会激励相容，由此解决食品安全社会共治中短期有活力而长期缺乏动力的难题。多中心治理理论强调，全面有效的信息披露和传播是社会公共治理的基础。复杂系统理论也强调在信息有效传播情境下，只要适当提高违规发现概率和处罚力度，使潜在违规者感受到强烈的震慑和违规心理压力，社会中现有的违规者或潜在违规进入者就会逐步减少，或转变为不违规者，甚至成为规则的监督者。

在社会共治的预防—免疫—治疗模式下，存在以下对策举措：政府、媒体、消费者、行业组织等社会主体发挥社会公共委托人作用，作为市场规则的教育者和投资者，不仅为企业提供各种专业或管理培训，帮助企业遵守监管和技术标准，而且协助企业建设可追溯体系、完善供应链质量管理、推动纵向一体化建设等，使食品监管实践中的委托代理关系更加平衡。同时，一方面企业通过获得培训机会和资源而提升社会资本，另一方面在社会责任上不是由企业单独地承担食品安全的全部社会责任，而是使维护食品安全成为全社会的共同责任，但不同主体之间的社会责任存在区别，由此形成社会的激励相容。在社会共治体系下，可以通过补贴、保险、教育培训等方式来引导社会主体自身实施监管活动，尤其是通过设计社会化协同的激励机制来强化这种自我监管活动。例如，企业如果不实施自愿标准，它们有可能永远无法上诉相关食品的安全处罚等激励制度设计。

6）社会共治制度安排的社会保障机制

除机制保障外，食品安全社会共治实现的社会保障机制也十分重要。社会保障机制主要包括三项，即信息披露与稳定匹配机制、社会观念意识培育机制及法律保障机制。一般地，这三项保障机制与前述五个实现机制相互匹配形成制度配套。

第一，信息披露与稳定匹配机制不是单纯侧重信息揭示机制，而是一方面重视信息的有效揭示，另一方面重视有效揭示的信息如何与相应的社会公众搜寻行为之间形成动态匹配，通过“信息揭示”与“信息获取”双方实现稳定匹配的机制，使食品信息在全社会达到充分共享，为社会共治提供不可或缺的社会保障条件。

第二，长期来看制度治理是高成本的，需要在加强制度治理的同时，引入和培育价值重构的社会观念，形成文化治理。因此，社会观念意识培育机制是通过企业和政府的宣导、媒体介入、行业组织行为、消费者参与和舆情引导等多种方式，培育公众的行业信心和对食品市场的信任。有以下三个实现思路：①原有单一监管体制下政府和企业之间的监管与被监管关系，在社会共治体制下不再单纯是两个主体之间的关系，而是这两个主体都需要让渡一部分监管与被监管的“权利”（角色）给社会第三方，不能延续原有“这是我的事”的观念和社会角色，而是需要转变为“这是我们大家的事”的观念和社会角色。因此，政府和企业要习惯于接纳社会第三方的参与，形成平等、自由的社会对话环境，因为社会各方平等交流和自由对话是食品安全社会共治的社会文化基础，如果社会各方在食品安全监督和监管上缺乏平等地位，将难以推进食品安全社会共治。②消费者和行业组织积极参与食品安全社会共治行为，尤其是消费者和行业组织作为社会共治参与者的角色与观念，需要社会的宣传、引导和教育。③媒体、网络舆情等社会组织或虚拟社会也需要有序参与监督的转变观念和角色问题。这样，媒体、网络舆情等社会组织或虚拟组织从单一批判者或审判者的角色，转变为兼具监督者、引导者和参与者的多重角色。

第三，社会共治离不开法律保障，因此，社会共治框架下的法律体系和法律关系需要得到创新发展，从企业、政府、消费者、媒体、行业组织、舆情领袖和其他第三方的角度，以及信息保障和行为规范角度，厘清各自的法律角色和关系变化，提出法律保障需求。其中，要重视社会共治中解决食品企业被监管的“弱势地位”问题，避免过度监管或“矫枉过正”引发社会总体效率的下降。

5.2.4　三级协同实现策略

在三级协同实现机制基础上，社会主体基于重复博弈的针锋相对策略，可以重点解决图 5-1 中行为主体在B与C之间循环往复的问题，由此构建食品安全社会共治的预防—免疫—治理三级协同模式，针对中国情境下食品安全发生机制的特征和模式，在制度安排中形成不同的协同与协作组合策略和对策措施，形成中国食品安全社会共治的顶层设计、系统战略和改革路线图。首先，协同治理的首要目标是将目前食品市场在图 5-1 中B与C之间的反复变动，转变为A与B之间的反复变动，由此实现中国食品安全社会共治的多主体协同治理目标。其次，以博弈顺序为基础的多主体协同，一是在食品行业涌现群体道德风险或出现行业信任危机的C阶段，采取政府监管先行动进行治疗、社会自组织跟进构建预防—免疫体系的协同模式；二是在市场违规主体根据政府打击力度选择是否违规或模仿的B阶段，采取社会自组织先动、政府监管跟进的协同模式。最后，以企业为对象选择社会共治的协同策略：一是针对大中型企业、大宗产品行业、关键食品等市场，采取以政府常规监管为主，媒体和消费者等社会主体参与为辅，形成政府主导—媒体跟进—消费者选择—第三方监理的协同模式；二是针对众多中小企业、小众产品行业、非关键食品等市场，采取媒体和消费者监督为主、第三方参与、政府监管为辅，形成媒体消费者曝光投诉—第三方跟进造势—政府目标锁定监管执法的协同模式；三是对于其他随机出现的食品安全事件，采取政府随机监管—消费者举报投诉相结合，媒体和第三方跟进，政府精确目标锁定监管执法的协同模式。

预防—免疫—治疗三级协同模式不仅涉及政府与企业如何接纳社会第三方参与治理的激励机制问题，而且涉及社会第三方有序参与治理的激励机制问题。前者形成五种典型的三角关系，包括政府—企业—媒体、政府—企业—消费者、政府—企业—行业组织、政府—企业—舆情、政府—企业—基层组织（自愿者）；后者也形成五种典型的三角关系，包括媒体—消费者—行业组织、媒体—舆情—行业组织、媒体—基层组织（自愿者）—行业组织、消费者—舆情—基层组织（自愿者）、消费者—舆情—媒体。我们需要构建促进这五种三角关系良性互动的激励机制，强化这些激励机制提高食品安全社会共治的协同效应。同时，从单一主体的角度，构建以下六种社会主体有序参与食品安全协同治理，分别是媒体、消费者、行业组织、舆情（意见领袖）、基层组织、自愿者或社区，需要注重对每个主体参与治理的激励机制设计。

同时，在预防—免疫—治疗三级协同模式框架下，需要形成社会共治与全程监管体制、可追溯体系三者之间的整体和局部的匹配或融合策略及应急指挥调度策略。具体而言，不同社会主体有序参与行为中的激励机制是主体内部行为的协同机制，社会共治除需要实现多主体内部行为协同外，还需要实现与全程监管体制、可追溯体系之间的外部整体或局部匹配，因此，需要形成社会共治与全程监管体制、可追溯体系三者之间的整体和局部匹配或融合策略，以及食品安全事件应急指挥调度策略，明确各种策略的内容及其相互之间的关系，为食品安全社会治理的制度安排实践指明方向。

综上，食品安全预防—免疫—治疗三级协同模式主要针对以下问题来建构：①中国食品安全事件发生的随机性、分散性等特征及发生机制结构，构建预防子系统着眼长远的稳定格局；②构建免疫系统，基于博弈论中针锋相对策略，组建大量社会自组织（正向元胞）来应对违法违规行为的元胞自动机（反向元胞），形成以随机性应对随机性，以分散性应对分散性，以隐蔽和多样性应对隐蔽和多样性的社会免疫子系统，使监管机构可以极大地节约执法资源以用于关键治理环节；③推动社会共治体制下的监管模式改革。具体见表 5-6。

表 5-6　预防—免疫—治疗三级协同模式下的对策举例

项目	单一监管体制的对策举例	社会共治体制的对策举例
治理博弈格局	非对称博弈：监管机构以近似确定性应对安全事件的随机性、分散性、隐蔽性； 类似于以“正规军”（监管机构）应对“游击队”（分散随机的个体违规行为）； 社会成本高，必然受到资源约束的限制	近似对称博弈：社会参与形成自组织，以随机应对随机，以分散应对分散等； 类似以“正向游击队”应对“反向游击队”； 使监管机构可以节约执法资源以用于处理重大事件、危机事件，实现资源优化配置
政府监管方式	受资源约束，实行“运动式”监管； 受资源约束，采取“媒体揭示，监管跟进”的跟进式监管	资源重构，由“运动式”变为“点穴式”； 资源重构，形成媒体揭示，大量社会自组织信息揭示，由被动式转变为主动式监管

续表

项目	单一监管体制的对策举例	社会共治体制的对策举例
政府监管效能	受资源约束，社会要求全面监管执法，只能重点监管、重点执法，监管效能低，难以满足社会要求	资源重构，社会参与，监管机构由全面监管、重点执法，转变为"精确打击"式监管，提高监管效能，从而提高社会满意度
政府监管权利结构	所有监管权利归政府单一主体，形成单一监管体制，即集权式监管体制； 消费者大多因个人利益受损而被动参与； 不同媒体有不同策略，有自主参与，但缺乏与监管机构的协同配合等	监管机构将部分监管职能让渡给行业组织、社会自组织、志愿者个体等社会第三方，使其可以发挥更好的监管职责； 优化监管权利结构，形成"大权集中于政府，小权分散于社会"的权利再平衡
社会第三方参与	大多呈现为被动式、分散式、随机性参与； 缺乏社会共治体制的精神和文化支持	大多呈现为主动式、系统式、组织性参与； 拥有社会共治体制的精神和文化支持

以表 5-6 列示的食品安全社会共治预防系统为例，食品安全社会共治的预防系统由制度震慑信号、财政补贴政策、社会价值重构三种政策的组合策略构成，针对短期潜在的违规主体及行为主要采取发送强有力的制度震慑信号为主来形成预防效果；针对中期潜在的违规主体及行为，主要采取"诱惑式激励机制"，如财政补贴政策来"招安"；对于长期潜在的违规主体及行为，主要采取认知能力、知识教育、道德伦理宣传、普法教育、文化价值观等多种心理和文化层面的措施来达到行为"皈依"的目标。针对不同情境及要求，这三种预防性措施之间会形成不同的组合策略。例如，在中国食品安全监管实践中，地方监管机构探索将监管权下放到基层组织中，加大对违规行为随机性的破解力度，构成中国独特的监管模式。可以认为，将监管权下沉就是期望将食品安全治理的治疗体系与预防—免疫体系进行协同匹配，以达到提高监管效率和降低监管成本的目的。

5.3　预防—免疫—治疗协同的经济分析①

现以社会共治多中心结构中的核心生产经营者治理中心为例，对生产经营者治理中心典型的三级制度安排进行经济分析，进一步探讨食品安全社会共治的三级协同模式。

① 本小节内容发表在谢康、赖金天和肖静华《食品安全社会共治下供应链质量协同特征与制度需求》,《管理评论》2015 年第 2 期，内容有适当更改。

5.3.1　单一监管体制下食品供应链质量治理方式

1. 可追溯体系制度

食品安全可追溯体系以信息体系为基础，通过食品安全信息的采集、披露和应用等实现信息披露的价值。然而，建立食品可追溯体系需要得到技术特别是信息技术的支持，同时，可追溯体系的运维持续的信息共享保障，均是确保食品可追溯体系正常运作必须支付的成本。表 5-7 提供了是否投资建设可追溯体系下食品企业与消费者选择的博弈支付矩阵，其中，U 代表消费者的效用，V 代表企业的效用，G 代表可追溯体系的建设成本和运维成本。

表 5-7　可追溯体系治理下的企业消费者博弈分析

消费者选择	无可追溯体系		有可追溯体系	
	生产安全食品	生产不安全食品	生产安全食品	生产不安全食品
消费者购买	U_1，V_1	U_2，V_2	U_1，V_1-G	U_2，V_2-G
消费者拒绝购买	U_3，V_3	U_4，V_4	U_3，V_3-G	U_4，V_4-G

显然，在没有可追溯体系的情况下，消费者如果购买了不安全的食品，将具有最低的效用，此时生产商的效用最高；当消费者购买安全的食品时其效用最高，当消费者拒绝购买安全食品时生产商的效用最低，即$\max(U_i)=U_1$，$\min(U_i)=U_2$，$\max(V_i)=V_2$，$\min(V_i)=V_3$。对博弈矩阵进行分析可知，此时（拒绝购买，生产不安全食品）是唯一的纳什均衡，在这种情况下厂商总有动力提供不安全的食品，产生了典型的囚徒困境问题。在有可追溯体系的情况下，生产商需要投入额外的建设运维成本G，G的大小与企业间信息对称程度θ负相关，即当信息对称程度越高时，G越小；当信息对称程度越低时，G越大。并且，在有可追溯体系的情况下，由于消费者能够掌握食品的安全信息，因此，不会购买不安全的食品。那么，当企业知道此情况时，如果企业有是否建设可追溯体系的决策权，则会比较不同情况下纳什均衡状态的收益，就有可能选择生产安全的食品，从而消除机会主义的动机。

如表 5-7 所示，有$V_1>V_4$，因而当θ较大时，存在一个较小的G值，使得（V_1-G）$>V_4$，此时（消费者购买，生产安全食品）是唯一的纳什均衡，企业有动力投资建设可追溯体系；如果可追溯体系的建设运维成本能在消费者和企业之间分摊，只要社会整体福利存在帕累托改进空间，即（U_1+V_1-G）$>$（U_4+V_4）时，食品供应链质量协同的主体仍有动力协商投资建设可追溯体系；当θ较小时，G较大，当（V_1-G）$<V_4$时，（消费者拒绝购买，企业生产不安全食品）是唯一的纳什均衡，

此时企业没有动力投资建设可追溯体系。如果企业没有动力投资建设可追溯体系但监管部门强制要求其建设时，为了降低成本G，生产商会降低信息采集和披露的投入，这必然会影响到可追溯体系的运作效果，使可追溯体系的可信威胁程度大大降低。根据以上分析，我们可以得到结论 5-1：

【结论 5-1】可追溯体系所提供的信息对食品安全违规行为具有震慑性治理效果，但信息采集和披露的成本会影响企业建设该体系的动力及该体系可信威胁的程度。

例如，四川省早在 2010 年就从省财政中投入 140 万元在全省 28 个县开展绿色食品质量安全可追溯体系建设的试点，旨在通过信息的可追溯提高全省食品安全治理水平。考虑到企业参与食品安全可追溯体系的建设成本负担，在 2011 年和 2012 年又分别投入 200 万元和 330 万元，继续在全省 20 个县开展绿色食品质量安全追溯体系建设。政府逐年增加财政投入的背后，正是企业单独建设可追溯体系的高成本与低动力。

2. 双边契约责任传递制度

食品生产企业与销售商之间的仓储运输契约、食品销售商与消费者之间的销售契约、政府与食品生产企业之间的监管契约等，都具有信息不完全、结果难以鉴别及质量难以观察等特点。与一般产品的契约相比，食品供应链契约具有更高的不完备程度。鉴于此，可采用双边契约责任传递方式来解决专业化分工带来的不完全契约问题。在食品供应链上下游企业之间的采购、分包、销售、运输等契约或交易关系中，采购方只向上一级供应商问责，而不向供应商的供应商问责，即食品供应链条中的企业只需向自己的客户负责，而不需要向客户的客户负责。例如，超市只对消费者负责，生产商只对超市负责，供应商只对生产商负责等。这里，消费者不直接过问生产商或供应商的销售行为，超市也不能推诿自己的采购管理责任。我们探讨双边契约责任传递制度设计与非双边契约责任传递制度设计对供应链总体制度成本及违法者违法成本的影响。

假设C代表制度成本，食品供应链上共有n个主体，主体i 向 j 发起问责的制度成本为 $C_{ij}\left(i, j=1,2,\cdots, n\right)\left(C_{ii}=0\right)$，$C_1$ 为消费者面临的制度执行成本，$C_1=\sum_{j=2}^{n} C_{1j}$。因此，在双边契约责任传递制度下，制度总成本为 $\sum_{i=1}^{n-1} C_{i,i+1}$。然而，在非双边契约责任传递制度下，各主体面临的追责对象可能有多个，包括销售环节、加工环节和种养殖环节等，那么，供应链总制度成本为 $\sum_{i=1}^{n-1}\sum_{j=i+1}^{n} C_{ij}$。可知，当$n>2$ 时，有

$\sum_{i=1}^{n-1} C_{i,i+1} < \sum_{i=1}^{n-1}\sum_{j=i+1}^{n} C_{ij}$，因而非双边契约责任传递的制度成本高于双边契约责任传递的制度成本。

现在分析出现问题时违法者的期望总成本，若违法者w被查处则需要向发起问责主体i支付惩罚成本C_0，并有$C_0 \gg C_{ij}$且假设消费者获得赔付的效用为N。在全供应链责任传递制度下，i需要向供应链各方进行追责，由于责权不对等及追责成本较高等原因，准确查处违法者w的概率降低。在双边契约责任传递制度下，i只需要向供应链上游（i+1）进行追责，若（i+1）不是违法者，则由（i+1）向（i+2）发起问责，如此向上游传递。为简化分析，假设行业信息对称程度θ即为出现食品安全问题时每个环节追责的准确率。

非双边契约责任传递制度下违法者成本为

$$C_w = \sum_{j=i}^{n} C_{wj} + C_0 \cdot \theta / (n - i + 1)$$

双边契约责任传递制度下违法者成本为

$$C'_w = C_{w,\ w-1} + C_{w,\ w+1} + C_0 \cdot \theta^{w-i}$$

可知，在具备一定规模n下的供应链中，只有当θ较大时，才有$C_w < C'_w$，即双边契约责任传递制度下违法者的期望成本高于非双边契约责任传递制度下违法者的期望成本。然而，在现实中，食品的信任品特征使得θ较小，同时，当违法者与受害者在供应链中的距离较远时（w–i较大），C_w会随之减小而C'_w随之会随之增大，此时很可能出现$C_w > C'_w$的情况，即双边契约责任传递制度下违法者的期望成本反而低于非双边契约责任传递制度下违法者的期望成本。目前，中国食品安全问题大多具有难以鉴别性和隐蔽性，大多数问题是消费者（i=1）事后发现的，从而对于违法者，尤其是对供应链前端的违法者而言，双边契约责任传递的威慑力会大大降低，而供应链末端的企业又可能因为承担了过大的惩罚风险而转向追求违法收益，从而导致逆向选择问题。根据以上分析，可以得到结论 5-2：

【结论 5-2】双边契约责任传递理论上能够有效降低供应链的整体制度成本，但食品安全违规行为广泛存在的难以鉴别性和隐蔽性会使这种制度难以发挥应有的治理作用，甚至可能引发逆向选择问题。

例如，我们在对广州市部分超市管理人员进行牛奶销售问题的实地调查时，不少受访者表示，如果是保质期过期、包装破损等问题，是比较容易进行责任辨析的，但有时消费者投诉喝了保质期内的牛奶拉肚子，就难以判断到底是超市方面的疏忽还是消费者自身的疏忽导致牛奶变质，因为中间过程的信息无法获取。

3. 以纵向联合为代表的组织制度

鉴于食品行业难以通过完备契约达到有效监管的特点，常见的弥补手段之一是进行有效的组织设计，如通过纵向联合有效地将上下游企业之间的外部契约内部化，典型的有通过纵向一体化、长期合作关系等弥补由于质量信息不可契约化的缺陷，或通过特许经营、回购等方式提高终端销售企业对食品质量维护的激励，或通过允许消费者申诉、生产经营者举证等手段提高消费者参与监管的激励。本小节先通过模型论证以纵向一体化为代表的组织形式设计的动因，再分析这种治理形式对食品安全信息共享与披露的影响。

假设纵向联合程度是企业的一个连续型决策变量，考虑纵向联合为核心企业带来的效率提升体现为优化整体成本，包括内部管理成本G及外部交易成本T。假设包括核心企业在内的上下游两个企业的管理成本及交易成本分别为G_1、T_1和G_2、T_2，两个企业进行纵向联合后管理总成本为$G=G_1'+G_2'$，交易总成本为$T=T_1'+T_2'$。显然，纵向联合后，信息对称程度的提高将使总交易成本$T<T_1+T_2$，当完全纵向一体化时，T=0。然而，G会随着纵向联合广度、深度的增大而变大，存在三种情况：当核心企业A拥有充分的资源时，$G<G_1+G_2$，企业会主动进行纵向联合；随着纵向联合范围的增大，企业进行纵向联合的资源配置超过资源的最高效率配置时，有$G>G_1+G_2$，此时若满足$(T+G)<(T_1+T_2+G_1+G_2)$，即纵向联合后总成本依然得到降低，则企业仍有动力进行纵向联合；而当$(T+G)\geqslant(T_1+T_2+G_1+G_2)$时，企业不再有动力进行纵向联合。因此，是否纵向一体化或纵向联合程度的选择本质上是内部管理成本与外部交易成本之间的最优平衡问题。

当企业进行纵向联合后，企业间信息对称程度的提高将有助于提升企业间的协同效率，但企业为纵向联合需要付出一定的信息共享成本。假设α代表协同效率的提高效益，即企业纵向联合后因交易成本的下降而带来的单位产出成本下降效应，β代表信息共享的增加成本，即企业因纵向联合后管理成本的增加而导致的单位产出成本增加效应，由于随着纵向联合程度或信息对称程度的提高，协同效益具有边际递减效应，而信息共享成本具有边际递增效应，假设M为单位信息对称程度的提高带来的净效用，且M的表达式为

$$M=\alpha\ln\theta-\beta\theta$$

式中，$\alpha>0$，$\beta>0$。显然，对M求导，可以得到最优信息对称程度θ^*，可以解得$\theta^*=\sqrt{\alpha/2\beta}$。当企业没有进行纵向联合时，食品行业广泛存在的高度信息非对称导致企业间协同效率较低（α较小），且信息共享成本较高（β较大），因此最优信息对称程度θ^*就会很低。此时，企业的纵向联合决策目标趋于很低的信息对称度；当企业逐步进行纵向联合时，α将逐渐增大，β将随纵向联合

程度的增大呈现先减小后增大的趋势，因而θ^*将先增大后减小，故存在一个最优纵向联合程度，使得企业最大化纵向联合的决策效用。由此可见，只有当食品行业协同效率较高，且信息共享成本较低时，最优信息对称程度θ^*才较大，此时企业在最大化纵向联合决策效用的同时也提高了行业的信息对称程度。由此得到结论 5-3：

【结论 5-3】食品企业会选择一个最优纵向联合程度以最大化企业纵向联合的决策效用,但食品企业的纵向联合决策不一定能提高食品行业的信息对称程度，主要取决于食品行业的协同效率和信息共享成本。

例如，国内花生油市场领先企业鲁花集团为了能够及时保质保量地收购质优价廉的花生原料，积极向产业链上游拓展，参与并控制农户的花生种植过程；肉制品行业龙头企业双汇和雨润则由单一品类起家，通过纵向联合走向全产业链发展之路。食品行业的纵向联合是控制食品安全风险的有效途径，但即使是实现全产业链发展的双汇，由于肉制品供应链的特性，其信息共享成本依旧居高不下，因而整个肉制品行业的信息对称程度并未得到明显提升。

5.3.2　三级制度体系的协同特征

由上述讨论可知，在单一监管体制下，由于以政府监管为核心，企业与政府之间的合作利益关系要强于企业与消费者之间的委托代理关系，而政府监管的部门分隔造成可追溯体系、组织形式设计和双边契约责任传递三种制度安排各自相对独立地运作，缺乏有效的协同和匹配。然而，在食品安全社会共治体制下，企业不仅需要加强与政府的合作利益关系，还需要考虑与消费者、媒体及相关社会第三方之间的合作利益关系，因此，对食品供应链质量的协同控制提出了迫切需求，需要三种方式相互补充、有效协同，形成食品安全社会共治预防—免疫—治疗的三级体系结构，以应对社会共治多主体之间的相互制衡与合作。

1）纵向联合与可追溯体系的交互关系

上述分析表明，在单一监管体制下，尽管可追溯体系、组织形式设计、双边契约责任传递三种制度可以相对独立地运作，但它们在单独发挥作用时都存在局限。在食品安全社会共治体制下需要将这三种方式进行有效协同，然而，如何让三种制度进行有效协同？这是食品安全治理中一个重要的理论问题，接下来我们对此进行具体探讨。首先，假设核心企业面临纵向联合程度和可追溯体系建设的决策问题，θ_0为企业进行纵向联合或可追溯体系建设决策前的初始信息对称程度，$G(\theta)$为可追溯体系建设和运维成本。根据前文模型分析，企业在进行可追溯体系建设的决策时，仅当$G<(U_1+V_1)-(U_4+V_4)$时，企业才有动力投资建设可追溯

体系。核心企业在进行纵向联合程度的决策时，会选择一个θ^*以最大化纵向联合收益$M(\theta)$，此时有$M(\theta^*)-M(\theta_0)>0$，且$\theta^*>\theta_0$，因而$G(\theta_0)-G(\theta^*)>0$。于是，当企业选择进行纵向联合和可追溯体系的建设时，与初始状态相比，可以获得的额外收益为$M(\theta^*)-M(\theta_0)+\left[G(\theta_0)-G(\theta^*)\right]$。因而当企业选择进行纵向联合时，企业会主动选择进行可追溯体系建设，当且仅当G满足下式：

$$G<(U_1+V_1)-(U_4+V_4)+M(\theta^*)-M(\theta_0)+\left[G(\theta_0)-G(\theta^*)\right]$$

通过对比纵向联合前后企业进行可追溯体系建设的条件要求，显然，企业选择进行纵向联合后，企业进行可追溯体系建设的动力增强了。同时，由上述分析可知，可追溯体系的建设能提升企业间的协同效率，从而有助于促进企业进一步的纵向联合。通过以上分析，可以得到结论 5-4：

【结论 5-4】在考虑激励供应链企业进行可追溯体系建设时，组织形式的设计应更趋向于纵向联合,因为这时企业进行可追溯体系建设能够获得更大的收益，从而会更主动地进行可追溯体系的建设，可追溯体系的建设又有助于促进企业进一步的纵向联合。

例如，厦门市开展农产品质量安全可追溯体系试点的初期，选择了青云岭生态农业有限公司、旺源隆蔬菜专业合作社、庄家宝蔬菜专业合作社和捷圣生态农业种植园四家企业（合作社）作为试点，这些企业或合作社均在纵向联合组织设计的基础上开展可追溯体系的建设。2013 年，厦门市又以同样思路选择了六家单位，进一步扩大农产品质量安全可追溯体系的覆盖面。

2）双边契约责任传递与可追溯体系、组织形式设计的交互关系

如前文所述，双边契约责任传递这一制度安排理论上能够有效降低供应链整体制度成本，但主要威胁在于目前我国食品行业信息对称程度过低，导致这一制度难以发挥应有的治理作用，如果能有效解决或缓解这个问题，双边契约责任传递的威慑性和可行性就会大为增强。假设企业已经进行了可追溯体系的建设及纵向联合，考虑与双边契约责任传递制度的交互关系。同前文，双边契约责任传递制度下违法者成本为$C'_w=C_{w,\ w-1}+C_{w,\ w+1}+C_0\cdot\theta_0^{w-i}$，当企业进行可追溯体系建设后，经过一段时间$t$的运作，纵向联合企业的协同效率会比建设可追溯体系前更高，且信息获取成本会降低，因而企业的最优θ^*将会增大，假设增大为θ^{**}，可推知$M(\theta^{**})-M(\theta^*)>0$。此时，违法者成本为变为$C''_w=C_{w,\ w-1}+C_{w,\ w+1}+C_0\cdot\theta_{**}^{w-i}$，显然$C''_w>C'_w$。同时，企业进行纵向联合尤其是纵向一体化，会使供应链环节缩短，在双边契约责任传递制度下，纵向一体化企业若违法被查处后面临的声誉损失将比原来更大，因而惩罚成本C_0将增大为C'_0，假设供应链中企业纵向一体化导致供应链环节的减少量为x，则违法者成本为变为$C'''_w=C_{w,\ w-1}+C_{w,\ w+1}+C'_0\cdot\theta_{**}^{w-i-x}$，显然$C'''_w>C''_w>C'_w$。由此可见，可追溯体系的建设及纵向联合

的组织形式能够有效提升双边契约责任传递制度的可行性和威慑力。

此外，由于在双边契约责任传递制度下，供应链整体制度成本降低，若将此部分降低成本在企业可追溯体系建设或纵向联合组织设计中进行重分配的话，可知，只要可追溯体系的建设成本满足下式，则供应链上的企业将主动进行可追溯体系建设：

$$G<\left(U_1+V_1\right)-\left(U_4+V_4\right)+M\left(\theta^{**}\right)-M\left(\theta_0\right)+\left[G\left(\theta_0\right)-G\left(\theta^{**}\right)\right]$$
$$+\left(\sum_{i=1}^{n-1}C_{i,i+1}-\sum_{i=1}^{n-1}\sum_{j=i+1}^{n}C_{ij}\right)$$

显然，在双边契约责任传递制度下，企业进行可追溯体系建设的条件要求进一步降低，进行可追溯体系建设和纵向一体化的获益进一步提高。与我们前述模式相比，此时企业进行可追溯体系建设和选择纵向一体化的可行性与动力都得到了增强。根据上述分析，可以得到结论 5-5：

【结论 5-5】可追溯体系和纵向一体化能够提升双边契约责任传递的可行性与威慑性，而双边契约责任传递能够有效激励企业进行可追溯体系建设和选择纵向一体化，通过三者的协同能够促进供应链的整体声誉体系，降低供应链各方出现机会主义行为的可能性。

从三种制度安排的协同水平来看，我国与发达国家的食品安全治理效果仍有明显差距。以美国为例，首先，美国已实现对本国生产的食品进行全程监管、追踪和控制。在食品供应链的每个环节，监管人员都会记录食品的各种信息。例如，在生产过程中，不仅记录产品品种、生产时间及生产农场信息，还记录种植处理、土壤消毒、栽培方式、施肥、灌溉、农药使用、收获采摘等信息，通过信息系统，这些信息得以快速高效收集，并形成数据库，上传到公众信息平台，真正做到全过程信息可追溯。其次，美国食品行业的市场集中度与纵向一体化程度远高于我国，如美国十大饮料公司占全美饮料总产量的 96.9%，我国只有 39.5%。美国猪肉加工前四强企业占全国总加工能力的 50%以上，我国则不足 10%。目前美国有 5 200 多家饲料生产企业，数量较高峰期缩减了 30%以上，规模的扩大带动了产业整合，而我国目前有 1 万多家饲料生产企业，大部分规模较小。最后，美国积极设立相关法律法规，明确食品安全问题中的责任认定。例如，2013 年 1 月，美国FDA发布了《农产品安全标准条例》和《食品预防控制措施条例》草案，将对食品安全的监管起点推进到田间和源头生产商，并落实《食品安全现代化法案》以预防为主的精神。通过三者的相互协同，美国形成了食品安全的有效治理。然而，目前我国还未能形成可追溯体系、纵向一体化及双边契约责任传递三种制度安排有效互补和联动的食品安全治理模式。

5.3.3　社会共治三种制度的混合治理需求

食品供应链降低契约不完备程度的三种制度安排各有优劣：可追溯体系的制度安排能够提供对食品安全问题具有震慑性治理效果的信息，但信息采集和披露成本会影响企业建设该体系的动力及该体系可信威胁的程度；组织形式设计的制度安排会使食品企业选择一个最优纵向联合程度以最大化企业纵向联合的决策效用，但食品企业的纵向联合决策不一定能提高食品行业的信息对称程度；双边契约责任传递的制度安排理论上能够有效降低供应链的整体制度成本，但食品安全问题广泛存在的难以鉴别性和隐蔽性会使这种制度难以发挥应有的治理作用，甚至可能引发逆向选择问题。

在单一监管体制下，由于三种制度安排缺乏相互的配合与协同，从而使各自的优势难以得到充分发挥，劣势无法得到有效弥补。在食品安全社会共治的需求下，通过三种制度安排的互补和协同，能够弥补各自的劣势，形成混合治理的优势。具体而言，以纵向联合为代表的组织形式设计能降低可追溯体系的建设和协调成本，从而激励企业更主动地进行可追溯体系建设，而可追溯体系的建设又有助于促进企业进一步的纵向联合；可追溯体系和有效的组织形式设计能提升双边契约责任传递的可行性与威慑性，而双边契约责任传递能激励企业进行可追溯体系建设和选择有效的组织形式设计。三者的协同能促进供应链的整体声誉体系，降低供应链各方出现机会主义的可能性（参见图 5-2）。

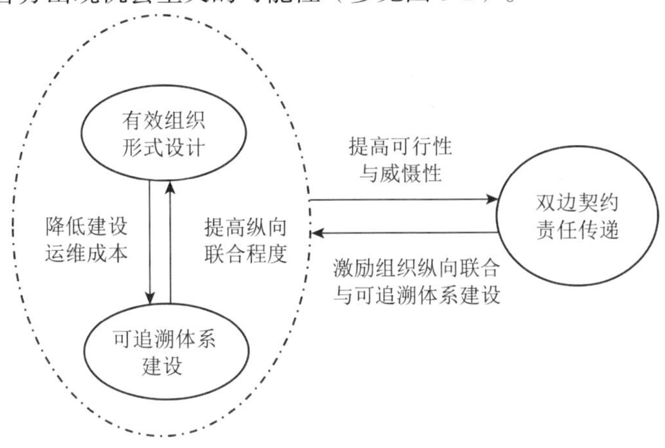

图 5-2　食品安全治理中三种制度安排的相互支持

本节讨论表明，现有食品安全治理制度安排之间未能有效协同，诸如可追溯体系、双边契约责任传递与组织形式设计等制度安排相互分离，也是构成中国食品安全治理失灵的重要制度原因。可追溯体系、双边契约责任传递与组织形式设计三种制度安排之间的优势互补和相互协同看似直观、简单，但将三者的关系放在中国食品安全治理体制由单一监管体制向社会共治体制转型这一实践背景下来考察，却具有重要的理论价值和实践意义。尤其，在以政府监管部门作为主体的单一监管体制下，三者各自相对独立地发挥不同的作用，但由于缺乏相互的有机结合，未能形成预防—免疫—治疗的三级制度协同体系，导致食品安全治理低效。可见，食品安全的社会共治不仅需要多主体的共同参与，需要努力建成多中心体系结构，也应同时发挥正式与非正式治理的优势，向预防—免疫—治疗的三级制度协同体系迈进。

5.4　消费者参与社会共治的演化博弈分析①

无论是食品安全治理的经济学分析，还是管理科学或公共管理分析，其均强调消费者参与食品安全社会共治的重要性，认为消费者“用脚投票”，或消费者和媒体等第三方监督对政府监管部门的监督在一定程度上具有替代性，强化消费者参与有助于促使政府监管部门加强监管以及改善企业食品安全治理（Innes，2006；肖静华等，2014）。消费者参与食品安全社会共治的方式包括联防联控、批评建议、有奖检举、网上揭发、申诉和控告等，由此构筑基于社会基层组织的食品安全监督体系。首先，对消费者参与的司法保护和消费者权益保障机制，有助于强化消费者参与食品安全治理的举报监督，如实行举证责任倒置、合理界定销售者责任、明确精神损害的赔偿、明确食品经营者违规举报的受理制度等；其次，综合运用实证分析法、比较分析法等方法，厘清消费者参与和食品安全有奖举报的耦合关系，认为完善消费者有奖举报制度的建设也是一项重要的治理举措；最后，建立“互联网+”为载体的网络举报平台，完善消费者检举投诉的途径，对促进消费者参与行为也十分重要。同时，通过实验等研究发现，利用新媒体特别是视频技术能够有效提升监管部门与消费者之间的交流效率，增强消费者对风险的认识，进而能够有效提升监管效能（Crovato et al.，2016）。可以认为，鼓励消费者参与食品安全社会共治是现有食品安全治理研究的重要理论共识之一。

然而，Unnevehr和Hoffmann（2015）指出，现实中消费者参与社会共治的意愿虽高但参与共治的效果不佳，这是现有制度缺陷导致的消费者参与渠道不畅，或消费者参与激励不充分所致的。王冀宁和缪秋莲（2013）认为，唯有消费者不断积累学习时间才有可能真正参与到食品安全监督行动中，否则参与监督的消费

① 本节内容最初发表在谢康、刘意、杨楠堃和肖静华《消费者参与食品安全社会共治的条件与组合策略》，中山大学管理学院工作文件，2016年6月，内容有适当更改。

者比例最初是很少的。通过进一步搜集现实素材，发现消费者参与共治的效果不佳。例如，四川雅安市设置食品安全举报奖励一年多，90%的举报奖励金无人认领。在接受采访时，举报者表示听到奖金时都很高兴，但听说要带身份证来领取，很多人就打起“退堂鼓”，担心举报信息被公开而被报复。又如，贵州省财政安排举报奖励金 300 万元，但 2014 年仅奖出 10 万元。广东省佛山市 100 万元奖励金也只发出 10 万元。受访者表示不信任政府的保密工作，担心实名举报后受到打击报复反而损失惨重。再如，陕西省宝鸡市有奖举报食品安全违法线索出台两年来只有 12 名举报人举报，仅发放举报奖 1.2 万元，宝鸡市食品安全办公室负责人认为，这种现象是市民举报意识薄弱，缺乏积极性，或不关心、不参与造成的。上述事例表明，现实中消费者参与食品安全社会共治的积极性和参与监督成效受到制度抑制。Scott等（2014）也发现，在中国食品安全治理中存在国家驱动与公民社会驱动的矛盾现象,中国消费者更相信生产者与消费者之间交易产生的信任，而不信任政府颁布的各种质量认证等。

针对上述理论研究中强调消费者参与食品安全共治的结论与现实中消费者参与共治积极性不高的不一致现象，本节基于有限理性假设，通过构建消费者与食品企业之间的演化博弈模型，从感知收益的层面探讨消费者参与食品安全共治的动态行为演化过程，提炼出六种情形下消费者参与食品安全共治的约束条件，形成以下三方面主要创新：首先，我们与张国兴等（2015）既有食品安全治理演化博弈研究不同的是，将前景理论引入食品安全消费者与食品企业之间的演化博弈分析中，进一步刻画出消费者参与食品安全共治的参与约束条件，特别是考虑了消费者有限理性下损失厌恶等效应对其参与决策产生的不利影响，从而扩展了既有文献以理性假设为基础的消费者参与食品安全共治研究；其次，我们与Scott等（2014）研究不同的是，后者是从国家驱动与公民社会驱动的矛盾视角考察消费者参与中信任不一致现象的，我们则从消费者参与食品安全共治的条件角度回答中国食品安全治理中为什么会出现国家驱动与公民社会驱动的矛盾现象；最后，现有食品质量链研究侧重从上游供应端探讨协同机制，较少涉及下游消费者参与端的食品质量链研究，或虽有涉及消费者参与端的食品质量链研究，但侧重从不完全契约视角进行分析，缺乏从消费者参与约束条件角度进行深入探讨的研究，提出消费者参与成为食品质量链全过程协同机制的约束条件，使既有相关研究从经验的分散认识升华为规范的理论分析。

5.4.1　模型建构

假设 1：博弈中存在消费者和食品企业两类博弈群体，且两类群体中个体均为有限理性人，并且，其策略选择基于自身对策略价值的感知而非实际效用，即符合前景理论的分析框架。消费者的策略集合为{X_1=参与，X_2=不参与}，食品企业的策略集合为{Y_1=不生产次品，Y_2=生产次品}。在消费者参与食品安全社会共治下，食品企业生产次品时，被消费者发现，向监管部门投诉的概率为p。

假设 2：在消费者参与食品安全社会共治的情况下，食品企业不生产次品，即博弈的策略集合为{X_1，Y_1}时，企业可以获得收益π_0，即消费者对食品的实际支付。对于消费者而言，参与食品安全社会共治可获得的心理收益为r。同时，消费者参与社会共治需要付出c_0的参与成本，如投诉、举证等成本。此外，企业生产安全食品，消费者享用安全食品可获得的效用为V。可知，该策略集合中π_0客观发生的概率$p=1$。为简单化，我们均将决策的参照点设置为0。这样，根据感知效用的表达式$V=\sum_1^n \pi(p_i)v(\Delta\omega_i)$，有

$$v(\pi_0)=\pi(1)v(\pi_0)+\pi(0)v(0)$$

又$\pi(1)=1$，$\pi(0)=0$，所以$v(\pi_0)=\pi_0{}^{\eta}$。同理，r、c_0客观发生的概率$p=1$，于是有$v(r)=r^{\eta}$，$v(-c_0)=-\lambda c_0{}^{\rho}$，$v(V)=V^{\eta}$。

假设 3：在消费者参与食品安全社会共治的情况下，食品企业生产次品，即博弈策略集合为{X_1，Y_2}时，企业可以获得初始违规收益π_0'。由于企业生产次品，其生产成本更低，因而在相同的消费者支付下，企业生产次品时的初始违规收益大于不生产次品时的初始收益，即$\pi_0'>\pi_0$①。但是，企业生产次品一旦被消费者以p的概率向监管部门投诉，企业将遭到监管部门的罚款以及消费者的信誉损失等惩罚，在此统一设定为D。对于消费者而言，参与食品安全社会共治，也将获得心理收益为r，付出c_0的参与成本。同时，一旦举报成功，消费者将获得政府监管部门Q的奖励。这样，企业对处罚D的感知为

$$v(-D)=\pi(p)v(-D)+\pi(1-p)v(0)$$

因$-D<0$，在决策参考点以下，$v(-D)=-\pi^-(p)\lambda D^{\rho}$，$\pi^-(p)=\dfrac{p^{\delta}}{(p^{\delta}+(1-p)^{\delta})^{1/\delta}}$。

同理，消费者对奖励Q的感知为

$$v(Q)=\pi(p)v(Q)+\pi(1-p)v(0)$$

因$Q>0$，在决策参考点以上，$v(Q)=\pi^+(p)Q^{\eta}$，$\pi^+(p)=\dfrac{p^{r}}{(p^{r}+(1-p)^{r})^{1/r}}$。

假设 4：在消费者不参与食品安全社会共治的情况下，此时食品企业不生产次品，即博弈的策略集合为{X_2，Y_1}时，消费者获得效用为V，食品企业获得收

① 为简化，本章仅用一个总体收益表示企业的收入与成本之差。

益为π_0。

假设 5：在消费者不参与食品安全社会共治的情况下，食品企业生产次品，即博弈的策略集合为{X_2，Y_2}时，消费者获得的效用为$-V$。并且，食品企业的收益为π_0'。博弈双方的感知收益矩阵参见表 5-8。

表 5-8　消费者参与食品安全社会共治的感知收益矩阵[①]

消费者	食品企业	
	诚信生产（Y_1）	违规生产（Y_2）
参与（X_1）	$v(r)+v(-c_0)+v(V)$，$v(\pi_0)$	$v(r)+v(Q)+v(-c_0)+v(-V)$，$v(\pi_0')+v(-D)$
不参与（X_2）	$v(V)$，$v(\pi_0)$	$v(-V)$，$v(\pi_0')$

消费者选择参与食品安全社会共治的收益u_{11}、选择不参与食品安全社会共治的收益u_{12}以及混合策略的收益$\bar{u}_1$分别为

$$u_{11}=y[v(r)+v(-c_0)+v(V)]+(1-y)[v(r)+v(Q)+v(-c_0)+v(-V)]$$

$$u_{12}=yv(V)+(1-y)v(-V)$$

$$\bar{u}_1=xu_{11}+(1-x)u_{12}$$

根据Malthusian的动态方程，即策略的增长率等于其适应度减去策略的平均适应度(在这里适应度即为收益，演化时间为t)，构造消费者群体的复制动态方程：

$$\begin{aligned}\frac{\mathrm{d}x}{\mathrm{d}t}&=x(u_{11}-\bar{u}_1)\\&=x(1-x)\{y[v(r)+v(-c_0)+v(V)]+(1-y)[v(r)+v(Q)+v(-c_0)+v(-V)\\&\quad-yv(V)-(1-y)v(-V)\}\end{aligned}$$

令$\frac{\mathrm{d}x}{\mathrm{d}t}=0$，得

$$y^*=\frac{v(Q)+v(r)+v(-c_0)}{v(Q)}$$

同理，食品企业选择诚信生产的期望收益u_{21}、选择违规生产的期望收益u_{22}，以及食品企业混合策略的收益$\bar{u}_2$分别为

$$u_{21}=xv(\pi)+(1-x)v(\pi)$$

$$u_{22}=x[v(\pi')+v(-D)]+(1-x)v(\pi')$$

$$\bar{u}_2=yu_{21}+(1-y)u_{22}$$

同理，构造食品企业群体的复制动态方程：

① 对于演化博弈感知收益矩阵的构建，可参见周国华等（2012）、徐建中和徐莹莹（2015a）的构建方式。

$$\frac{dy}{dt} = y(u_{21} - \bar{u}_2) = y(1-y)\{x\pi + (1-x)\pi - x[\pi' + v(-D)] - (1-x)v(\pi')\}$$

令 $\frac{dy}{dt} = 0$ ，得

$$x^* = \frac{v(\pi') - v(\pi)}{-v(-D)}$$

由此，我们得到平面系统上的五个复制动态稳定点，即O（0，0）、A（0，1）、B（1，0）、C（1，1）、$\left(\frac{v(\pi') - v(\pi)}{-v(-D)}, \frac{v(Q) + v(r) + v(-c_0)}{v(Q)}\right)$。

5.4.2 演化博弈均衡点的稳定性

复制动态方程求出的稳定点不一定是系统的演化稳定策略（evolutionarily stable strategy，ESS），根据Friedman（1998）提出的方法，微分方程系统的演化稳定策略可以从该系统的雅可比矩阵的局部稳定性分析得出：

$$\boldsymbol{J} = \begin{pmatrix} \partial(dx/dt)/\partial x, \partial(dx/dt)/\partial y \\ \partial(dy/dt)/\partial x, \partial(dy/dt)/\partial y \end{pmatrix}$$

式中，$\partial(dx/dt)/\partial x$，$\partial(dx/dt)/\partial y$，$\partial(dy/dt)/\partial x$，$\partial(dy/dt)/\partial y$ 分别为以下表达式：

$$\partial(dx/dt)/\partial x = (1-2x)[\pi^+(p)Q^\eta + r^\eta - \lambda c_0{}^\rho - \pi^+(p)Q^\eta y]$$

$$\partial(dx/dt)/\partial y = -x(1-x)\pi^+(p)Q^\eta$$

$$\partial(dy/dt)/\partial x = y(1-y)\pi^-(p)\lambda D^\rho$$

$$\partial(dy/dt)/\partial y = (1-2y)[\pi^-(p)\lambda D^\rho x - (\pi_0'^\eta - \pi_0{}^\eta)]$$

当满足下列两个条件时，系统局部均衡点将成为ESS：

$$\mathrm{Det}(\boldsymbol{J}) = [\partial(dx/dt)/\partial x][\partial(dy/dt)/\partial y] - [\partial(dy/dt)/\partial x][\partial(dx/dt)/\partial y] > 0$$

$$\mathrm{Tr}(\boldsymbol{J}) = \partial(dx/dt)/\partial x + \partial(dy/dt)/\partial y < 0$$

由此我们得到系统五个局部均衡点处Det（$\boldsymbol{J}$）与Tr（$\boldsymbol{J}$）的值，如表 5-9 所示。

表 5-9 局部均衡点处 Det($\boldsymbol{J}$) 与 Tr($\boldsymbol{J}$) 的值

均衡点	Det（$\boldsymbol{J}$）	Tr（$\boldsymbol{J}$）
（0，0）	$-[\pi^+(p)Q^\eta + r^\eta - \lambda c_0{}^\rho](\pi_0'^\eta - \pi_0{}^\eta)$	$\pi^+(p)Q^\eta + r^\eta - \lambda c_0{}^\rho - (\pi_0'^\eta - \pi_0{}^\eta)$
（0，1）	$(r^\eta - \lambda c_0{}^\rho)(\pi_0'^\eta - \pi_0{}^\eta)$	$r^\eta - \lambda c_0{}^\rho + (\pi_0'^\eta - \pi_0{}^\eta)$
（1，0）	$[\pi^-(p)\lambda D^\rho - (\pi_0'^\eta - \pi_0{}^\eta)] \times [\pi^+(p)Q^\eta + r^\eta - \lambda c_0{}^\rho]$	$[\pi^-(p)\lambda D^\rho - (\pi_0'^\eta - \pi_0{}^\eta)]$ $-(\pi^+(p)Q^\eta + r^\eta - \lambda c_0{}^\rho)$

续表

均衡点	Det（$\boldsymbol{J}$）	Tr（$\boldsymbol{J}$）
（1，1）	$[\pi^{-}(p)\lambda D^{\rho}-(\pi_0^{m}-\pi_0^{\eta})](r^{\eta}-\lambda c_0^{\rho})$	$-[\pi^{-}(p)\lambda D^{\rho}-(\pi_0^{m}-\pi_0^{\eta})]-(r^{\eta}-\lambda c_0^{\rho})$
(x^*, y^*)	H	0

表 5-9 中，$H=x^*y^*(1-x^*)(1-y^*)\pi^{+}(p)\pi^{-}(p)\lambda D^{\rho}Q^{\eta}$。从 5-9 表可以看出，对于四个局部均衡点，Det($\boldsymbol{J}$) 和 Tr($\boldsymbol{J}$) 的值分别受到 $\pi^{+}(p)Q^{\eta}+r^{\eta}-\lambda c_0^{\rho}$ 、$r^{\eta}-\lambda c_0^{\rho}$ 和 $\pi^{-}(p)\lambda D^{\rho}-(\pi_0^{m}-\pi_0^{\eta})$ 的正负的影响。经分析可知，其正负号有以下六种情形。

（1）当 $\lambda c_0^{\rho}>\pi^{+}(p)Q^{\eta}+r^{\eta}$，$\pi^{-}(p)\lambda D^{\rho}>(\pi_0^{m}-\pi_0^{\eta})$ 时，动态系统均衡点的局部稳定性如表 5-10 所示。此时，该系统有四个局部稳定点，其中 O（0，0）为系统唯一的一个ESS稳定均衡点。在这种情形下，动态演化的均衡结果是消费者不参与、企业违规生产。具体而言，当消费者对参与食品安全共治成本这项“损失”的感知很高，甚至大于其对心理收益以及政府参与奖励的感知之和时，消费者选择不参与食品安全共治。同时，企业对其违规生产被消费者投诉后的“损失”感知大于其对预期违规的“收益”感知时，企业选择违规生产。此时，演化系统就会陷入一个最差的锁定状态中，系统动态演化相位图见图 5-3。

表 5-10　情形（1）时的局部稳定性

均衡点	Det($\boldsymbol{J}$)	Tr($\boldsymbol{J}$)	均衡点结果
（0，0）	+	–	ESS
（0，1）	–	不确定	鞍点
（1，0）	+	+	不稳定
（1，1）	–	不确定	鞍点
(x^*, y^*)	未知	0	无

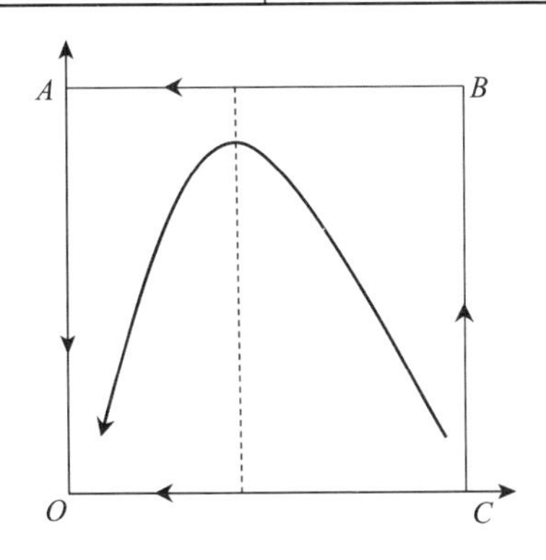

图 5-3　情形（1）时的系统动态演化相位图

（2）当$\lambda c_{0}^{\ \rho} > \pi^{+}(p)Q^{\eta} + r^{\eta}$，$\pi^{-}(p)\lambda D^{\rho} < (\pi_{0}^{\prime\eta} - \pi_{0}^{\ \eta})$时，动态系统均衡点的局部稳定性如表 5-11 所示。在这种情形下，系统有四个局部稳定点，同样只有唯一的一个ESS稳定均衡点O（0，0）。动态演化的均衡结果依然是消费者不参与、企业违规生产。也就是说，当消费者对参与食品安全共治成本这项“损失”感知依然很高，甚至超过其对心理收益和政府参与奖励的感知之和时，消费者选择不参与食品安全共治。同时，企业对其违规生产被消费者投诉后的“损失”感知小于其对预期违规的“收益”感知时，企业依然选择违规生产。此时，演化系统依然处于一个最差的锁定状态，系统动态演化相位图参见图 5-4。

表 5-11　情形（2）时的局部稳定性

均衡点	Det(J)	Tr(J)	均衡点结果
（0，0）	+	−	ESS
（0，1）	−	不确定	鞍点
（1，0）	−	不确定	鞍点
（1，1）	+	+	不稳定
(x^{*}, y^{*})	未知	0	无

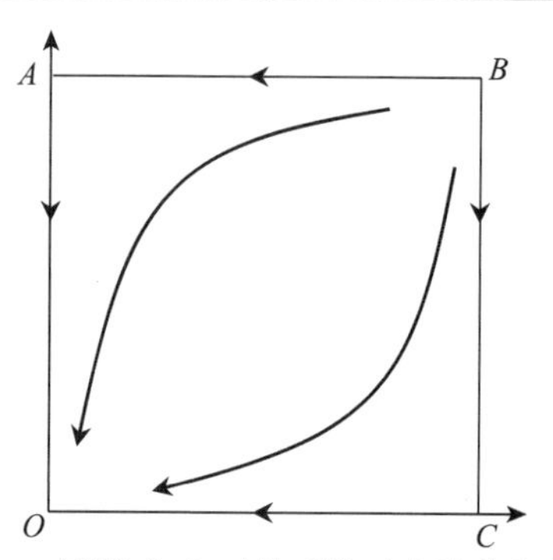

图 5-4　情形（2）时的系统动态演化相位图

（3）当$\pi^{+}(p)Q^{\eta} + r^{\eta} > \lambda c_{0}^{\ \rho} > r^{\eta}$，$\pi^{-}(p)\lambda D^{\rho} > (\pi_{0}^{\prime\eta} - \pi_{0}^{\ \eta})$时，动态系统均衡点的局部稳定性如表 5-12 所示。演化系统有四个局部稳定均衡点。其中，O（0，0）、A（0，1）、B（1，0）、C（1，1）为鞍点，$H(x^{*}, y^{*})$为中心点。在这种情形下，动态演化的均衡结果具有随机性。具体来说，当消费者对参与食品安全社会共治的成本这项损失感知大于参与共治的心理收益感知，但小于心理收益感知与对政府参与奖励的感知之和，且食品企业对其违规生产被消费者投诉后的损失感知大于其对违规预期收益感知时，消费者和企业均将同时采取混合策略，消费者或者采取参与策略或者采取不参与策略，同时食品企业也采取或者违规或者不违规策略，系统动态演化相位图参见图 5-5。

表 5-12　情形（3）时的局部稳定性

均衡点	Det(*J*)	Tr(*J*)	均衡点结果
（0，0）	–	不确定	鞍点
（0，1）	–	不确定	鞍点
（1，0）	–	不确定	鞍点
（1，1）	–	不确定	鞍点
(x^*, y^*)	未知	0	中心点

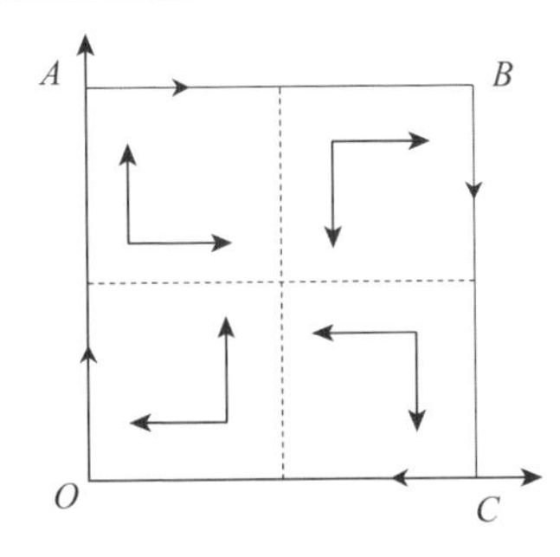

图 5-5　情形（3）时的系统动态演化相位图

（4）当 $\pi^+(p)Q^\eta + r^\eta > \lambda c_0{}^\rho > r^\eta$，$\pi^-(p)\lambda D^\rho < (\pi_0'^\eta - \pi_0{}^\eta)$ 时，动态系统均衡点的局部稳定性如表 5-13 所示。其中，B（1，0）为唯一的ESS稳定均衡点，均衡结果是消费者参与、企业违规生产。在这种情形下，当消费者对参与共治的成本这项损失感知大于其参与的心理收益感知，但小于心理收益感知与对政府参与奖励感知之和，且企业对其违规生产被消费者投诉后的损失感知小于其对违规预期收益的感知时，消费者选择参与食品安全共治，而企业选择违规，系统动态演化相位图参见图 5-6。

表 5-13　情形（4）时的局部稳定性

均衡点	Det(*J*)	Tr(*J*)	均衡点结果
（0，0）	–	不确定	鞍点
（0，1）	–	不确定	鞍点
（1，0）	+	–	ESS
（1，1）	+	+	不稳定
(x^*, y^*)	未知	0	无

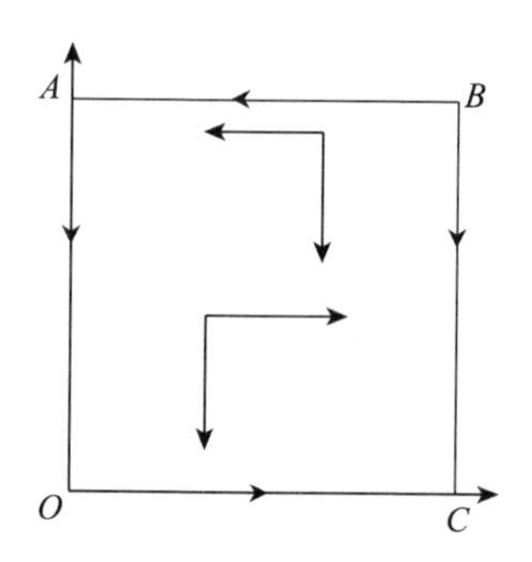

图 5-6　情形（4）时的系统动态演化相位图

（5）当 $r^{\eta} > \lambda c_{0}^{\ \rho}$ ，$\pi^{-}(p)\lambda D^{\rho} > (\pi_{0}^{\prime\eta} - \pi_{0}^{\ \eta})$ 时，系统均衡点的局部稳定性如表5-14 所示。系统有四个局部稳定均衡点，但C（1，1）为唯一的ESS稳定均衡点。在该情形下，均衡结果是消费者参与、企业不违规生产。此时，消费者对参与成本这项损失的感知小于对自身心理收益的感知，企业对违规生产被消费者投诉后的损失感知大于其对违规预期收益感知时，消费者选择参与，企业选择不违规生产，系统动态演化相位图参见图 5-7。

表 5-14　情形（5）时的局部稳定性

均衡点	Det(***J***)	Tr(***J***)	均衡点结果
（0，0）	−	不确定	鞍点
（0，1）	+	+	不稳定
（1，0）	−	不确定	鞍点
（1，1）	+	−	ESS
(x^{*}, y^{*})	未知	0	无

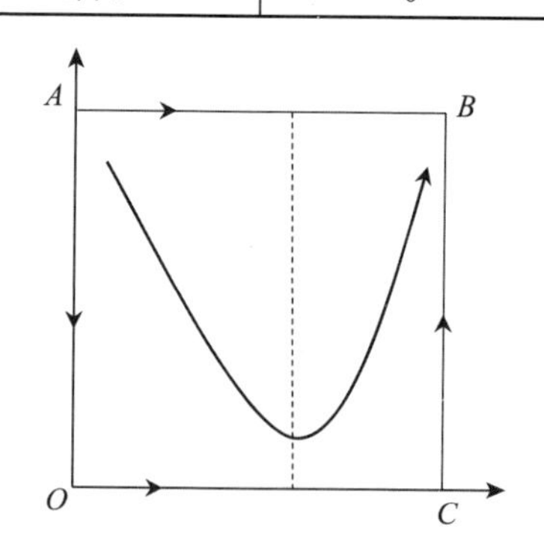

图 5-7　情形（5）时的系统动态演化相位图

（6）当 $r^{\eta} > \lambda c_{0}^{\ \rho}$ ，$\pi^{-}(p)\lambda D^{\rho} < (\pi_{0}^{\prime\eta} - \pi_{0}^{\ \eta})$ 时，动态系统均衡点的局部稳定性分析如表 5-15 所示。该系统有四个局部稳定均衡点。其中B（1，0）为唯一的ESS稳定均衡点。在该情形下，动态演化的均衡结果是消费者参与、企业依然违规生产。

具体来说，消费者对参与成本的这项损失感知小于对自身心理收益的感知，且企业对违规生产被消费者投诉后的损失感知小于对违规预期收益感知时，消费者选择参与食品安全共治，但企业依然选择违规生产，系统动态演化相位图参见图 5-8。

表 5-15　情形（6）时的局部稳定性

均衡点	Det(***J***)	Tr(***J***)	均衡点结果
（0，0）	−	不确定	鞍点
（0，1）	+	+	不稳定
（1，0）	+	−	ESS
（1，1）	−	不确定	鞍点
(x^*, y^*)	未知	0	无

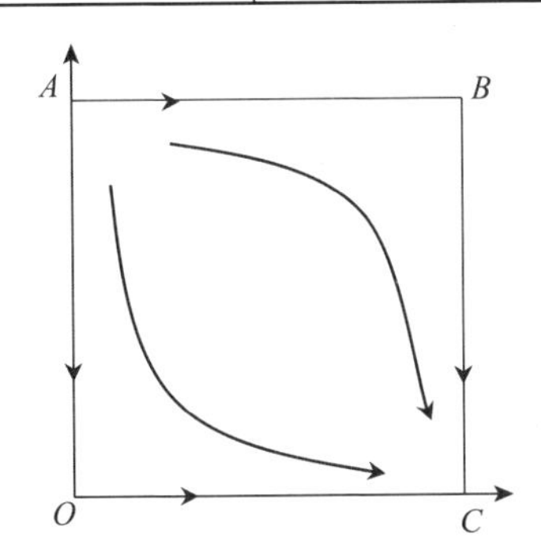

图 5-8　情形（6）时的系统动态演化相位图

由上述六种情形下消费者参与食品安全共治局部稳定性分析结果可知，情形（1）和情形（2）属于演化系统最差的锁定状态，情形（4）和情形（6）为消费者参与而企业依然选择违规，情形（3）存在随机性，只有情形（5）属于消费者参与、企业不违规的情形。

因此，可以认为，理论上消费者参与食品安全共治可以改进食品安全治理这一理论共识存在严格的约束条件。现实中，要满足这个约束条件需要政府、企业与消费者支付更高的成本，尤其是社会协同成本。这既是食品安全社会共治的困局，也是食品安全社会共治实现突破的关键点，是无法回避的社会公共管理问题。

5.4.3　仿真分析与讨论

1. 消费者与企业动态演化过程的仿真分析

为更深入探讨消费者参与食品安全共治的博弈主体各支付参数变化对博弈均衡的影响，接下来利用Matlab 2014a进行仿真分析（仿真代码参见附录 1），进一步探讨消费者参与行为及企业生产行为的动态演化过程。根据Tversky和Kahneman（1992）的测算，主观概率中$\pi^+(p)$和$\pi^-(p)$几乎无差异，因此，为便于分析计算，在系统仿真中令$\pi^+(p)=\pi^-(p)$。

根据谢康等（2015）提供的有限理性假设条件下消费者行为与食品企业之间的博弈规则，针对情形（1）有以下系统设定：$p=0.57$，$\eta=0.88$，$\lambda=2.25$，$Q=13.68$，$c_0=3.03$，$\pi_0'=10.8$，$\pi_0=4.12$，$r=0.45$，$D=5.45$；针对情形（2）有以下系统设定：$p=0.57$，$\eta=0.88$，$\lambda=2.25$，$Q=13.68$，$c_0=3.03$，$\pi_0'=10.8$，$\pi_0=4.12$，$r=0.45$，$D=2.47$。仿真结果见图5-9和图5-10。从情形（1）和情形（2）的仿真图形可以看出，当消费者对参与成本这项损失的感知很高，甚至大于对心理收益及参与投诉的奖励感知之和时，消费者会选择不参与食品安全共治。此时，无论食品企业对其违规生产被消费者投诉后的损失的感知大小如何，其均会选择违规生产。

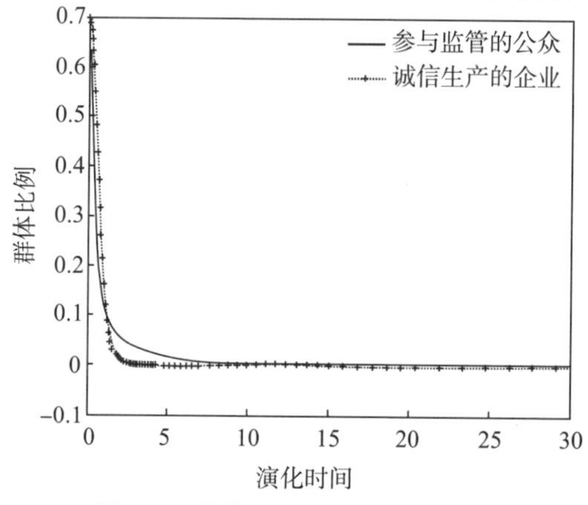

图5-9　情形（1）时的系统仿真图

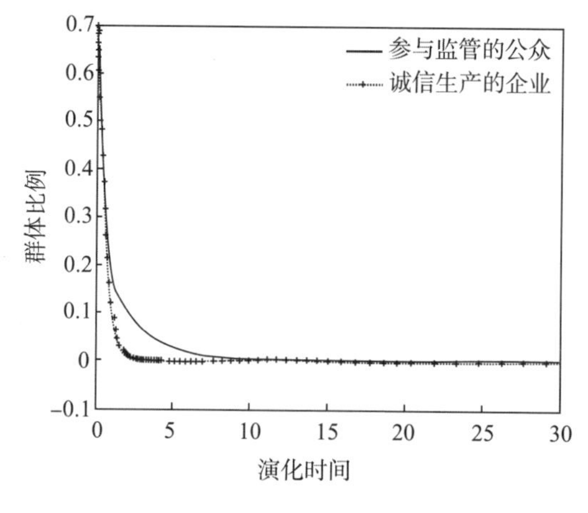

图5-10　情形（2）时的系统仿真图

同理，针对情形（3）有以下系统设定：$p=0.57$，$\eta=0.88$，$\lambda=2.25$，$Q=13.68$，$c_0=3.03$，$\pi_0'=10.8$，$\pi_0=4.12$，$r=6.22$，$D=5.45$；针对情形（4）有以下系统设定：$p=0.57$，$\eta=0.88$，$\lambda=2.25$，$Q=13.68$，$c_0=3.03$，$\pi_0'=10.8$，$\pi_0=4.12$，$r=6.22$，$D=2.47$。仿真结果见图 5-11 和图 5-12。图 5-11 呈现交替的随机性较好地反映出情形（3）的动态演化策略特征，即当消费者参与共治时企业诚信，不参与时企业则违规。图 5-12 则反映出情形（4），如果企业对违规生产被消费者投诉后的损失感知小于对违规预期收益的感知，即使消费者参与共治，企业也会采取违规行为的特征。

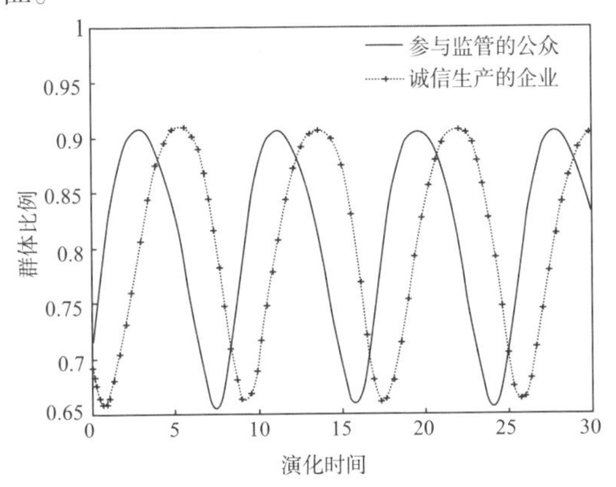

图 5-11　情形（3）时的系统仿真图

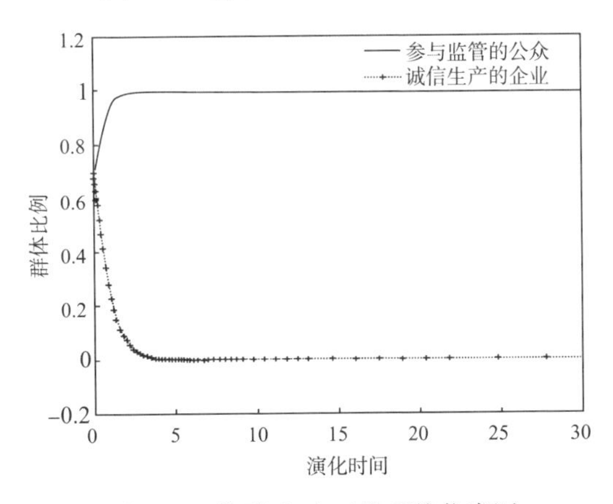

图 5-12　情形（4）时的系统仿真图

同理，针对情形（5）有以下系统设定：$p=0.57$，$\eta=0.88$，$\lambda=2.25$，$Q=13.68$，$c_0=3.03$，$\pi_0'=10.8$，$\pi_0=4.12$，$r=10$，$D=5.45$；针对情形（6）有以下系统设定：$p=0.57$，$\eta=0.88$，$\lambda=2.25$，$Q=13.68$，$c_0=3.03$，$\pi_0'=10.8$，$\pi_0=4.12$，$r=10$，$D=2.47$。仿真结果见图 5-13 和图 5-14。图 5-13 直观地反映出情形（5）

消费者参与共治改进食品安全治理状况的约束条件。图 5-14 则表明一旦企业对违规生产被消费者投诉后的损失感知小于对违规预期收益的感知，即使消费者参与共治，企业也选择违规。

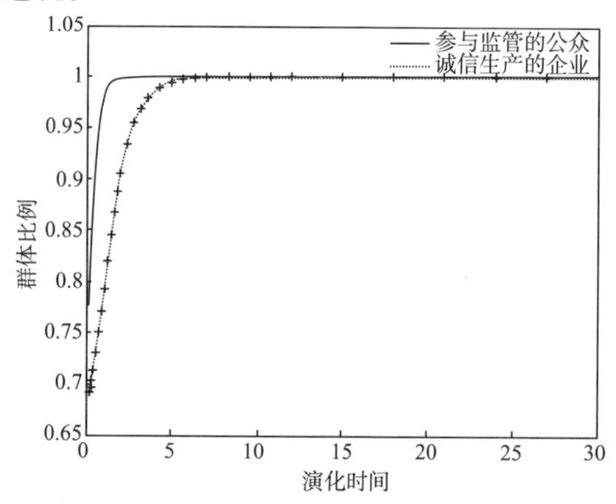

图 5-13　情形（5）时的系统仿真图

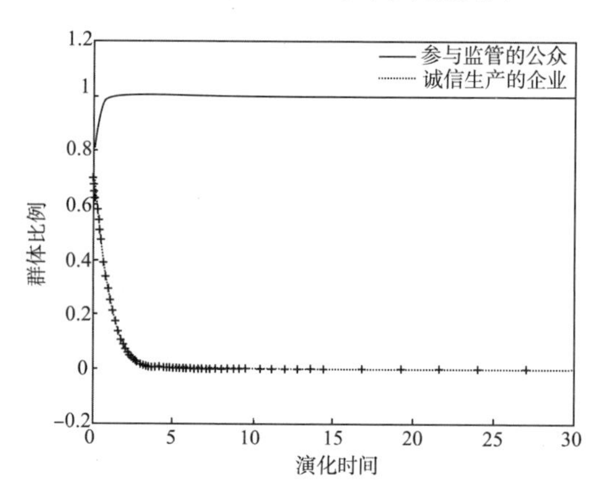

图 5-14　情形（6）时的系统仿真图

综合六种演化博弈的稳定均衡情形及仿真结果，不同约束条件下的消费者与企业的行为策略可用表 5-16 进行总结归纳，提炼出六种情形下消费者和食品企业参与食品安全社会共治的约束条件。

表 5-16　不同情形下消费者和食品企业参与食品安全社会共治的约束条件

消费者条件	企业条件	ESS	含义
$\lambda c_0{}^{\rho} > \pi^{+}(p)Q^{\eta} + r^{\eta}$	$\pi^{-}(p)\lambda D^{\rho} > (\pi_0'^{\eta} - \pi_0{}^{\eta})$	（0，0）	消费者对参与这项损失的感知很大时，消费者不参与；此时无论企业对违规惩罚感知的大小如何，企业均选择违规
	$\pi^{-}(p)\lambda D^{\rho} < (\pi_0'^{\eta} - \pi_0{}^{\eta})$	（0，0）	

续表

消费者条件	企业条件	ESS	含义
$\pi^{+}(p)Q^{\eta}+r^{\eta}>\lambda c_0{}^{\rho}>r^{\eta}$	$\pi^{-}(p)\lambda D^{\rho}>(\pi_0'^{\eta}-\pi_0{}^{\eta})$	无	消费者对参与这项损失的感知中等，且企业对违规惩罚的感知大于对违规收益的感知，双方行为具有随机性。当消费者参与时企业不违规，消费者不参与时企业违规
	$\pi^{-}(p)\lambda D^{\rho}<(\pi_0'^{\eta}-\pi_0{}^{\eta})$	（1，0）	消费者对参与这项损失的感知中等，且企业对违规惩罚的感知小于对违规收益的感知，即使消费者参与，企业依然选择违规
$r^{\eta}>\lambda c_0{}^{\rho}$	$\pi^{-}(p)\lambda D^{\rho}>(\pi_0'^{\eta}-\pi_0{}^{\eta})$	（1，1）	消费者对参与这项损失的感知较小，且企业对违规惩罚的感知大于对违规收益的感知，消费者选择参与，企业选择不违规
	$\pi^{-}(p)\lambda D^{\rho}<(\pi_0'^{\eta}-\pi_0{}^{\eta})$	（1，0）	消费者对参与这项损失的感知较小，且企业对违规惩罚的感知小于对违规收益的感知，消费者选择参与，企业依然选择违规

在表 5-16 结果基础上，我们将前景理论与期望效用理论下的消费者参与行为进行对比分析，仿真系统设定如下：$p=0.57$，$\eta=0.88$，$\lambda=2.25$，$Q=13.68$，$c_0=3.03$，$r=6.22$。仿真结果见图 5-15。从图 5-15 可以看出，在前景理论决策模式下，消费者由于对收益的敏感性递减（η），以及对损失相对于收益更加敏感（λ），因此，相对于期望效用理论下的消费者行为，前景理论下消费者向参与策略演化的速率更慢。

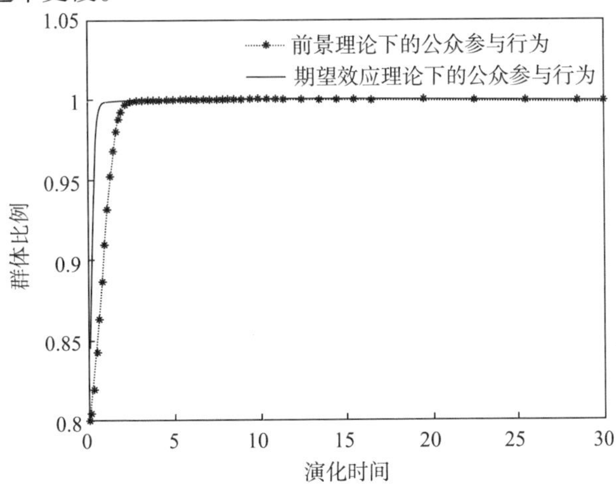

图 5-15 前景理论与期望效用理论下消费者参与行为的比较

2. 消费者收益敏感度与损失厌恶影响参与行为的仿真分析

接下来，我们讨论消费者价值函数的敏感程度η以及损失厌恶程度λ对消费者参与行为的影响，即进行消费者价值函数的敏感程度η及损失厌恶程度λ的敏感性分析。仿真系统设定如下：$p=0.57$，$\lambda=2.25$，$Q=13.68$，$c_0=3.03$，$\pi_0'=10.8$，$\pi_0=4.12$，$r=6.22$，$D=2.47$。仿真结果见图 5-16。图 5-16 表明，提升消费者价值函数中对心理收益 r 和有奖举报奖励Q的敏感程度η，即提升参与收益的敏感程度，可以促进消费者的行为向参与食品安全共治的策略演化。随着消费者对收益的敏感程度η的增加，消费者向参与行为的演化速率更快。因此，政府加强对消费者参与的宣传教育，有助于改善消费者对参与收益的感知，促进消费者参与食品安全社会共治。

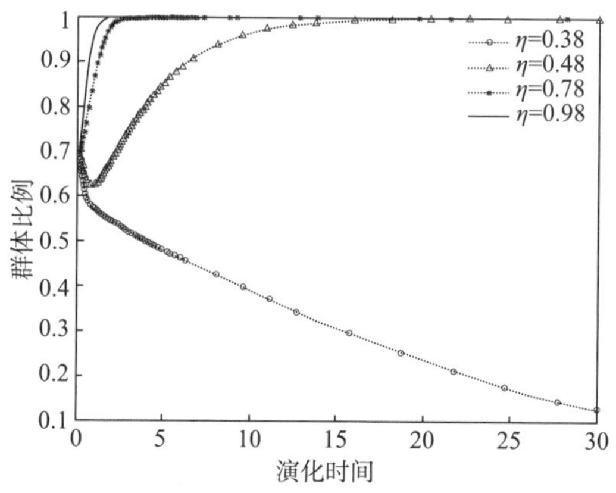

图 5-16　消费者对收益不同敏感度的仿真图

同理，消费者对损失不同厌恶程度λ的系统仿真设置如下：$p=0.57$，$\eta=0.88$，$Q=13.68$，$c_0=3.03$，$\pi_0'=10.8$，$\pi_0=4.12$，$r=6.22$，$D=2.47$。仿真结果参见图 5-17。由图 5-17 可以看出，消费者对参与成本c_0这项损失的厌恶程度λ同样影响消费者参与食品安全共治的行为。随着λ的增大，消费者向参与行为演化的速率更加缓慢，甚至演化为不参与行为。

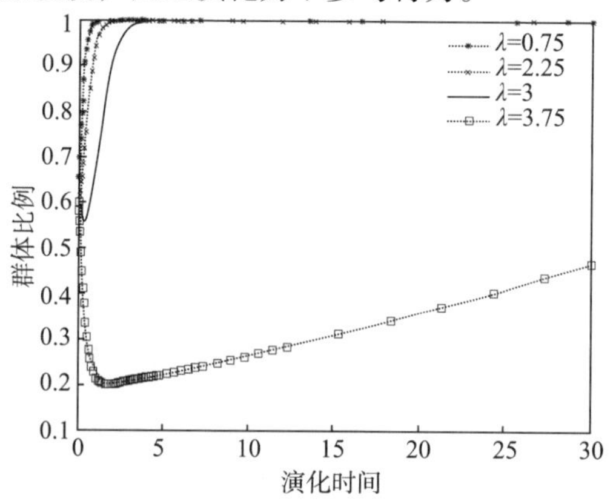

图 5-17　消费者对损失不同厌恶程度的仿真图

由此,引入前景理论建构消费者参与食品安全共治演化博弈模型及仿真分析,可以很好地解释理论研究中强调消费者参与食品安全共治的结论与现实中消费者参与积极性不高的不一致现象,因为现实中消费者参与共治存在严格的约束条件,即只有当消费者对参与共治成本这项损失的感知小于对自身心理收益的感知，且企业对违规生产被消费者投诉后的损失感知大于对违规预期收益感知时，消费者参与共治才会改进食品安全治理。然而，现实中难以满足这些严格的约束条件，消费者不积极参与食品安全社会共治就成为一种合理的有限理性行为。具体来说，前述中提及的四川雅安市举报者的担忧属于对参与成本的损失厌恶很高（λ大），贵州和广东省佛山市消费者举报奖金成功发放少也属于这种情形。但是，陕西省宝鸡市 2 年仅出现 12 名举报人的现象,则是消费者对举报的心理收益和收益的敏感性很小（r和η小）所致的，而不是宝鸡市食品安全办公室负责人认为市民举报意识较薄弱，缺乏积极性，不关心、不参与所致的。

通过上述分析与讨论可认为，在食品安全治理中，尽管消费者参与共治（如举报）能够获得物质奖励，但消费者对参与的损失比收益更加敏感，导致在多轮博弈后其行为趋向于参与意愿更加减弱（仿真中的速率变化缓慢），甚至在多轮重复博弈后行为演化为不参与。基于该结论及仿真结果，我们建议政府食品安全监管部门可采取以下组合策略方式来激励消费者参与：首先，可模仿社会福利彩票匿名颁奖等方式，鼓励消费者从隐性参与为主逐步转变为显性参与为主的社会共治转型，或采取可信方式或制度安排推动匿名举报制度，保证举报人的个人信息隐私，并通过媒体宣传或者食品安全教育等信息渠道对消费者进行宣导，降低消费者对参与损失的敏感性；其次，政府监管部门通过持续的信息披露提升消费者对食品安全市场的信心，除投资食品可追溯体系外，加入企业信用、质量认证、标签管理、质量抽检及临时性的严打等措施，着实提升消费者价值函数中对心理收益r 和有奖举报奖励Q的敏感程度η，即提高消费者参与收益的敏感度，促进消费者的行为向参与共治的策略演化；最后，通过“互联网+”等多种社会媒体提高消费者参与的便捷性,使消费者以更低的参与成本参与共治。通过上述组合,将比以往单一激励策略更能激励消费者参与共治，从而缓解或最终解决理论强调消费者参与共治的结论与现实中消费者参与积极性不高的不一致现象。

现有研究或者将消费者参与作为食品安全治理的社会主体行为之一，或者将消费者参与视为食品安全治理的补充形式，但对消费者参与的策略主要表述为检举、揭发等行为上，对消费者如何作为一个重要的社会主体参与食品安全社会共治的协同机制及其约束条件缺乏深入探讨。本节将前景理论引入消费者参与共治分析中，建构有限理性假设下消费者与食品企业的演化博弈模型，并进行仿真分析，提炼出六种情形下消费者参与食品安全社会共治的约束条件。结论较好地解释了理论上强调消费者参与但现实中消费者参与积极性不高的不一致现象，推进了现有理论研究中对消费者参与行为的规范理论分析深度。

5.5 行业协会参与社会共治的演化博弈分析[①]

行业协会参与食品安全社会共治的约束条件是什么，在什么样的条件下行业协会参与食品安全社会共治才是有效的，既有研究对此尚未形成深入的探讨。本节拟从政府与行业协会演化博弈的视角对此进行研究。

在食品安全监管自上而下向上下结合的社会共治转型过程中，作为连接政府与食品企业的第三方机构或社会组织，行业协会可以有效弥补政府失灵并发挥重要的治理功能。因此，参照日本等国际经验，媒体、行业协会等第三方参与食品安全治理成为一种理论共识（李腾飞和王志刚，2012），并认为政府的有效监管和第三方介入均是食品安全有效治理的关键（王永钦等，2014），行业协会、认证机构等第三方组织在加强食品安全中发挥着至关重要的作用，借助行业协会等第三方治理的制度，也构成解决食品安全问题的一个重要途径，且第三方等社会监督具有不受政策性负担影响的优点，可以减缓政府规制俘获问题。

总体来说，行业协会的功能具体可分为两方面：首先，行业协会为会员企业提供经济服务，这类服务目的在于降低企业交易成本，协调会员企业横向与纵向关系，最终提升专业化程度，维护市场秩序（Sullivan et al.，2006；连洪泉等，2013）；其次，行业协会代表会员企业向政府实施政治游说，通过影响公共政策的制定形成有利于行业发展的公共产品（Doner and Schneider，2000）。在政府与食品行业协会的合作治理过程中，政府对行业协会的干预越小，行业协会自治权越大，其公共产品供给也相应越多（赵永亮和张捷，2009）。与政府合作治理公共事务的合作伙伴的合作能力，构成了网络治理是否能达到预期效果的一个显著因素。因此，行业协会参与治理的有效性隐含的前提假设是，市场主体具备自主组织与自主治理的能力或内部控制能力，形成集体声誉的约束。然而，中国大多数行业协会由于受到高度集中的政治体制与经济体制影响，缺乏独立自主的运营空间，普遍不具备社会自组织、社会自我管理和冲突解决的相应机制（Scott et al.，2014），因此，可能造成食品安全社会共治的风险（Martinez et al.，2007），进而影响食品安全社会共治格局的形成和稳定。目前，中国食品行业协会的发展面临诸多障碍，食品安全治理

---

① 本小节内容发表在谢康、杨楠堃、陈原和刘意《行业协会参与食品安全社会共治的条件和策略》，《宏观质量研究》2016 年第 2 期，内容有适当更改。

中食品行业协会自律监管的功能优势并未得到有效发挥。

在中国行业协会参与治理能力普遍低下的情境下，如何加强行业协会在食品安全社会共治中的作用，成为中国建构食品安全社会共治体制的一项具有重要理论价值和实践指导意义的研究课题。本节通过行业协会与政府的演化博弈分析，探讨行业协会参与食品安全社会共治的约束条件。研究表明，在现有监管体制下行业协会是否可以发挥作用，取决于政府的监管空间以及行业协会能力的大小。具体有三种情形：其一，当行业协会能力不足时，政府出于风险考虑不会与其合作，行业协会无法参与共治；其二，当行业协会具备一定的合作能力，但政府监管空间过大时，行业协会也难以参与共治；其三，只有当政府缩小监管空间使得其与行业协会的合作收益为正时，行业协会参与社会共治才会真正发挥提升食品安全治理的效果，且政府的监管空间越小，行业协会能力越强，行业协会参与共治就越有可能。基于上述结论，我们提出改进行业协会参与共治的策略建议。

与既有文献侧重强调行业协会参与共治的重要性及如何参与共治的研究相比，我们对行业协会参与食品安全社会共治的约束条件进行具体刻画，梳理出行业协会无法参与食品安全社会共治的两种情形下的约束条件，凸显出行业协会参与共治的约束条件。与既有文献或者强调政府需向社会让渡监管空间，或强调行业协会自身需提升能力相比，本节将两者结合起来，纳入统一的博弈分析框架中综合考虑，强调行业协会参与社会共治既需要政府缩小监管空间，也需要行业协会提升能力，由此使研究向现实更逼近一步而形成理论创新。

5.5.1　演化博弈及其稳定性分析

行业协会参与食品安全社会共治有两种情景：一是在既有小政府大社会的美国式情境下参与共治；二是在政府监管一元独大，食品市场中众多小企业、生产分散化、流通环节众多复杂，以及消费者收入贫富差距大等中国式情境下。前者行业协会具有较强的社会自组织基础，后者则天然缺乏社会自组织基础。因此，中国情境下考察行业协会参与食品安全社会共治的约束条件，需要从行业协会与政府之间演化博弈的视角来观察，只有这样才符合中国食品安全治理情境的要求。

1. 模型假设与建构

假设 1：博弈中存在政府和食品行业协会两类博弈群体，且两类群体中个体均为有限理性人。政府的策略集合为{ X_1=合作，X_2=不合作}，行业协会的策略集合为{ Y_1=合作，Y_2=不合作}。

假设 2：在政府选择不合作，行业协会也选择不合作的情况下，即博弈的策略集合为$\{X_2, Y_2\}$时，行业协会的初始收益为v，政府选择不合作，即单一监管时，初始收益为$w-c$，其中c为政府单一监管需要付出的监管成本。

假设 3：在政府选择不合作，行业协会选择合作的情况下，即博弈的策略集合为$\{X_2, Y_1\}$时，行业协会由于选择了合作，如日本农业协同组合自愿通过对行业内食品企业的标准规范提升食品安全水平（杨东群，2014），合作过程中需要付出c_0的合作成本，因此，其收益为$v-c_0$，政府由于选择了不合作，在不考虑合作的溢出效应的情况时，其收益为$w-c$。

假设 4：同理，在政府选择合作、行业协会选择不合作情况下，即博弈的策略集合为$\{X_1, Y_2\}$时，政府由于选择合作，需要付出c_0的合作成本，其收益为$w-c-c_0$，此时行业协会的收益为v。

假设 5：在政府选择合作，且行业协会也选择合作情况下，即博弈的策略集合为$\{X_1, Y_1\}$时，政府与行业协会开展合作共同治理食品安全问题。这里，我们令ϖ为政府的监管空间。所谓监管空间，是指由个人、组织及事件共同组成的，针对特定公共目标实施一系列监管决策的概念空间（Hancher and Moran，1989）。在公共管理领域中，学者们常常利用监管空间来分析监管主体进入或退出现有监管体制等问题（Black，2002）。例如，Nicholls（2010）通过考察 2005~2009 年 80 家英国注册社会公益企业获取社会监管空间的过程，发现政府的命令式垂直监管模式会抑制公益企业承担监管活动的积极性。这里，我们用ϖ来表示政府的监管空间对行业协会在合作过程中公共服务供给的抑制。ϖ越大，行业协会的实际公共服务供给就越少。因此，行业协会的收益可表示为$v-c_0+\Delta\zeta(1-\varpi)\sigma$。其中，$\sigma$为行业协会的公共服务供给能力，代表其在食品安全社会共治中的公共服务供给量。实证研究表明：政府合作伙伴的能力越强，拥有的资源越多，公共服务的供给就越多。$\Delta\zeta$为政府对行业协会参与食品安全社会共治的激励因子。相应的，政府合作的收益为

$$w-c-c_0+\zeta(1-\varpi)\sigma-\Delta\zeta(1-\varpi)\sigma-(1-\varpi)F$$

式中，ζ为行业协会的公共服务供给对政府的收益提升。例如，节省政府的执法成本和资源等。但是，市场力量参与食品安全监管后可能带来一定的风险（Martinez et al.，2007）。例如，行业协会与其他社会组织一样也具有普遍私益性，可能会缺乏自律而纵容会员。类似的监管不力事件最后导致食品安全事故的发生，采取合作（共治）策略的政府将受到更上一级政府的处罚F。因此，我们假设F只有在采取共治策略（合作）的过程中才会出现，政府集权监管时不存在共治（合作）风险。显然，政府的监管空间ϖ越大，共治（合作）风险越小。博弈双方的收益矩阵见表 5-17。

表 5-17　政府与行业协会社会共治博弈的收益矩阵

	政府	
行业协会	共治（ Y_1 ）	不共治（ Y_2 ）
参与（ X_1 ）	$w-c-c_0+\zeta(1-\varpi)\sigma-\Delta\zeta(1-\varpi)\sigma-(1-\varpi)F$ ， $v-c_0+\Delta\zeta(1-\varpi)\sigma$	$w-c$, $v-c_0$
不参与（ X_2 ）	$w-c-c_0$, v	$w-c$, v

假设在双方博弈的初始阶段，行业协会选择参与共治（合作）（ X_1 ）的比例为 x $(0\leqslant x\leqslant 1)$ ，选择不参与共治（不合作）（ X_2 ）的比例则为 $1-x$ 。同样的，地方政府选择共治（ Y_1 ）的比例为 y $(0\leqslant y\leqslant 1)$ ，选择不共治（ Y_2 ）的比例则为 $1-y$ 。因此，行业协会选择参与共治（合作）的收益 u_{11} ，选择不参与共治（不合作）的收益 u_{12} ，以及混合策略的收益分别 $\bar{u}_1$ 分别为

$$u_{11}=y[v-c_0+\Delta\zeta(1-\varpi)\sigma]+(1-y)(v-c_0)$$

$$u_{12}=yv+(1-y)v$$

$$\bar{u}_1=xu_{11}+(1-x)u_{12}$$

根据Malthusian的动态方程，即策略的增长率等于其适应度减去策略的平均适应度（在这里适应度即为收益，演化时间为t），构造行业协会群体的复制动态方程：

$$\begin{aligned}\frac{\mathrm{d}x}{\mathrm{d}t}&=x(u_{11}-\bar{u}_1)\\&=x(1-x)\{y[v-c_0+\Delta\zeta(1-\varpi)\sigma]+(1-y)(v-c_0)-[yv+(1-y)v]\}\end{aligned}$$

令 $\frac{\mathrm{d}x}{\mathrm{d}t}=0$ ，得到

$$y^*=\frac{c_0}{(1-\varpi)\Delta\zeta\sigma}$$

同理，构造政府群体的复制动态方程：

$$\begin{aligned}\frac{\mathrm{d}y}{\mathrm{d}t}&=y(u_{21}-\bar{u}_2)\\&=y(1-y)\{x[w-c-c_0+\zeta(1-\varpi)\sigma-\Delta\zeta(1-\varpi)\sigma-(1-\varpi)F]\\&\quad+(1-x)(w-c-c_0)\}-y(1-y)[x(w-c)+(1-x)(w-c)]\end{aligned}$$

令 $\frac{\mathrm{d}x}{\mathrm{d}t}=0$ ，得到

$$x^*=\frac{c_0}{(1-\varpi)[(\zeta-\Delta\zeta)\sigma-F]}$$

由此，我们得到平面 $N=\{(x,y)\,|\,0\leqslant x,y\leqslant 1\}$ 上的五个复制动态稳定点，即 O（0，0）、A（0，1）、B（1，0）、C（1，1）、$T(x^*,\ y^*)$。

2. 演化博弈均衡点的稳定性

复制动态方程求出的稳定点不一定是食品安全社会共治体系的ESS，根据Friedman（1998）提出的方法，微分方程系统的演化稳定策略可以从食品安全社会共治体系的雅可比矩阵的局部稳定性分析得出，即

$$\boldsymbol{J}=\begin{pmatrix}\partial(\mathrm{d}x/\mathrm{d}t)/\partial x,\partial(\mathrm{d}x/\mathrm{d}t)/\partial y\\ \partial(\mathrm{d}y/\mathrm{d}t)/\partial x,\partial(\mathrm{d}y/\mathrm{d}t)/\partial y\end{pmatrix}$$

式中，$\partial(\mathrm{d}x/\mathrm{d}t)/\partial x$、$\partial(\mathrm{d}x/\mathrm{d}t)/\partial y$、$\partial(\mathrm{d}y/\mathrm{d}t)/\partial x$、$\partial(\mathrm{d}y/\mathrm{d}t)/\partial y$ 分别为以下表达式：

$$\partial(\mathrm{d}x/\mathrm{d}t)/\partial x=(1-2x)\{(1-\varpi)[(\zeta-\Delta\zeta)\sigma-F]y-c_0\}$$

$$\partial(\mathrm{d}x/\mathrm{d}t)/\partial y=x(1-x)\{(1-\varpi)[(\zeta-\Delta\zeta)\sigma-F]-c_0\}$$

$$\partial(\mathrm{d}y/\mathrm{d}t)/\partial x=y(1-y)[(1-\varpi)\Delta\zeta\sigma-c_0]$$

$$\partial(\mathrm{d}y/\mathrm{d}t)/\partial y=(1-2y)[(1-\varpi)\Delta\zeta\sigma x-c_0]$$

当满足下列两个条件时，食品安全社会共治体系的局部均衡点将成为ESS：

$$\mathrm{Det}(\boldsymbol{J})=[\partial(\mathrm{d}x/\mathrm{d}t)/\partial x][\partial(\mathrm{d}y/\mathrm{d}t)/\partial y]-[\partial(\mathrm{d}y/\mathrm{d}t)/\partial x][\partial(\mathrm{d}x/\mathrm{d}t)/\partial y]>0$$

$$\mathrm{Tr}(\boldsymbol{J})=\partial(\mathrm{d}x/\mathrm{d}t)/\partial x+\partial(\mathrm{d}y/\mathrm{d}t)/\partial y<0$$

我们得到食品安全社会共治体系中五个局部均衡点处的 $\mathrm{Det}(\boldsymbol{J})$ 与 $\mathrm{Tr}(\boldsymbol{J})$ 值，如表 5-18 所示。

表 5-18　食品安全社会共治体系局部均衡点处 $\mathrm{Det}(\boldsymbol{J})$ 与 $\mathrm{Tr}(\boldsymbol{J})$ 的值

均衡点	$\mathrm{Det}(\boldsymbol{J})$	$\mathrm{Tr}(\boldsymbol{J})$
（0，0）	$c_0^{\ 2}$	$-2c_0$
（0，1）	$\{(1-\varpi)[(\zeta-\Delta\zeta)\sigma-F]-c_0\}c_0$	$(1-\varpi)[(\zeta-\Delta\zeta)\sigma-F]$
（1，0）	$[(1-\varpi)\Delta\zeta\sigma-c_0]c_0$	$(1-\varpi)\Delta\zeta\sigma$
（1，1）	$\{(1-\varpi)[(\zeta-\Delta\zeta)\sigma-F]-c_0\}$ $\times[(1-\varpi)\Delta\zeta\sigma-c_0]$	$-\{(1-\varpi)[(\zeta-\Delta\zeta)\sigma-F]-c_0\}$ $-[(1-\varpi)\Delta\zeta\sigma-c_0]$
(x^*,y^*)	G	0

表5-18中，$G=-x^*y^*(1-x^*)(1-y^*)\{(1-\varpi)[(\zeta-\Delta\zeta)\sigma-F]-c_0\}[(1-\varpi)\Delta\zeta\sigma-c_0]$。

从表 5-18 中可以看出，对于食品安全社会共治体系中的五个局部均衡点 $\mathrm{Det}(\boldsymbol{J})$ 和 $\mathrm{Tr}(\boldsymbol{J})$ 的值的正负号总体上有以下两种情况。

（1）当 $\sigma<\dfrac{F}{(\zeta-\Delta\zeta)}$ 时，可知（0，0）为唯一的ESS稳定均衡点。从该条件可以看出，当行业协会的 σ 能力不足 $\left[\sigma<\dfrac{F}{(\zeta-\Delta\zeta)}\right]$，行业协会不能提供足够多的食品安全社会共治公共服务时，$(1-\varpi)[(\zeta-\Delta\zeta)\sigma-F]$ 恒定小于 0。也就是说，此时政府一旦缩小食品安全监管空间 ϖ，政府采取社会共治（合作）策略的收益恒

定小于不采取该策略时的收益，因此，政府会选择不采取社会共治策略。

（2）当$\sigma > \dfrac{F}{(\zeta - \Delta\zeta)}$时，食品安全社会共治体系的演化稳定状态又存在以下三种具体情形。

（2.1）当$\varpi < \min\left\{\dfrac{(\zeta-\Delta\zeta)\sigma - F - c_0}{(\zeta-\Delta\zeta)\sigma - F}, \dfrac{\Delta\zeta\sigma - c_0}{\Delta\zeta\sigma}\right\}$时，食品安全社会共治体系的演化稳定均衡情况如表 5-19 所示。

表 5-19　食品安全社会共治体系在情形（2.1）时的均衡点稳定性

均衡点	Det(***J***)	Tr(***J***)	均衡点结果
（0，0）	+	−	ESS
（0，1）	+	+	不稳定
（1，0）	+	+	不稳定
（1，1）	+	−	ESS
(x^*, y^*)	−		鞍点

从表 5-19 中可以看出，情形（2.1）的食品安全社会共治体系有五个局部稳定点，其中O（0，0）和C（1，1）为食品安全社会共治体系的ESS稳定均衡点。在该情形下，由于政府的监管空间较小，且行业协会的能力又较强，因而行业协会有更多的食品安全共治的公共服务供给，使政府和行业协会二者实现社会共治的合作收益均大于合作成本。于是，双方有合作的可能，但也有不合作的可能。食品安全社会共治体系的演化稳定方向取决于政府和行业协会的初始状态与鞍点值的大小比较，此时食品安全社会共治体系的动态演化相位图见图 5-18。

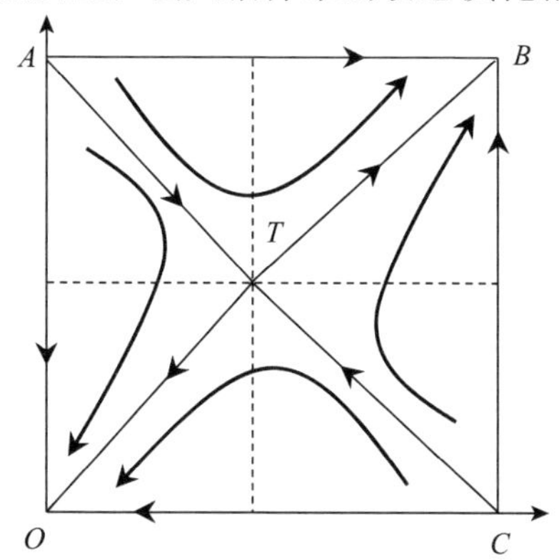

图 5-18　情形（2.1）时的共治体系动态演化相位图

（2.2）当 $\min\left\{\dfrac{(\zeta-\Delta\zeta)\sigma-F-c_0}{(\zeta-\Delta\zeta)\sigma-F},\dfrac{\Delta\zeta\sigma-c_0}{\Delta\zeta\sigma}\right\}<\varpi<\max\left\{\dfrac{(\zeta-\Delta\zeta)\sigma-F-c_0}{(\zeta-\Delta\zeta)\sigma-F},\dfrac{\Delta\zeta\sigma-c_0}{\Delta\zeta\sigma}\right\}$ 时，食品安全社会共治体系的演化稳定均衡状态有两种情况。

（2.2.1）若 $\dfrac{(\zeta-\Delta\zeta)\sigma-F-c_0}{(\zeta-\Delta\zeta)\sigma-F}>\dfrac{\Delta\zeta\sigma-c_0}{\Delta\zeta\sigma}$ 时，均衡点的稳定性分析如表 5-20 所示，此时食品安全社会共治体系的动态演化相位图如图 5-19 所示。

表 5-20　食品安全社会共治体系在情形（2.2.1）时的均衡点稳定性

均衡点	Det(***J***)	Tr(***J***)	均衡点结果
（0，0）	+	−	ESS
（0，1）	+	+	不稳定
（1，0）	−	不确定	鞍点
（1，1）	−	不确定	鞍点
(x^*, y^*)	未知	0	无

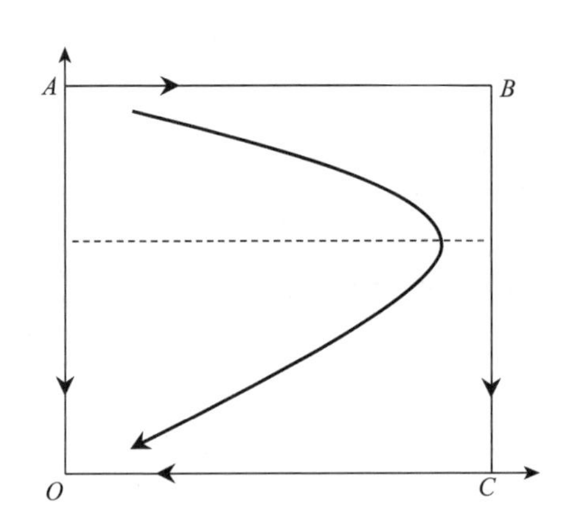

图 5-19　情形（2.2.1）时的共治体系动态演化相位图

（2.2.2）若 $\dfrac{(\zeta-\Delta\zeta)\sigma-F-c_0}{(\zeta-\Delta\zeta)\sigma-F}<\dfrac{\Delta\zeta\sigma-c_0}{\Delta\zeta\sigma}$ 时，均衡点的稳定性分析如表 5-21 所示，此时食品安全社会共治体系的动态演化相位图如图 5-20 所示。

表 5-21　食品安全社会共治体系在情形（2.2.2）时的均衡点稳定性

均衡点	Det(***J***)	Tr(***J***)	均衡点结果
（0，0）	+	−	ESS

续表

均衡点	Det(***J***)	Tr(***J***)	均衡点结果
（0，1）	−	不确定	鞍点
（1，0）	+	+	不稳定
（1，1）	−	不确定	鞍点
(x^*, y^*)	未知	0	无

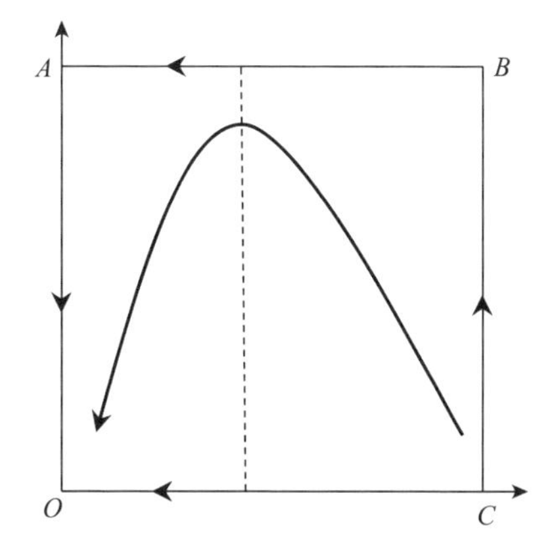

图 5-20　情形（2.2.2）时的共治体系动态演化相位图

情形（2.2.1）和情形（2.2.2）的系统均只有四个局部稳定点，其中O（0，0）为食品安全社会共治体系的ESS稳定均衡点。在这种情形下，由于政府降低的监管空间较大，社会共治双方中的某一方由于合作带来的收益小于其合作的成本，因此，食品安全社会共治整个体系均向不合作的状态演化。

（2.3）当$\varpi > \max\left\{\dfrac{(\zeta-\Delta\zeta)\sigma-F-c_0}{(\zeta-\Delta\zeta)\sigma-F}, \dfrac{\Delta\zeta\sigma-c_0}{\Delta\zeta\sigma}\right\}$时，食品安全社会共治体系的演化稳定均衡情况如表 5-22 所示，该情形时的系统动态演化相位图见图 5-21。

表 5-22　食品安全社会共治体系在情形（2.3）时的均衡点稳定性

均衡点	Det(***J***)	Tr(***J***)	均衡点结果
（0，0）	+	−	ESS
（0，1）	−	不确定	鞍点
（1，0）	−	不确定	鞍点
（1，1）	+	+	不稳定
(x^*, y^*)	未知	0	无

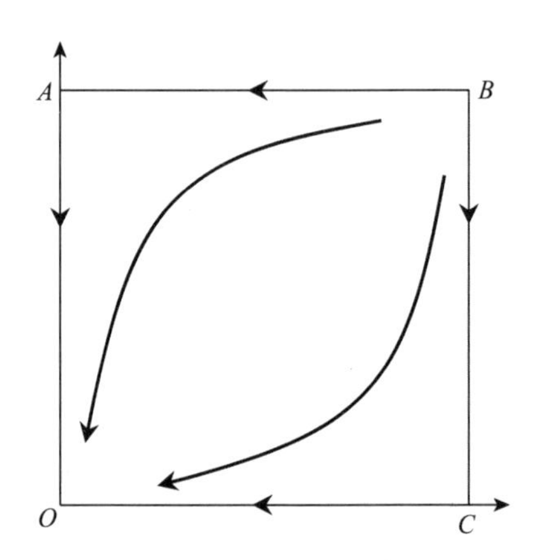

图 5-21　情形（2.3）时的共治体系动态演化相位图

同样，情形（2.3）时食品安全社会共治体系有四个局部稳定点，其中O（0，0）为体系的ESS稳定均衡点。在该情形下，由于政府的监管空间过大，合作双方中的任意一方由于合作带来的收益小于合作的成本，因而多轮博弈后整个体系均向不合作的状态演化。

5.5.2　条件变化对食品安全社会共治演化方向的影响

根据上述讨论，我们可以获得以下命题。

【命题 5-1】当$\sigma > \dfrac{F}{(\zeta - \Delta\zeta)}$，$\varpi < \min\left\{\dfrac{(\zeta-\Delta\zeta)\sigma - F - c_0}{(\zeta-\Delta\zeta)\sigma - F}, \dfrac{\Delta\zeta\sigma - c_0}{\Delta\zeta\sigma}\right\}$时，政府的监管空间$\varpi$越大，政府与行业协会越倾向于不开展社会共治，政府的监管空间ϖ越小，双方越倾向于开展社会共治。

证明：在图 5-22 中，食品安全社会共治体系内由不稳定点A、C与鞍点T连接成的折线，可以看做食品安全社会共治体系收敛于不同状态的临界线。当初始状态在$OATC$区域内时，社会共治体系将收敛于（0，0）的ESS均衡点；当初始状态在$OABC$区域内时，共治体系将收敛于（1，1）的ESS均衡点。我们通过分析区域$OABC$的大小：

$$S = \frac{1}{2}x^* + y^* = \frac{c_0}{(1-\varpi)[(\zeta-\Delta\zeta)\sigma - F]} + \frac{c_0}{(1-\varpi)\sigma k}$$

将S对ϖ求导有

$$\frac{\partial S}{\partial \varpi} = \frac{(\zeta-\Delta\zeta)\sigma c_0}{(1-\varpi)^2[(\zeta-\Delta\zeta)\sigma - F]^2} + \frac{\zeta\sigma c_0}{[(1-\varpi)\zeta\sigma]^2}$$

因为$\zeta > \Delta\zeta$，$c_0 > 0$，$0 \leqslant \varpi \leqslant 1$，易知$\dfrac{\partial S}{\partial \varpi} > 0$。因此，当$\varpi$增大时，$S$区域内

由不稳定点 A、C 与鞍点 T 连成的折线往 B 点移动，平面内任意一点落在 $ATCO$ 区域内的概率增大，因此系统趋向于ESS（0，0）的概率增大，政府和行业协会双方倾向于不合作；反之，当 ϖ 减小时，区域内由不稳定点 A、C 与鞍点 T 连成的折线往 O 点移动，平面内任意一点落在 $ATCB$ 区域内的概率增大，因此系统趋向于ESS（1，1）的概率增大，政府和行业协会双方倾向于合作。

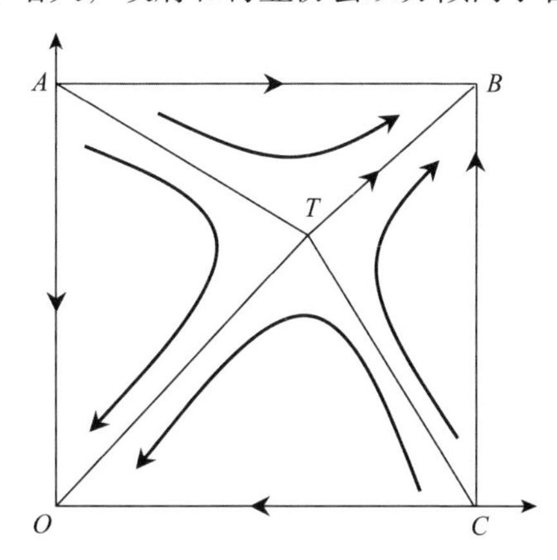

图 5-22　ϖ 增大时的共治体系动态演化相位图

【命题 5-2】当 $\sigma > \dfrac{F}{(\zeta - \Delta\zeta)}$，$\varpi < \min\left\{\dfrac{(\zeta - \Delta\zeta)\sigma - F - c_0}{(\zeta - \Delta\zeta)\sigma - F}, \dfrac{\Delta\zeta\sigma - c_0}{\Delta\zeta\sigma}\right\}$ 时，行业协会参与社会共治的能力 σ 越大，双方越倾向于合作，行业协会参与共治的能力 σ 越小，双方越倾向于不合作。

证明：同理，在图 5-23 中，我们求得区域 S 的大小：

$$S = \frac{1}{2}x^* + y^* = \frac{c_0}{(1-\varpi)[(\zeta - \Delta\zeta)\sigma - F]} + \frac{c_0}{(1-\varpi)\sigma k}$$

将 S 对 σ 求导有

$$\frac{\partial S}{\partial \sigma} = \frac{-(1-\varpi)(\zeta - \Delta\zeta)c_0}{(1-\varpi)^2[(\zeta - \Delta\zeta)\sigma - F]^2} + \frac{-(1-\varpi)\zeta c_0}{[(1-\varpi)\zeta\sigma]^2}$$

因为 $\zeta > \Delta\zeta$，$c_0 > 0$，$0 \leqslant \varpi \leqslant 1$，易知 $\dfrac{\partial S}{\partial \sigma} < 0$。因此，当行业协会参与社会共治的能力 σ 增大时，S 区域内由不稳定点 A、C 与鞍点 T 连成的折线向 O 点移动，平面内任意一点落在 $ATCB$ 区域内的概率增大，因而食品安全社会共治体系趋向于ESS（1，1）的概率增大，政府与行业协会双方倾向于开展社会共治。反之，当 σ 减小时，S 区域内由不稳定点 A、C 与鞍点 T 连成的折线向 B 点移动，平面内任意一点落在 $ATCO$ 区域内的概率增大，因而共治体系趋向于ESS（0，0）的概率增大，政府与行业协会双方倾向于不合作。

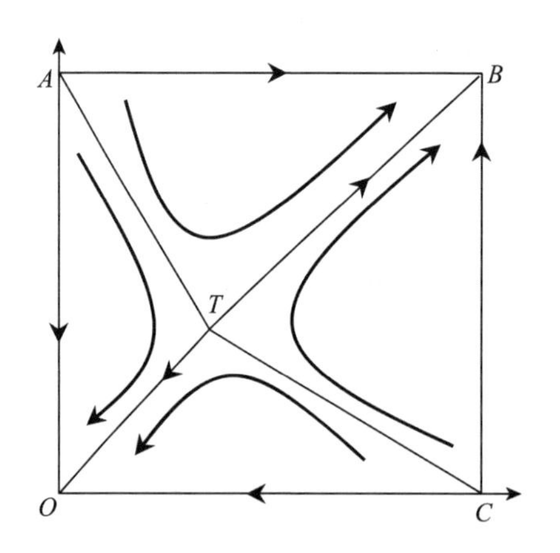

图 5-23　σ增大时的共治体系动态演化相位图

5.5.3　数值分析与策略讨论

1. 数值分析

为更深入地探讨食品安全社会共治体系中政府和行业协会合作与不合作策略的演化过程，通过各支付参数变化考察对博弈均衡的影响是一个可以选择的视角。我们借助Matlab 2014a进行数值仿真分析（仿真代码参见附录 1），模拟政府与行业协会合作的动态演化过程。

根据谢康等（2016）提供的有限理性假设条件下消费者行为与食品企业之间的博弈规则，针对情形（2.1）有以下共治体系的参数设定：$\varpi=0.5$，$\zeta=0.9$，$\Delta\zeta=0.3$，$\sigma=15$，$c_0=1$，$F=3$。在政府不同监管空间ϖ下社会共治体系的动态演化如图 5-24 所示。从图 5-24 可以看出，当政府的监管空间较小（$\varpi=0.5$）时，社会共治体系的演化稳定均衡状态取决于初始状态x^*和y^*的大小。当$x>x^*=0.33$，$y>y^*=0.44$时，共治体系向（1，1）的ESS稳定均衡点演化，政府和行业协会倾向于合作。相反，当$x<x^*=0.33$，$y<y^*=0.44$时，共治体系向（0，0）的ESS稳定均衡点演化，政府和行业协会倾向于不合作。

针对情形（2.2）有以下共治体系的参数设定：$\varpi=0.75$，$\zeta=0.9$，$\Delta\zeta=0.3$，$\sigma=15$，$c_0=1$，$F=3$。这样，情形（2.2）时的食品安全社会共治体系动态演化如图 5-25 所示。由图 5-25 可以看出，当政府的监管空间较大（$\varpi=0.75$）时，行业协会选择合作的收益小于其选择不合作的收益，社会共治体系向（0，0）点演化，政府和行业协会均选择不合作。

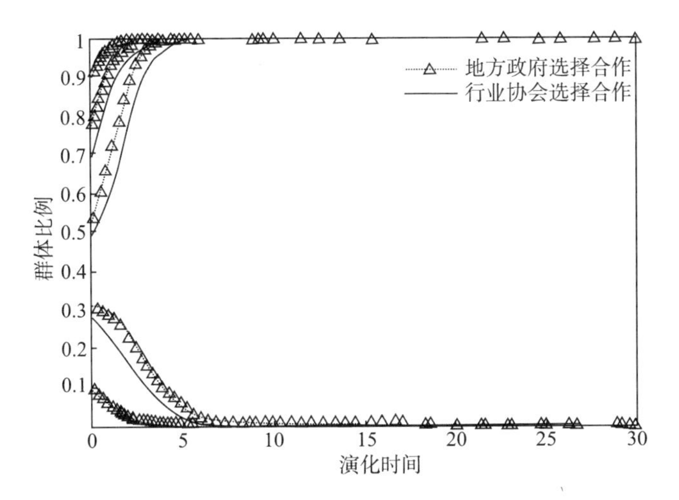

图 5-24　情形（2.1）时的共治体系动态演化仿真

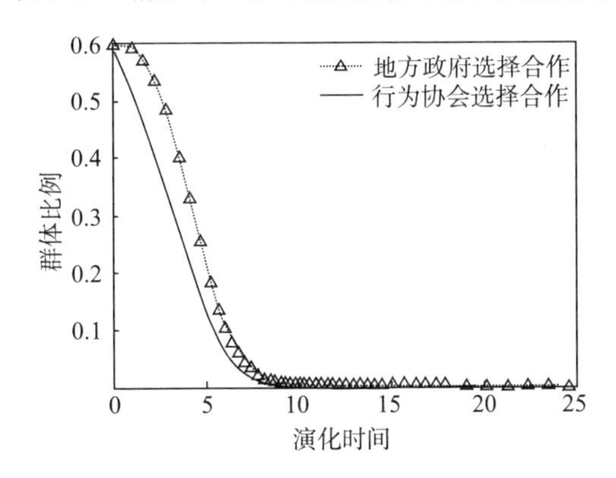

图 5-25　情形（2.2）时的共治体系动态演化仿真

针对情形（2.3）有以下共治体系的参数设定：$\varpi=0.9$，$\zeta=0.9$，$\Delta\zeta=0.3$，$\sigma=15$，$c_0=1$，$F=3$。这样，情形（2.3）时的食品安全社会共治体系动态演化如图 5-26 所示。从图 5-26 可以看出，当政府的监管空间过大（$\varpi=0.9$）时，政府和行业协会选择合作的收益均小于其选择不合作的收益，社会共治体系向（0，0）的ESS稳定均衡点演化，博弈双方均选择不合作。并且，情形（2.3）下的社会共治体系向（0，0）演化的速率比情形（2.2）更快。

下面就政府监管空间ϖ对行业协会策略的影响，以及行业协会能力σ对政府策略的影响进行仿真分析。

首先，针对政府监管空间ϖ对行业协会策略影响的参数设定如下：$\zeta=0.9$，$\Delta\zeta=0.3$，$\sigma=15$，$c_0=1$，$F=3$。我们以（0.6，0.6）为社会共治体系的初始状态，当政府的监管空间ϖ分别为 0.3、0.5、0.6 时，行业协会依然选择合作策略。

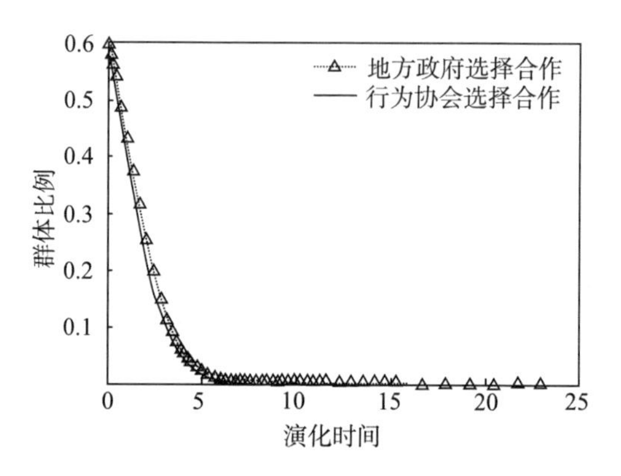

图 5-26　情形（2.3）时的共治体系动态演化仿真

然而，随着ϖ 的增大，行业协会收敛于合作策略的速率逐渐放缓。当ϖ 达到 0.7 时，由于政府监管空间较大，行业协会的策略突变为不参与社会共治。其动态演化仿真结果参见图 5-27。

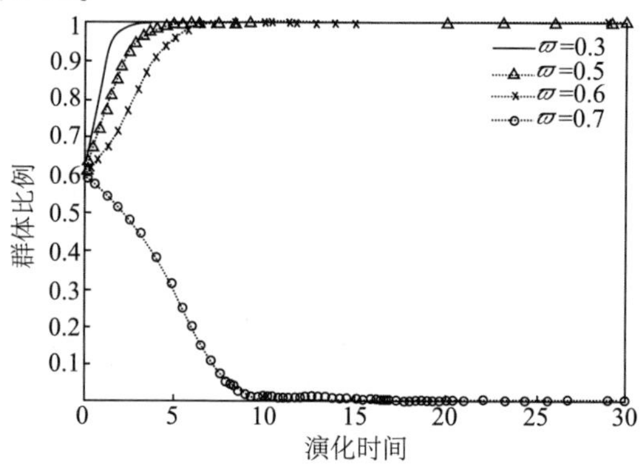

图 5-27　政府监管空间对行业协会策略影响的仿真

其次，针对行业协会共治参与能力σ对政府策略影响的参数设定如下：$\varpi = 0.5$，$\zeta = 0.9$，$\Delta\zeta = 0.3$，$c_0 = 1$，$F = 3$。同样，我们以（0.6，0.6）为社会共治体系的初始状态。当行业协会参与共治的能力σ取值分别为 15、20、40 时，政府选择合作策略。并且随着σ的增大，政府收敛于合作策略的速率逐渐增快。当σ降低到 5 时，由于行业协会的能力不足，政府的策略突变为不合作。其动态演化仿真结果参见图 5-28。

2. 策略讨论

上述数值分析结果表明，作为社会组织的行业协会参与食品安全社会共治也面临诸多不确定因素。首先，行业协会是否有意愿或动力参与社会共治，或者说这种参与对于行业协会来说尤其是对于行业协会中的主导企业来说是否能获得正

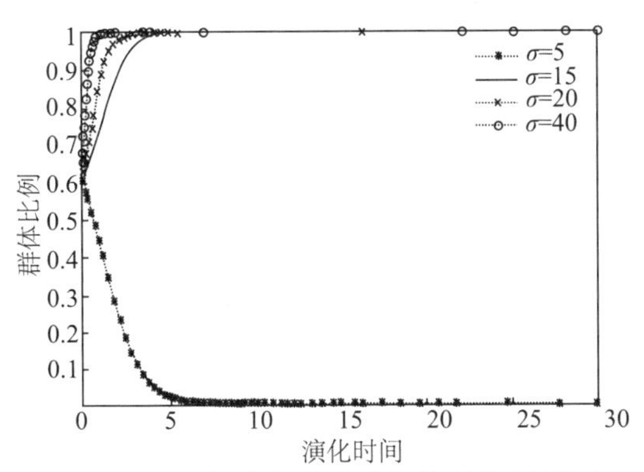

图 5-28　行业协会能力对政府策略影响的仿真

的收益。在中国情境下，行业协会大多缺乏独立性使其难以在行业利益与社会公众利益之间搭建起有效的风险交流与利益平衡桥梁，行业协会在食品安全社会共治中的角色和作用与欧美国家有相当差距。其次，行业协会是否有能力参与食品安全社会共治，中国情境下的行业协会普遍缺乏参与社会共治的能力，如果监管部门不给予行业协会足够的“赋能”空间和机会，行业协会参与社会共治的能力是严重不足的。仿真分析结果也表明，当行业协会参与社会共治的能力不足时，监管部门是不会轻易与行业协会开展社会共治活动的。这又是一个管理悖论问题，如果监管部门不给予行业协会更多的参与社会共治的空间和机会，行业协会无法有效参与社会共治。行业协会无法参与社会共治更难以培养起参与的能力和意愿，但参与社会共治又要求行业协会有相应的参与能力，解决这个问题必然是一个渐进的协同发展过程。因此，解决好二者之间的渐进协同问题，成为食品安全社会共治中政府监管机构与行业协会协同演化发展的一个关键性的社会共治内容。对此，我们将在课题研究的另一部著作中给予具体讨论。

5.6　媒体参与社会共治的演化博弈分析[①]

媒体参与食品安全社会共治是社会监督体系的重要一环（龚强等，2013；王永钦等，2014），但是，媒体参与食品安全监督虽然可以凭借敏锐的职业嗅觉和较丰富的社会资源，较快地定位有质量缺陷的产品，并为监管部门提供有价值的线索，但为了追求报道及时性和节省调查成本，媒体参与社会共治也存在覆盖面不完全的

① 本节内容发表在谢康、肖静华和赵信《媒体参与食品安全社会共治的条件和策略》，中山大学管理学院工作文件，2016 年 8 月。内容有适当更改。

缺陷。在这样的环境中，消费者倾向于依靠“媒体先行、监管部门随后跟进”的反应机制来判定企业的质量水平，容易使食品行业陷入“低信任—低质量”的恶性循环（李想和石磊，2014）。同时，媒体可以与资本市场和监管部门三者之间形成协同治理，因为短期内媒体曝光食品安全事件给涉事企业带来显著为负的超常收益率，且媒体关注度越高，超常收益率绝对值越大。长期来看，政府监管部门的介入、官方权威媒体深度报道与资本市场共同作用可以形成长期监督力量（周开国等，2016）。

总之，现有研究既强调媒体参与社会共治的价值，也探讨媒体参与社会共治的缺陷。我们拟在此基础上引入前景理论，构建媒体与食品生产经营者的不完全信息动态博弈模型，重点探讨食品生产经营者的感知声誉如何影响媒体与食品生产经营者的动态演化过程。

5.6.1 研究假设与基本模型

根据前景理论框架[①]，食品生产经营者感知声誉影响媒体与食品生产经营者行为的动态演化博弈模型的主要假设如下。

假设 1：博弈中存在两类群体，分别是媒体和食品生产经营者，其中媒体包括传统的新闻媒体和社交媒体等新媒体。两类群体中的个体均为有限理性人。根据前景理论，两类群体基于自身对策略价值的感知选择行动。食品生产经营者的策略集合为$\{X_1$=诚信生产，X_2=违规生产$\}$，媒体的策略集合为$\{Y_1$=报道事件，Y_2=不报道事件$\}$。若媒体参与食品安全违规事件调查，则违规事件将有p'的概率被公开披露或报道，食品生产经营者因不良声誉被披露而蒙受经济损失；若媒体参

① 如前述，Kahneman 和 Tversky（1979，1992）提出，决策者对事件i的收益和损失受心理效用影响，事件的价值和事件发生的权重因此而改变。其中价值函数（v）描述了决策者对事件i的主观价值，表示形式如下：

$$v(\Delta\omega)=\begin{cases}\Delta\omega^{\alpha}, & \Delta\omega>0\\ -\delta(\Delta\omega)^{\rho}, & \Delta\omega<0\end{cases}$$

式中，$\Delta\omega>0$表示决策者对该事件的感知收益，$\Delta\omega<0$表示决策者对该事件的感知损失；δ为损失厌恶系数，表示决策者对损失的厌恶程度；α和ρ表示决策者对收益及损失的敏感程度。经测算，$\delta=2.25$，$\alpha=\rho=0.88$。权重函数（π）描述了决策者对事件真实概率的感知，表示形式如下：

$$\begin{cases}\pi^{+}(p)=\dfrac{p^{r}}{\left(p^{r}+(1-p)^{r}\right)^{1/r}}\\ \pi^{-}(p)=\dfrac{P^{\sigma}}{\left(p^{\sigma}+(1-p)^{\sigma}\right)^{1/\sigma}}\end{cases}$$

式中，p为客观概率；r和σ表示决策权重函数曲线的曲率较相对位置的高度。经测算，$r=0.61$，$\sigma=0.69$。综合价值函数和权重函数，决策主体的感知收益为$V=\sum_{1}^{n}\pi\left(p_i\right)v\left(\Delta\omega_i\right)$。

与调查发现企业诚信生产，则将有 p' 的概率被公开披露或报道，食品生产经营者因良好的企业社会责任形象或声誉而获得市场收益。

假设 2：如果媒体不参与食品安全社会共治的监督，不报道相关事件，食品生产经营者选择诚信生产，即博弈策略集合为$\{X_1, Y_2\}$，食品生产经营者获得正常收益W，媒体获得正常收益V。

假设 3：如果媒体不参与食品安全社会共治的监督，不报道相关事件，食品生产经营者选择违规生产，即博弈策略集合为$\{X_2, Y_2\}$，企业获得的收益为W'，$W'=W+\Delta W-D$，ΔW 为违规生产获得的违规超额收益，D为政府和行业协会等社会组织做出的惩罚，简单来说，W' 是除了媒体因素外企业能获得的收益。媒体由于不参与监督，其依然获得正常收益V。

假设 4：如果媒体参与食品安全社会共治的监督，报道相关事件，食品生产经营者选择诚信生产，即博弈策略集合为$\{X_1, Y_1\}$，媒体为社会大众传播平台提供内容而获得额外收益V_1，媒体参与食品安全调查需要付出额外成本C。由于食品生产经营者是诚信生产的，媒体的报道将有利于食品生产经营者树立社会责任形象或声誉，进而提高资本市场股价或促进市场的销量，因而企业声誉的提升带来的收益为F。由于生产经营者对声誉收益具有主观性，结合前景理论有$v(F)=\pi^{+}(p')F^{\alpha}$，其中$\alpha$体现了生产经营者对声誉收益的敏感性。

假设 5：如果媒体参与食品安全监督，报道相关违规事件，食品生产经营者选择违规生产，即博弈策略集合为$\{X_2, Y_1\}$，则生产经营者被揭露后声誉受损导致股价下跌或销量减少。这里，将企业因负面声誉导致的损失记作$-F$。由于生产经营者对声誉收益具有主观性，结合前景理论有$v(-F)=\pi^{-}(p')\delta F^{\rho}$，其中$\rho$体现生产经营者对声誉损失的敏感性。媒体为社会大众传播平台提供内容而获得额外收益V_2，根据传媒传播的螺旋效应（赵欣，2010），假设负面新闻有放大效应，媒体报道生产经营者违规生产的新闻比诚信生产的新闻将获得更多点击量，其收益更大，因此有$V_2>V_1$，同时媒体依然付出额外成本C。

根据上述研究假设，我们对模型的构建如下博弈双方的感知收益矩阵，见表5-23。

表 5-23　媒体与食品生产经营者感知收益矩阵

食品生产经营者	媒体	
	报道事件（Y_1）	不报道事件（Y_2）
诚信生产（X_1）	$v(W)+v(F)$, $v(W')+v(V_1)+v(-C)$	$v(W), v(F)$
违规生产（X_2）	$v(W')+v(-F)$, $v(V)+v(V_2)+v(-C)$	$v(W'), v(V)$

根据表 5-23 对模型进行求解。假设博弈的初始阶段，食品生产经营者选择诚信生产（X_1）的比例为 $x(0\leqslant x\leqslant 1)$，选择违规生产（$X_2$）的比例则为$1-x$，媒体选择报道事件的比例为 $y(0\leqslant y\leqslant 1)$，选择不报道事件的比例则为$1-y$。由于食品生产经营者生产在先，媒体监督在后，因此博弈顺序为食品生产经营者先行。食品生产经营者选择诚信生产的收益为u_{11}，选择违规生产的收益为u_{12}，食品生产经营者的期望收益为$\overline{u}_1$，分别如下：

$$u_{11}=y\left[v(W)+v(F)\right]+(1-y)v(W)$$

$$u_{12}=y\left[v(W')+v(-F)\right]+(1-y)v(W')$$

$$\overline{u}_1=xu_{11}+(1-x)\ u_{12}$$

由此可得食品生产经营者的复制动态方程为

$$\frac{\mathrm{d}x}{\mathrm{d}t}=x(u_{11}-\overline{u}_1)=x(1-x)\left[yv(F)+v(W)-yv(-F)-v(W')\right]$$

令$\frac{\mathrm{d}x}{\mathrm{d}t}=0$，可得

$$y^{*}=\frac{v(W')-v(W)}{v(F)-v(-F)}$$

同理，媒体选择报道的收益为u_{21}，选择不报道的收益为u_{22}，其期望收益为$\overline{u}_2$，分别如下：

$$u_{21}=x\left[v(V)+v(V_1)+v(-C)\right]+(1-x)\left[v(V)+v(V_2)+v(-C)\right]$$

$$u_{22}=xv(V)+(1-x)v(V)$$

$$\overline{u}_2=yu_{21}+(1-y)\ u_{22}$$

得复制动态方程：

$$\frac{\mathrm{d}y}{\mathrm{d}t}=y(u_{21}-\overline{u}_2)=y(1-y)\left[xv(V_1)-xv(V_2)+v(V_2)+v(-C)\right]$$

令$\frac{\mathrm{d}y}{\mathrm{d}t}=0$，可得

$$x^{*}=\frac{v(V_2)-v(-C)}{v(V_2)-v(V_1)}$$

接下来，我们对演化博弈均衡点的稳定性进行分析。根据Friedman（1998）提出的方法，计算该系统的雅克比矩阵$\boldsymbol{J}$：

$$\boldsymbol{J}=\begin{pmatrix}\partial(\mathrm{d}x/\mathrm{d}t)/\partial x, & \partial(\mathrm{d}x/\mathrm{d}t)/\partial y\\ \partial(\mathrm{d}y/\mathrm{d}t)/\partial x, & \partial(\mathrm{d}y/\mathrm{d}t)/\partial y\end{pmatrix}$$

式中，

$$\partial(\mathrm{d}x/\mathrm{d}t)/\partial x=(1-2x)\left\{yv(F)-yv(-F)+\left[v(W')-v(W)\right]\right\}$$

$$\partial\ (\mathrm{d}x/\mathrm{d}t)/\partial y = x(1-x)\left[v(F)-v(-F)\right]$$

$$\partial\ (\mathrm{d}y/\mathrm{d}t)/\partial x = y(1-y)\left[v(V_1)-v(V_2)\right]$$

$$\partial\ (\mathrm{d}y/\mathrm{d}t)/\partial y = (1-2y)\left[xv(V_1)-xv(V_2)+v(V_2)+v(-C)\right]$$

由此可得，系统的五个局部均衡点的 $\mathrm{Det}(\boldsymbol{J})$ 和 $\mathrm{Tr}(\boldsymbol{J})$ 值如表 5-24 所示。

表 5-24　局部均衡点的 $\mathrm{Det}(\boldsymbol{J})$ 和 $\mathrm{Tr}(\boldsymbol{J})$ 值

均衡点	$\mathrm{Det}(\boldsymbol{J})$	$\mathrm{Tr}(\boldsymbol{J})$
（0，0）	$-\left[v(W')-v(W)\right]\left[v(V_2)+v(-C)\right]$	$-\left[v(W')-v(W)\right]+\left[v(V_2)+v(-C)\right]$
（0，1）	$\{v(F)-v(-F)-[v(W')-v(W)]\}$ $\times\{-[v(V_2)+v(-C)]\}$	$v(F)-v(-F)-[v(W')-v(W)]$ $-[v(V_2)+v(-C)]$
（1，0）	$\left[v(W')-v(W)\right]\left[v(V_1)+v(-C)\right]$	$\left[v(W')-v(W)\right]+\left[v(V_1)+v(-C)\right]$
（1，1）	$\{v(F)-v(-F)-[v(W')-v(W)]\}$ $\times[v(V_1)+v(-C)]$	$-\{v(F)-v(-F)-[v(W')-v(W)]\}$ $\times\{-[v(V_1)+v(-C)]\}$
(x^*, y^*)	H	0

表 5-24 中，$H=x^*y^*(1-x^*)(1-y^*)v(F)v(-F)$。从表 5-24 中可以看出，对于四个局部均衡点，$\mathrm{Det}(\boldsymbol{J})$ 和 $\mathrm{Tr}(\boldsymbol{J})$ 值分别受 $v(F)-v(-F)-[v(W')-v(W)]$、$v(V_2)+v(-C)$ 和 $v(V_1)+v(-C)$ 的影响，由此分成六种情况，下面我们将对每一种情况进行讨论。

5.6.2　媒体参与社会共治的条件

在情形（1）中，当 $v(F)-v(-F)-[v(W')-v(W)]>0$，$v(V_2)+v(-C)>0$，且 $v(V_1)+v(-C)>0$ 时，动态系统均衡点的局部稳定性分析如表 5-25 所示。

表 5-25　情形（1）的局部稳定分析

均衡点	$\mathrm{Det}(\boldsymbol{J})$	$\mathrm{Tr}(\boldsymbol{J})$	均衡结果
（0，0）	−	不确定	鞍点
（0，1）	−	不确定	鞍点
（1，0）	+	+	不稳定
（1，1）	+	−	ESS
(x^*, y^*)	未知	0	无

此时，由于 $-v(-F)>v(W')-v(W)-v(F)$，这样，结合 $v(F)=\pi^+(p')F^\alpha$ 及

$v(-F)=\pi^{-}(p')\delta F^{\rho}$，可推导出食品生产经营者对声誉感知损失的敏感性为

$$\rho>\log_F\left(\frac{w'^{\alpha}-w^{\alpha}-F^{\alpha}}{\pi^{-}(p')\delta}\right)$$

这样，令 $M=\log_F\left(\frac{w'^{\alpha}-w^{\alpha}-F^{\alpha}}{\pi^{-}(p')\delta}\right)$，即 $\rho>M$ 时，食品生产经营者违规生产的感知声誉损失，大于其获得的超额违规收益与诚信生产可获得的声誉的感知机会收益之和。研究发现，企业规模越大，企业承担社会责任的意愿越强，其业绩表现也越好（Stanwick P A and Stanwick S D，1998；Lai et al.，2010）。本节的讨论结果与现有研究结论是一致的。

对于媒体而言，由于 $v(V_2)+v(-C)>0$，且 $v(V_1)+v(-C)>0$，即 $V_2^{\alpha}>V_1^{\alpha}>\delta C^{\rho}$，因而意味着媒体付出的额外成本总是小于其可以获得的额外收益。在这个条件下，博弈模型中的（1，1）构成演化系统中唯一一个ESS稳定均衡点，表示 $\{X_1, Y_1\}$。由于食品生产经营者对声誉损失感知较强，而媒体报道又能获得额外收益，因此，食品生产经营者选择诚信生产，这是演化系统的最佳锁定状态（参见图 5-29）。

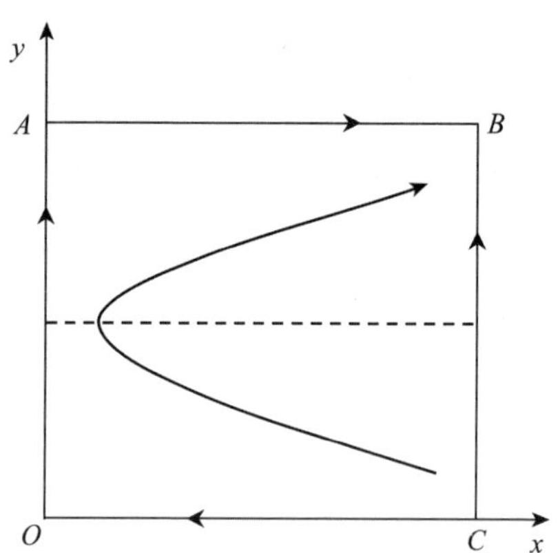

图 5-29　情形（1）系统动态演化相位图

在情形（2）中，当 $v(F)-v(-F)-[v(W')-v(W)]>0$，$v(V_2)+v(-C)>0$，但 $v(V_1)+v(-C)<0$，即 $\rho>M$，$V_2^{\alpha}>\delta C^{\rho}>V_1^{\alpha}$ 时，食品生产经营者对声誉损失的感知依然较敏感，但对于媒体而言，只有发现了违规生产事件，媒体报道的市场价值才能使其获得额外利润（这里，“额外利润”可能体现为社会声誉，或权威性和成就感），否则没有收益。在这个条件下，根据表 5-26 的局部稳定性分析，演化系统没有稳定的均衡点（参见图 5-30）。

表 5-26　情形（2）的局部稳定性分析

均衡点	Det(J)	Tr(J)	均衡结果
（0，0）	–	不确定	鞍点
（0，1）	–	不确定	鞍点
（1，0）	–	不确定	鞍点
（1，1）	–	–	鞍点
（x^*，y^*）	未知	0	无

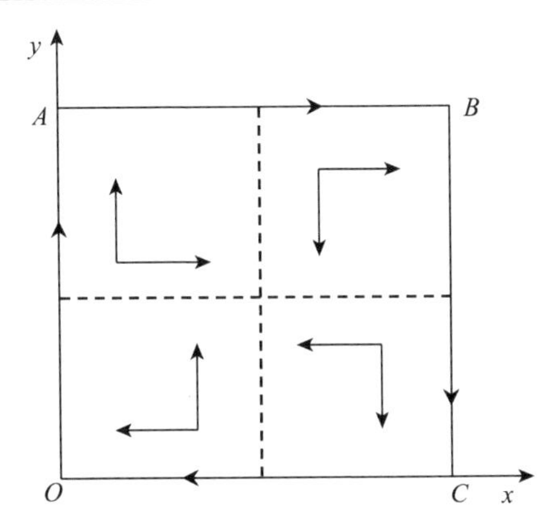

图 5-30　情形（2）系统动态演化相位图

在情形（3）中，当$v(F)-v(-F)-[v(W')-v(W)]>0$，$v(V_2)+v(-C)<0$，且$v(V_1)+v(-C)<0$，即$\rho>M$，$\delta C^{\rho}>V_2^{\alpha}>V_1^{\alpha}$时，食品生产经营者对声誉损失的感知依然较为敏感，然而，由于媒体参与食品安全社会共治的调查成本过高，无论媒体报道食品生产经营者是违规生产还是诚实生产，媒体参与社会共治都不能获得额外利润。此时，根据表 5-27 的局部稳定性分析，演化系统有唯一稳定均衡点（0，0），即$\{X_2, Y_2\}$，动态演化的相位图见图 5-31。

表 5-27　情况（3）局部稳定性分析

均衡点	Det(J)	Tr(J)	均衡结果
（0，0）	+	–	ESS
（0，1）	+	+	不稳定
（1，0）	–	不确定	鞍点
（1，1）	–	–	鞍点
（x^*，y^*）	未知	0	无

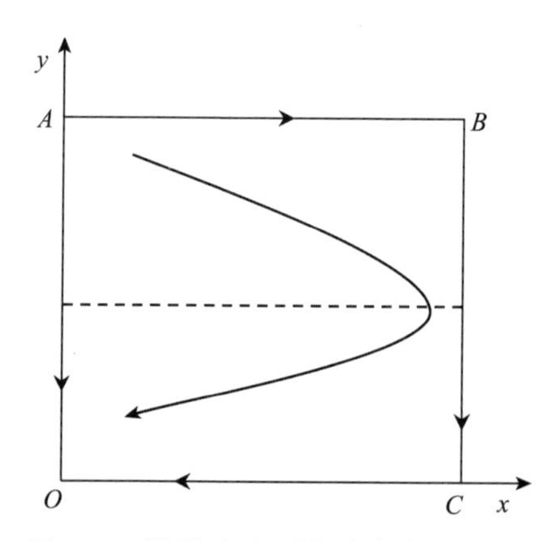

图 5-31　情形（3）系统动态演化相位图

在情形（4）中，当 $v(F)-v(-F)-[v(W')-v(W)]<0$，$v(V_2)+v(-C)>0$，且 $v(V_1)+v(-C)>0$，即 $\rho<M$，$V_2^\alpha>V_1^\alpha>\delta C^\rho$ 时，食品生产经营者违规生产的感知声誉损失小于其获得的额外收益与诚信生产可获得的声誉的感知机会收益之和，媒体无论报道违规生产事件还是诚信生产事件都能从中获得收益。根据表 5-28 的局部稳定性分析，此时演化系统有唯一稳定均衡点（0，1），即$\{X_2，Y_1\}$，其动态演化相位图见图 5-32。

表 5-28　情形（4）的局部稳定性分析

均衡点	Det(***J***)	Tr(***J***)	均衡结果
（0，0）	−	不确定	鞍点
（0，1）	+	−	ESS
（1，0）	+	+	不稳定
（1，1）	−	不确定	鞍点
（x^*，y^*）	未知	0	无

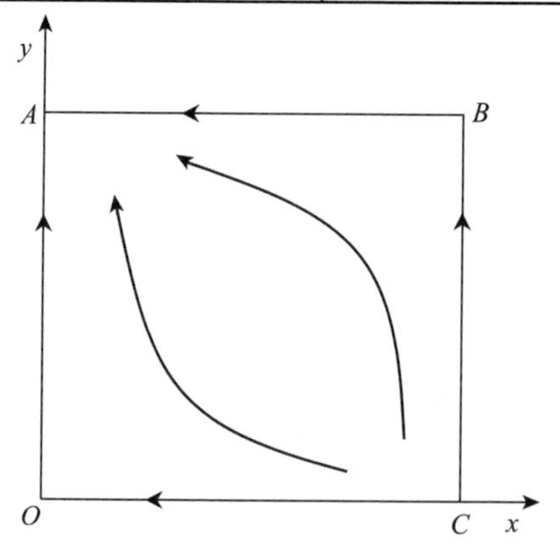

图 5-32　情形（4）系统动态演化相位图

形成表 5-28 结果的主要原因，在于食品生产经营者对违规生产的感知声誉损失不敏感，它不怕违规生产被媒体曝光，其违规生产所节约的成本大于政府的处罚力度和声誉损失之和。在中国食品安全治理的现实中，这类企业往往是小作坊、小摊贩或小型流动性强的食品销售者，包括部分一条龙运作但隐蔽性高、缺乏声誉的违规生产企业等。此时，食品生产经营者就很有可能从事违规生产，媒体报道负面报道又可以获得盈利。在这种条件下，即使媒体积极介入社会共治的监督，也不一定能促进食品生产经营者的合规生产水平，只有媒体报道能够直接影响到食品生产经营者的盈利状况时，媒体介入才对打击违规生产有较为明显的作用。这个分析结论与我们对中国食品安全治理现状的直觉是一致的。

在情形（5）中，当 $v(F)-v(-F)-\left[v(W')-v(W)\right]<0$，$v(V_2)+v(-C)>0$，且 $v(V_1)+v(-C)<0$，即 $\rho<M$，$V_2^{\alpha}>\delta C^{\rho}>V_1^{\alpha}$ 时，食品生产经营者对违规生产的感知声誉损失较不敏感，媒体只有发现了违规生产事件，参与的监督才能使其获得额外利润。根据表 5-29 的局部稳定性分析，演化系统的唯一均衡结果为（0，1），即 $\{X_2, Y_1\}$，其动态演化的相位图见图 5-33。出现这个结果的主要原因与情况（4）相似，博弈双方选择这个策略都能获得额外利润。

表 5-29　情形（5）的局部稳定性分析

均衡点	Det$(\boldsymbol{J})$	Tr$(\boldsymbol{J})$	均衡结果
（0，0）	−	不确定	鞍点
（0，1）	+	−	ESS
（1，0）	−	不确定	鞍点
（1，1）	+	+	不稳定
（x^*，y^*）	未知	0	无

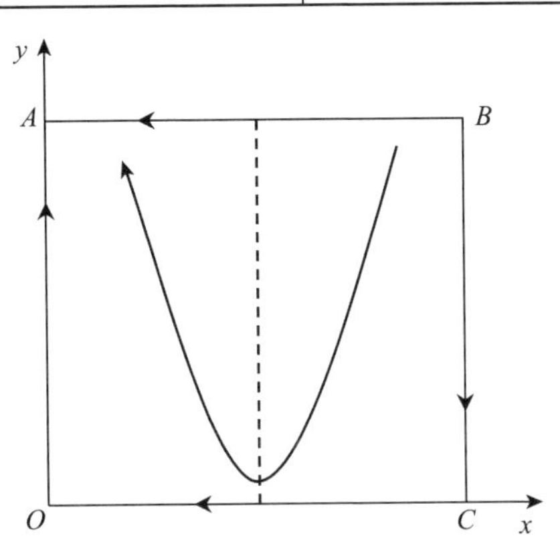

图 5-33　情形（5）系统动态演化相位图

在情形（6）中，当 $v(F)-v(-F)-\left[v(W')-v(W)\right]<0$，$v(V_2)+v(-C)<0$，

且$v(V_1)+v(-C)<0$，即$\rho<M$，$\delta C^{\rho}>V_2^{\alpha}>V_1^{\alpha}$时，食品生产经营者对违规生产的感知声誉损失较不敏感，即不在乎企业声誉受损。在中国食品安全治理现实中，这类企业数量庞大且分散，不少食品生产经营者本身就没有市场品牌声誉而形成“光脚的不怕穿鞋的”结果。同时，大众或读者阅读类似的报道也变得麻木，媒体无论报道诚信生产还是违规生产，其新闻点击量或阅读数带来的收益都不能弥补其付出的额外成本。大众或读者对此的另外一种博弈策略是群体性不选择国内食品，转而购买国外同类食品，进而导致国内食品行业的群体道德风险而出现行业危机。根据表 5-30 的局部稳定性分析，演化系统的稳定均衡演化到最差的状况（0，0），即$\{X_2, Y_2\}$，其动态演化相位图见图 5-34。

表 5-30　情况（6）的局部稳定性分析

均衡点	Det(*J*)	Tr(*J*)	均衡结果
（0，0）	+	−	ESS
（0，1）	+	不确定	不稳定
（1，0）	−	不确定	鞍点
（1，1）	+	+	不稳定
（x^*，y^*）	未知	0	无

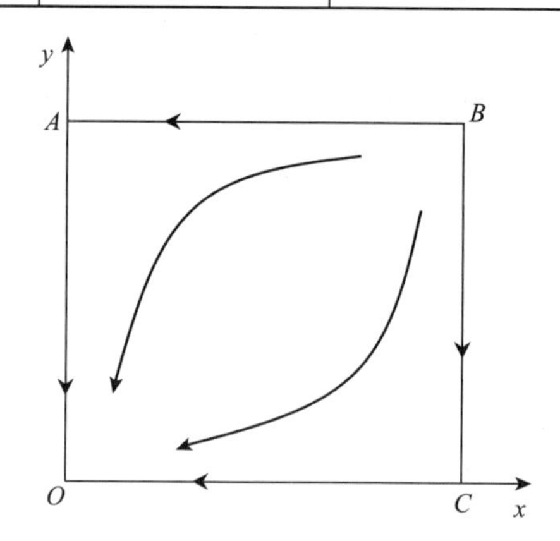

图 5-34　情形（6）系统动态演化相位图

综合上述六种情况的局部稳定性分析结果为表 5-31。

表 5-31　六种情况的博弈条件与均衡结果汇总

情况	食品生产经营者对声誉损失敏感程度	媒体收益成本比较	均衡结果
（1）	敏感	收益>成本	{诚信生产，报道事件}
（2）	敏感	收益成本二元性	没有稳定策略
（3）	敏感	收益<成本	{违规生产，不报道事件}

续表

情况	食品生产经营者对声誉损失敏感程度	媒体收益成本比较	均衡结果
（4）	不敏感	收益>成本	｛违规生产，报道事件｝
（5）	不敏感	收益成本二元性	｛违规生产，报道事件｝
（6）	不敏感	收益<成本	｛违规生产，不报道事件｝

首先，对比情况（1）与情况（4）和情形（5），在其他条件不变的前提下，当媒体报道违规事件有额外利润时，食品生产经营者选择诚信生产还是违规生产取决于生产经营者对声誉损失的敏感程度，生产经营者感知到声誉受损带来的损失越大，其选择诚信生产的可能性越大。这个结果与人们的直觉相符，表明生产经营者感知声誉损失的敏感程度是媒体有效参与食品安全社会共治的一个重要约束条件。如果社会缺乏声誉机制，媒体参与社会共治的社会成本将高于其参与的社会收益，理性的媒体行为将变得选择不参与。但是，如果媒体选择不参与是理性的，社会声誉机制的构建将变得更加困难，结果导致媒体更没有动力选择参与社会共治，这又构成了媒体参与社会共治的一个社会系统失灵现象。

其次，对比情况（5）和情况（6）可知，在其他条件不变的前提下，当食品生产经营者对声誉受损敏感程度较低时，媒体是否报道违规事件取决于其额外利润。这个结果表明，在媒体是营利性机构的市场经济中，媒体的社会责任（在这里表现为对食品安全监督的社会责任）与媒体参与监督获得的短期经济收益，构成媒体参与社会共治的两大动力。其中，媒体社会责任对媒体的社会声誉有良好的提升价值，影响媒体的长期经济收益，但对媒体短期经济收益未必有直接影响。因此，当社会声誉机制的价值普遍不高时，媒体参与社会共治的监督行为，与媒体的主观价值判断有密切联系。可以认为，即使中国情境下强势政府对媒体拥有直接的影响力，但由于强势政府内部的跨部门协调成本，媒体是否参与社会共治依然与媒体的主观价值判断密切相关，这个结论依然是稳健的。

最后，随着微信、微博等新媒体的广泛应用，一方面，社会沟通成本急剧降低，媒体获得食品信息和传播信息的成本也相应大为降低，越来越多的公众可以在社交平台上发布信息从而提高公民参与意识。另一方面，爆炸性新闻的病毒式传播使媒体传播的收益也有所提高，激励媒体不断挖掘更多有价值的食品新闻信息。这样，新媒体时代的传媒主体会越来越倾向于报道食品安全事件，但媒体选择报道事件未必促使生产经营者诚信生产，对于对声誉不敏感的生产经营者而言，新闻负面报道对其声誉的影响没有从根本上降低其违规超额收益水平，生产经营者依然会选择违规。同时，在网络时代，如果违规行为被媒体曝光后监管部门处罚成本太低，在媒体新闻的热点转移频繁的影响下，会削弱媒体参与社会共治监督对违规生产行为的震慑作用。该结论表明，媒体有效参与社会共治的一个约束条件，是政府需要对监管保持常态化而非“运动式”监管处罚，在此条件下媒体也需要对食品安全违规行为或事件进行持续跟踪调查或深度报道，而非“运动式”报道或采访。这一点在既有理论研究中虽被提及，但缺乏重视。

5.6.3　媒体参与社会共治仿真分析

为更深入探讨媒体参与社会共治中相关主体支付参数的变化对博弈均衡的影响，我们利用Matlab 2016b进行仿真分析（仿真代码参见附录 1）。通过调用ODE 15函数模拟媒体参与行为以及企业生产行为的动态演化过程（仿真代码参见附录 1）。设初始值为x=0.7，y=0.7，价值函数中的损失厌恶程度和敏感程度分别为 $\text{lambda}=2.25,\ p_1=p_2=0.88$。主观概率 $\pi^+(p')=\pi^-(p')=0.5$。食品生产经营者违规生产所获得的额外收益 $w=v(W')-v(W)=4$，诚信生产被报道所获得的声誉收益记为f。媒体在食品生产经营者诚信时报道事件所获得的额外收益记为m，在食品生产经营者违规生产时所获得的额外收益记为n，媒体付出的额外成本c=3。

1. 媒体与生产经营者动态演化过程仿真分析

情形（1）的仿真模型参数设置如下：$p_1=0.88$; $p_2=0.88$; $\text{lambda}_1=2.25$; $\text{lambda}_2=2.25$; $p=0.5$; $c=3.0$; $w=4$; $m=4$; $n=6$; $f=4$。系统演化的均衡结果为（1，1），均衡策略为{X_1，Y_1}，仿真结果见图 5-35。在情形（2）中，仿真模型的参数设置为：$p_1=0.88$; $p_2=0.88$; $\text{lambda}_1=2.25$; $\text{lambda}_2=2.25$; $p=0.5$; $c=3.0$; $w=4$; $m=2$; $n=5$; $f=4$。系统演化的均衡结果为不稳定策略（参见图5-36）。

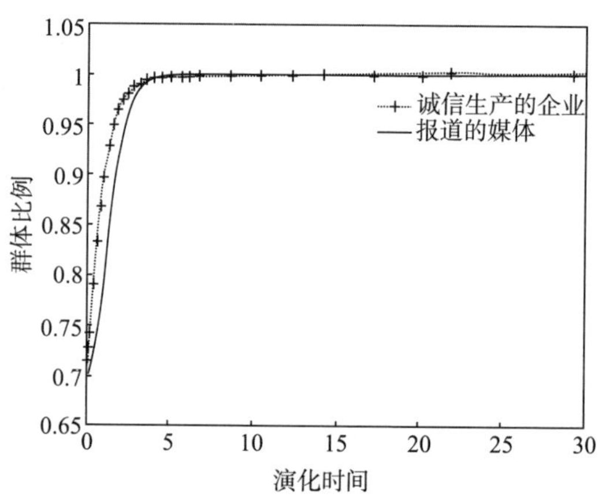

图 5-35　情形（1）系统仿真图

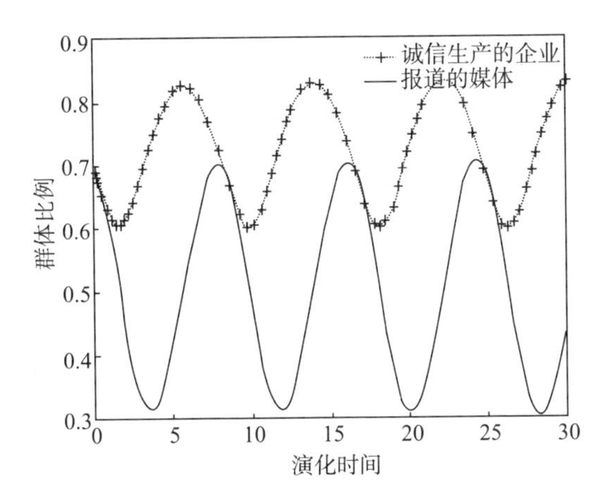

图 5-36　情形（2）系统仿真图

针对情形（3）的仿真模型参数设置如下：$p_1 = 0.88$；$p_2 = 0.88$；$\text{lambda}_1 = 2.25$；$\text{lambda}_2 = 2.25$；$p = 0.5$；$c = 3.0$；$w = 4$；$m = 0.5$；$n = 1$；$f = 4$。系统演化的均衡结果为（0，0），均衡策略为$\{X_2, Y_2\}$，仿真结果见图 5-37。

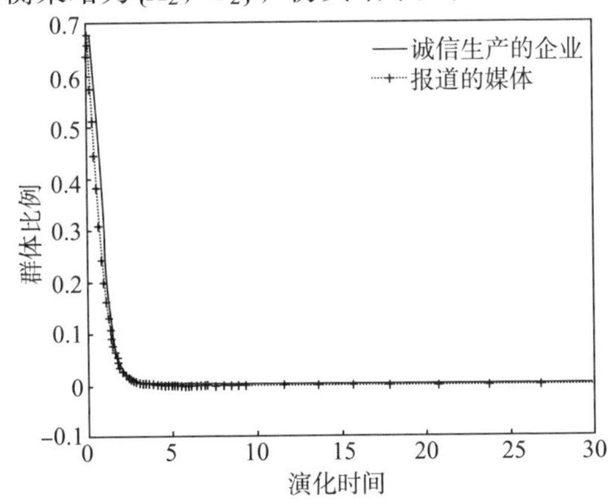

图 5-37　情形（3）系统仿真图

从上述情形（1）~情形（3）的仿真结果可以看出，在损失敏感程度和损失厌恶程度不变、食品生产经营者的声誉损失感知大于其违规超额收益与声誉机会收益之和的情况下，随着媒体的额外相对收益变得越来越小，媒体逐渐倾向于不报道违规事件，食品生产经营者逐渐倾向于违规生产。这时，即使食品生产经营者的声誉损失感知较大，但当媒体不报道违规事件的时候，食品生产经营者选择违规生产成为稳定策略。

针对情形（4），仿真参数设置如下：$p_1 = 0.88$；$p_2 = 0.88$；$\text{lambda}_1 = 2.25$；$\text{lambda}_2 = 2.25$；$p = 0.5$；$c = 3.0$；$w = 4$；$m = 4$；$n = 6$；$f = 2$。此时演化系统的均

衡结果为（0，1），均衡策略为$\{X_2, Y_1\}$，仿真结果见图 5-38。情形（5）的仿真参数设置如下：$p_1 = 0.88$；$p_2 = 0.88$；$\text{lambda}_1 = 2.25$；$\text{lambda}_2 = 2.25$；$p = 0.5$；$c = 3.0$；$w = 4$；$m = 2$；$n = 5$；$f = 2$。系统演化的均衡结果为（0，1），均衡策略为$\{X_2, Y_1\}$，仿真结果参见图 5-39。

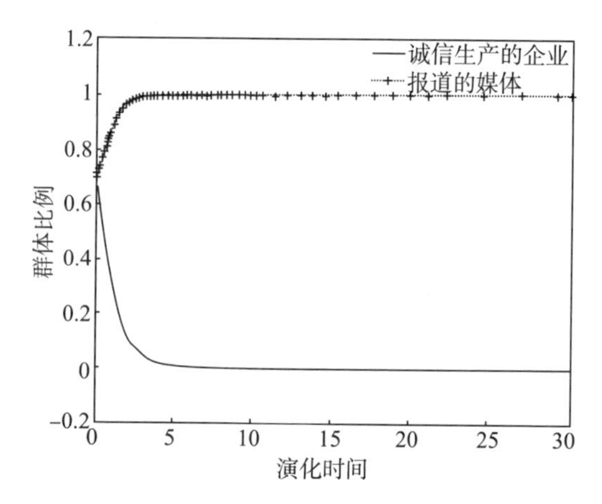

图 5-38　情形（4）系统仿真图

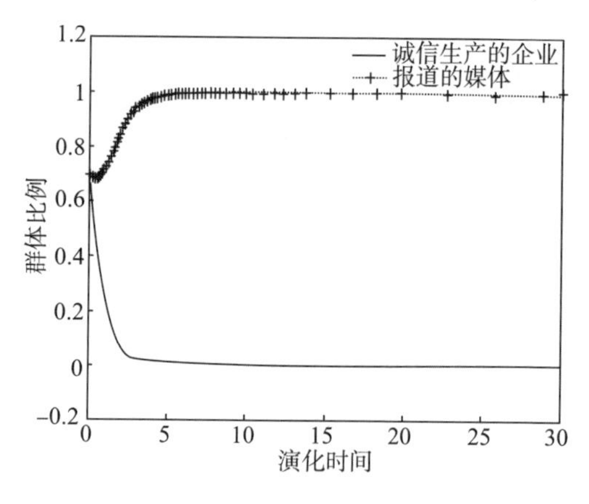

图 5-39　情形（5）系统仿真图

从情形（4）和情形（5）的仿真结果可以认为，在食品生产经营者损失感知小于其违规超额收益与声誉机会收益之和的情况下，食品生产经营者选择违规生产，媒体只要报道违规生产有利可图就会选择报道事件。这个简单的结果反过来说明，即便媒体参与社会共治监督报道违规事件，由于食品生产经营者损失感知依然较小，生产经营者也可能选择违规生产。这种结果表明，此时媒体报道的震慑影响力不足，既没有促使政府监管部门加大打击力度，也没有通过广泛扩散披露信息对违规食品生产经营者形成社会舆论压力或个人心理压力。因此，媒体参与食品安全社会共治既需要权威媒体的介入，也需要广泛的新媒体的介入，由此形成全覆盖的媒体监督体系，从而对违规生产行为构成足够震慑。这一点对媒体参与社会共治的行为具有重要启示，现实中媒体曝光食品安全违规事件缺乏“群起而攻之”的最广泛的媒体曝光效应，媒体曝光违规事件呈现零散状态或此起彼伏状态，未能对生产经营者的违规行为构成强大的社会震慑力。

针对情形（6）的仿真参数设置如下：$p_1 = 0.88$；$p_2 = 0.88$；$\text{lambda}_1 = 2.25$；$\text{lambda}_2 = 2.25$；$p = 0.5$；$c = 3.0$；$w = 4$；$m = 0.5$；$n = 1$；$f = 2$。系统演化的均衡结果为（0，0），均衡策略为$\{X_2, Y_2\}$，仿真结果见图 5-40。从情况（6）的仿真结果可以看出，当媒体无利可图时便选择不报道事件。该结果可以简单地解释以往媒体参与社会共治积极性不高的原因。例如，在新闻记者对违规行为的实地调查成本高昂情况下，新闻价值带来的收益无法弥补付出的调查成本，媒体参与监督的积极性更多地被社会责任驱动时，媒体参与食品安全社会共治的长期性难以得到保障，从而使社会共治中的社会监督能力下降。该仿真结论表明，在政府、生产经营者和消费者的三元结构中，应当设计出使媒体参与社会监督而获得正收益的利益空间。这个正的利益空间可以体现为经济效益，也可以体现为媒体的社会责任或媒体人的职业成就感。否则，媒体参与社会共治的行为是难以持续的。

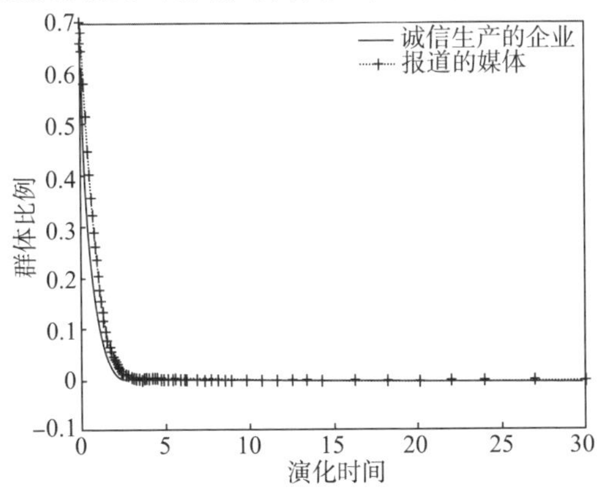

图 5-40　情形（6）系统仿真图

2. 生产经营者声誉损失敏感度与媒体成本损失厌恶程度分析

我们先对食品生产经营者声誉损失的敏感程度做对比分析。从图 5-41 中可以看出不同的损失敏感程度ρ对食品生产经营者均衡策略的影响，如果生产经营者的声誉损失敏感程度越高，其选择违规行为的演化速度越慢，甚至演化到某个违规水平后会转向诚信生产；若其选择诚信生产，则演化速度更快。

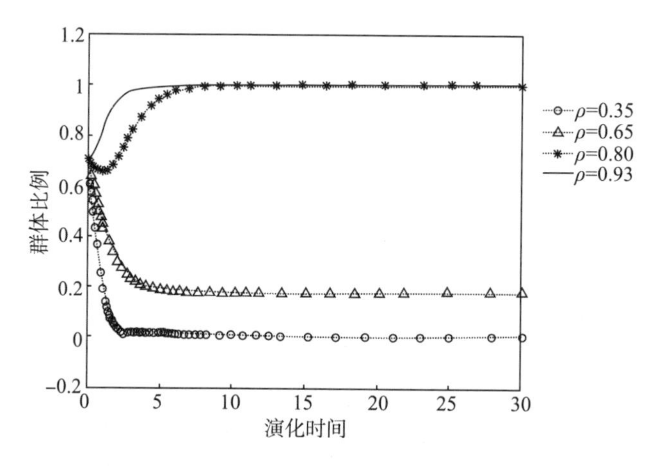

图 5-41　生产经营者声誉损失敏感程度对比

图 5-41 的仿真结果表明，生产经营者的声誉损失敏感程度越高，越倾向于诚信生产。这个结论看似简单且与人们的直觉一致，但包含有丰富的政策含义。而且，不同企业规模、不同市场地位的生产经营者对声誉损失的敏感度不同，企业规模越大，市场地位越高，其声誉损失的机会成本越大，因而越倾向于诚信生产。进一步分析可以认为，该结论有一个重要的隐含前提，即社会存在对声誉损失的可预见的惩罚机制，如果社会对声誉损失的惩罚机制失灵或出现法不责众局面，大企业与小企业、有声誉生产经营者与无声誉的生产经营者，都会倾向于选择违规，因为市场出现了群体道德风险，或市场的逆向选择导致劣币驱逐良币。

图 5-41 还表明一个重要结论：近年来中国食品安全事件频发，引起从中央到地方，从政府、企业、媒体到学界等各领域的高度重视，各级食品药品监管部门承受越来越重的社会压力和监管压力，似乎食品安全事件频发都是政府监管不力所致的。从图 5-41 的结果来看，中国食品安全事件频发本质上是中国社会声誉机制出现社会系统失灵的一个侧面反映，且食品安全违规事件“不幸”地成为中国社会声誉机制失灵的一个“风口替罪羊”。从长远来看，要解决食品安全治理失灵问题，政府和社会更多地需要在构建社会声誉机制上下功夫，这绝非一朝一夕可以完成的工作。

接下来，我们讨论媒体成本损失厌恶程度的仿真分析结果。由图 5-42 的仿真结果可以看出不同的损失厌恶程度δ对媒体参与社会共治策略的影响。如果媒体对付出额外成本调查违规事件的厌恶程度越低，就越倾向于调查。该结果表明，媒体参与社会共治的监督，既需要从体制上、从社会责任感上建立制度和规则来保障，也需要从选拔合适的媒体记者这个角度来参与社会共治，媒体选拔的记者对调查食品安全违规行为的厌恶程度越低，或记者个人偏好上对食品安全报道的兴趣越高，就越有可能使媒体有效参与到食品安全社会共治中，因为食品安全社会共治的媒体参与，往往更多地体现为社会责任而记者个人的短期收益未必有明显改进。同时，由于媒体曝光带来的生产经营者声誉的损失敏感性强，被调查的生产经营者一旦有违规行为被媒体掌握，往往愿意采取合作方式与媒体展开交易谈判，媒体的社会责任感或个人的兴趣往往对厌恶损失的变化构成重要影响。这种影响也有可能使媒体参与社会共治的监督出现失灵。解决这个媒体监督失灵问题的一种思路，是上述情形（4）和情形（5）的分析结果，媒体参与社会共治的监督尽可能采取媒体群体监督的模式，从而避免单一或几个媒体被违规生产经营者寻租的结果。

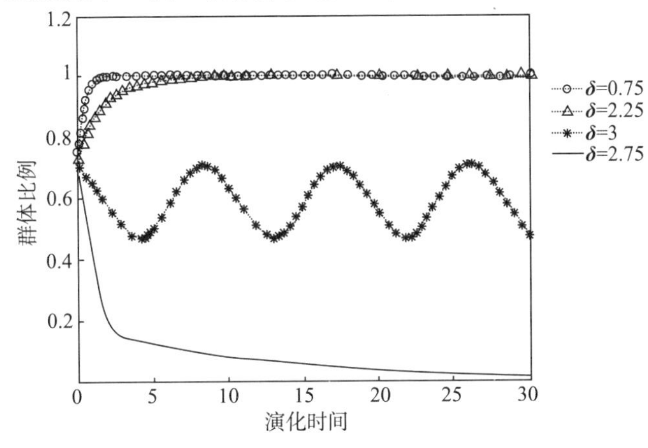

图 5-42　媒体成本损失厌恶程度分析

第 6 章

食品安全质量链及其协同

本书前面的讨论表明，食品安全社会共治具有系统复杂性、矛盾多面性、焦点突发性及风险滞后随机性特征，不仅需要就单一问题或领域进行深入探讨，而且需要从食品安全质量链整体视角上来探讨，以支撑食品安全监管部门建立高效协同的社会共治机制。其中，食品安全质量链及其协同，是从整体上研究食品安全社会共治的重要视角。第 5 章从社会共治的横向结构视角展开讨论，本章则从社会共治纵向结构视角进一步探讨社会共治的管理创新。

6.1 社会共治下食品安全质量链及其治理

探讨食品安全质量链及其协同效应,提出中国食品安全社会共治的协同策略,有助于改善中国食品安全治理实践中以下四个难题：一是食品安全多部门参与监管造成多龙戏水，难以避免出现多层次、多领域的监管空白点；二是多部门共管造成制度性抵消、易于形成监管效率低的结果；三是技术创新与制度安排相互脱节、互不匹配，造成技术重复投资，制度难以落实，信息无法共享，形成监管难、取证难和执行难的现象；四是基于重复博弈结果，监管对象在技术和制度领域形成多种防御性行为，但监管机构、监管技术和制度没有随之变化和提升，导致监管能力和制度无法适应监管对象行为发展的要求而出现监管失灵。

6.1.1　质量链与食品安全质量链[①]

1. 质量链及其协同

Troczynski（1996）综合质量管理理论、供应链、工序性能、产品特性值及工序能力等质量概念提出质量链的概念，Juran和Riley（1999）从质量环的概念出发强调了同一问题。对于什么是质量链，一种观点认为，质量链是组织群共同参与实现的质量过程集合体，是质量流以及信息流、价值流运行的载体（唐晓芬等，2005）。另一种观点认为，质量链是产品固有的或隐含的质量特性在设计、制造、交付和服务等过程中的定向流动和有序传递（刘恒江，2007）。唐晓青和段桂江（2002）提出质量链管理的三维集成模型，即企业内部的质量流程之间构成横向集成，企业不同层面的质量结构之间构成纵向集成，供应链成员企业之间的质量流程构成轴向集成，同时强调质量信息共享机制、质量链协同机制和质量链综合管理机制在质量链中的核心技术平台价值。金国强和刘恒江（2006）认为质量链以确定关键质量特性或质量改进目标、识别关键链节点、分析耦合效应和评价质量链绩效为主线，强调质量链管理信息系统平台在质量链中的支撑作用，提出质量链由内部质量链（公司层、执行层和基础层质量控制）、质量流程（质量链管理的具体实施流程），以及供应链间的组织群质量链构成。

可见，质量链不仅涉及企业内部质量管理的具体实施流程和技术，而且涉及企业内部决策层、执行层和操作层的质量管理视角、理念及技能，同时涉及跨组织间不同利益相关者的质量视角、理念、流程和技能。因此，组织内不同部门之间的利益、不同层次上的视角，以及跨组织间不同利益相关者的利益和视角，乃至组织文化和价值观，都会对质量链形成的协同效应或耦合效应构成不同程度的制约影响。其中，不同的生产结构、组织方式、劳动契约等正式制度和非正式制度的差异，不同的技术特征和生产工具，尤其是不同的信息共享机制及其实现手段，也会对质量链形成协同效应构成重要影响。显然，质量链协同效应是建构在基于正式制度和非正式制度假设前提下多主体多中心协同运作的结果，不是单一主体或单一中心集成运作的结果。

从价值生成角度看，协同效应一般由资源或资产的共用效果、互补效果和同步效果构成，当组织或流程在多主体多中心间跨界运行时，由单点的规模节省或规模经济扩展到多点间的范围节省或范围经济（邱国栋和白景坤，2007），质量链正是这样一种由单点的全面质量管理思想扩展为多点甚至全链条的全面质量管

① 本小节内容发表在谢康《中国食品安全治理：食品质量链多主体多中心协同视角的分析》，《产业经济评论》2014年第1期，内容有适当更改。

理思想的结果。因此，理论上质量链必定是一个多主体多中心能动的质量管理体系，而不是一个被动的质量体系。其中，多主体多中心间的分散化形成协同效应，一要依靠构建激励机制形成不同利益相关者间或者趋利的协同效应，或者趋义的协同效应，二要通过构建信息披露和信息共享机制形成不同利益相关者间的行为协调形成协同效应。质量协同愿景要素的目的是改变质量管理的协调性，质量协同贡献要素是指构建协作贡献的奖励机制，信任与失信惩罚要素是质量链运作的保障。其中，贡献、信任与惩罚支撑质量链的愿景，质量链愿景是指导和规范利益相关者协调行为的方向和原则。

2. 食品或农产品质量链及其协同

张人龙和单汨源（2012）认为，食品企业大规模定制质量链是以大规模定制食品企业之间质量协同来满足食品质量个性化要求，且以产品预先控制为主的链式质量管理体系，以订单为驱动和以质量链各个节点的经济性为原则，在精益思想指导下通过敏捷、快速反应形成的动态网络结构，是质量流、工作流、信息流和价值流的集成体。此外，也可以从关键控制路径视角来定义食品安全质量链，如基于过程能力与质量损失的关系视角，按照农产品食品链质量过程控制路径，采用运筹学中的PERT/CPM技术，将各个质量过程相对质量损失最大的路径视为食品安全质量链的关键路径，并可以求解规划模型（张东玲和高齐圣，2008）。

食品或农产品质量链与制造业质量链之间的主要差异：一是前者的生产组织流程更加非标准化和非程序化，结构性特征弱，后者的生产组织流程更加标准化和程序化，结构性特征强。因此，后者比前者更容易实现信息化与生产自动化的匹配，更易于实现大规模定制下的质量链协同效应。二是后者的跨组织质量链大多呈现以生产企业为单一主体或单一中心的特征，而前者的跨组织质量链呈现出生产、加工和零售等多主体多中心的特征，因而食品或农产品质量链形成协同效应的难度比制造业质量链难度更高。

3. 供应链视角下的食品安全质量链

在供应链视角下，食品安全质量链包含生产、加工、物流（储运）和销售四个主要环节。无论这四个主要环节中的哪一个子环节，都存在合格品、不合格品和废品三种产品管理方式。在食品安全质量链中，合格品有符合食品安全标准的农副产品、畜产品等，不合格品有超过安全标准的农副产品、超过保质期的食品等，废品有变质农副产品、病死猪肉等。可以说，产品链构成食品安全质量链的最基本要素，由合格品、不合格品和废品三个子要素构成。在食品安全质量链的闭环供应链物流中，合格品的物流为正向物流，不合格品和废品的物流为反向物流，包括退货、召回、销毁和无害化处理等。例如，2008 年为迎接世博会的召开，上海全面实行病死畜禽无害化处理统一收集制度；2013 年农业部针对“死猪浮江”事件，建立病死猪无害化处理长效机制试点，针对不同规模的养殖场确定不同的处理机制；等等。

现有食品安全质量链研究侧重对合格品物流及管理的研究，缺乏将不合格品和废品物流及管理纳入食品安全质量链中的研究，如对超期食品和病死猪等的处理往往就事件本身进行讨论等（唐晓纯等，2011；张跃华和邬小撑，2012）。强化对不合格品和废品的管理，建立有效的退出和处罚机制，是对食品生产者生产合格产品的制度激励。尽管政府有关部门严厉打击食品安全中的违法犯罪行为，通过严厉查处地沟油、病死猪肉等方式来控制废品管理环节，但大多属于事后控制。只有将地沟油、病死猪肉等废品生产企业、商家或个体户纳入国家食品安全监控与管理体系中，通过补贴等形式使废品有严格的规范处理渠道，才有可能从废品源头上控制废品供应链的关键环节，使地沟油、病死猪肉等废品加工作坊失去原材料采购渠道，且面临高概率的被查处的机会此时，地沟油、病死猪肉等废品加工者从中获取的机会收益远低于机会成本，且法律风险高，这样才有可能较好地扼制住废品加工者的违规行为。因此，食品安全质量链不仅要关注正品的运作管理，而且要将不合格品和废品管理纳入质量链框架内。

食品安全质量链的第二个要素是信息链，包括可追溯信息、抽检信息、监测信息、加工监控信息和媒介信息等的传递与传播。其中，食品可追溯信息系统构成信息链的基础传递系统，如美国农产品全程溯源系统、欧盟牛肉可追溯系统、日本食品质量安全追溯系统及澳大利亚牲畜标志和追溯系统等。根据 2007 年IBM 发布的食品安全调查报告，通过食品生产溯源系统形成食品信息可溯性，以此帮助食品企业提高食品生产的透明度，可以提高消费者对食品安全的信任度。但是，不同收入水平的消费者对不同层次的可追溯食品有不同需求，收入与可追溯食品层次性需求呈正向关系。因此，在可追溯食品的推广初期，政府需要通过财税政策补贴方式使食品生产者可以降低可追溯食品的生产成本，扩大低收入群体对可追溯食品的需求以提高社会食品安全的保障水平。但是，食品供应链可追溯性对上下游企业的利润构成较为明显的影响，增强食品供应链中任一环节的信息可追溯性，可以促进该环节的企业提高产品安全水平，并使供应链上其他环节的企业提供更加安全的产品。在这种情形下，销售者虽然可以从供应链可追溯性的提高中获益，但农场和整个供应链的利润会有所降低（龚强和陈丰，2012）。同时，报纸、新闻、互联网、微博、微信和短信等社会媒体构成食品信息传播的主要途径，尤其是微博、微信和短信等新媒体中不合适的负面报道，对食品安全信息的传播构成更加广泛和深刻的影响，其既可以发挥消费者参与作用起到稳定大众情绪的效果（洪巍等，2013），也有可能出现煽动公众情绪的负面效果。因此，食品安全质量链中的信息链不仅包括可追溯等信息，而且应当将社会媒体等大众传播方式纳入食品安全信息链中。

食品安全质量链的第三个要素是制度链，制度链既包括契约、法规等正式的制度安排，也包括信任、关系、权威、口碑或声誉等非正式的制度安排。在正式的制度链中，既有总体的食品安全法规，也有商品抽检、检测检疫制度，以及召回制度、保险制度和补贴制度等。例如，2012 年中国 21 个省份出台食品安全有奖举报制度,广州市和石家庄市分别从市财政中安排举报奖励资金 600 万元和 300 万元，陕西和湖南分别设立 500 万元和 300 万元专项奖励资金。其中，北京和浙江的最高奖励金达到 30 万元。在非正式的制度链中，声誉机制是一种可供选择的制度，声誉机制的威慑可以影响企业的长期经济效益，阻吓企业放弃潜在的不法行为，分担监管机构的部分执法负荷，是一种可供选择的社会执法。但是，声誉惩罚的前提是信息高效的流动，当前中国食品行业与公众之间的信息非对称使消费者难以自发形成强有力的声誉机制，建立全程整合信息生产—分级—披露—传播—反馈的制度系统，可以确保企业违法信息迅速进入公众的认知结构，为消费者及时启动声誉惩罚奠定基础（吴元元，2012）。因此，在食品质量链的制度链中，正式制度和非正式制度都很关键，因为食品安全保证是社会的公共责任，食品安全缺陷检测等正式制度的不充分性不可能满足社会对食品生产加工各环节的全面要求，正式制度的监管不能仅仅依靠对产品的监管，还应当要求与企业相联系的各个交互组织之间形成共同努力，对法律所允许的免于监管的环节进行非正式制度的控制（Unnevehr and Jensen，1999）。

综上所述，食品质量链的产品链、信息链和制度链三者之间构成的三角关系如图 6-1 所示，产品链为最基本的要素，信息链的信息传递与传播构成质量链运作的协同基础，基于食品供应链诸环节的利益相关主体的正式制度链，以及利益相关主体间的非正式制度链构成食品质量链运作的协同保障。

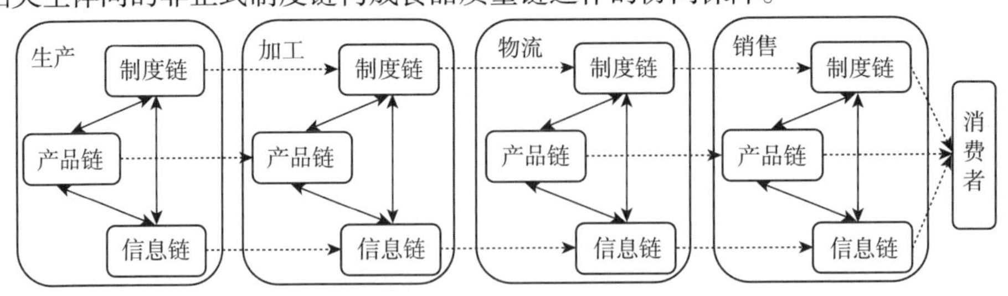

图 6-1　供应链视角下食品安全质量链三要素剖面结构

6.1.2　多主体多中心食品安全质量链及其协同

1. 多主体多中心食品安全质量链概念模型

如上所述，食品安全质量链形成机制的基本学术思想即食品安全质量链是以下两种环境规则的协同演化结果，一是多主体的元胞自动机，二是多中心的遗传算法。根据对现有文献的梳理，与食品安全相关的利益相关主体包括企业、政府、消费者、媒体、行业组织、实体社区、虚拟社区团体等。每一类主体都有可能形成各自的中心主体甚至多个中心，如以生产企业为中心的供应链成员群体，以国家食品药品监督管理总局为中心的监管体系，以意见领袖为中心的社会媒体网络等。这些利益相关主体与食品安全质量链三要素结构的结合，构成了完整的食品安全质量链概念模型（参见图 6-2）。

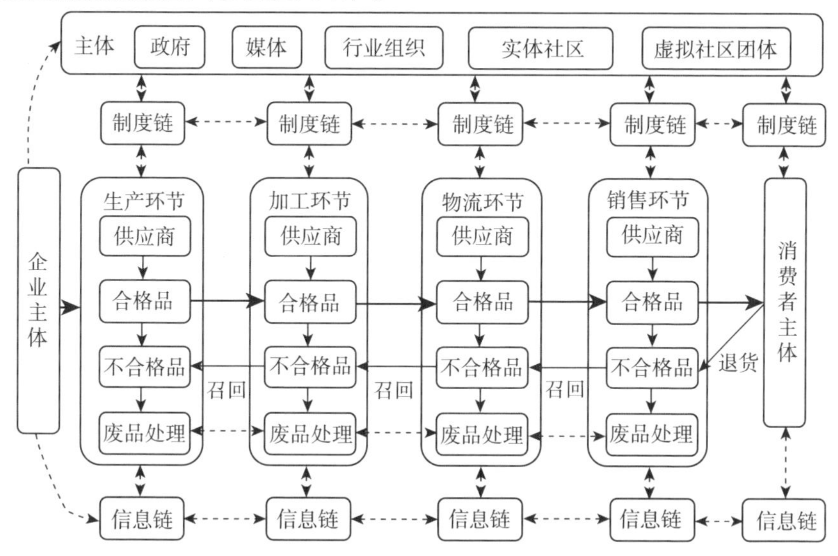

图 6-2　多主体多中心食品安全质量链平面展开结构

图中实线代表产品流向或逆向物流方向，虚线代表信息流

图 6-2 展示的食品安全质量链不仅有企业、消费者、政府、媒体、行业组织、实体社区及虚拟社区团体等多主体，而且有生产环节、加工环节、物流环节、销售环节一级关键节点构成的质量控制中心，以及每个关键环节内部从供应商到合格品生产、不合格品检验与召回及废品处理二级关键节点构成的质量控制中心。同时，有从生产、加工、物流、销售直至消费者的制度链和信息链传递而形成的不同的质量控制中心，如社会舆情控制、消费者认知能力教育、食品质量信息可追溯，以及信息共享机制等。

2．多主体多中心食品安全质量链的三要素协同

多主体多中心食品安全质量链的运作管理要点：一是如何将基于产品链的信息链和制度链衔接起来，形成从生产、加工、物流、销售到消费者，乃至全社会公众的信息可追溯基础设施和信息共享机制。同时，每个关键节点的内部制度，

以及不同制度间如何形成制度的衔接或配套。二是产品链、信息链与制度链三要素间如何形成协同效应，尤其是信息链与制度链之间如何围绕产品链形成技术与制度的混合治理。根据Orlikowski（1992）提出的结构理论，食品质量链中的信息链与制度链之间存在结构二元性，一是基于可追溯信息系统等技术本身的结构，二是企业或社会组织在采纳这些技术过程中个体或群体行为的结构，且这两种结构之间会互相影响。根据DeSanctis和Poole（1994）的调适性结构化理论（adaptive structuration theory，AST），企业内的可追溯信息系统与业务流程的结构性关系，会映射到信息技术与产业结构乃至社会结构之间的相互关系中。其中，社会结构包括了信息技术的采纳过程和组织内利益相关者的决策流程两个方面，利益相关者之间的结构特征会影响到企业的信息技术采纳过程和特征。信息技术的结构特征与个体或群体行为结构之间相互调适匹配后形成新的社会结构，会有更高效率的社会绩效。这种更高效率的社会结构类似于哈肯（2013）协同论中的自组织，或复杂系统理论中的元胞自动机。

食品安全治理的研究几乎都强调信息在其中的价值（吴元元，2012；龚强等，2013），或者强调制度在食品安全治理中的重要性（李新春和陈斌，2013），对信息链与制度链相互匹配如何影响食品安全信息和制度发挥作用的机制认识不清。汪鸿昌等（2013）通过建立供应链视角的数学模型来分析信息链与制度链相互匹配如何影响食品安全治理的有效性，表明食品安全质量链的协同管理框架需要以信息链与制度链的混合治理为基础。在制度经济学研究中，私人治理分为市场治理契约、企业治理契约和混合治理契约三种方式。其中，市场治理是指买方不满意卖方食品质量而转向其他卖方；企业治理是指为规避机会主义或资产专用性导致的供给不足而将食品安全管理纳入组织内部，形成纵向一体化；混合治理是指以特许经营权、合资及各种非标准化契约等为工具，供应链成员之间形成长期食品安全管理议协的治理形式。显然，现有制度经济学讨论的混合治理依然限定在契约等正式制度和声誉等非正式制度范畴内，与我们上述讨论的技术与制度混合治理的内涵和形式不同,因为技术是一种有别于制度的不同属性的社会资源，正式制度与非正式制度属于同一属性的社会资源。诚然，也可将信息系统视为一种技术契约（肖静华，2009），发挥类似于经济契约或社会契约的功能，但技术与制度之间毕竟存在不同属性的差别。

6.1.3　构建社会共治的渐进性与长期性

为解决食品安全问题和建构社会共治，从最终极目标而言，需要建立一个基于食品安全质量链的社会共治体制。通过对多参与主体进行有效协同和管理，食品安全质量链可以在各个环节确保食品安全，并且最终形成一个稳定发展的食品安全社会共治体制。总结上述讨论，食品安全质量链的组成部分与内在构架如下：

首先，食品安全质量链的基础主线是食品生产和消费，那么食品安全质量链也就具有一般意义上供应链的特征与环节。由于每一环节面临的问题和管理的重点都应有所不同，所以需要进行针对性的细致分析。由此，我们把食品供应链分解为生产环节、加工环节、物流环节和销售环节。其中生产环节涉及种植业和养殖业，是食品生产的原料来源；加工环节涵盖原料筛选、加工、包装这一过程，通过这一过程食品原料被加工成了可以最终消费的食品；物流环节涉及仓储、保质保鲜、运输过程，确保食品从生产企业输送到面向消费者的终端市场；销售环节涉及二次加工、二次包装、宣传营销等行为，是实现食品价值、确保整个生产链条可以持续运转的最终环节。尽管随着信息技术的发展，食品供应链也展示出了一定的多元性，如电子商务下的食品销售可能不涉及实体市场，或者通过纵向一体化的方式可以整合食品原料生产和加工，或者省略物流环节，在终端市场直接生产并销售。但是，尽管在环节上可以消除，但是食品生产的真实工序流程却没有变化，只不过是有所转移和分化。此外，为解决基于各种原因的食品安全问题，需要剖析和梳理食品供应链，对各个环节进行分析，力争最广泛地去理解和涵盖各个方面的食品安全问题，并以此为基础提供解决方案。

其次，食品安全质量链中的高质量并不是天然产生的。在产品链的基础上，还需要信息和制度的保障。传统供应链研究认为供应链是一个结合物流、信息流和资金流的整合体，那么针对食品质量链，如果以构建食品安全质量链为最终目标，就需要在物流和信息流的基础上更进一步探讨多主体间的协同与管理控制问题，我们称之为制度链。考虑到资金链在食品安全管理中的作用并不十分明显，且在各个环节没有足够的差异性，我们定义产品链为食品的生产协作过程，这是一个从原料生产、食品加工到产品运输、市场销售的直线链条，是食品安全质量链的主线。信息链是与产品链紧密相连又有不同侧重的链条，信息链不仅传递与产品链相关的信息，还传递与政府部门质量检测、资质评估相关，或与行业协会专业知识分享相关、与消费者消费体验相关、与媒体访谈调查相关的多维度多来源的信息。同时对于横向信息传递和纵向的信息传播，政府往往还会有信息干预过程，无论是为了促进信息共享或者抑制信息发布。制度链是确保产品链和信息链有效运作的制度保障，涉及生产协作和信息共享协作，并具体规范和管控各个主体在食品安全质量链中的行为。制度链以双方关系为基础，以正式契约治理、关系治理、社会契约治理、心理契约治理、权威治理等多种治理模式为手段，并最终连接质量链中的所有参与主体，帮助建设和维持一个闭环的稳定的食品安全质量链。

最后，食品安全质量链天然是一个多主体参与的系统网络，考虑到不同主体的不同作用，根据本书前面五章的讨论，我们识别出五大主体，即企业、政府、消费者、媒体和行业协会，作为食品安全质量链的利益相关者。只有这些利益相关者的个体利益诉求都得到平衡和满足，食品安全质量链才可能达成纳什均衡状态，构成一个良性循环的稳定状态。具体而言，企业是生产主体，是食品的提供者。企业主体中也包含原料企业、加工企业、物流企业、销售企业等多方面。在多主体分析中我们将它们都归为一个主体，但是在具体问题分析中也会深入分析它们之间的关系。政府是监管主体，也是服务主体，一方面有权力对各主体的行为进行管理和控制，另一方面也有义务支持企业的发展和维护消费者的权益，以及促进食品市场的发展。在政府主体内部，可以更具体分为中央政府和地方政府，在权力上它们有所不同，在利益上也并非完全一致。这些问题在后续更具体的理论问题和实践分析中都会涉及。消费者是消费主体，是食品的购买者，也是食品市场运作的终极动力。消费者作为个人的力量有限，但是作为群体的影响力则较为巨大。同时，消费者个人的口碑宣传、索赔维权行为等，积累到一定层面都会产生巨大的影响力。媒体是信息传播主体，无论针对自有调研信息，或者企业信息、政府信息、消费者信息、行业协会信息，媒体都可以传播或者遮掩、放大或者缩小。行业协会是产业联合体，是维持整个行业高效运转的非官方力量，尽管不具有绝对的权威性和行政权力，但是却有权出台行业标准和行业技术规范，或者整顿行业中的机会主义行为，以及维持全行业的利益和发展。

综合三个部分的分析可见，食品安全质量链是一个多链条、多维度与多主体的混合系统。表 6-1 概述了质量链的解构思路和具体描述。

表 6-1　食品安全质量链的构成基础

环节	产品链视角	信息链视角	制度链视角
生产环节	化肥农药、水土空气、植物种子、动物幼崽	产地信息、农药使用信息、基因技术信息、生产时长信息	企业原料提供契约；政府原料检测机制；政府技术支持机制
加工环节	添加剂、包装材料、加工工艺、出厂食品	原料检验信息、添加剂信息、保质期、包装材料信息、加工工艺信息、营养成分信息、质量检验信息	政府质量检测制度；政府技术认证制度；企业信息披露制度；行业协会质量标准制度；媒体宣传机制
物流环节	保质保鲜技术、仓储技术	保鲜能力信息、物流时间信息	政府管控机制；企业物流保障契约
销售环节	二次加工材料、二次包装材料、最终食品	二次加工信息、质量检验信息、价格信息、综合比较信息、背景知识信息	企业质量担保契约；企业营销机制；政府监管机制；消费者维权制度；媒体曝光机制

由表 6-1 可以认为，食品安全质量链的形成具有渐进性和长期性的显著特征，不可能一蹴而就，因此，构建食品安全社会共治也具有渐进性和长期性的特征，需要社会各主体积极参与的同时，更需要社会对构建社会共治这种新型社会治理模式的耐心和信心。

第一，食品安全治理及其社会共治问题，不会是一个很快能够得到彻底解决的社会问题或公共管理问题，因为中国食品安全涉及企业、政府、消费者、媒体、行业组织、实体社区和虚拟社区团队等多主体，食品安全从生产、加工、物流、销售，乃至消费者中的每个环节都有可能发生食品监管不到位诱发的机会主义行为，食品安全违规者或犯罪者类似于元胞自动机，主要依靠邻域的信息或行为来调整或改变自主的行动，使食品安全事件的发生具有高度的不确定性、分散性和隐蔽性，依靠更新规则或政策激励来预测食品安全发生行为是困难的。而且，食品安全违规者或犯罪者的元胞还会与环境和政策快速协同演化，形成防御监管、检查或执法的防御机制，使监管、检查或执法更加困难。

因此，中国食品安全社会共治需要形成两手抓的策略：一是以政府监管为中心，发挥食品安全治理的“正面战场”作用；二是大力推动食品安全监督的多中心制，发挥社会媒体尤其是实体社区、虚拟社区团体等社会资源的力量，通过联防联控等方式，开辟食品安全治理的“敌后战场”。或者说，既然食品安全违规者或犯罪者类似元胞自动机，那么，食品安全社会治理最有效的对策之一，就是在基层社会组织中大量培育与之针锋相对的食品安全监督元胞自动机来抗衡，通过食品监督管理机构、质检机构、公安执法机构等“中央处理器”的威慑功能，支持基层社会组织中的食品安全监督元胞自动机，形成对称性的治理手段。2012年中国部分省份启动有奖举报制度，就属于一种监督元胞自动机制度，但这些措施还不够，还需要通过类似联防联控等基层社会组织手段来监督食品安全。

第二，食品安全社会共治不仅需要依赖企业自身的技术进步和管理规范，以及强化企业的社会责任和道德伦理，更需要通过信息可追溯等技术来促进食品质量信息的传递，通过社会媒体、行业组织、虚拟社区团体等多主体来形成共同监督的社会治理模式。社会多主体通过促进食品安全信息的有效传递和广泛传播，以及政府积极采取规范的信息披露制度，形成食品质量信息的社会共享机制，不仅可以有效提高食品安全违规者或犯罪者被发现的概率，而且加大了食品安全违规者或犯罪者被社会舆论谴责的心理成本和声誉损失。

例如，近年来部分省份或城市公布食品安全黑名单的行为，对食品安全违规主体构成震慑。如果监督部门能够对黑名单企业的后续生产销售行为进行长达 10 年甚至 20 年的每年重点抽查和不定期抽查，将抽查结果向社会公布，形成长效制度上的可追溯体系，将比一次性公布黑名单具有更高的社会震慑力。这就需要食品安全的信息系统与制度体系之间实现调适性结构匹配，使基于可追溯的食品安全信息与企业、消费者、政府监管部门、社会媒体传播、行业组织自治、基层组织或社区联防联控，虚拟社区团体经验交流与声誉谴责等相互匹配，形成互补效应、同步效应等协同效应。同时，需要得到食品监督管理机构、质检机构、社会媒体、消费者及行业组织等多主体的重视和推动，这不仅涉及中国食品安全社会共治从自上而下体制转变为上下结合体制的变革问题，也涉及跨部委之间、不同层次机构之间的协同效率问题，而且涉及对现代产业经济结构的重新认识和发展规划问题，需要进行更为深入系统的研究。总之，通过对多主体多中心食品安全质量链的分析，可以看到，中国食品安全社会共治是一个社会复杂系统问题，不可能一蹴而就。

6.2 基于质量链的社会共治管理

食品安全社会共治不可能一蹴而就，但通过持续优化基于质量链的社会共治管理则可以加快中国食品安全社会共治的建构进程，从而较好地解决中国食品安全治理的难题。以农产品为例，基于质量链的社会共治管理，主要涉及生产环节、加工环节、物流环节和销售环节四个关键质量控制环节的管理。下面，我们以此为例来阐述基于质量链的社会共治管理面临的主要问题及其相应的解决方案思路，其他食品生产领域也相似。

6.2.1 生产环节的共治管理

以农产品为例，在生产环节，种植户和养殖户是主要的生产承担者，政府是主要的扶持者和管理者，媒体是主要的第三方监督者。行业协会和消费者也有一定作用，但并不十分明显，且与在其他环节的作用相重叠。

首先，种植户和养殖户的主要利益诉求是增大产量、缩短生产时间，这样，就会对三方面的运作行为产生影响，分别是种子（幼崽）选择、农药化肥饲料选择、土地用水选择。种子（幼崽）选择目前存在转基因问题，可能某些种类的种子和幼崽的成长速度更快、抗病性更强，但同时可能营养价值低，甚至对人体具有潜在威胁。然而，出于利益最大化考虑，许多种植户和养殖户仍有动力选择这类种子和幼崽。在农药化肥饲料选择方面，主要是种类和用量，比较“霸道”的农药或饲料往往对植物动物生长有好处，但对人体可能也产生“饲料”的作用；大量使用农药更有利于保障农作物、水果免受病虫害的侵扰，但残留量也会随之上涨，进而威胁人体健康。在土地用水方面，种植户可能选择一些不利于植物生产生存的土地种植植物，尽管植物死亡率会较高，但如果在整体上能带来收益，依然有动力违规行动。此外，某些受污染严重的水源可能不适于植物灌溉，但考虑到更清洁的用水具有较高成本，或者在农忙时段较难获取，种植户有动力在某些时段和某些情况使用不合格水源。这些水源通过污染植物会进一步危害人体。

诚然，在主观性动因分析之外，也有部分客观因素导致相同的违规后果。例如，土地中的铬超标就会污染所产的大米，但种植户并不知道所用土地的铬超标。同样的情况还发生在饲料使用领域，养殖户对饲料成分并不知情，而根据性价比进行选择；饲料提供商隐含负面信息，甚至他们也不清楚饲料的真实危害，最终导致类似毒大米事件的恶果。综上分析，种植户和养殖户主体有两方面的不同原因可能带来相似的违规结果，这是生产环节企业主体面临的主要运作问题。

与实物产品紧密相连的是有关产品质量，以及产品生产方式的一系列信息。例如，产地、种子（幼崽）、农药化肥（饲料激素）、生长时间等，这些信息的缺失对隐瞒已知的食品安全质量问题有潜在收益，但对后续的加工企业判断原料食品质量则构成困难，在大量累积和爆发下，可能导致消费者对整个原料食品的不信任，或者无所适从，且极大地影响到购买意愿，并最终导致行业的萎缩。与产品链相似，信息问题既有主观层面的刻意隐瞒，又有客观方面的技术能力弱、收集成本高、无有效信息源等困难。信息问题带来的弊端一方面会为后续加工企业加工原料带来困难，如果加工企业知道种植户或养殖户采用哪些手段增加产量，可以相应提升技术手段和加工工艺消除影响。例如，最简单的多次清洗技术可以较好地解决农药残留问题，或者通过涂药杀灭猪肉寄生虫问题等。然而，如果企业不具备这些信息，很可能不会有针对地采用应对策略，而是遵循普通流程进行处理，这就错失了第一个解决食品安全问题的机会。此外，信息链缺失导致的另一方面影响可能更严重，即压价问题。由于企业不能区分原料的质量高低，会倾向于低价购买策略，不能根据质量差别定价而出现逆向选择，导致提供高质量食品原料的种植户和养殖户失去确保食品质量的动力，并增强他们的机会主义行为。

确保产品链和信息链有效运作的根本支持是制度链，制度制定和监管的主体往往是政府或有谈判能力的企业。制度与执行签订主体是种植户和养殖户，他们面临的制度主要有两类，一类是种子化肥之类的购买契约，另一类是产量保险契约。在第一类契约中，由于种植户和养殖户是缺少信息的一方，他们主要会面临制度执行上的困难。如果无法证明植物或者动物的死亡是由于种子不好或者化肥饲料不好，他们就不能得到应得的补偿，并加强他们在其他事情上的机会主义行为以作为利益补偿。但是，在产量保险契约方面，他们会出现机会主义行为，理论上体现为道德风险，如果有保险公司对死亡的植物和动物承保，那么种植户与养殖户可能就不会耗费特别多的心思和努力去照顾动植物，甚至可能采用一些冒险方式，如缩小种植间距、引入不明污水、过度圈养等行为。据此，在制度链上，企业主体（种植户和养殖户）既是利益受到危害的一方，也是制造食品安全问题的一方（参见表 6-2）。

表 6-2 企业在生产环节面临或形成的社会共治管理问题

涉及链条	利益诉求	主观机会主义行为	客观困难	引发的质量和管控问题
产品链	最大化产量、最短化生产时间、最小化成本	选择营养作用不明的种子；过量使用强效农药；使用不适合生产的土地和水源	不了解种子的质量；不了解农药的毒害作用；不了解所用土地和水源的质量	导致动植物食品原料营养水平低下，农药残留和激素残留过度，甚至可能危害人体健康
信息链	最大化正面信息、最小化负面信息	不主动收集和共享生产信息、隐藏甚至篡改负面信息、夸大正面信息	缺乏可信的信息源、缺乏获取质量信息或营养信息的检测技术和统计知识	导致后续加工企业缺乏充足信息，不能选择最好的加工处理技术；也导致加工企业的压价行为，进一步引发机会主义行为
制度链	最大化个体利益、最小化个体努力成本	采用高风险的手段种植和养殖	制度执行困难，索赔维权艰难	增加机会主义倾向，通过此方式进行利益补偿

其次，政府在此环节扮演的作用也不容小觑。政府在提供种子、技术支持、财政担保等多个方面都发挥重要作用。但是，政府各部门的利益诉求有所不同，农业部门和经济部门希望食品产量大，地方经济增长高；质量检测部门希望产品质量高，不出现食品安全问题。政府不同部门之间的不同利益诉求导致了不同的行为倾向，如在经济发展导向的政策性负担下，地方政府非常重视技术支持，积极为种植户和养殖户提供廉价高效的种植与养殖技术，但在技术遇到瓶颈或者行政成本过高时，地方政府也有动力放松对各种作用不明的种子或者稍有危害的农药化肥的使用，甚至会暗地里支持。同时，质检部门可能迫于主管部门或领导压力，采用文过饰非的方式处理所发现的食品安全问题。在客观层面，地方政府面临行政成本高、执行人员少的现实操作难题，即使发现食品安全问题，但想提供一个可以替代的且农户能承受得起的技术手段往往很困难。例如，目前公认散养的吃虫吃草的鸡会比吃饲料催熟的鸡有营养且味道好，但如果地方政府强制要求所有养殖户都采用放养方式，却解决不了周期长、风险高、产量低的生产问题，农户这么做会面临亏损窘境，政府没有财力也不能通过财力进行补贴，这个矛盾问题就难以真正解决。这样，无论由于主观原因还是客观困难，都会导致食品安全监管缺位问题。

在信息传递与传播方面，政府也发挥监管主体的作用。政府在食品原料检测过程中会产生大量质量信息，这些信息对加工企业和消费者无疑是有益的。同时，政府在技术知识方面也具有和养殖户与种植户互补的优势，对于科研项目产生的技术成果，政府更为了解能否将这个知识传递给种植户和养殖户，或宣传给加工企业和消费者，这是政府加强食品安全风险交流的责任方向之一。由于政府在信息链的利益诉求仍然是宣传产量成果和经济发展成果，主观的机会主义倾向仍然会很明显，即政府有动力刻意隐瞒负面的质检信息，以保障本地产品的销售。同时，由于宣传信息并不属于政府传统意义上的责任，地方政府缺乏向外面宣传本地技术信息，以及向种植户和养殖户传授信息的动力。但是，这种情况正在逐渐好转，地方政府已经开始有意识地宣传管辖地在农业或者畜牧业方面的特点和优势，如广东省四会市政府宣传本地砂糖橘品种特色，青海宣传本地绿色畜牧优势。政府在客观方面的困难与产品链类似，主要还是技术人员和宣传人员有限，且技术人员不擅长宣传，宣传人员说不清技术，导致工作难以开展。

政府是制度的主要制定者和执行者，但一个理论上行之有效的制度，如绿色食品认证制度在实际操作中却遇到困难。假设绿色食品有助于增强消费者的信任而促进食品销售，那么，政府会希望种植户和养殖户的食品原料达到这一标准。为此，地方政府可以帮助种植户和养殖户梳理绿色生产流程、提升技术能力，确保满足绿色食品的标准。如果这一行为成本过高或者效果不好，地方政府也有动力帮助种植户和养殖户遮掩问题，甚至作假以帮助农户达到绿色食品标准。这样，企业拿到绿色食品认证后又恢复常态，依然使用非绿色的生产模式。由于绿色食品认证是国家级的统一认证，各地的具体实施和操作的水平及严格程度并不相同，地方政府的行为也不尽相同，这样，部分获得认证的种植户和养殖户确实采用绿色生产模式，部分却没有采用。这样，如果终端销售的绿色食品出现质量安全问题，所有认证户的信誉都会受到威胁，这就是理论上的囚徒困境和外部性问题。对于地方政府而言，这又是它们所不能控制的事情，进而构成了如表 6-3 所示的生产环节的社会共治管理难题。

表 6-3　政府在生产环节面临或形成的社会共治管理问题

涉及链条	利益诉求	主观机会主义行为	客观困难	引发的质量和管控问题
产品链	最大化经济发展	无视甚至鼓励种植户和养殖户使用未经认证的种子或高污染但强效的农药化肥	执行人员少、行政成本高、本身科技水平有限	监管失效，无力阻止源头上的食品原料质量问题
信息链	宣传经济发展成果	遮蔽负面信息;无动力进行技术信息宣传和产品优势宣传	宣传人员不懂技术，技术人员不擅宣传；地域和部门难以承担宣传成本	食品安全信息传递不畅，导致无论所产是劣质食品还是优质食品，后续环节都得不到可靠信息
制度链	最大化经济发展	遮掩问题,甚至作假伪造以获得绿色食品认证	种植户或养殖户采用不当行为得到绿色食品认证，导致绿色认证失去信誉	考虑他人的潜在机会主义可能，考虑自己需要共同承担后果，就具有了相同的机会主义倾向

最后，媒体的主要作用是揭发事实真相，发挥舆论监督作用。然而，现代媒

体也是营利性组织，也需要确保自己的生存和发展。因此，媒体报道新闻的潜在动力是扩大自己的影响力和消费人群，报道真实信息反而并不是最重要的。在此激励下，媒体可能不负责任地转载爆炸性信息而形成新闻螺旋效应，可能有意不全面披露信息，也可能使用暗示性、诱导性言论引导受众对信息的理解和认知。例如，转基因食品事件在技术角度是一个复杂的较为前沿的问题，但部分媒体热衷报道片面观点，非全面客观地分析转基因食品的利害以及现有的研究结果和研究结论。这样，部分媒体简单的有害与无害划分让受众难以做出评判，并不知道“害”在哪里，怎么个“害”法，以及“害”的严重程度。尽管转基因产品有害无害难以一言以蔽之，但从信息传播角度，媒体没有使受众对事件真相更加了解，反而是更加糊涂，且带来了更多的捕风捉影式的怀疑和不信任。

诚然，当媒体发挥正向积极作用时，可能受到利益相关者的干扰，导致无法及时传播信息而丧失舆论监督作用。此外，在部分情形下，地方政府或部门可能滥用行政力量对媒体报道进行干预。在媒体真正开始自由地报道信息新闻时，往往又缺乏有效的合法的干预手段。整体而言，在食品安全社会共治领域，现有对媒体的管制制度是分散的，主观性强，法制性弱，进而导致了以下问题：一是媒体对消费者有利的信息披露被权力干预；二是形成社会恐慌的失实报道难以被处罚等，具体见表 6-4。

表 6-4　媒体在生产环节面临或形成的社会共治管理问题

涉及链条	利益诉求	主观机会主义行为	客观困难	引发的质量和管控问题
信息链	最大限度吸引眼球，扩大受众	片面或不实地报道信息；暗示误导读者	行政干预导致信息传播艰难	舆论信息难以传播；舆论信息过度传播
制度链	不受干预享有新闻自由	一旦政府难以干预，就释放不满，大肆宣传各类事件	容易遭遇政府干预，新闻自由受到威胁	信息混乱，难以确定有效性；监管混乱，媒体权益缺乏保障，责任也未履行

从上述生产环节的社会共治管理问题分析可知，基于质量链的政府、企业和媒体等社会主体的监督或参与行为，既需要通过正式治理来解决，也需要通过非正式治理来解决，期望单纯地借助某一项治理制度来解决生产环节的食品安全问题是不现实的。正式治理与非正式治理的混合治理，依然构成生产环节社会共治解决机会主义问题的基本治理模式。

6.2.2　加工环节的共治管理

在加工环节，大型企业或小作坊是核心生产单位，这里统称为企业；政府是主要监管单位；媒体是主要舆论监督单位；行业协会是主要的生产工艺和质量标准制定单位。消费者在该环节中参与不多，不进行针对性分析。

首先，企业的利益诉求是最大化收益。无论通过增加产量、提升质量或加快生产节拍等哪种手段，只要能降低成本、扩大收益企业就有动力去投入。诚然，企业也面临各方面的监管和潜在的处罚风险，如果政府监管和处罚不能形成决定性的震慑作用，企业仍会有机会主义倾向。这里，企业可能的机会主义行为包括但不限于：使用调味或增重添加剂（如苏丹红、三聚氰胺）、使用防腐剂（如亚硝酸盐）、加工使用非真实原料（如老鼠肉加工成牛肉干）、加工使用低质量原料（如病死猪做香肠）、使用有害有毒包装（如有毒塑料）等。这些机会主义行为难以检测，且在食品真正食用过程中也难以察觉，甚至在食用后短期也不会出现明显症状。有些问题只会在特殊人群长期使用下才会暴露出来。例如，只有婴幼儿长期食用三聚氰胺才会出现性早熟等问题，成年人或者少量食用则不出现问题。这些原因同样提高了食品安全社会共治监督管理的难度，并进一步诱发企业群体道德风险。除了主观的趋利动机以外，企业也面临竞争的压力和经济成本方面的困难。如果其他企业采用不正当手段降低成本，不降低成本的企业就难以生存和发展，如果食品企业的产品不能确定更高价格，它们也只有被迫降低产品质量以求生存。同时，许多添加剂包装物等的毒害作用难以检测，企业的技术和成本方面难以支持此类检测投资的长期回报。这样，无论是主观动机或是客观困难，其都使企业提升产品质量的动力不足，或者正如第 4 章所述，企业有动力尽可能多地生产低质量产品乃至不安全产品，而非生产高质量产品。

为了保障产品销售，企业有动力去掩盖负面的产品信息。尽管国家有要求产品包装必须注明产地、原料、生产日期、保质期等，但这些对消费者判断食品的质量还远远不够，而且消费者难以获得强制信息披露之外的食品安全内容。即使在原料方面企业也有动力回避敏感信息，甚至捏造原料信息，因为被发现和披露的可能性极小，风险成本极低。诚然，除了产品包装之外，企业目前发布信息的途径比较有限，尽管可以通过企业网站发布信息，但并不是所有企业都有此技术能力，同时消费者也很少在企业网站搜寻食品安全信息。因此，即使企业的产品质量是优质的，企业也缺乏与消费者交流的渠道和信息。同时，如果食品信息在生产环节已经被隐藏起来，加工企业不具备完全信息，这就导致食品安全信息传递不畅的问题，消费者难以获得有价值的食品安全决策信息，企业也难以使消费者获得企业自身期望传递给消费者的信息。这样，作为建立信任的纽带和支持交易的基础，信息链再次断裂，这是食品安全社会共治的加工环节管理中经常遇到的难题。

加工企业既是制度的制定者又是制度的执行者，一方面，它们从种植户或养殖户处购买原料，另一方面又向外出售最终产品。种植户或养殖户之间的制度手段主要是生产契约，或者加盟生产，或者零散化采购，目的是追求较高的性价比。

然而，由于原料质量本身难以鉴别，加工企业倾向以底价采购来保障供应，对质量的激励作用较弱。同时，企业产品尽管大部分情况下不是直接销售给终端消费者，但也隐含了一个商业契约在里面，并且会在一定程度上受到法律的保障，即企业对所生产的产品质量负有民事责任，如果出现重大安全问题还需承担刑事责任。但是，由于食品在很大程度上是一种经验品甚至信任品，需要在使用后很长时间才能判断安全质量，因此，真正的维权和追责是困难的。同时，由于危害时间的滞后性，难以察觉和证明是某一款特定产品出了问题，这更导致了制度执行方面的复杂性和困难性。结果，制度执行方面的问题又会降低监管制度的震慑力，进而诱发企业在产品链上的各类机会主义行为（参见表 6-5）。

表 6-5　企业在加工环节面临或形成的社会共治管理问题

涉及链条	利益诉求	主观机会主义行为	客观困难	引发的质量和管控问题
产品链	最大化生产收益	采用一切手段增加产量、采用一切手段提升食品的外观和味道、采用一切手段缩短生产工艺	面临低质量产品的竞争；无力承担高昂的技术投资和科研费用	食品产品质量低下；无动力提升食品质量；质量检测越发困难
信息链	传播有益信息	遮掩负面产品信息；伪造正面产品信息	缺乏信息传播的途径和平台；天然丧失一部分原料信息	质量信息失真、质量信息传递困难、企业背景信息传递不畅
制度链	最大化期望收益	压低采购价格；不履行制度责任，在生产过程中进行机会主义行为	难以识别原料质量，不能有效激励种植户和养殖户	不仅导致加工环节食品质量低下，还可能导致上一个生产环节原料质量低下

其次，与生产环节相比，政府在加工环节的作用更加明显，从生产环境、生产工艺、最终产品等多个方面发挥检察督导的作用和职责。目前，食品安全监督最有效的办法之一也是通过政府部门的检察发现问题，或者通过政府部门的严打解决问题。例如，塑化剂事件就是政府质检部门首先发现的。然而，临时性或突击性的检查不能对有机会主义倾向的企业形成足够震慑，对灵活运作的小作坊的影响更是有限。同时，由于行政力量或行政成本的资源约束，政府进一步扩大行政检查的力度并非易事，且存在地方政府的行政性负担压力。综上，政府质检和检查是一个行之有效的方式，但不能解决食品安全治理的全部问题。同时，由于地方政府主观或客观上的困难，食品安全社会共治的推广难以稳定和持久。

在监管过程中，政府监管部门掌握大量的第一手资料和信息，如企业生产环境信息、加工流程信息、产品添加剂或防腐剂信息、产品营养信息和保质期信息等。部分信息可以视频录像方式存储，有更高的可信性和说服力，但没有恰当地对社会或消费者传播。在较好的情况下，消费者也只了解什么产品的质检质量不达标，其他产品是否达标，是否接受过质检，普通消费者往往就不掌握了。同时，由于政府食品安全信息的发布平台不畅，政府重点发布的食品安全信息可能只是质检信息中很少的一部分。这样，质检部门对各行业的质检每天都在进行，公布的质检结果只是其中的重中之重，同时公布后信息的保存也存在问题，消费者不可能把每天收集到的质检信息记录在本子上再带着本子去市场买食品。诚然，在信息传播方面的问题不只是质检部门的问题，而需要多部门统筹合作。这就是涉及社会共治中的协同管理问题，质检信息如何传播又如何有效影响消费者决策，其中涉及的跨部门管理本身就是对政府现行运行体系的一次挑战，这种挑战在中央集权体系下或者被重视后迅速解决，或者被搁置后无限期扯皮。从这个角度看，基于食品质量链社会共治管理，本质上存在着对现行食品安全治理中集权体制的冲击力量，解决社会共治的管理问题需要对现行食品安全治理集权体制的创新和变革。表 6-6 提炼出部分需要创新和变革的管理问题。

表 6-6　政府在加工环节面临或形成的社会共治管理问题

涉及链条	利益诉求	主观机会主义行为	客观困难	引发的质量和管控问题
产品链	保护经济与履行监管职责	帮助遮蔽和掩盖企业的加工问题及质量问题；通过短期改进质量蒙蔽检查；通过准备合格样品蒙蔽检查	行政力量有效；检测技术难以实时更新；面临政治压力	产品质量不稳定，时好时坏；企业承担一些行政成本，减少了改进技术的可用资金
信息链	保护政府荣誉与宣传检测成绩	阻止负面信息发布；扭曲和夸大正面信息	缺乏有效的信息传播平台；面临利益诱惑与行政干预	一手信息传递受阻；消费者难以辨别二手信息真伪
制度链	多元化诉求	在各自利益诉求下会出现目标不一致的行为	各部门利益需调和；各部门相互掣肘；行政力量有限	管控力度不够；管控效果参差不齐；认证与扶持手段失效

再次，媒体在食品安全信息传播中发挥双刃剑作用可从三方面分析：一是从社会受众角度来看，媒体报道往往比企业自吹自擂更可信，但部分媒体报道过程中刻意夸大或掩盖，或断章取义地片面化报道也会降低受众对媒体的社会信任度。例如，质检部门的质检信息是具体和科学的，但为了方便大众理解或为吸引大众眼球，媒体可能简单地使用“严重超标”“重大危害”等词句进行描述而忽视了科学基础。这样，为了最大化自己的受众人数，媒体报道会有一定的倾向性，会有一定的技术处理成分，如媒体报道麦当劳用水不如马桶水干净就引发广泛质疑。二是由于媒体报道对企业或产品影响力强大，自然会形成企业对媒体的寻租行为或政府对媒体的行政干预行为。三是媒体本身也存在敲竹杠或信息换钱的动力。表 6-7 归纳出媒体在加工环节面临或形成的社会共治管理问题。

表 6-7　媒体在加工环节面临或形成的社会共治管理问题

涉及链条	利益诉求	主观机会主义行为	客观困难	引发的市场和管控问题
信息链	最大化受众人数	片面报道信息吸引眼球；帮助夸大或遮盖信息	行政干扰；企业干扰；本身行业特点与竞争	市场信息混乱；信息可信度低；信息作用压过真实食品质量的作用
制度链	最大化报道收益	随意转载信息；敲竹杠；信息换钱	行业监管不力，造成一些共性坏习惯	市场信息失真；政府监管干预力度不一、随意性强

最后，行业协会在加工环节也扮演重要监督角色，但由于利益冲突处于监督的尴尬地位。行业协会名义上代表行业或者产业利益，但行业协会也是由具体企业代表组成的，易于被大企业影响而形成内部人控制。如果行业协会由政府牵头建立，行业协会难以真正获得企业内部信息，难以具有行业的技术或知识优势。同时，行业协会有多大的权力可以强制推行生产工艺标准和原料配料标准？如果行业协会没有权力则难以推动标准，或在标准制定上需要过多的妥协，纵然行业协会有很强的权力或权威，但行业协会成员如果不履行标准，行业协会也难以处理和惩治。这样，在主观和客观压力下，行业协会往往同时体现出革命性和妥协性。革命性在于行业协会期望提升全行业产品质量来维持行业健康发展，推动行业成员由低质量向高质量产品阶段转型升级。妥协性在于协会内的大企业有自己的利益，不希望承担太多研发和质量保障责任，或者对部分成员企业将低质量产品与不安全产品混同生产视而不见，甚至自身也被迫深陷其中。在上述双重因素影响下，行业协会的标准往往是折中的，行业成员的执行也会大打折扣而难以保障产品质量。表 6-8 提炼出加工环节中行业协会面临或形成的社会共治管理问题。

表 6-8　行业协会在加工环节面临或形成的社会共治管理问题

涉及链条	利益诉求	主观机会主义行为	客观困难	引发的质量和管控问题
产品链	维持行业盈利和发展，同时兼顾主要成员利益	减低行业质量标准；推广有效且赚钱的原料和添加剂	科技研发资金有限；缺乏行政权威	产品质量低下；产品工艺创新动力匮乏
信息链	维持行业荣誉	对行业产品质量标准进行狡辩；支持维护行业内的落后生产流程与工艺	缺乏发布信息的平台；缺乏对行业知识的整合和管理	难以提供让消费者信服的信息；难以提供消费者需要的知识
制度链	提升全行业利润率	达成低质量“潜规则”；达成价格联盟；分享负面技术	没有行动自主权；制度没有法制效力	低质量在行业范围形成稳定状态；行业技术进步艰难、阻力巨大

加工环节面临的社会共治管理问题不仅来自生产环节的信息非对称，而且自身环节也面临大量的逆向选择和群体道德风险问题，这些问题不是政府加大投入，或媒体、行业协会加强参与就可以简单解决的，而需要通过社会共治的协同机制设计来使多方利益得到协调，进而形成次优或三优的管理解决方案。从这个角度

讲，食品安全社会共治的制度安排不可能追求最优化解决，在多任务前提下只能解决关键问题或局部问题。因此，食品安全社会共治本身也是有限目标的，或者说本身也存在局限或缺陷，反过来也需要通过市场化手段或行政干预来解决，这也是食品安全社会共治如此复杂的原因之一。

6.2.3　物流环节的共治管理

在物流环节，企业依然是主要的参与者，加工企业可以自己完成仓储和物流工作，也可以将物流运输工作交给专业的第三方物流。无论采用何种方法，我们在这部分都用物流企业来代替。政府仍然是物流环节的主要管理者，主要体现在收费者和罚款者的角色上。

首先，企业在物流环节主要是运输最终产品，关键任务是保障食品的质量没有变化，或至少变化较慢，尽量少占用保质期时间。生鲜食品物流环节的运作效率更为重要，直接决定了最终的市场售价。因此，物流环节企业最关心两个问题，一是保质保鲜，二是快速送达。由于运输成本上的压力，许多企业难以同时实现这两个目标。企业会混运食品和其他产品，从而可能导致食品受到污染。此外，由于保鲜技术上的压力，企业可能选择在物流环节之前和物流环节之后对产品进行处理加工，在外观上和口感上迷惑消费者。例如，荔枝保质期短，空运成本高，企业选择运送尚未成熟的荔枝，可以在荔枝抵达消费市场时不会坏掉。或者，在较为成熟的荔枝上喷洒氨水等有保鲜功能的试剂以维持品质。或者，在终端市场上对已经腐烂或出现问题的食品进行处理，如加入香味剂掩盖腐败味道，打蜡、喷水、篡改有效日期信息等。尽管这些机会主义行为并不发生在物流环节，但确实由于物流环节的问题而产生。

物流环节还存在废品物流问题，如废品油、病死猪、过期食品和腐烂水果的处理等。这些废品可能出在加工环节，也可能出在物流环节，这里统一在物流环节进行分析。由于存在对这些废品的需求，企业有动力低价销售废品，而不是按照正常程序进行销毁处理。这样，废品再流回食品加工环节而严重危害消费者健康。

在物流环节中，企业主要面对委托企业的制度和政府的管理制度。如果加工企业自身负责配送，企业只面临政府的管理制度。政府在物流管理方面并不是以最优化物流和最便捷化物流为导向，而是以收取更多的管理费用为导向的，导致物流企业在物流过程中必须千方百计地节约成本，采用低质高效的保鲜技术就是一个选择，超重超载则是另一个选择。无疑，两种应对手段都会导致食品质量的下降，甚至带来更严重的食品安全问题。表 6-9 归纳出物流环节企业面临或形成的社会共治管理问题。

表 6-9　企业在物流环节面临或形成的社会共治管理问题

涉及链条	利益诉求	主观机会主义行为	客观困难	引发的质量和管控问题
产品链	最小化运输成本；最大化现有产品收益	运输过程混运食品；运输前处理食品；运输后加工食品；贩卖废品、过期食品和病死肉类	油费、高速费、过桥费高昂；缺乏有效的废品回收处理手段	导致其他环节预先应对，降低食品安全性；整体降低食品质量和营养价值；导致有毒有害食品回流
信息链	最小化信息成本	隐藏不合适的物流配送模式信息；谎报物流时间	缺乏信息发布媒介；单独的信息缺乏价值，但又无力综合信息	判断食品质量和新鲜度困难；废品追溯困难
制度链	最大化每次运输的收益	采用低质高效的保鲜技术；超重超载；低价销售过期食品和病死肉类	行政收费过高；缺乏对处理废品物流的激励制度	降低食品质量；有毒有害食品回流

政府在物流环节也面临食品安全社会共治的诸多管理挑战。政府没有对应部门负责提升物流运输中的保鲜技术，或者帮助优化运输路线。同时，政府交通管理部门虽然可以获取物流汽车或火车、飞机的交通信息，但这些信息通常不会共享，因此，可以忽略政府在信息链上的实质影响。然而，在制度方面，政府却发挥以下两个方面的关键作用：一是收取高速费等增加了物流成本；二是要求安全驾驶进一步增加了物流成本，加强了物流在时间方面的压力。对于第一个问题，存在明显的政府滥用职权现象，许多高速公路收费不合理，甚至无理由延长收费期，或者自设收费点；第二个问题的出发点是好的，交通安全确实比金钱和时间更重要，但在客观上会进一步增进企业的物流成本，且延长物流时间。物流环节政府面临或形成的社会共治管理问题见表 6-10。

表 6-10　政府在物流环节面临或形成的社会共治管理问题

涉及链条	利益诉求	主观机会主义行为	客观困难	引发的管控问题
制度链	最大化收费；保障安全	乱收费，乱罚款	安全监管压力大，责任重	企业物流成本高，在各种应对下导致恶性循环

与加工环节相比，物流环节中企业和政府面临的社会共治管理问题并未减少。相反，物流环节中企业与政府面临的食品安全社会共治问题主要是如何应对市场不确定性或风险的问题。企业如何与物流企业协同管理形成有效的物流配送，政府如何在物流监管环节对食品安全与质量水平进行有效甄别，避免将低质量产品与不安全产品进行信号混同，尤其是需要注意避免出现加大监管力度的信号扭曲现象。

6.2.4　销售环节的共治管理

在销售环节，企业、政府、媒体和消费者等所有主体都是参与者，且涉及的社会共治行为也多种多样。其中，企业在销售环节涉及二次加工、二次包装、以次充好、广告宣传等行为，且不论这些行为对食品质量的影响，但都是围绕销售产品而展开的。政府在销售环节会对食品入关进行审批、再次检测食品质量、审核销售商资质，以及控制物价，并对媒体和行业协会等主体参与进行监管。媒体主要传播来自各个方面的新闻消息，如企业广告宣传、政府管理整治行为、消费者口碑和投诉行为等。消费者的主要行为就是购买产品，并成为维持食品市场有效运转的终极动力，且其对食品质量的满意程度影响其持续购买行为，或出现口碑（差评）宣传与投诉维权行为。

首先，企业在销售环节面临的制度是多种多样的，包括质量检验制度、产品追责制度、市场价格制度、行政管理制度及强制信息披露制度等。由于制度条款中涉及的许多内容不易监控和判断，企业存在侥幸心理而采取规避制度行为。同时，制度执行有时需要技术手段的辅助，如检查染色剂、检查防腐剂等，但染色剂和防腐剂品类多样，制度执行部门许多时候不具有检测各种可能性的工具，导致制度的威慑力下降，为企业机会主义行为提供了可能空间。另外，尽管食品信息披露在表现上可以实现，但食品信息是否准确、是否完整、是否有用，难以用某些客观标准来衡量，也给企业留下机会主义空间。这样，销售环节管理制度在内容、执行方面的不足，也会导致社会共治管理出现失灵。

企业（大企业或龙头企业）和政府均期望通过零售价格信号使不安全产品与低质量产品实现有效分离，或通过认证和准入机制来甄别食品安全水平或质量。例如，中国政府推行菜篮子工程，或者倡导有条件的大超市管理自己的食品供应商，以提供有明确来源和质量保障的食品。然而，由于食品生产本身的批次性和质量的不稳定性，单次食品质量检测难以保障下次或多次食品质量，当认证的菜篮子工程或超市中的绿色放心食品专区出现食品安全问题时，消费者对共治管理制度的不信任感会迅速增强和扩散，就会出现表 6-11 所归纳的管理问题。

表 6-11　企业在销售环节面临和形成的社会共治管理问题

涉及链条	利益诉求	主观机会主义行为	客观困难	引发的质量和管控问题
产品链	最大化销售利润	对产品进行二次加工；以次充好销售	缺乏质量分离的市场；缺乏甄别质量的机制	产品质量参差不齐；市场缺乏信心；市场秩序混乱
信息链	最大化销售量	隐瞒负面信息；夸大正面信息；进行洗脑式宣传	市场信息管控失灵；市场信息过载	消费者质量鉴别能力下降；信息作用超过质量作用
制度链	最大化利益	违背制度中难以衡量和执行的部分；共享信息，但不保障信息的真实性	长期持续监管乏力；个体事件容易被非理性放大	难以保障食品质量；难以保障真实的信息传播；难以形成多元化的市场格局

其次，作为制度的主要制定者和执行者，政府对企业、媒体和行业协会有多方面的管控手段。在产品质量方面，政府主要通过抽检方式控制产品质量，或通

过接受消费者投诉举报对违背诚信、出现不安全问题的商户进行惩罚。对于存在严重不安全问题的食品，政府有时还会采取强制销毁手段。然而，政府在执行制度过程中也面临财政收入与食品安全治理相冲突的矛盾。从管理职能上看，政府无疑需要对食品进行检验，处理不安全产品，但检验频率有多高，是否会影响正常商业交易，以及处理标准有多严，都成为政府需要平衡管理的问题。为保持一个平衡状态，政府的最优策略是抓大放小，确保不出现重大不安全问题，轻微的小问题则可能“睁一只眼闭一只眼”。在此策略下，政府行为的效果可以描述为“枪打出头鸟”，尽管对恶劣的食品安全事件有所控制，但对轻微或恶性不显的食品安全问题则难有治理效果。

在政府政策目标中，经济发展与社会稳定无疑是摆在首位的，当经济发展与社会稳定二者相冲突时，在不同经济发展阶段或不同地区、不同背景的领导者，采取的解决冲突的社会共治管理目标将不尽相同。尽管食品安全治理是中央政府的一项重要工作，但中央政府同样面临多任务下的社会绩效管理目标难题，地方政府也同样面临这样的难题，而且还涉及千百年来中国政治架构中的中央与地方矛盾结构，因此，地方政府推动食品安全社会共治，保护本地企业和本地经济发展，往往超过对食品安全严格监管的需求，由此构成表 6-12 归纳的政府在销售环节面临或形成的社会共治管理问题。

表 6-12　政府在销售环节面临或形成的社会共治管理问题

涉及链条	利益诉求	主观机会主义行为	客观困难	引发的质量和管控问题
产品链	平衡经济活力和食品质量	放松对小问题的监管；尽力维护经济活力	食品质量普遍低下，都管则本地企业和市场崩溃	小质量问题不断；潜在质量问题难以根除
信息链	减少行政成本	减少行政负担，能不共享信息就不共享；对部分负面信息选择性屏蔽	政府内部信息不畅，共享乏力；行政资源有限，难以共享全部信息；信息价值不高，消费者不易解读	信息丰富度降低；信息颗粒度降低；信息验证过程不彻底
制度链	维持经济活力，保护地方经济，减少行政成本	限制外地企业进入市场；制度执行打折扣	制度本身的模糊性；行政力量不足；制度执行负能量强	竞争弱化，质量提升困难；制度执行差，对企业、媒体和行业协会威慑力小

再次，媒体在食品销售和口碑宣传方面发挥举足轻重的影响作用。由于消费者信息有限，媒体报道很容易成为消费者的主要信息源，进而影响消费决策。进一步，媒体可以直接对食品产品进行广告宣传，也可以新闻方式报道食品消费后出现的问题。例如，报道某外国品牌的鸡腿堡里有虫子，从某品牌的奶粉中吃到刀片等，无论这些事件发生概率有多高，是否具有代表性，但经媒体报道后都很容易占领消费者的心智，使消费者产生“这个公司的产品都这样”的感知，进而

影响产品销售。媒体报道有其积极的一面，但消极面也不容忽视。由于报道不遵从统计性规律，也不以科学手段为基础，容易将小概率事件作为普遍现象来报道而形成以偏概全的传播效果，从而抹杀食品企业在改进安全水平上的努力和投入。同时，由于缺乏具体的比较和评判指标，很难证明其他未报道的食品就拥有更高的质量或更高的安全水平，由此对市场形成不公平报道。但是，作为一种社会第三方监管手段，媒体报道无疑是有益且必需的，但如果媒体作为消费者主要甚至唯一的信息来源，那么，食品市场的交易秩序就很容易陷入困难。政府需要建构除媒体外的多种社会媒体来弥补媒体信息渠道单一化的不足，通过构建多种社会媒介来推动食品安全信息的广泛传播与风险交流，这是销售环节中正式媒体与大众社会媒体需要共同承担的社会责任，也是销售环节中食品安全社会共治信息管理的重要内涵之一，将有助于解决表6-13归纳的社会共治管理问题。

表6-13　媒体在销售环节面临或形成的社会共治管理问题

涉及链条	利益诉求	主观的机会主义行为	客观困难	引发的市场和管控问题
信息链	最大化报道收益	艺术手段处理信息吸引读者；夸大宣传以从企业获取好处	信息不劲爆无人看；行业竞争激励，媒体需要盈利	信息引导性太强，缺乏科学性；信息秩序混乱，真假难辨
制度链	最大化报道自由	扭曲信息，释放情绪	政府干预失当，无章可循，无规律可依	信息扭曲、事实被放大；关键信息传播被限制、无法披露

最后，消费者在销售环节发挥决定性作用，是食品价值的支付者，是食品生产和质量提升的动力。尽管消费者的购买行为不直接影响食品安全水平，但可以影响生产者的销售结构和收益结构，进而影响生产者的生产决策。例如，消费者群体中的口碑或声誉机制形成的“用脚投票”，就是一种消费者影响生产者决策的典型行为，消费者通过不购买不安全食品来威慑或激励所有企业为市场提供安全食品。但是，由于消费者客观上鉴别不安全食品是困难的，且消费者分散难以形成长期利益团体（或称乌合之众），虽然理论上“用脚投票”行为是有效的，但现实中往往难以影响生产者的决策。这种情况在互联网时代正在逐步得到解决或缓解，因为通过网络方式消费者很容易形成社会公众群体或舆情效应，进而影响到政府部门的重视来解决不安全产品问题。表6-14归纳出销售环节消费者面临或形成的社会共治管理问题。

表6-14　消费者在销售环节面临或形成的社会共治管理问题

涉及链条	利益诉求	主观机会主义行为	客观困难	引发的质量和管控问题
产品链	尽量避免下次买到低质量食品	捏造证据索赔；无限度压低食品价格，以确保“物有所值”	质量甄别难；网络口碑不可信；维权成本高	低质量食品充斥市场；低质量商家有恃无恐

续表

涉及链条	利益诉求	主观机会主义行为	客观困难	引发的质量和管控问题
信息链	分享信息，获得收益或者成就感	对食品质量进行夸大；对食品质量进行诋毁	缺乏信息分享平台；缺乏信息监管机制	口碑宣传失效，真实性、可信性低
制度链	最大化个人利益	过度索赔维权；扰乱信息秩序	制度缺失；制度执行乏力	少量消费者恶行导致大量消费者福利损失

在销售环节中，食品安全社会共治不仅面临企业在终端市场的市场失灵问题，而且面临地方政府政策性负担带来的政府失灵问题，同时面临媒体寻租、行业协会“搭便车”、消费者无规则参与导致监管部门不堪重负的乱局。为解决这些失灵或问题，寻求不当的治理方式、如采取“乱世用重典”的思维来无限制地加大监管力度，有可能带来更为严重的社会系统失灵，从而危及社会更大涉及面的稳定。但是，如果不能对各种食品安全违规事件采取高压的震慑，又难以在短期内使国民感受到食品市场的安全水平得到保障，进而诱发更大范围的社会不满或投诉。显然，销售环节的社会共治管理，是食品安全社会共治管理最为重要的环节。为此，需要通过“两手抓”的平衡策略来逐步化解这个矛盾：一是短期内重点解决好销售环节的食品安全社会共治问题；二是采取倒卷帘方式逐步在物流环节、加工环节和生产环节解决食品安全社会共治的管理问题。

6.2.5　质量链机制设计的管理

基于上述生产、加工、物流和销售环节社会共治管理问题的分析，我们认为，食品质量链的机制设计，主要是解决如何使食品企业从不安全产品到低质量产品的转变，以及从低质量产品到高质量产品的转变两个阶段的社会共治管理问题。政府、媒体、行业协会和消费者等社会主体参与食品安全社会共治，也主要是帮助或支持企业完成这两个阶段的转型升级。这是食品质量链机制设计的关键性管理目标。

具体而言，市场主体在各个环节和各个链条都会引发一些问题，这些问题是社会主体的主观机会主义行为和应对客观困难所引发的行为共同导致的。进一步分析可见，主观机会主义行为的根源在于各主体的自我利益诉求，面临的客观困难往往是主体内部少数人带来的，或者是其他主体带来的。换言之，各个主体因为主观和客观的原因引发了机会主义问题，这些问题又在不同情境构成了其他主体的客观原因，这也是食品安全社会共治管理面临的复杂性问题。因此，基于质量链的社会共治机制设计管理，单纯地平衡和解决社会主体的利益诉求是不够的，同时还需要解开环环相扣的问题链。

首先，我们分析企业的管控问题。表 6-15 对企业利益诉求、主观机会主义，及客观困难方面的问题进行了理论化概括。由表 6-15 可见，在利益诉求方面，企业主要存在两个理论问题：一是个体理性问题，即每个经济个体都有最大化个体收益的动机；二是外部性问题，是指当经济主体的行为不能内部成本化或者内部收益化时，经济主体就没有动机进行正面的可以给其他主体带来额外收益的行为，却有动机进行负向的给其他主体带来额外成本的行为。

表 6-15　企业参与社会共治面临的机制管理问题

利益诉求	主观机会主义行为	客观困难
个体理性问题； 外部性问题	治理失灵问题； 激励不相容问题	逆向选择问题；囚徒困境问题；信号发送问题； 委托代理问题；行政腐败问题

在主观机会主义行为方面，企业主要面临治理失灵问题，即治理制度和手段无效，导致企业有空子可乘，有漏洞可钻，不需要担心机会主义带来的惩罚。此外，企业还存在激励不相容问题，即其他主体不能有效激励企业提升食品安全水平，不能提供双赢的激励方案，导致企业改进安全水平的动力不足。在客观困难方面，企业面临的最典型问题就是逆向选择，这个问题又内嵌有囚徒困境问题和信号发送问题。从博弈论的角度看，生产不安全或低质量食品在大部分情况下是一个纳什均衡。同时，企业在各个链条都存在委托代理问题，即制度制定的一方面不具备信息，制度接受的一方面具有私人信息，委托代理过程中没有有效的信息共享激励和监督激励，导致信息传递在各个环节都有可能出现逆向选择。此外，企业还面临公共行政管理领域的行政腐败问题，行政腐败给部分生产不安全产品的企业带来了生存和发展的机会，也给生产低质量但安全产品的企业带来额外的行政成本。

如前所述，中国情境下食品安全社会共治的推进离不开政府主导或引导，因为强政府态势下缺乏政府自我逐步退出食品安全监管的机制和程序，社会共治无从谈起，或者说社会共治难以存在发展和推进的空间。但是，政府主导或引导食品安全社会共治也面临如表 6-16 所示的三方面管理问题。

表 6-16　政府主导社会共治面临的机制管理问题

利益诉求	主观机会主义行为	客观困难
多目标优化问题； 激励机制问题	本位主义问题； 行政腐败问题	囚徒困境问题； 行政成本问题

如表 6-16 所示，政府面临的主要激励机制就是政绩激励，即经济发展激励，导致政府工作十分强调经济发展，尽管不断提出“不唯GDP”的口号，但实际操作起来还是需要看经济增长的实际业绩，因为中国改革的管理问题经常是通过发

展来解决的，当经济停滞或不发展时，许多积累下来的改革问题就有可能会集中爆发出来，从而诱发各种社会矛盾而危及社会稳定。这样，政府在食品安全治理上就面临两难局面，形成了表 6-16 列示的管理问题。食品安全社会共治管理问题有时会构成社会热点问题，但有时也会被经济发展和社会稳定的其他问题取代，在动态的、多目标、多任务的各级政府的公共管理日程中，加强食品安全监管策略优先于构建社会共治策略，因为社会共治投入的社会协同成本远高于短期的监管行为。在政府行政成本中，社会共治带来的跨部门协调成本，往往是行政成本中支付最高的，也是支付投入后最不好控制的管理目标。因此，理性的政府行为，更倾向于选择短期见效的严格监管或加大监管力度，而非实施长期见效的社会共治。就食品监管部门而言，更有冲动选择加大监管力度，因为这样可以从财政中获取更大份额的资金或资源投入，或者提高部门的行政地位，但基层监管部门往往面临资源严重不足的窘境，或者陷入疲于奔命的“监管困局”中。这样，在多种利益博弈格局下，食品安全社会共治有可能在现实操作中成为昙花一现的政府口号，不同地区的食品安全监管部门或者采取“只说不干”的策略应付了事，或者采取尝试性策略浅尝即止，主要资源依然投放在加大监管力度上，小部分资源或借助其他社会资源投入在社会共治的宣传行为中，缺乏系统性的管理体制或制度来持续维护，这是政府亟待解决的社会共治机制管理问题。

因此，要解决政府主导食品安全社会共治的管理机制问题，需要从组织结构上给予创新，如设置专门的社会共治机构和专业的风险交流机构来大力推动社会共治体制，负责加强与多社会主体的协同活动，尤其是与媒体、行业协会、消费者的社会协同活动，形成以企业质量链为基础的多主体参与社会共治预防—免疫—治疗三级协同体制。这样，唯有从机制管理上构建政府主导的社会共治模式，才有可能将食品安全社会共治落实到各级政府行为中，从而逐步有效解决中国食品安全治理的痼疾。

媒体参与社会共治面临的机制管理问题与政府相似。尽管媒体没有政府的行政权力，但是媒体具有一定的信息权力，可以利用信息权力获利。这样，媒体在利益诉求方面的主要问题是角色冲突和认知失调问题（参见表 6-17）。

表 6-17　媒体参与社会共治面临的机制管理问题

利益诉求	主观机会主义行为	客观困难
角色冲突问题； 认知失调问题	治理失调问题； 激励不相容问题	行政腐败问题；囚徒困境问题； 逆向选择问题

作为食品行业的利益代表者和维护者，行业协会面临的主要尴尬问题是没有绝对的行政权力，有时需要改革，有时需要妥协。在此，行业协会需要考虑的一

个多目标优化问题是核心会员的利益与行业发展的平衡。同时，虽然行业协会在制度治理方面力量不足，但可以利用行业的知识优势采取群体性机会主义行为，形成所谓的行业“潜规则”或公开秘密，由此带来行业协会参与社会共治面临的机制管理问题（参见表 6-18）。

表 6-18　行业协会参与社会共治面临的机制管理问题

利益诉求	主观机会主义行为	客观困难
多目标优化问题	治理失调问题	囚徒困境问题；智猪博弈问题

消费者在利益诉求方面不存在特殊问题，主观机会主义行为也有限。在食品市场上，消费者作为信息弱势方，更多地体现为利益受损害方。但是，部分消费者在消费市场中利用质量保障制度或者退换货制度谋求个体利益最大化的行为，也会导致市场中消费者诚信水平的下降，进而逼迫企业采取更加保守甚至负面的对策行为来提高消费者行为成本。这样，消费者在消费行为中的诚信行为影响到市场交易成本的变动，进而影响到消费者参与社会共治的交易成本的变动，使消费者参与食品安全社会共治面临如表 6-19 所示的机制管理问题。例如，消费者在食品市场存在的过度风险规避问题，只要企业或产品出现微小的负面信息，消费者就可能放弃一个品牌的食品，导致高质量产品的企业无法继续生产，只能选择低质量产品或不安全产品来生产，消费者中的这种偏执消费行为的影响对食品行业而言往往是毁灭性的。由此可见，食品市场中消费者教育与风险交流是消费者参与社会共治的关键性机制管理问题，需要得到政府部门和社会公共管理教育机构的重视。

表 6-19　消费者参与社会共治面临的机制管理问题

利益诉求	主观机会主义行为	客观困难
个体理性问题； 外部性问题	消费诚信问题； 网络诚信问题	信号发送失灵问题；信息匮乏/过载问题； 信息甄别失灵问题；知识匮乏问题； 羊群效应问题；过度风险规避问题

综合上述企业、政府、媒体、行业协会和消费者五个社会主体参与社会共治的机制管理问题，可以认为，不安全食品质量链的形成是一个多方“共同努力”的结果，许多不安全食品问题本身可能是五个社会主体中的一个或多个采取的防御不安全食品行为导致的。或者说，原本企业仅仅是生产低质量但对消费者而言是安全的产品，但由于食品市场中信号混同导致消费者普遍地将低质量产品与不安全产品混同起来，政府监管部门也将低质量产品与不安全产品混同起来一并监管或处罚，导致消费者无法通过市场价格来甄别不安全食品与低质量食品，类似于消费者无法区别低质量的微型面包车与不安全面包车，使低质量的微型面包车

与不安全面包车一并受到打击，这样，低质量的微型面包车制造商的最优策略不是将汽车质量从低质量提高为高质量，如改为生产豪华汽车，其最优策略是生产更低质量的面包车甚至不安全的面包车，由此来规避政府监管带来的机会损失。这就是本书第 3 章和第 4 章讨论的食品市场“监管困局”问题。

在社会共治的机制管理中，解决食品安全“监管困局”，需要具体解决表 6-20 归纳的六大类涉及全质量链条的管理机制问题，即链式管理机制问题，包括链式逆向选择问题、链式委托代理问题、链式信息传递问题、全链条多主体信息传播问题、全链条多主体囚徒困境问题及全链条多主体纳什均衡问题。在此基础上，我们通过表 6-21 的形式，对食品质量链社会共治管理中涉及的主要管理策略进行了初步归纳。通过表 6-21 的协同行为，重点解决终端市场的低质量产品与不安全产品之间的市场分离问题，这是解决现阶段食品安全“监管困局”的关键所在。

表 6-20　基于质量链的社会共治需要解决的机制管理问题

核心问题	问题简要描述
链式逆向选择问题	消费者不能识别最终食品质量，于是倾向压低购买价格，导致生产高质量食品的加工企业生存艰难，进而被迫生产低质量食品；加工企业不能识别食品原料质量，于是倾向压低采购价格，导致提供高质量原料的生产个体生存艰难，进而被迫生产低质量原料。由于各个环节的逆向选择问题，较低的食品质量充斥链条
链式委托代理问题	消费者购买食品但无法通过激励手段，如“用脚投票”、口碑宣传、索赔维权等促进加工企业提升食品质量；加工企业无法通过激励手段，如提升采购价、质量检疫、加盟生产等促进种植户和养殖户提升原料质量。由于各个环节的委托代理问题，没有主体有动力努力提升食品质量
链式信息传递问题	原料企业拥有一定私人信息，但不会将负面信息传递给加工企业；加工企业天然失去了部分信息，又生成了部分私人信息，但是也不会把生成的负面信息传递给零售企业；零售企业天然失去了部分信息，又生成了部分私人信息，但是也不会把生成的负面信息传递给消费者。由于各个环节的信息屏蔽问题，大量关键信息缺失
全链条多主体信息传播问题	企业信息传播缺乏有效途径和制度激励，而且有时会夸大信息；政府部门信息传播缺乏有效途径和制度激励，而且有时会遮蔽信息；行业协会信息传播缺乏有效途径和制度保障，而且有时会曲解信息；媒体信息传播缺乏制度保障，而且有时会受干扰，有时会扭曲信息；消费者信息传播缺乏有效途径和制度激励，而且会掺杂虚假信息。由于多主体全网络缺乏一个信息传播的平台和信息验证的机制，消费者想要的信息其他主体没有动力传播，而其他主体有动力传播的信息又难以取信消费者
全链条多主体囚徒困境问题	地方政府的囚徒困境来自中央政府的 GDP 导向，地方政府不得以需要确保经济发展和 GDP 总量，导致恶性竞争循环；企业和媒体的囚徒困境来自消费者的决策导向，企业为了生存和发展需要通过降低食品质量降低成本，导致恶性竞争循环；媒体为了吸引更多的客户，需要提供爆炸式的信息，导致恶性竞争循环。多主体多维度下的囚徒困境导致各个主体都存在低水平的纳什均衡，而帕累托改进的路径又因为其他主体的囚徒困境暂时关闭
全链条多主体纳什均衡问题	食品质量链中每个主体都有自己的利益诉求，单独满足每个主体的利益诉求也不能解开相互影响的利益网络，只有在整体上进行优化，平衡各方的利益，才可能达成多元化的高水平纳什均衡。如果激发多主体从低水平纳什均衡移动到高水平纳什均衡，则需要一个整体的闭环式的机制设计。单独改变一个主体的行为很难做到，因为在纳什均衡下，任何一个主体都没有动机改变其现有策略

表 6-21　食品质量链社会共治管理的协同策略

核心问题	策略主要思路
链式逆向选择问题	分离不同类型消费者与不同质量的食品，使消费者可以根据食品质量出价的策略；加工企业与原料生产企业的利润分享机制，使高质量原料得到对应回报策略
链式委托代理问题	分离不同技术能力的食品加工企业和原料企业，使各种类型企业都可以在技术限制下最大化收益；明确技术投资与获利能力的关系
链式信息传递问题	激励各环节参与者分享信息，无论是负面信息或是正面信息；甄别真实信息的价值和非真实信息的成本，形成自主共享信息制度；甄别信息的价值和可信性，确保信息与食品质量达成一致性的制度
全链条多主体信息传播问题	激励政府、媒体、行业协会和消费者分享真实信息，形成不同信息来源的交叉验证和相互补充作用，构建信息分享的利润反馈机制
全链条多主体囚徒困境问题	形成分离市场，使高质量食品有高回报；构建可行的监督与惩罚机制，加大对个别破坏秩序行为的排查频次和处罚力度。重点解决限制群体机会主义行为问题
全链条多主体纳什均衡问题	形成分离市场，使高质量食品有高回报；构建主体内部的利益聚集性，将个人利益整体化，将不同主体的利益捆绑化。重点解决各主体的利益平衡点问题

总之，构建并维持食品安全质量链社会共治的有效管理机制，需要社会激励机制的顶层设计与基层社会组织的持续完善相结合，形成动态改进的社会共治自我完善机制或自适应机制。其中，培育社会公众的信任无疑是自我完善机制中的核心内容之一。但是，要培育社会公众的信任机制，首先需要建构有效的社会共治信息披露机制。只有通过信息披露机制的持续完善，才有可能逐步使消费者回归对食品市场的信任。正如胡适先生所言，没有规则的道德，终究是虚伪的，没有道德的规则，最终道德会逐步回归。如果食品市场上缺乏信息披露机制，仅仅要求消费者相信政府或要求消费者不要盲信谣言，消费者的理性选择依然是不信任食品市场的安全水平，但如果信息披露机制不断得到完善，使消费者逐步构建起社会共治的规则心智，食品市场最终会形成对价格的正常回归，最终出现低质量产品与不安全产品之间形成分离，从而解决现阶段食品安全“监管困局”问题。

因此，有必要对食品安全质量中制度与信息技术之间的混合治理进行探讨，这有助于我们对解决食品安全“监管困局”本质的认识。

6.3　食品安全质量链混合治理：制度与技术[①]

基于质量链的社会共治不仅要考虑食品供应链信息可追溯体系、组织形式设计及双边契约责任传递三种制度的混合治理，而且需要考虑制度安排与信息技术

① 本小节内容发表在汪鸿昌、肖静华、谢康和乌家培《食品安全治理——基于信息技术与制度安排相结合的研究》,《中国工业经济》2013 年第 3 期，内容有适当更改。

相结合的混合治理，以提高社会共治的协同治理效率。以下从不完全契约理论和信息技术视角，探讨如何选择更好的制度安排以更有效地解决食品安全“监管困局”问题。

解决信息非对称和契约不完全的核心因素——信息，以及获得信息的重要工具——信息技术（Lin et al.，2005），能在食品安全治理中发挥重要作用。由于食品安全信息是构成质量可追溯、责任可追究等安全责任链的基础，有必要采用多种手段来确保食品安全信息的披露和传播效率。我们通过构建一个食品生产和销售的全供应链模型，讨论信息技术和契约在供应商与制造商，以及制造商与消费者交易关系中的作用，由此提出全供应链食品安全的混合治理方案。

6.3.1　基础模型：单一治理制度

这里，我们考虑供应商-制造商关系下的食品原料抽检制度和信息技术对食品质量的治理效果。不同于以往研究将信息系统视为一个整体或一个黑箱（Folinas et al.，2006），我们将信息技术发挥作用的路径根据不完全契约理论进行了细分。信息透明解决信息非对称问题，通过提供契约签订前的依据，消除契约的不完全性；而信息可追溯解决信息不完全或证据不完全问题，通过增强契约签订后的可操作性，消除契约的不完全性。假设某一供应商是食品制造商的主要供应商，供应的原料直接影响最终食品的质量，且供应商和制造商的目标都是最大化各自的收益。假设供应商供应的原料只有合格和不合格两种状态，定义供应商的生产质量为ε，其中$\varepsilon \in [0,1]$，代表合格产品占总生产产品的百分比，ε越大生产质量越高。同时，定义P_W代表原料的采购价，定义$\underline{\varepsilon}$代表达标质量水平，并假设每批采购量为N。由于单位生产成本与生产质量密切相关，且考虑到提升质量的边际成本递增效应，假设单位原料的生产成本为$c+\alpha \cdot \varepsilon^2$。

（1）抽检制度作用。假设制造商借助检测设备对供应商的原料进行抽检，可以在T概率下检测出不合格原料为不合格。制造商通过抽检判断原料质量，此时感知的原料质量为$1-\dfrac{N(1-\varepsilon)T}{N}$。定义供应商的收益为$R_{s1}$，则$R_{s1}$有两种情况。

若$1-(1-\varepsilon_1)T \geqslant \underline{\varepsilon}$，则：

$$R_{s1}=N \cdot P_W - N \cdot (c+\alpha \cdot \varepsilon_1^2) \tag{6-1}$$

若$1-(1-\varepsilon_1)T < \underline{\varepsilon}$，则：

$$R_{s1}=-N \cdot (c+\alpha \cdot \varepsilon_1^2) \tag{6-2}$$

式（6-1）表示如果制造商感知的原料质量达标，则接受全部原料；式（6-2）表示如果感知的原料不达标，则拒绝全部原料。显然，当$1-(1-\varepsilon_1)T=\underline{\varepsilon}$时，供应商获得最大收益。由此可知，供应商选择的最优原料生产质量 $\varepsilon_1^*=1-\frac{1-\underline{\varepsilon}}{T}$ 。由于 $1-\underline{\varepsilon}\geqslant 0$ ，所以， $\varepsilon_1^*=1-\frac{1-\underline{\varepsilon}}{T}$ 随着 T 的提高而提升。此外， $\underline{\varepsilon}-\varepsilon_1^*=\underline{\varepsilon}-1+\frac{1-\underline{\varepsilon}}{T}=(1-\underline{\varepsilon})\cdot\frac{1-T}{T}\geqslant 0$ ，仅当 $\underline{\varepsilon}=1$ 或者 $T=1$ 时，等号成立。根据上述讨论可得命题 6-1：

【命题 6-1】在抽检制度下，供应商有机会主义倾向，最终实际原料质量[①]将低于制造商所要求的达标质量。尽管实际原料质量会随着检出概率的提高而提升，但是只有当检出概率达到 1 时，实际原料质量才会达标。

（2）信息透明作用。由于食品具有的经验品和信任品特征，制造商在抽检条件下难以完全准确判断供应商的原料质量，即制造商感知的原料质量与实际原料质量往往不一致。如果制造商采用供应链信息系统等信息技术手段采集供应商原料数据、生产过程数据和质量数据等，就能掌握供应商的原料质量信息，从而消除原料质量的信息非对称问题。通过供应链信息系统的支持，制造商可以要求供应商提供达标质量的原料。与抽检制度相对应，制造商的要求是 N 单位原料的整体质量为$\underline{\varepsilon}$。换言之，支付N单位原料的价格可以获得 $N\cdot\underline{\varepsilon}$ 单位的合格品。因此，可以将信息透明作用下供应商的收益表示为

$$R_{s2}=N\cdot P_W-\frac{N\cdot\underline{\varepsilon}}{\varepsilon_2}(c+\alpha\cdot\varepsilon_2^2) \tag{6-3}$$

式（6-3）表明无论供应商提供多少单位的原料，只要合格品数量达到 $N\cdot\underline{\varepsilon}$ ，制造商就按 N 单位的原料付款。当 $\varepsilon_2^*=\frac{\sqrt{c}}{\sqrt{\alpha}}$ 时，供应商获得最大化收益。这里，参数α表示供应商提高生产质量的难度系数，直接影响质量提升的边际成本。无论α多大，供应商都会提供质量为 $\varepsilon_2^*=\frac{\sqrt{c}}{\sqrt{\alpha}}$ 的原料。又由于质量信息透明，只有当供应商需要提供数量为 $\frac{N\cdot\underline{\varepsilon}}{\varepsilon_2}$ 的原料时，制造商才能获得 $N\cdot\underline{\varepsilon}$ 单位的合格品。当 $\alpha=\frac{c}{\underline{\varepsilon}^2}$ 时，原料生产质量等于达标质量；当 $\alpha>\frac{c}{\underline{\varepsilon}^2}$ 时， $\frac{\sqrt{c}}{\sqrt{\alpha}}<\underline{\varepsilon}$ ，表示供应商原

① 书中原料生产质量均是指食品供应商为制造商生产原料的质量，感知原料质量均是指食品制造商对供应商提供原料的质量的估计，实际原料质量均是指食品制造商最终接收到的原料的实际质量。显然，抽检情况下，最终实际原料质量就等于原料生产质量。

料生产质量低于达标质量，且无动力改进；当$\alpha < \frac{c}{\underline{\varepsilon}^2}$时，$\frac{\sqrt{c}}{\sqrt{\alpha}} > \underline{\varepsilon}$，表示供应商原料生产质量高于达标质量，且会一直维持。但无论供应商的原料生产质量是否超过达标质量，以及无论供应商实际供应多少单位原料，制造商都同样支付N单位原料的价钱以获得$N \cdot \underline{\varepsilon}$单位的合格品。根据上述计算推理可得命题 6-2：

【命题 6-2】在信息透明辅助下，供应商的生产质量决策不受制造商设定的达标质量影响。无论供应商的生产质量是否超过达标质量，制造商接收的实际原料质量都恰恰是且仅仅是达标质量水平。

（3）信息可追溯作用。假设供应商提供给制造商的原料达到或超过制造商设定的达标质量标准，制造商则按原先签订的采购合同支付货款；如原料未达到达标质量标准，制造商则对供应商进行惩罚，设单位原料罚款额为V。在此情况下，供应商的收益可由下面的分段函数表示。

若$\varepsilon_3 \leqslant \underline{\varepsilon}$，则：

$$R_{s3} = N \cdot P_W - N \cdot \left(c + \alpha \varepsilon_3^2\right) - N \cdot \left(\underline{\varepsilon} - \varepsilon_3\right) \cdot V \tag{6-4}$$

若$\varepsilon_3 > \underline{\varepsilon}$，则：

$$R_{s3} = N \cdot P_W - N \cdot \left(c + \alpha \varepsilon_3^2\right) \tag{6-5}$$

式（6-4）表示如果制造商接收的实际原料质量不达标，制造商事后发现时会对供应商进行惩罚；式（6-5）表示如果实际原料质量达标，制造商则支付货款。当$\varepsilon_3 \leqslant \underline{\varepsilon}$时，$R'_{s3}\left(\varepsilon_3\right) = -2N\alpha\varepsilon_3 + NV$。令$R'_{s3}\left(\varepsilon_3\right) = 0$，则$\varepsilon_3^* = \frac{V}{2\alpha}$。当$\varepsilon_3 > \underline{\varepsilon}$时，供应商的最优生产质量为$\varepsilon_3^* = \underline{\varepsilon}$。综合函数的两段分析，当$V \geqslant 2\alpha\underline{\varepsilon}$时，供应商的生产质量为$\underline{\varepsilon}$；当$V < 2\alpha\underline{\varepsilon}$时，供应商的生产质量为$\frac{V}{2\alpha}$。根据上述计算推理可得命题 6-3：

【命题 6-3】在信息可追溯条件下，供应商原料生产质量的决策受惩罚力度的影响。惩罚力度存在一个临界值（$2\alpha\underline{\varepsilon}$），当惩罚力度大于临界值时，供应商的原料生产质量和制造商接收的实际原料质量都达到达标水平；当惩罚力度小于临界值时，惩罚力度越小，原料生产质量和实际原料质量就越低，且低于达标水平。

综合上述基础模型，抽检制度、信息透明和信息可追溯的作用比较可以概括为表 6-22。表 6-22 表明，一方面，在食品制造商对供应商原料生产质量的控制有效性方面，信息透明的作用高于或等于抽检制度和信息可追溯（$\underline{\varepsilon} \geqslant 1 - \frac{1-\varepsilon}{T}$且$\underline{\varepsilon} \geqslant \frac{V}{2\alpha}$）。从激励难度的角度而言，在信息可追溯制度下实现达标质量水平的条件（$V \geqslant 2\alpha\underline{\varepsilon}$）远比抽检制度下（$T = 1$）简单。因此，可以认为信息可追溯的治理效果在一般情况下要优于抽检制度。另一方面，供应商原料生产质量在抽检方式下受检出概率T及达标质量$\underline{\varepsilon}$的影响，在信息透明方式下受固定生产成本c和可变生产成本系数α的影响，在信息可追溯方式下受惩罚力度V和可变生产成本系数α的影响，但抽检和信息可追溯情况下的原料生产质量的上限值均是$\underline{\varepsilon}$，而信息透明情况下则可能超过$\underline{\varepsilon}$。

表 6-22　抽检制度、信息透明和信息可追溯对食品质量治理有效性的比较

项目	抽检制度	信息透明	信息可追溯
基本契约逻辑	以退货威胁补充不完全契约	通过质量信息共享削弱甚至消除契约不完备性	通过提供契约执行证据完善不完全契约
原料生产质量	$1-\frac{1-\underline{\varepsilon}}{T}$	$\frac{\sqrt{c}}{\sqrt{\alpha}}$	$\frac{V}{2\alpha}(V<2\alpha\underline{\varepsilon})$
			$\underline{\varepsilon}(V\geqslant 2\alpha\underline{\varepsilon})$
感知原料质量	$\underline{\varepsilon}$	$\underline{\varepsilon}$	$\frac{V}{2\alpha}(V<2\alpha\underline{\varepsilon})$
			$\underline{\varepsilon}(V\geqslant 2\alpha\underline{\varepsilon})$
实际原料质量	$1-\frac{1-\underline{\varepsilon}}{T}$	$\underline{\varepsilon}$	$\frac{V}{2\alpha}(V<2\alpha\underline{\varepsilon})$
			$\underline{\varepsilon}(V\geqslant 2\alpha\underline{\varepsilon})$

上述（1）、（2）、（3）小节的数学模型分析主要针对供应商–制造商关系下的食品安全治理。事实上，抽检制度、信息透明和信息可追溯三种模式，在制造商–消费者关系下也具有类似的治理特点和治理效果。一是监管制度的作用。尽管实际交易是在食品制造商和消费者之间进行的，但是由于个体消费者的力量有限，可以认为所有消费者将委托政府部门和第三方组织对制造商进行监督及管理。政府部门和第三方组织最常用的监管手段则是抽检，而政府部门和第三方组织进行抽检的检出概率及抽检范围难以达到 100%，因此，制造商–消费者环节的食品安全治理也会出现失灵现象。二是信息透明与信息可追溯的作用。无论信息透明和信息可追溯基于信息系统还是行政手段，信息本身的作用方式均是相同的。在应用信息系统的情况下，信息透明的程度有可能达到 100%；而应用行政手段下的信息披露，如强制的生产产地、生产日期、原料成分等信息的披露，在透明程度和覆盖范围方面均较小，因此，其作用效果受到影响，导致现存食品市场出现信息非对称和市场失灵问题。

6.3.2　扩展模型：混合治理与全供应链信息披露制度

1）混合治理

假设食品市场是一个差异化市场，销售价格 P_s 与食品质量为正向关系。为简单化，我们不讨论产量决策对价格的影响，假设 N 单位食品都可以在 P_s 价格下销售，且食品质量受原料质量的直接影响，可得

$$P_s = \beta\varepsilon_4 + \gamma \tag{6-6}$$

式中，β 和 γ 均为正数，β 表示消费者对高质量食品的需求，γ 为保留价格。

假设混合治理的制度规定如下：食品制造商要求供应商提供不低于达标标准质量的原料，且对超过达标标准质量的原料进行奖励，奖励办法为

$$R_{s4} = N\cdot\left[k\beta\left(\varepsilon_4 - \underline{\varepsilon}\right) + P_W\right] - N\cdot\left(c + \alpha\varepsilon_4^2\right) \tag{6-7}$$

式中，$k \in [0,1]$，可以视为制造商将质量溢价的一部分作为对供应商提高原料质量的激励。对 R_{s4} 求导可得 $R'_{s4}(\varepsilon_4) = Nk\beta - 2N\alpha\varepsilon_4$，$R''_{s4}(\varepsilon_4) = -2N\alpha$。令 $R'_{s4}(\varepsilon_4) = Nk\beta - 2N\alpha\varepsilon_4 = 0$，可得 $\varepsilon_4^* = \dfrac{k\beta}{2\alpha}$。若 $\dfrac{k\beta}{2\alpha} > 1$，$R_{s4}$ 为严格增函数，当 $\varepsilon_4^* = 1$ 时，供应商取得最大收益；若 $\underline{\varepsilon} \leqslant \dfrac{k\beta}{2\alpha} \leqslant 1$，则 R_{s4} 为先增后减函数，当 $\varepsilon_4^* = \dfrac{k\beta}{2\alpha}$ 时，供应商取得最大收益；若 $\dfrac{k\beta}{2\alpha} < \underline{\varepsilon}$，则 R_{s4} 为严格减函数，当 $\varepsilon_4^* = \underline{\varepsilon}$ 时，供应商取得最大收益。综合上述三段分析，供应商生产质量至少达到达标水平，且随着正向激励强度 k 的增大而提高，甚至可以达到 100%的合格率。由于此情况下最终食品质量等于实际原料质量，因此，最终食品质量一定不低于达标质量。根据上述计算推理可得命题 6-4：

【命题 6-4】在信息透明和契约的混合治理模式下，制造商从供应商获得的实际原料质量与激励强度正相关，且最低不低于达标质量水平。

结合命题 6-1 至命题 6-4，可推出以下结论：针对供应商生产质量控制问题，信息技术与契约组成的混合治理机制优于其中任何单一治理机制。

2）全供应链信息披露制度的信号有效性

本小节将讨论由供应商–制造商–消费者构成的全供应链食品安全治理问题，提出一个基于全供应链的食品安全信息披露制度，以解决食品市场中不完全契约带来的道德风险和逆向选择问题。假设市场上有两类由供应商和制造商构成的食品供应链提供相似食品，且它们都可以自主选择生产高质量或低质量的食品。其中，一类是生产技术能力强的食品供应链，提供高质量食品的边际成本较低，另一类是生产技术能力弱的食品供应链，提供高质量食品的边际成本较高。在技术能力强的供应链中，供应商的单位原料成本为 $\left(c_L + \alpha_L\varepsilon^2\right)$，制造商的单位加工成本为 $\left(\tau_L + \sigma_L\theta^2\right)$；在技术能力弱的供应链中，供应商的单位原料成本为 $\left(c_H + \alpha_H\varepsilon^2\right)$，制造商的单位加工成本为 $\left(\tau_H + \sigma_H\theta^2\right)$。其中，$c_L < c_H$，$\alpha_L < \alpha_H$，$\tau_L < \tau_H$，$\sigma_L < \sigma_H$，且最终食品质量为供应商原料质量乘以制

造商加工质量，即为$\varepsilon\theta$。

全供应链信息披露机制的核心是由信息技术与契约组成的混合治理制度，而它的技术基础是供应链信息系统，因此，这个机制中的信号为食品供应链是否愿意投资供应链信息系统。根据Spence（1973）的信号发送模型，假设如果食品信息在全供应链中得到充分披露，则消费者愿意支付对应食品质量的价格$(\beta\varepsilon\theta+\gamma)$；如果食品信息没有在全供应链中得到充分披露，则消费者只愿意支付保留价格 γ。假设投资供应链信息系统的分摊费用为C①，如果信号有效则应促成食品市场的分离均衡，那么，该信号发送机制应该满足以下两个条件：一是存在$(\varepsilon,\ \theta)$，使$(\beta\varepsilon\theta+\gamma)-(c_L+\alpha_L\varepsilon^2+\tau_L+\sigma_L\theta^2+C)>\gamma-(c_L+\tau_L)$；二是对于任意$(\varepsilon,\ \theta)$，有$(\beta\varepsilon\theta+\gamma)-(c_H+\alpha_H\varepsilon^2+\tau_H+\sigma_H\theta^2+C)<\gamma-(c_H+\tau_H)$。其中，第一个条件保证了技术能力强的食品供应链在全供应链信息披露制度下，可以通过投资供应链信息系统并提高食品质量来获得更多收益；第二个条件保证了技术能力弱的食品供应链通过信息披露不能增加收益，即不投资信息系统比投资更有利。只有同时满足这两个条件，技术能力强和弱的供应链的分离均衡才能形成，基于供应链信息系统的全供应链信息披露制度才是一个有效的质量信号（参见图 6-3 和图 6-4）。

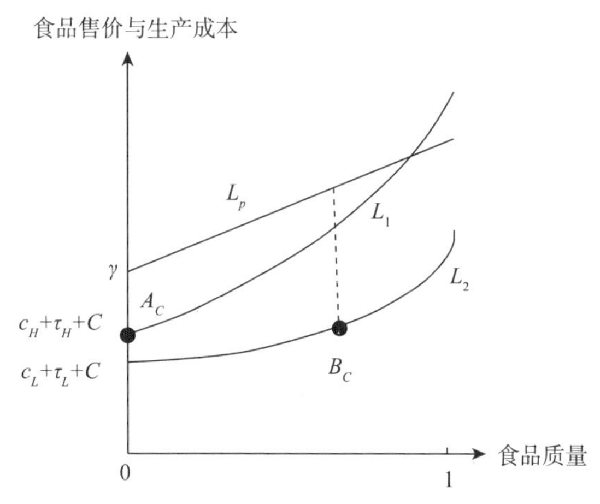

图 6-3　信息披露情况下供应链质量决策

图 6-3 和图 6-4 中 L_p 代表食品价格，L_1 和 L_2 则分别代表技术能力弱和技术能力强的供应链的食品生产总成本。在图 6-3 中，技术能力弱的食品供应链的最大收益在A_C处取得，技术能力强的食品供应链的最大收益在B_C处取得。在图 6-4 中，

① C 为生产单位原料以及单位最终食品分担的信息系统成本费用，而不是总的信息系统投资费用。

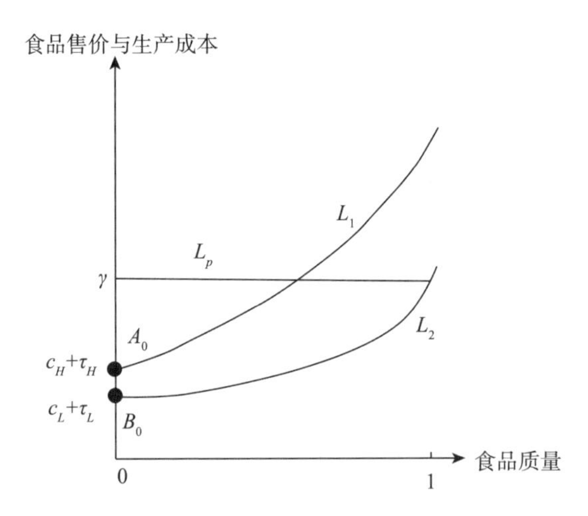

图 6-4　非信息披露情况下供应链质量决策

技术能力弱的食品供应链的最大收益在A_0处取得，技术能力强的食品供应链的最大收益在B_0处取得。要证明信号发送的有效性，也即分离均衡的存在性，就需要证明技术能力强的食品供应链最优选择为B_C，而技术能力弱的食品供应链的最优选择为A_0。根据命题 6-4，若(ε, θ)是由供应商和制造商构成的供应链的整体最优决策，那么ε可以通过对应的激励机制实现，整体最优解则是可行的。对于供应商和制造商而言，只要他们之间合理分配收益，整体最优也能成为个体的最优。通过模型演算可以证明命题 6-5：

【命题 6-5】基于供应链信息系统以及混合治理机制的全供应链信息披露制度是一个有效的质量信号，可以实现食品市场的分离均衡，在此均衡下，只有技术能力强的供应链才愿意投资信息系统，且同时提供高质量食品；技术能力弱的供应链不愿意投资信息系统，且只愿意提供低质量的食品。

3）全供应链信息披露制度的可行性

要论证全供应链信息披露制度的可行性，需要证明技术能力强的供应链愿意投资信息系统且提供高质量食品时，消费者愿意支付质量溢价。或者说，信息披露制度的可行性就是证明其可以为全部市场参与者带来帕累托改进。

为简单化，假设供应商提供给制造商的原料质量，以及制造商的食品原料加工质量对最终食品质量的影响程度是等同的。因此，这里仅需证明当$\beta^2 > 4\alpha\sigma$，且$\alpha > \sigma$时，信息披露制度为所有市场参与者带来了帕累托改进。若$\dfrac{\beta}{2\alpha} \geqslant 1$，供应商生产质量和制造商加工质量均为 1，消费者得到的最终食品质量也为 1；若$\dfrac{\beta}{2\alpha} < 1$，则供应商生产质量及制造商加工质量分别为$\dfrac{\beta}{2\alpha}$和 1，消费者得到的最

终食品质量为 $\frac{\beta}{2\alpha}$。对应上述两种情况，在没有信息披露制度时，供应商生产质量、制造商加工质量和消费者最终食品质量均为最低质量。假设消费者对食品的效用为 $\varphi\beta\varepsilon\theta$，最终供应商、制造商和消费者三方的福利情况如表 6-23 所示。

表 6-23　供应商、制造商、消费者在信息披露制度和逆向选择市场中的福利比较

社会主体		信息披露制度	逆向选择市场
$\frac{\beta}{2\alpha_L}\geqslant 1$	供应商	$P_{W1}^{*}-c-\alpha$	$P_{W1}-c$
	制造商	$\beta+\gamma-\tau-\sigma-P_{W1}^{*}-C$	$\gamma-P_{W1}-\tau$
	消费者	$\varphi\beta-\beta-\gamma$	$-\gamma$
$\frac{\beta}{2\alpha_L}<1$	供应商	$P_{W2}^{*}-c-\frac{\beta^2}{4\alpha}$	$P_{W2}-c$
	制造商	$\frac{\beta^2}{2\alpha}+\gamma-\tau-\sigma-P_{W2}^{*}-C$	$\gamma-P_{W2}-\tau$
	消费者	$\frac{(\varphi-1)\beta^2}{2\alpha}-\gamma$	$-\gamma$

在表 6-23 中，供应商和制造商的福利为收益减去成本，消费者的福利为食品效用减去食品价格。在混合治理内容中已证明制造商可以通过混合治理机制使供应商生产出其预期的原料质量，为简单化，假设可以使用一个价格制度来表示该混合治理机制的效果，即对应不同质量的原料，制造商向供应商提供不同的采购价格（P_{W1}^{*} 和 P_{W2}^{*}）。当 $\frac{\beta}{2\alpha}\geqslant 1$时，若 $P_{W1}^{*}-P_{W1}>\alpha$，则 $P_{W1}^{*}-c-\alpha>P_{W1}-c$ 成立；若 $\beta-C-\sigma>P_{W1}^{*}-P_{W1}$，则 $\beta+\gamma-\tau-\sigma-P_{W1}^{*}-C>\gamma-P_{W1}-\tau$ 成立。根据上述两个条件，供应商与制造商的帕累托改进需要满足条件：$P_{W1}^{*}-P_{W1}>\alpha$ 和$\beta-C>\alpha+\sigma$。另外，由于消费者的效用不低于其出价，因此，$\varphi\geqslant 1$，$\varphi\beta-\beta-\gamma\geqslant-\gamma$。综合上述分析，当$\beta-C>\alpha+\sigma$时，在信息披露制度下，食品供应链总能找到合适的混合治理策略，为全部市场参与者带来帕累托改进。同理，在 $\frac{\beta}{2\alpha}<1$ 的条件下，当 $\beta^2>4\alpha(\sigma+C)$ 时，在信息披露制度下，食品供应链总能找到合适的混合治理策略，为全部市场参与者带来帕累托改进。无论对于条件 $\beta-C>\alpha+\sigma$ 或 $\beta^2>4\alpha(\sigma+C)$，消费者对食品质量的需求 β 的增大以及信息系统分摊成本C、供应商提升原料质量的边际成本系数α或制造商提升加工质量的边际成本系数σ的减小都有助于条件的成立。因此，综合本小节计算论证可得命题 6-6 至命题 6-8：

【命题 6-6】当投资供应链信息系统成本、供应商生产技术和制造商加工技术不变时，消费者对高质量食品的需求越高（表现为消费者出价越高），全供应链信息披露制度为全部市场参与者带来的帕累托改进越大。

【命题 6-7】当消费者对高质量食品的需求、供应商生产技术和制造商加工技术不变时，投资供应链信息系统的成本越低，全供应链信息披露制度为全部市场参与者带来的帕累托改进越大。

【命题 6-8】当消费者对高质量食品的需求、投资供应链信息系统的成本不变时，供应商生产技术和制造商加工技术越高，全供应链信息披露制度为全部市场参与者带来的帕累托改进越大。

由命题 6-6 至命题 6-8 可知，全供应链信息披露制度是一个被全部市场参与者接收的信号发送模式，是一个可行的抵消性制度安排。

6.3.3　混合治理应对混同均衡市场

本节提出了信息技术与契约组成的食品安全混合治理模式，证明了混合治理机制比任何单一方式都能更有效地提升食品质量，同时还证明了全供应链信息披露制度的信号有效性和可行性，表明其是解决食品安全问题、提高市场效率、改进社会福利的一个有效且可行的制度。

目前，中国食品市场是一个混同均衡市场，因此，无论对于食品制造商，还是食品供应商或消费者都是低效率的。只有将混同均衡转变为分离均衡，才能提高食品市场效率，解决食品安全问题。中国政府也在努力通过各种措施来推动食品市场从混同均衡转变为分离均衡，近几年来，全国人大常务委员会、国务院、国家质检总局、国家卫生和计划生育委员会及农业部等纷纷出台了各类法规及措施治理食品安全问题。然而，各类食品安全事件依然频发，这表明在中国食品市场中，应对逆向选择和道德风险的常见抵消性机制均存在不同程度的失灵现象，以致中国食品市场长期处于低效率的混同均衡状态。针对此困境，我们提出的模型为解决食品市场失灵现象提供了一种可供选择的新的抵消性机制——全供应链信息披露制度。

结合命题 6-1 至命题 6-4，我们认为，全供应链信息披露制度的核心是由信息技术与契约组成的混合治理机制，且包含两部分混合治理，一是食品制造商对供应商的混合治理，二是消费者对食品制造商的混合治理。与抽检制度、信息透明和信息可追溯三种单一手段相比，在混合治理制度下，食品供应商向制造商提供的原料质量不低于达标质量水平，且供应商有动力提升生产质量，这个动力与激励强度正相关，混合治理能更有效地提升原料生产质量和实际原料质量。该结论与现有食品安全或产品质量研究中或侧重单一契约治理（Lim，2001；Chao et al.，2009），或侧重信息技术治理（Hobbs，2004；Folinas et al.，2006）的研究不同，强调了契约与信息技术的混合治理对提升食品质量的作用，既为解决食品安全问题提供了一种新的理论视角，又为解决逆向选择和道德风险提供了一种新的抵消性机制。这一新的尝试为理解信息技术在食品安全治理中的作用方式和效果提供了依据，也为其他存在不完全契约现象的治理问题提供了可行的研究方向（Chung，1991）。

基于命题 6-5 至命题 6-8 可以证明，全供应链信息披露制度能够确保技术能力强的供应链愿意投资信息系统且提供高质量食品，技术能力弱的供应链不愿意建立信息系统且只愿意提供低质量食品，由此形成食品市场的分离均衡。在金融领域，上市公司强制财务信息披露制度有效降低了上市公司的道德风险和逆向选择（曾颖和陆正飞，2006）。同理，我们提出全过程供应链信息披露制度以形成有效的信号发送来解决不完全契约问题,降低食品市场中的道德风险和逆向选择。尽管目前中国各级政府或第三方机构也在积极推动食品质量信息的披露，如 2005 年北京、上海相关部门揭露肯德基、麦当劳的苏丹红问题，2008 年国家质检总局揭露三鹿的三聚氰胺问题，2011 年中央电视台揭露双汇的瘦肉精问题，2012 年新华社披露毒胶囊问题等，但这类信息披露均属于事后信息披露，与我们提出的作为信号发送的事前信息披露机制不同。与全供应链信息披露机制提供的“事前防火”式的信息披露特征相比，“事后救火”式的信息披露行为威慑性低，效果不稳定，覆盖面相对小，随机性强，因此，难以从根本上解决食品市场的混同均衡问题。

此外，信息技术在中国食品安全管理中的价值越来越受到政府部门的重视，如国发〔2012〕20 号文件《国务院关于加强食品安全工作的决定》强调，要加强信息通报、加快食品安全信息化建设。但是，由于该决定中的信息化建设主要以行政人员和社会媒体获得的信息为基础，因此，这种信息化建设措施不具备使食品供应商和制造商自主共享信息的激励性，实施的可行性较低。相反，全供应链信息披露制度的可行条件由市场特征体现（命题 6-6 至命题 6-8），技术能力强的食品供应链有动力投资信息技术，因而可行性较高。

根据观察，目前中国食品市场已具有初步实现分离均衡的基础。首先，消费者对高质量食品的需求越来越强，如大量消费者愿意购买高端品牌的牛奶或到中国香港购买国外奶粉，或高价购买农场直销的绿色蔬菜等现象，表明在需求方面中国食品市场实现分离均衡的条件已基本成熟；其次，信息技术快速发展，企业投资信息技术的成功率越来越高，成本越来越低，如国内外软件公司纷纷在中国市场销售成熟的管理信息系统，各类咨询公司也提供信息系统选型方案和实施服务，中国企业也普遍设置并壮大信息技术部门等现象，表明在信息技术方面实现分离均衡的条件也已基本成熟；最后，有实力的食品供应商和制造商大力提升生产技术能力，如部分有实力的乳品企业通过创建产学研平台、设置乳品检验检测实验室等方式提升技术能力，部分有实力的面点、糖果企业采用具有高计量精确性的称重装置以有效控制原料和添加剂的分量，部分有实力的保健食品企业通过引进先进维生素生产技术来提升产品营养效果等，均表明在生产加工技术方面实现分离均衡的条件已基本成熟。根据我们的命题 6-6 至命题 6-8，中国食品市场的帕累托改进空间巨大，已为分离均衡的实现奠定基础。我们提出的全供应链信息披露制度，为有效实现中国食品市场的分离均衡提供了一个可供选择的技术手段和制度安排。可以预测，由于消费者对高质量食品的需求越来越高，食品生产的技术能力日益增强，投资信息系统的成本逐步下降，因此，食品市场帕累托改进空间会持续扩大，食品供应商和制造商主动投资信息系统并提高食品质量的动力将越来越强，全供应链信息披露制度的实施可行性将越来越高。

总体而言，当前中国食品安全社会共治中主要存在三方面的“两张皮”问题。

第一，立法与执法之间存在“两张皮”问题。尽管政府相关部门出台了大量有关食品安全的法规和管理条例，如 2006 年全国人大常务委员会颁布的《中华人民共和国农产品质量安全法》、2010 年国家质检总局颁布的《食品添加剂生产监督管理规定》等，但是，在执法过程中，由于执法单位缺乏对食品生产过程、技术标准、原材料品质、供应环节、存储过程等具体信息的掌握，同时，由于执法单位不了解食品供应链上相关主体及其责任划分的具体内容，执法活动存在较大难度。此外，消费者也无法获取上述环节的信息，导致他们一方面难以通过鉴别食品质量来进行消费选择，另一方面也难以通过维权行动来维护正当权益。因而，国家出台的相关法规条例对食品安全治理的作用在现实情况下难以有效发挥。

第二，政策法规与信息技术之间存在“两张皮”问题。针对食品安全治理问题，相关法律法规和技术手段已经引起国家有关部门的重视，并进行了诸多尝试。一方面，中国各级政府近年来连续出台了法规条例，为解决食品安全问题奠定法律基础；另一方面，科技部、农业部等部委也设立了不少与食品安全相关的技术攻关项目，如国家 863 计划“猪肉产品绿色供应链技术创新与设备研制”项目，试图集成养殖、屠宰和销售全程信息溯源技术，冷却肉全程冷链不间断、冰温气调冰温保鲜、微生物预报等品质保持和监控技术，建立猪肉安全追溯系统，以解决猪肉产品在供应过程中的安全监控和信息透明化问题。然而，在现实操作中，相关部门和各部委并未将食品安全的法律法规等制度安排与安全监管和信息透明化的技术进行有效结合：一方面，法律法规缺乏对技术应用的支持，从而难以保障信息系统中食品安全信息的完整、及时、准确和可靠；另一方面，信息质量存在问题，使得信息技术难以有效支持法律法规的执行，也难以有效支持消费者的购买决策。显然，只有信息系统及其设施，而没有与之相匹配的制度安排，将难以保障食品安全信息的质量。目前存在的主要问题就是缺乏针对食品安全信息的信息质量的法律法规，同时，也缺乏保障食品安全信息质量的执法手段和可行制度。

第三，信息技术与信息资源披露之间存在“两张皮”问题。多年来，国家发展和改革委员会、科技部、工业和信息化部、农业部及商务部等政府部门，以及大量食品加工制造企业均非常重视与食品安全相关的信息技术投资。例如，工业和信息化部在西部地区试点建设“食品企业质量安全检测技术示范中心”，其配套项目中的智能检测车可检测农药残留、抗生素、添加剂等 2 750 项食品安全标准。但是，现有信息技术投资主要集中在硬件设施和系统软件的购买及维护上，缺乏针对食品质量信息采集、整理、披露和共享等方面的投资及管理，包括如何规范或激励食品生产企业公开其食品安全检测信息，如何保障这些信息的全面、真实和可靠，以及如何将这些信息共享给相关食品安全管理部门、相关食品制造企业和最终的食品消费者。由于缺乏全国统一性的食品安全信息采集与披露平台，消费者无法通过获得食品安全信息来进行消费选择，这导致优质食品企业没有动力提供食品安全信息，而劣质食品企业也得不到应有的市场惩罚。总体而言，中国食品安全方面的信息技术投资存在重设施轻资源的问题，注重软硬件的投资建设，而忽视食品安全信息资源的建设管理，从而使信息系统难以发挥应有的治理价值。

面对上述三方面的“两张皮”问题，中国各级政府目前尚缺乏系统性和根本性的解决方案。在食品安全事件频发、社会舆论压力增大的情况下，政府最常用的手段就是采取“运动式”的食品安全治理模式：通过临时性地加派执法人员和指向性地加大执法力度，解决一些重大食品安全问题。尽管这种“运动式”的治理模式具有一定的阶段性效果，但难以从根本上解决中国食品安全治理问题，因而无法获得长效、稳定的治理效果。

本节的研究表明，单纯的行政手段或单纯的技术手段都存在缺陷，在应对不完全信息和非对称信息问题时，需要将法规条例等制度安排与信息技术手段结合起来形成混合治理机制，才能提升治理效果。在这个混合治理机制中，法规条例等制度安排与信息技术手段的结合主要体现在四个方面（参见表 6-24）：一是针对食品安全信息资源和信息质量的立法与执法（对应表 6-24 第 2 行第 2 列），力图在最大范围内采集到食品安全信息，并在最大限度上保障信息的准确性和可靠性；二是针对消费者依据食品安全信息维权保护的立法与执法（对应表 6-24 第 3 行第 2 列），力图通过市场主体的力量，提升行政监管部门的食品安全信息采集和信息质量检验效率，强化食品企业的信息共享意愿；三是建设食品安全信息资源采集、披露与共享的云计算信息系统平台（对应表 6-24 第 2 行第 3 列），力图解决食品安全信息的存储和共享问题，将食品安全信息从食品企业和行政监管部门汇集到统一的信息平台上；四是为消费者提供食品安全信息的大型数据库应用（对应表 6-24 第 3 行第 3 列），力图解决食品安全信息的检索问题和应用问题，方便消费者使用信息和矫正信息，构成反馈回路，反向督促企业和政府部门对食品安全信息的采集、存储及共享行为。

表 6-24　食品安全社会共治下制度安排与信息技术结合的混合治理

项目	制度安排	信息技术	制度与信息技术结合
信息资源供给	研究和制定《食品安全信息公开法》； 研究和制定《违反食品安全信息质量行政处罚条例》； 研究和制定保障食品安全信息质量的管理标准、流程及制度	建设食品安全数据采集、披露和共享的云计算信息系统平台，统一信息格式； 实现食品安全信息云平台与各级政府行政执法单位系统平台的信息共享	依据立法和行政措施保障云平台中信息的全面、及时、真实及可靠； 根据食品安全信息质量标准、流程和制度采集、管理与披露食品安全信息； 利用云平台食品安全信息为行政处罚提供依据
信息资源需求	在《中华人民共和国消费者权益保护法》中增补有关消费者对食品安全信息的知情权与追溯权； 在《中华人民共和国消费者权益保护法》中增补消费者对与食品安全信息有关的行政监管部门的建言权和问责权	建设中国食品安全信息资源大型数据库，为消费者开发便捷的信息查询接口； 将食品安全信息数据库与消费者移动终端实现信息共享，借助二维码等技术实现全供应链信息查询；	依据《中华人民共和国消费者权益保护法》中增补的知情权与追溯权，督促食品安全信息云平台的建设； 消费者利用云平台信息进行消费选择和维权行动； 利用市场机制激励优秀企业自发地共享食品安全信息

为建立健全全供应链信息披露制度，实现对食品安全“监管困局”的混合治理，政府机构及其参与主体需要在制度方面、信息技术方面以及制度与信息技术结合的方面进行社会共治，形成基于质量链的预防—免疫—治疗三级协同治理中的信息制度安排，具体政策如下。

（1）通过制度安排解决信息资源的供给问题。首先，在立法方面，研究和制定《食品安全信息公开法》，通过明确食品供应链中全部主体对食品安全信息的采集、披露和共享的法律责任，确保食品质量信息的公开披露。同时，为确保食品安全信息的全面、及时、真实和可靠，需要通过行政手段对食品安全信息进行审计和检验。因此，对这种行政行为的权利义务也需要进行具体规定，以确保信息审计和信息检验具有实际的可操作性与震慑作用，进而为有效执行现有食品安全法规条例提供条件。其次，在执法方面，依据《食品安全信息公开法》，研究和制定《违反食品安全信息质量行政处罚条例》，明确对违反食品安全信息全面、及时、真实和可靠的行为可以采取的行政处罚办法。例如，可规定消费者有权对未全面、及时、准确提供食品安全信息的经销商提出商品售价 3~5 倍的赔偿要求。以此类推，经销商对生产商、生产商对供应商均可提出相应的赔偿要求，进而形成分级处罚、逐级追溯的问责处罚体系。最后，在食品安全信息管理方面，研究和制定保障食品安全信息质量的管理标准、流程及制度，因为食品安全信息质量管理是一个系统工程，需要从战略层面到管理层面再到基础层面全面推进，单纯依靠一两个食品供应链成员或政府部门，难以有效解决信息质量的问题。因此，政府需要将食品安全信息质量管理的目标落实到具体的标准、制度和流程中，再通过推行这些标准、制度和流程，规范企业的信息采集、整理和共享行为。

通过制度安排解决信息资源的需求问题。首先，在《中华人民共和国消费者权益保护法》中增补有关消费者对食品安全信息的知情权与追溯权，利用消费者的力量，强化食品安全信息的采集、披露和应用；其次，在《中华人民共和国消费者权益保护法》中增补消费者对与食品安全信息有关的行政监管部门的建言权和问责权，利用消费者的力量，加强对各级政府相关部门的监督，防止在食品安全信息采集、披露和共享环节中出现不作为甚至阻碍的行为。同时，也要利用消费者的购买力量，督促食品企业提升产品质量，共享真实准确的食品安全信息。

（2）采用整合的信息技术手段支持食品安全信息资源的利用。具体而言，政府需要保障在食品安全信息产生之后，能将其统一存储到食品安全数据库中，并需要确保信息可以实时共享，以及信息按相应规则进行提供。例如，食品企业可以提供自己所生产食品的安全信息，但是在信息系统中会显示该条信息由企业方面提供，未得到政府部门的验证。而政府部门在进行食品质量检验后，需要提供具体检验信息，表明在何时何地对该品牌产品进行检验，并提供完整的检验结果。为实现此目标，有必要建设中国食品安全信息云计算平台，定义标准化数据结构和数据接口，方便数据的录入、存储和共享。其中，重点建设基于云技术的中国食品安全信息资源大型数据库，方便企业提供食品全供应链溯源信息、政府或第三方提供食品检测信息和判断食品安全水平的专业化信息。在建设中国食品安全信息资源大型数据库的规划中，根据企业信息系统建设“三分技术、七分管理、十二分数据”的原则，用于软硬件系统建设的资金控制在三分之一左右，而将三分之二的资金用于信息资源的采集、披露和共享管理。

在消费者方面，信息平台需要提供方便的信息检索接口，使消费者在进行购买决策前就可以便捷地查询食品安全信息。例如，可以为消费者的移动终端提供食品安全信息数据库链接，方便消费者借助二维码等技术进行食品安全信息的查询。查询结果至少包括三个部分，即企业提供的食品安全信息、政府部门对此食品进行过的抽检结果信息，以及食品安全信息中各种专业化参数的解读指标信息。在这些信息的支持下，消费者就可以通过消费选择来激励高质量食品的生产，从而借助市场化手段淘汰低质量或伪劣食品，由此形成一个类似股票交易平台的透明的食品安全信息披露平台。该平台可以调动市场主体的能动性，发挥市场竞争机制和消费者的监督作用，从而形成优胜劣汰的环境，促进食品企业提升食品质量。

（3）有意识地加强制度与信息技术的结合，以建立和维护全供应链食品安全信息披露制度。其一，需要依据《食品安全信息公开法》、《违反食品安全信息质量行政处罚条例》及食品安全信息质量管理标准，保障全供应链食品安全信息云平台中信息的全面、及时、真实和可靠；其二，需要注意根据食品安全信息质量标准、流程和制度来采集、管理与披露全供应链食品安全信息；其三，需要注意利用全供应链云平台中的食品安全信息，为政府相关部门处罚违反食品安全信息的行为提供执法依据；其四，切实保障消费者在《中华人民共和国消费者权益保护法》中增补的食品安全信息的知情权与追溯权，支持消费者借助食品安全信息进行消费决策和维权活动。通过上述四个方面的结合联动，就可以将食品安全信息从产生、收集、整理到共享和使用连接成一个整体，而消费者对信息的使用又能促进企业提供信息、政府验证信息，构成正向循环。在此过程中，消费者信息结构的改变对食品供应链提升产品质量会产生促进作用，由此形成制度安排与信息技术结合的食品安全混合治理机制。在该机制中，食品安全信息的新增法规条例是获取准确真实的食品安全信息的基础，而这些食品安全信息的公开披露又是现存食品安全法规条例有效执行的基础；同时，食品供应链企业及政府相关部门通过食品安全信息云平台实现信息的统一存储和共享，又是食品安全信息公开披露、有效运用的基础。

鉴于市场机制存在的固有缺陷，政府需要进行适当的调控和干预，但这种调控和干预要结合市场机制的优势，发挥市场的积极作用。因此，将法规条例与信息技术进行有效结合，一方面保障了市场主体的自发性和主动性，另一方面又对市场主体的行为加以引导，进而确保了高质量食品企业的盈利能力，这样也就确保了市场主体的质量改进动力。建设食品市场信息披露平台，不仅可以通过信息的披露和共享解决市场的低效问题，同时还能将政府有限的行政能力从大量的低效监管转移到更有意义的服务和管理中去，从而从整体上提高食品市场的效率和社会福利。

第7章

社会共治：食品安全经济学视角

经济学一般将食品安全治理这类问题归结为公共物品的经济分析，如纯公共物品、俱乐部物品和公共池塘资源等，或者将食品安全治理划归为公共管理的经济分析范畴。但是，食品安全治理的复杂性使各学科交叉研究成为攻克食品安全治理难题的一个必然选择，本书的讨论表明，食品安全社会共治不是一个纯粹的企业管理或公共管理议题，也不是一个纯粹的经济学议题或法学议题，而是一个交叉学科问题。在这个复杂的交叉学科问题下，经济学的分析无疑是最为基础的理论研究。社会共治及其制度安排也需要从食品安全经济学视角来进行理论解剖。

食品安全的经济学研究始于20世纪60年代。1988年，美国康涅狄格大学成立食品营销政策研究中心对食品安全及营养进行了先驱性研究，并在90年代出版《食品安全经济学》、《食品安全与营养评估》、《减少食源性健康风险的经济学》和《食品经济体系的战略与政策》等九本著作及报告，形成了最初的食品安全经济学研究（周应恒和霍丽玥，2004）。在国外尤其是在日本，出现了食品安全经济学的研究，如2002年日本樱井卓治等的《食品安全与营养的经济学》（农林统计协会）、2004年中嶋康博的《食品安全问题的经济分析》（日本经济评论社），以及2007年松本洋一等的《食品安全经济学》（日本经济评论社）等著作，均从经济学角度分析了食品安全经济学面临的主要问题。在国内，周应恒和霍丽玥（2004）较早关注到食品安全经济学的研究。

目前，总体来看，国内外食品安全经济学的分析，更多地借助既有经济学的标准概念来解释或分析食品安全治理问题（殷凌霄和漆雁斌，2009），如借助信息非对称、逆向选择与道德风险、信号理论、经济理性模型等信息经济学或其他经济学的概念来分析食品产业链的开发、风险交流、可追溯体系、消费者健康与福利、从农田到餐桌风险分析及改善食品安全的收益测度等主题，尚未形成食品安全及其治理领域自身独有的经济学分析概念。然而，本书的讨论表明，食品安全经济学自身独有的经济学分析概念已经形成，这是食品安全经济学成为经济学家族成员的重要标志之一。

周应恒和霍丽玥（2004）认为，食品安全经济学的主要贡献在于运用了经济学的语言和逻辑将食品安全这一复杂的食品品质属性纳入了市场均衡等分析工具中，以一种更简洁明了的框架认识现代社会经济中的食品安全问题，大大增强了科学理论对食品安全问题的解释力。但也有学者认为，食品安全经济学以企业经营战略和消费者健康利益为研究对象，以风险分析理论和可追溯体系理论为研究方法形成（韩柱和麦拉苏，2012）。

7.1 理论创新及其普适性

7.1.1 食品安全经济学五个基本概念

我们强调食品安全经济学成为一门经济学分支学科，不是从一般学科知识或逻辑出发的，而是认为食品安全经济学形成了自身独有的经济学分析问题或概念，如逆向选择与信号发送等构成了信息经济学自身独有的概念，信息经济学由此逐步成为经济学分支之一。在本书中，我们对食品安全经济学的六个基本概念进行了探讨。

社会系统失灵构成食品安全经济学第一个基本概念。与市场失灵、政府失灵和社会共治失灵相比，社会系统失灵有三个明显特征：其一，既有市场失灵，也存在政府失灵，同时还存在社会共治失灵或其他资源配置机制失效现象，且资源配置失效具有跨部门或跨领域的传染性；其二，市场失灵、政府失灵与社会共治失灵三者之间互为因果关系，难以通过单纯解决其中一种失灵现象而使问题得到解决或缓解；其三，具有反向自适应的动态变化特征，在不同的发展阶段或区域范围内其失灵影响形成不同的自我超速放大特征。食品安全治理成为世界难题的经济学原因在于，这是一个典型的社会系统失灵问题。从这个理论价值而言，食品安全经济学的分析目标，是围绕解决食品安全治理的社会系统失灵问题而展开的。

社会系统失灵的第一个核心问题是社会系统失灵自我矫正机制的不存在性。该问题表明，单纯依靠市场或政府力量无法有效解决食品安全的监管问题，同时表明食品安全的经济分析不能仅仅依靠理性假设，应当将理性假设与有限理性假设结合起来，才有可能对食品市场的违规决策行为做出更符合现实的判断。社会系统失灵的第二个核心内容是社会共治解决社会系统风险可能的不存在性。该问题表明,不要期待市场和政府解决不好的难题可以通过社会共治能够解决得更好。社会系统失灵的第三个核心内容是解决社会系统失灵的单一制度安排的不存在性。该问题表明，解决食品安全治理这样的社会系统失灵问题，需要综合应用正式治理与非正式治理的各种手段或措施来形成混合治理，同时表明食品安全社会共治是渐进的、持久的和长期的过程。社会系统失灵的这三个核心内容，构成食品安全经济学对社会共治及其制度分析的基本理论假设。

“监管困局”构成食品安全经济学第二个基本概念。加大监管力度在多大程度上或在多广范围内可以有效抑制食品安全违规决策行为，这是全球几乎所有国家和政府食品药品监管部门都期望了解的答案。虽然本书没有给出一个满意的准确答案，但通过对食品安全监管力度两面性的分析发现，食品安全监管力度存在一个最合适的监管力度范围，不是监管力度越高越好，也不是监管力度越低越好。在既定条件下监管者最合适的监管力度与生产经营者的违规超额收益和消费者的支付水平三者密切相关，三者是相互依存变化的，由此提出食品安全监管有界性假说与监管平衡的制度分析。其中，食品生产经营者违规决策中的“违规困局”也构成一个重要的基本概念。针对食品安全“监管困局”现象的进一步分析表明，“监管困局”的发生，关键在于政府与企业的信息结构，与政府、企业和消费者三者的信息结构之间出现了监管力度信号传递的扭曲，即信号扭曲导致了“监管困局”现象的出现。本书对信号扭曲的分析，将经济学经典的两分法分析范式（如能力高与能力低、风险高与风险低）扩展为非对称的三分法分析范式（如企业结构中的高质量产品、低质量产品与不安全产品），由此认为，信号扭曲具体原因是政府和消费者的既有认知能力将低质量产品与不安全产品混同起来，形成市场信号混同，消费者无法通过市场价格信号来甄别低质量与不安全产品的区别，从而将低质量产品与不安全产品混同于不安全产品导致消费者支付水平下降，进而使食品行业销售规模萎缩，从而提高生产经营者违规超额收益的预期，出现加大监管力度反而出现更多违规行为的现象。出现信号扭曲，既有政府、企业与消费者认知能力的原因，也有社会信息结构之间食品信息传播失灵的原因，由此，引发出对食品安全风险交流的经济价值分析的必要性。

风险交流双重经济价值构成食品安全经济学第三个基本概念。食品安全风险交流具有两重经济价值，一是风险交流的社会保险机制功能，二是风险交流的社会风险投资功能。前者表现为政府风险规避的倾向，政府通过向“自然”购买公共保险，“保单”价格相当于政府或社会对风险交流的投入力度，“保险”收益体现在出现食品安全事件后公众对政府的容忍度；后者表现为政府对社会预期的风险投资倾向，政府通过投资公众的知识或认知能力来构建社会的产业基础，同时也为政府食品安全治理提供理性判断的社会基础,这种投资具有高度不确定性，但一旦投资成功则对政府维持未来社会的稳定产生极高价值。对风险交流双重经济价值的分析，将是食品安全经济学分析中最具特色也是最有可能形成理论创新的课题之一。

震慑与价值重构互补性构成食品安全经济学第四个基本概念。根据社会系统失灵的第三个核心问题，无限加大监管力度受到监管资源的约束，或受到“监管困局”的约束，但监管者在某个阶段内有限加大监管力度使生产经营者感受到震慑效果，同样可以发挥加强监管的效果。但监管者不可能持续维持在较高的监管力度水平上，需要通过对社会价值观的重构来弥补难以持续维持较高监管力度的不足，由此形成食品安全监管的正式治理与非正式治理的混合治理的制度安排。震慑与价值重构互补性分析表明，社会震慑信号的短暂性与社会价值重构的长期性的结构互补性，构建食品安全社会共治实现帕累托改进的关键一环。

预防—免疫—治疗三级协同构成食品安全经济学第五个基本概念。社会系统失灵的三个主要特征和三个核心问题表明，不存在解决社会系统失灵的单一制度安排或单一解决方法。现有对食品安全社会共治乃至公共管理社会共治的理解或解释结论，难以解决食品安全治理失灵的问题，解决社会系统失灵的方式只能是社会系统的思维及方法。因此，食品安全社会共治的制度安排，必须既能够应对理性假设的违规决策行为，又能够应对有限理性的违规决策行为，既可以应对有规律的群体性违规行为，又可以应对无规律的随机违规行为，或者可以同时应对短期和长期违规行为的制度安排。本书通过制度分析提出了预防—免疫—治疗三级协同的概念及其制度安排，表明这种横向结构的社会共治体系与基于质量链的纵向结构的共治体系之间形成的结构互补性，可以较好地满足解决食品安全社会系统失灵的条件，是一种可以选择的社会共治的制度安排。

诚然,食品安全经济学的发展将不会仅限于上述五个基本概念的分析和探讨，但这五个基本概念延伸出来的经济分析与制度分析，预计将会对食品安全经济学的发展产生越来越重要而持久的影响，因为对食品安全社会共治的关注将会持续下去，建构食品安全社会共治的制度也不可能一蹴而就，在这个关注和建构过程中，食品安全经济学将会推动人们对社会共治本质有更深入的认识。

有必要指出的是，本书讨论的食品安全社会共治，已经超越了现有研究中单一社会共治概念的范畴，而是一种包含有市场治理、政府治理在内的复合型社会共治模式，即强调有效的社会共治模式必然包含有市场机制、政府机制及社会多主体参与的激励机制，是一种复杂情境下多主体匹配与协同的社会合作机制。

此外，本书针对食品安全治理的复杂性，也形成了一种有特色的复合分析方法，即针对社会系统失灵的经济分析方法，我们同样不能使用单一的经济分析方法，而需要将多种经济分析方式集成起来探讨食品安全治理复杂情境下的多主体匹配与协同问题。在众多的分析方法中，我们采用最多的方法，无疑是在复杂系统理论框架下，将博弈论、信息经济学与行为经济学结合起来形成的复合分析方法，重点剖析监管者、生产经营者、消费者三者之间的互动结构如何影响食品安全治理问题，再逐步将行业协会、媒体等社会主体纳入这三者互动结构中。本书的讨论表明，这种复合分析方法，为我们建构标准的食品安全经济学理论模型提供了可能，而且可以被应用于分析腐败治理、环境治理、网路空间安全治理等多个复杂多主体匹配与协同领域。

7.1.2　理论普适性

本书对食品安全经济学的讨论及其结论，对社会治理、腐败治理、环境治理、网络空间治理等公共管理领域的社会共治也有理论借鉴价值。这些领域的治理问题，均属于复杂情境下的多主体匹配与协同问题，因而也需要在复杂系统理论框架下，将博弈论、信息经济学与行为经济学结合来进行理论研究。

以腐败治理为例。对于腐败治理，现有研究从多个角度和层面分析了腐败的根源及其治理方式，我们也可以从社会系统失灵视角来考察腐败的成因及其治理思路。在社会系统失灵视角下，腐败不仅仅是政府权力寻租或缺乏监管带来的，与市场失灵、政府失灵和社会共治失灵也有密切联系。对于腐败治理，不能仅仅依靠加强党纪国法，还需要引入正式治理与非正式治理相结合形成的混合治理的制度安排，形成腐败治理社会共治的预防—免疫—治疗三级协同体系。就中国腐败治理而言，现有对腐败预防环节与腐败治疗环节做得相对较好，但腐败免疫环节却未获得相应的重视。根据本书提出的治理思路，如果社会公众对发生在身边的腐败行为及其结果并未形成普遍的憎恨或摒弃，而是采取从众的容忍腐败或有机会也“腐败一把”的社会心理，腐败治理的成效就犹如“头痛医头脚痛医脚”的效果，难以从社会根基上逐步抑制住腐败温床的生长，当反腐力度相对下降时，腐败行为及其意识又会“春风吹又生”地蔓延开来。与食品安全治理的震慑与价值重构之间形成互补性类似，腐败治理也需要形成震慑与价值重构的互补。目前，现实中的政策对腐败的震慑较好，但对预防腐败、对腐败形成免疫体系的社会价值重构做得不足。这里，价值重构最重要的是重构社会的行为规则，而不仅仅是大力弘扬价值观或人生观。如果人们对各种基本的社会行为形成了强大的规则意识，遵守基本行为规则成为社会活动的基本准则，腐败行为将会逐步受到抑制，因为腐败行为不符合人们对基本社会行为规则的认可标准。但是，如果腐败行为被社会大多数人或相当多比例的人口认为符合社会的行为规则，那么，从长期来看，治理腐败将是不可能的，尽管短期内腐败行为有可能会因为高压打击而受到抑制，但这种抑制不仅是短期的，而且是高社会成本的。这样，现实中就会出现类似食品安全“监管困局”的现象，导致越反越腐，越打击越严重的现象。从这个方面分析，本书提供的破解食品安全“监管困局”的研究结论，对腐败治理具有理论普适性。

同样的，在环境治理中，从社会系统失灵视角来看，也同样存在着“监管困局”现象，但出现这种现象的内在原因可能不同。对于环境治理中的市场失灵、政府失灵和社会共治失灵，同样不能采取单一的治理方式来解决，而需要正式治理与非正式治理相结合的混合治理的制度安排，通过构建预防—免疫—治疗三级协同模式来应对环境治理中的复杂问题，形成多主体参与的复合型社会共治，这似乎是解决环境治理复杂性的合适思路。

此外，在互联网时代，复杂情境下的多主体匹配与协同问题将在企业、产业和社会管理乃至全球治理等多个层面中出现，应对这类问题的挑战也将继续下去。本书为我们解决这类复杂系统问题提供了一个理论创新的窗口。

7.2 社会共治：未完议题

食品安全经济学以食品安全社会共治为基本线索展开，既是食品安全经济学研究的一个起点，也是食品安全社会共治研究的一个起点。本书主要围绕食品安全社会共治的五个主要议题形成了食品安全经济学的五个基本概念，对每个基本概念背后所蕴含的政策含义尚未做深入的解读和分析。例如，“监管困局”这个概念传递的信息是，食品安全治理的“零容忍”政策，主要体现在食品安全治理的政策导向和治理的态度上，而非食品安全治理的政策目标和治理力度。但是，在食品安全监管政策上，究竟如何形成监管平衡的制度安排，本书缺乏深入而系统的探讨。我们计划以另外一部学术著作——《食品安全社会共治：政策与评估》来完成这项未完成的议题。同时，本书也未对食品安全社会共治的激励机制设计与持续完善过程进行深入的讨论，我们也计划在另外一部著作中系统研究这个主题。因此，食品安全社会共治，是一个没有完成的研究议题。

参 考 文 献

安奉凯，潘红青，贾晓川，等. 2009. 分子印迹技术在食品安全检测分析中的应用. 食品研究与开发，30：154-157.

奥斯特罗姆 E. 2000. 公共事物的治理之道：集体行动制度的演进. 余逊达，陈旭东译. 上海：三联书店.

奥斯特罗姆 E. 2011. 民主的意义及民主制度的脆弱性：回应托克维尔的挑战. 李梅译. 陕西：人民出版社.

奥斯特罗姆 E，施罗德 L，温 S. 2000. 制度激励与可持续发展：基础设施政策透视. 陈幽虹，谢明，任容译. 上海：三联书店.

白旭. 2013-02-15. 英调查显示：马肉风波正在改变人们消费习惯. 新华网.

边博洋，常峰，邵蓉. 2008. 美国药品安全风险管理最终指南对我国药品安全风险管理的启示. 中国药事，21：956-959.

布坎南 J M. 1988. 自由、市场和国家. 吴良健，桑伍，曾获译. 北京：北京经济学院出版社.

曹霞，刘国巍，杨园芳. 2012. 基于元胞自动机的行业危机扩散博弈分析. 系统工程，1：1-16.

常健，郭薇. 2011. 行业自律的定位、动因、模式和局限. 南开学报，1：133-140.

陈传波，李爽，王仁华. 2010. 重启村社力量，改善农村基层卫生服务治理. 管理世界，5：82-90.

陈发桂. 2012. 多元共治：基层维稳机制理性化构建之制度逻辑. 天津行政学院学报，14（5）：66-71.

陈剩勇，马斌. 2004. 温州民间商会：自主治理的制度分析——温州服装商会的典型研究. 管理世界，12：31-49.

陈晓华. 2012. 查办食品监管渎职罪的难点及对策. 人民检察，（9）：79-80.

陈彦丽. 2014. 食品安全社会共治机制研究. 学术交流，9：122-126.

陈艳莹，鲍宗客. 2012. 干中学与中国制造业的市场结构：内生性沉没成本的视角. 中国工业经济，8：43-55.

陈永法. 2011. 食品安全信息公开的多层次价值取向研究. 南京社会科学，10：73-79.

戴建华，杭家蓓. 2012. 基于模糊规则的元胞自动机网络舆论传播模型研究. 情报杂志，31（7）：16-20.

但斌，伏红勇，徐广业，等. 2013. 考虑天气与努力水平共同影响产量及质量的农产品供应链协调. 系统工程理论与实践，33（9）：2229-2238.

邓正来. 2000. 市民社会与国家知识治理制度的重构：民间传播机制的生长与作用. 开放时代，12（3）：5-18.

丁煌，孙文. 2014. 从行政监管到社会共治：食品安全监管的体制突破——基于网络分析的视角. 江苏行政学院学报，1：109-115.
杜传忠. 2016. 政府规制俘获理论的最新发展. 经济学动态，11：72-76.
樊斌，李翠霞. 2012. 基于质量安全的乳制品加工企业隐蔽违规行为演化博弈分析. 农业技术经济，1：56-64.
樊美玲. 2014-11-06. 佛山有奖举报食品安全遇尴尬，每年百万预算竟用不到十万元. 羊城晚报.
范明林. 2010. 非政府组织与政府的互动关系. 社会学研究，3：87-103.
方绍伟. 2013. 什么转型？为何危机？社会科学论坛，4（1）：2-10.
方薇，何留进，宋良图. 2012. 因特网舆情传播的协同元胞自动机模型. 计算机应用，32（2）：399-402.
费威. 2013. 不同食品安全监管主体的行为抵消效应研究. 软科学，27（3）：44-49.
费显政，李陈微，周舒华. 2010. 一损俱损还是因祸得福？——企业社会责任声誉溢出效应研究. 管理世界，4：74-82.
弗里德曼 M，弗里德曼 R. 2015. 选择的自由. 张琦译. 北京：机械工业出版社.
甘筱青，高阔. 2012. 生猪供应链模式的系统动力学仿真及对策分析. 系统科学学报，（3）：46-49.
高传胜. 2013. 食品质量安全事件：社会共责，还是政府全责？电子科技大学学报（社会科学版），15（3）：6-17.
高秦伟. 2010. 美国食品安全监管中的召回方式及其启示. 国家行政学院学报，4（1）：112-115.
龚强，陈丰. 2012. 供应链可追溯性对食品安全和上下游企业利润的影响. 南开经济研究，8（6）：30-48.
龚强，成酩. 2014. 产品差异化下的食品安全最低质量标准. 南开经济研究，1：22-41.
龚强，张一林，余建宇. 2013. 激励、信息与食品安全规制. 经济研究，3：135-147.
哈肯 H. 2013. 协同学——大自然构成的奥秘. 凌夏华译. 上海：上海译文出版社.
韩柱，麦拉苏. 2012. 食品安全的经济理论及其研究动态. 当代经济，12（23）：152-154.
郝倩. 2013-01-16. 乐购英国速冻牛肉汉堡查出含有马肉. 新浪财经.
何大安. 2005. 理性选择向非理性选择转化的行为分析. 经济研究，8：6-18.
何建涛. 2008. 对构建首都食品安全预警体系的思考. 世界标准信息，8：43-46.
洪巍，吴林海，王建华，等. 2013. 食品安全网络舆情网民参与行为模型研究——基于12个省48个城市的调研数据. 情报杂志，32（12）：18-25.
胡慧希，季任天. 2008. 我国食品安全预警系统的完善. 食品工业科技，3：252-253.
胡军，张镓，芮明杰. 2013. 线性需求条件下考虑质量控制的供应链协调契约模型. 系统工程理论与实践，33（3）：601-609.
胡笑红，等. 2016-01-17. 2015年食品安全门事件汇总. http://www. afinance.cn/Special/ shipinanquan2015/Index.html.
黄奋强，程光敏，白深圳，等. 2013. 当前福建省食品安全监管渎职犯罪的特点、原因及对策. 中共福建省委党校学报，(3)：93-95.
黄福华，周敏. 2009. 封闭供应链环境的绿色农产品共同物流模式研究. 管理世界，10：172-173.
黄江明，李亮，王伟. 2011. 案例研究：从好的故事到好的理论——中国企业管理案例与理论构建研究论坛（2010）综述. 管理世界，2：118-126.
黄涛，颜涛. 2009. 医疗信任商品的信号博弈分析. 经济研究，8：125-134.
季昆森. 2003. 发展生态农业关键要从开发安全食品抓起. 管理世界，12（1）：7-10.
贾康，冯俏彬. 2012. 从替代走向合作：论公共产品提供中政府、市场、志愿部门之间的新型关系. 财贸经济，8：28-35.
金国强，刘恒江. 2006. 质量链管理理论研究综述. 世界标准化与质量管理，8（3）：21-24.
科斯 R H，王宁. 2013. 变革中国：市场经济的中国之路. 徐尧，李哲民译. 北京：中信出版社.
勒庞 G. 2004. 乌合之众——大众心理研究. 北京：中央编译出版社.
李长健，张锋. 2007. 我国食品安全多元规制模式发展研究. 河北法学，25（10）：104-108.
李丹阳. 2008. 政府主导型供给：中国药品安全供给模式的理性选择. 西南民族大学学报（人文社会科学版），28（12）：197-200.
李飞跃，林毅夫. 2011. 发展战略、自生能力与发展中国家经济制度扭曲. 南开经济研究，5：3-19.
李光德. 2006. 我国药品安全有效社会性规制变迁的新制度经济学分析. 改革与战略，9：17-20.
李怀燕，王云国. 2010. 食品安全检验技术概述. 中国食物与营养，（5）：9-11.
李江新. 2011. 社区管理三大参与主体分析——基于多元共治的视角. 学术界，5：79-86.
李金波，聂辉华，沈吉. 2010. 团队生产、集体声誉和分享规则. 经济学（季刊），3（9）：1-17.
李景鹏. 2011. 后全能主义时代：国家与社会合作共治的公共管理. 中国行政管理，2：126-130.
李民，周跃进. 2010. 自组织团队的群决策过程模型研究. 科技进步与对策，27（11）：20-24.
李松林，李世杰. 2006. 建立和完善我国NGO监督机制——基于“多元共治”模式的构想. 云南行政学院学报，5：68-71.
李腾飞，王志刚. 2012. 美国食品安全现代化法案的修改及其对我国的启示. 国家行政学院学报，4：118-121.
李卫东. 2013. 整合优势资源推动社会共治系统化. 中国食品监管，10：21-22.
李文钊. 2011. 国家、市场与多中心：中国政府改革的逻辑基础和实证分析. 北京：社会科学文献出版社.
李文钊，张黎黎. 2008. 村民自治：集体行动、制度变迁与公共精神的培育——贵州省习水县赶场坡村组自治的个案研究. 管理世界，10：64-74.
李先国. 2010. 药品供应链的整合问题研究. 管理世界，5：176-177.
李想. 2011. 质量的产能约束、信息不对称与大销量倾向：以食品安全为例. 世界经济情况，3：80-94.
李想，石磊. 2014. 行业信任危机的一个经济学解释：以食品安全为例. 经济研究，49（1）：

169-181.
李新春，陈斌. 2013. 企业群体性败德行为与管制失效——对产品质量安全与监管的制度分析. 经济研究，10：98-111.
李姿姿. 2008. 国家与社会互动理论研究述评. 学术界，1：270-277.
连洪泉，周业安，左聪颖. 2013. 惩罚机制真能解决搭便车难题吗?——基于动态公共品实验的证据. 管理世界，5（4）：33-45.
廖列法，王刊良. 2009. 基于多 Agent 仿真的组织学习与知识水平关系研究. 管理科学，22(1)：59-68.
刘畅，张浩，安玉发. 2011. 中国食品质量安全薄弱环节、本质原因及关键控制点研究——基于 1460 个食品质量安全事件的实证分析. 农业经济问题，1：24-31.
刘呈庆，孙白瑶，龙文军，等. 2009. 竞争、管理与规制：乳制品企业三聚氰胺污染影响因素的实证研究. 管理世界，12：67-78.
刘广明，尤晓娜. 2011. 论食品安全治理的消费者参与及其机制构建. 消费经济，3：67-71.
刘海云，郭江山. 2009. 我国药品安全的经济学分析. 国际商务研究，1：68-73.
刘恒江. 2007. 质量链耦合机理分析. 世界标准化与质量管理，7（6）：34-37.
刘金吉，李冬云，王从帅. 2007. 加强区域环境合作携手共治跨界水污染. 环境研究与监测，20（4）：54-57.
刘录民. 2009. 我国奶制品“三聚氰胺”中毒案例分析. 新西部（理论版），9（2）：72-73.
刘鹏. 2003. 善治的改革导向：从政府社会性管制到多元共治. 广东行政学院学报，8：110-121.
刘鹏. 2009a. 当代中国产品安全监管体制建设的约束因素. 华中师范大学学报（人文社会科学版），1：60-71.
刘鹏. 2009b. 公共健康、产业发展与国家战略——美国进步时代食品监管体制及其对中国的启示. 中国软科学，8：61-68.
刘鹏，马骏，侯一麟. 2007. 混合型监管：当代中国药品安全监管机制分析. 公共管理研究，3：21-33.
刘石磊. 2014-09-12. 英国将建食品犯罪专打机构. 慧聪食品工业网.
刘小玄，赵农. 2007. 论公共部门合理边界的决定——兼论混合公共部门的价格形成机制. 经济研究，3：45-62.
刘晓明. 2013. 行社会共治 保食药安全. 中国食品药品监管，6：1-2.
刘晓毅，石维妮，刘小力. 2009. 浅谈构建我国食品安全风险监测与预警体系的认识. 食品工程，2：3-5.
刘亚平. 2008. 美国进步时代的管制改革. 公共行政评论，2：1-6.
刘亚平. 2011. 中国式“监管国家”的问题与反思：以食品安全为例. 政治学研究，2：69-79.
刘亚平. 2013. 英国现代监管国家的建构：以食品安全为例. 华中师范大学学报（人文社会科学版），4：7-16.

刘亚平，蔡宝. 2012. 食品安全监管的加强抑或弱化. 中山大学学报（社会科学版），12（6）：22-31.

罗家德，李智超. 2012. 乡村社区自组织治理的信任机制初探——以一个村民经济合作组织为例. 管理世界，10：83-93.

罗家德，孙瑜，谢朝霞. 2013a. 自组织运作过程中的能人现象. 中国社会科学，10：86-101.

罗家德，侯贵松，谢朝霞. 2013b. 中国商业行业协会自组织机制的案例研究——中西监督机制的差异. 管理学报，10（5）：639-648.

罗森布鲁姆 D H，克拉夫丘克 R S. 2002. 公共行政学：管理、政治和法律的途径. 第五版. 张成福，等译. 北京：中国人民大学出版社.

马颖，吕守辉. 2013. 食品安全管理中的协同机制研究. 中小企业管理与科技，3（15）：162-164.

马颖，张园园，宋文广. 2013. 食品行业突发事件风险感知的传染病模型研究. 科研管理，34（9）：123-130.

毛基业，张霞. 2008. 案例研究方法的规范性及现状评估. 管理世界，4：115-121.

孟庆峰，盛昭瀚，李真. 2012. 基于公平偏好的供应链质量激励机制效率演化. 系统工程理论与实践，32（11）：2394-2403.

米歇尔 M. 2013. 复杂. 唐璐译. 湖南：湖南科学技术出版社.

慕静. 2012. 基于CAS理论的食品安全供应链的协调决策问题研究. 食品工业科技，33（4）：18-21.

钦俊德. 1996. 昆虫与寄主植物的适应性及协调进化. 生物学通报，31（1）：1-3.

秦新生. 2010. 基于物联网的药品供应链管理系统. 物流工程与管理，10（32）：123-125.

邱国栋，白景坤. 2007. 价值生成分析：一个协同效应的理论框架. 中国工业经济，6：22-44.

山丽杰，吴林海，钟颖琦，等. 2012. 添加剂滥用引发的食品安全事件与公众恐慌行为研究. 华南农业大学学报（社会科学版），11（4）：97-105.

沈宏亮. 2010. 中国社会性规制失灵的原因探究——规制权利纵向配置的视角. 经济问题探索，12：24-27.

沈宏亮. 2011. 社会性规制的市场结构效应：文献综述及启示. 经济社会体制比较，5：206-211.

沈凯，李从东. 2008. 供应链视角下的中国药品安全问题研究. 北京理工大学学报（社会科学版），10（3）：82-85.

沈荣华，赵利，胡岚. 2008. 合作共治：我国城市社区建设的路径——苏州市平江区社区体制创新探析. 社会科学，10：82-87.

舒尔茨 T W. 1994. 制度与人的经济价值的不断提高//科斯R H，阿尔钦A，诺斯D. 财产权利与制度变迁. 刘守英译. 上海：上海人民出版社.

宋华琳. 2008. 政府规制改革的成因与动力——以晚近中国药品安全规制为中心的观察. 管理世界，8：20-30.

苏方宁. 2007. 我国食品安全监管标准体系研究——我国食品安全监管标准体系的状况分析.

大众标准化，7（5）：50-55.
眭纪刚. 2013. 技术与制度的协同演化：理论与案例研究. 科学学研究，7：991-997.
孙群燕，李杰，张安民. 2004. 寡头竞争情形下的国企改革——论国有股份比重的最优选择. 经济研究，1：64-73.
孙荣，范志雯. 2008. 社区共治：合作主义视野下业主委员会的治理. 中国行政管理，12：81-84.
谭劲松. 2008. 关于管理研究及其理论和方法的讨论. 管理科学学报，11（2）：145-152.
谭荣，曲福田. 2009. 市场与政府的边界：土地非农化治理结构的选择. 管理世界，12：39-47.
谭晓辉，蓝云曦. 2012. 论新形势下的多元共治社会管理模式. 西南民族大学学报（人文社会科学版），6：46-49.
谭亚莉，廖建桥，李骥. 2012. 管理者非伦理行为到组织腐败的衍变过程、机制与干预：基于心理社会微观视角的分析. 管理世界，12：68-77.
谭智心，孔祥智. 2011. 不完全契约、非对称信息与合作社经营者激励——农民专业合作社“委托—代理”理论模型的构建及其应用. 中国人民大学学报，25（5）：34-42.
唐晓纯，张吟，齐思媛. 2011. 国内外食品召回数据分析与比较研究. 食品科学，32(17):388-395.
唐晓芬，邓绩，金升龙. 2005. 质量链理论与运行模式研究. 中国质量，5（9）：16-19.
唐晓青，段桂江. 2002. 面向全球化制造的协同质量链管理. 中国质量，2（9）：25-27.
陶善信，周应恒. 2012. 食品安全的信任机制研究. 农业经济问题，10：93-99.
万俊毅. 2008. 准纵向一体化、关系治理与合约履行——以农业产业化经营的温氏模式为例. 管理世界，12：93-102.
汪鸿昌，肖静华，谢康，等. 2013. 食品安全治理：基于信息技术与制度安排相结合的研究. 中国工业经济，3：98-110.
汪秋慧，徐喜荣. 2012. 药品召回行政监管不作为分析. 武汉理工大学学报（社会科学版），25（5）：716-724.
王彩霞. 2011. 政府监管失灵、公众预期调整与低信任陷阱. 宏观经济研究，2：31-35.
王常伟，顾海英. 2013. 市场VS政府，什么力量影响了我国菜农农药用量的选择？管理世界，11：50-66.
王汉生，吴莹. 2011. 基层社会中“看得见”与“看不见”的国家. 社会学研究，1：63-95.
王冀宁，缪秋莲. 2013. 食品安全中企业和消费者的演化博弈均衡及对策分析. 南京工业大学学报（社会科学版），12（3）：49-53.
王可山. 2012. 食品安全管理研究：现状述评、关键问题与逻辑框架. 管理世界，10：176-177.
王可山，苏昕. 2013. 制度环境、生产经营者利益选择与食品安全信息有效传递. 宏观经济研究，7：84-89.
王钦. 2016. 人单合一管理学——新工业革命背景下的海尔转型. 北京：经济管理出版社.
王瑞华. 2008. 政府在社区自组织能力建设中的作用. 中国行政管理，1：94-98.
王永钦，刘思远，杜巨澜. 2014. 信任品市场的竞争效应与传染效应：理论和基于中国食品行业的事件研究. 经济研究，2：141-154.
王志刚，李腾飞，彭佳. 2011. 食品安全规制下农户农药使用行为的影响机制分析——基于山东省蔬菜出口产地的实证调研. 中国农业大学学报，16（3）：164-168.
王志刚，李腾飞，韩剑龙. 2012. 食品安全规制对生产成本的影响——基于全国 334 家加工企业的实证分析. 农业技术经济，11：1-7.
王志刚，李腾飞，黄圣男. 2013a. 消费者对食品安全的认知程度及其消费信心恢复研究——以“问题奶粉”事件为例. 消费经济，29（4）：42-47.
王志刚，孙云曼，杨胤轩. 2013b. 媒体对消费者食品安全消费的导向作用分析. 农产品质量与安全，5：69-73.
王志涛，苏春. 2014. 风险交流与食品安全控制：交易成本经济学的视角. 广东财经大学学报，29（1）：35-43.
文贯中. 2002. 市场机制、政府定位和法治——对市场失灵和政府失灵的匡正之法的回顾与展望. 经济社会体制比较，3（1）：1-11.
文贯. 2007. 互动与耦合：非正式制度与经济发展. 北京：中国社会科学出版社.
文晓巍，刘妙玲. 2012. 食品安全的诱因、窘境与监管：2002-2011 年. 改革，4（9）：37-42.
文晓巍，温思美. 2012. 食品安全信用档案的构建与完善. 管理世界，7：174-175.
吴德胜，李维安. 2010. 非正式契约与正式契约交互关系研究——基于随机匹配博弈的分析. 管理科学学报，13（12）：76-85.
吴军民. 2005. 行业协会的组织运作：一种社会资本分析视角——以广东南海专业镇行业协会为例. 管理世界，10：50-57.
吴林海. 钱和. 2012. 中国食品安全发展报告 2012. 北京：北京大学出版社.
吴练达，韩瑞. 2008. 纠正市场失灵的第三种机制. 财经科学，8（6）：80-86.
吴元元. 2012. 信息基础、声誉机制与执法优化——食品安全治理的新视野. 中国社会科学，12：115-133.
伍铎克. 2014-08-08. 一道菜出问题就重罚. 上海市农业委员会农业网.
肖静华. 2009. 供应链信息系统网络的价值创造：技术契约视角. 管理评论，21（10）：33-40.
肖静华，谢康，吴瑶，等. 2014. 企业与消费者协同演化动态能力构建：B2C电商梦芭莎案例. 管理世界，8：134-151.
谢康. 2014. 中国食品安全治理：食品质量链多主体多中心协同视角的分析. 产业经济评论，3：18-26.
谢康，肖静华. 2014. 电子商务信任：技术与制度混合治理视角的分析. 经济经纬，3（3）：8-16.
谢康，肖静华，杨楠堃，等. 2015. 社会震慑信号与价值重构——食品安全社会共治的制度分析. 经济学动态，6（10）：4-16.
谢康，吴瑶，肖静华，等. 2016. 组织变革中的战略风险控制——基于企业互联网转型的多案例研究. 管理世界，2：133-148.

谢雄伟，刘丁炳. 2011. 药品安全事故犯罪中监督管理过失的预见可能性研究——以“郑筱萸”案为实证视角. 河北法学，29（8）：84-89.
谢雄伟，刘丁炳. 2013. 论信赖原则在监督过失中的应用——以药品安全事故犯罪为中心. 河北法学，31（1）：48-53.
徐顽强，段萱. 2014. 国家治理体系中“共管共治”的意蕴与路径. 新疆师范大学学报（哲学社会科学版），4（3）：21-26.
徐建中，徐莹莹. 2015a. 基于演化博弈理论的低碳技术创新链式扩散机制研究. 科技管理研究，35（6）：17-25.
徐建中，徐莹莹. 2015b. 政府环境规制下低碳技术创新扩散机制——基于前景理论的演化博弈分析. 系统工程，2：118-125.
许民利，王俏，欧阳林寒. 2012. 食品供应链中质量投入的演化博弈分析. 中国管理科学，20（5）：131-141.
颜如春. 2006. 从“共治”到“善治”——中国社会治理模式探析. 西南民族大学学报（人文社会科学版），27（1）：208-211.
杨东群. 2014. 日本农业标准化促进农产品竞争力研究——以良好农业规范（GAP）为例. 现代日本经济，3（1）：40-52.
杨嵘均. 2013. 论中国食品安全问题的根源及其治理体系的再建构. 政治学研究，5：44-57.
杨瑞龙. 1998. 我国制度变迁方式转换的三阶段论——兼论地方政府的制度创新行为. 经济研究，（1）：14-29.
杨善林，朱克毓，付超，等. 2009. 元胞自动机的群决策从众行为仿真. 系统工程理论与实践，29（9）：115-124.
叶存杰. 2007. 基于NET的食品安全预警系统研究. 科学技术与工程，7（2）：258-260.
殷凌霄，漆雁斌. 2009. 基于经济学的食品安全问题研究综述. 农村经济与科技，20（3）：5-6.
应飞虎，涂永前. 2010. 公共规制中的信息工具. 中国社会科学，4：1-22.
于家琦，陆明远. 2010. 美国的公民参与公共管理研究及启示. 理论与改革，6：20-28.
于晓霖，周朝玺. 2008. 渠道权力结构对供应链协同效应影响研究. 管理科学，21（6）：29-39.
俞可平. 2012. 重构社会秩序走向官民共治. 国家行政学院学报，4：4-5.
袁士芳，王硕. 2013. 浅谈食品安全中风险交流的重要性. 食品研究与开发，34（11）：121-122.
袁文艺. 2011. 食品安全管制的模式转型与政策取向. 财经问题研究，7：26-31.
袁映. 2011. 食品安全监管渎职犯罪研究. 法制与社会，（17）：159.
曾伟，王志刚，廖贝妮. 2012. 食品安全事件后消费者购买恢复及恢复速度影响因素分析——以三聚氰胺事件为例. 晋阳学刊，4：79-85.
曾颖，陆正飞. 2006. 信息披露质量与股权融资成本. 经济研究，2：69-79.
翟桂萍. 2008. 社区共治：合作主义视野下的社区治理——以上海浦东新区潍坊社区为例. 上海行政学院学报，2：81-88.

张东玲，高齐圣. 2008. 面向农产品安全的关键质量链分析. 农业系统科学与综合研究，24(4)：489-493.
张国兴，高晚霞，管欣. 2015. 基于第三方监督的食品安全监管演化博弈模型. 系统工程学报，30（2）：153-164.
张琥. 2009. 集体信誉的理论分析——组织内部逆向选择问题. 经济研究，12：124-133.
张曼，唐晓纯，普蕓喆. 2014. 食品安全社会共治：企业、政府与第三方监管力量. 食品科学，13（1）：286-292.
张人龙，单汨源. 2012. 基于定制-NETDEA 模型的大规模定制质量链协同效度及其实证研究. 软科学，26（5）：55-60.
张树旺，李伟，王郅强. 2016. 论中国情境下基层社会多元协同治理的实现路径——基于广东佛山市三水区白坭案例的研究. 公共管理学报，2：2-14.
张五常. 2009. 从金融危机看人民币困境. 中国市场，5（1）：12-13.
张永建，刘宁，杨建华. 2005. 建立和完善我国食品安全保障体系研究. 中国工业经济，2：14-20.
张勇. 2013-06-17. 激发正能量，构建食品安全社会共治格局. 中国经济网.
张煜，汪寿阳. 2010. 食品供应链质量安全管理模式研究——三鹿奶粉事件案例分析. 管理评论，22（10）：67-74.
张煜，汪寿阳. 2011. 不对称信息下供应商安全状态监控策略分析. 管理科学学报，14（5）：11-18.
张跃华，邬小撑. 2012. 食品安全及其管制与养猪户微观行为——基于养猪户出售病死猪及疫情报告的问卷调查. 中国农村经济，12（7）：72-83.
张振，乔娟，黄圣男. 2013. 基于异质性的消费者食品安全属性偏好行为研究. 农业技术经济，5：95-104.
章皓宇，章明. 2013. 探索以最少行政成本保障食品安全的建议. 中国经贸导刊，35：1-26.
赵欣. 2010. 食品安全事件报道的特征及“新闻螺旋”——以大公报对“三鹿事件”的报道为例. 新闻世界，3：69-70.
赵永亮，张捷. 2009. 商会服务功能研究——公共品还是俱乐部供给. 管理世界，12（5）：418.
郑小平，蒋美英，王晓翠. 2009. 基于非结构模糊决策的中国药品安全管理体系研究. 中国安全科学学报，18（11）：65-71.
钟凯，韩蕃璠，姚魁. 2012. 中国食品安全风险交流的现状、问题、挑战与对策. 中国食品卫生杂志，6（2）：578-586.
周国华，张羽，李延来，等. 2012. 基于前景理论的施工安全管理行为演化博弈. 系统管理学报，21（4）：501-509.
周洁红. 2006. 农户蔬菜质量安全控制行为及其影响因素分析——基于浙江省 396 户菜农的实证分析. 中国农村经济，12（3）：48-53.
周开国，杨海生，伍颖华. 2016. 食品安全监督机制研究——媒体、资本市场与政府协同治理. 经济研究，9：58-72.
周琳，吴燕婷，张志龙，等. 2014-09-16. 沃尔玛 4 员工遭辞退事件曝举报困境：激励有加背后危机重重. 新华网.
周其仁. 2013. 改革的逻辑. 北京：中信出版社.
周庆智. 2013. 社会自治：一个政治文化的讨论. 政治学研究，4：75-86.
周小梅. 2007. 基于信息不对称理论的药品质量管制研究. 价格月刊，8：45-47.
周应恒，霍丽玥. 2004. 食品安全经济学导入及其研究动态. 现代经济探讨，4（8）：25-27.
周应恒，彭晓佳. 2006. 江苏省城市消费者对食品安全支付意愿的实证研究. 经济学（季刊），4（3）：55-68.
朱梦蓉，朱昌蕙. 2009. 论我国药品安全动态监管模式的构建与创新. 四川大学学报（哲学社会科学版），5：77-82.
邹志飞. 2013. 与时俱进的GB 2760 标准. 食品安全导刊，（11）：62-63.
Ababio P F，Lovatt P. 2015. A review on food safety and food hygiene studies in Ghana. Food Control，47（1）：92-97.
Adida E，Demiguel V. 2011. Supply chain competition with multiple manufacturers and retailers. Operations Research，59（1）：156-172.
Agrawal A，Ostrom E. 2001. Collective action，property rights，and decentralization in resource use in India and Nepal. Politics & Society，29（4）：485-514.
Amaldoss W，Jain S. 2005. Conspicuous consumption and sophisticated thinking. Management Science，51（10）：1449-1466.
Anderies J M，Rodriguez A A，Janssen M A，et al. 2007. Panaceas，uncertainty，and the robust control framework in sustainability science. Proceedings of the National Academy of Sciences，104（39）：15194-15199.
Anderson L R，Mellor J M，Milyo J. 2004. Social capital and contributions in a public-goods experiment. The American Economic Review，94（2）：373-376.
Andersson K P. 2004. Who talks with whom? The role of repeated interactions in decentralized forest governance. World Development，32（2）：233-249.
Armitage D，Marschke M，Plummer R. 2008. Adaptive co-management and the paradox of learning. Global Environmental Change，18（1）：86-98.
Armitage D，Berkes F，Dale A，et al. 2011. Co-management and the co-production of knowledge：learning to adapt in Canada’s arctic. Global Environmental Change，21（3）：995-1004.
Aung M M，Chang Y S. 2014. Traceability in a food supply chain：safety and quality perspectives. Food Control，39：172-184.
Baert K，van Huffel H X，Wilmart O，et al. 2011. Measuring the safety of the food chain in Belgium：development of a barometer. Food Research International，44（4）：940-950.

Bailey A P, Garforth C. 2014. An industry viewpoint on the role of farm assurance in delivering food safety to the consumer: the case of the dairy sector of England and Wales. Food Policy, 45: 14-24.

Bain C, Ransom E, Worosz M R, et al. 2010. Constructing credibility: using technoscience to legitimate strategies in agrifood governance. Journal of Rural Social Sciences, 25(3): 160-192.

Bakos Y, Dellarocas C. 2011. Cooperation without enforcement? A comparative analysis of litigation and online reputation as quality assurance mechanisms. Management Science, 57(11): 1944-1962.

Banerjee A V. 1992. A simple model of herd behavior. Quaterly Journal of Economics, 107(3): 797-817.

Baron D P. 2007. Corporate social responsibility and social entrepreneurship. Journal of Economics & Management Strategy, 16(3): 683-717.

Beamon B M, Ware T M. 1998. A process quality model for the analysis, improvement and control of supply chain systems. Logistics Information Management, 11(2): 105-113.

Beardsworth A. 1990. Trans-science and moral panics: understanding food scares. British Food Journal, 92(5): 11-16.

Beardsworth A, Bryman A, Keil T, et al. 2002. Women, men and food: the significance of gender for nutritional attitudes and choices. British Food Journal, 104(7): 470-491.

Berardo R, Lubell M. 2016. Understanding what shapes a polycentric governance system. Public Administration Review, 3(1): 1-13.

Berg L. 2004. Trust in food in the age of mad cow disease: a comparative study of consumers' evaluation of food safety in Belgium, Britain and Norway. Appetite, 42(1): 21-32.

Bernstein F, Federgruen A. 2005. Decentralized supply chains with competing retailers under demand uncertainty. Management Science, 51: 18-29.

Bertot J C, Jaeger P T, Grimes J M. 2010. Using ICTs to create a culture of transparency: e-government and social media as openness and anti-corruption tools for societies. Government Information Quarterly, 27(3): 264-271.

Black J. 2002. Regulatory conversations. Journal of Law and Society, 29(1): 163-196.

Blomquist W. 1992. Dividing the waters: governing groundwater in Southern California. Growth & Change, (1): 107-110.

Bromiley P, Cummings L L. 1995. Transactions costs in organizations with trust. Research on Negotiation in Organizations, 1(5): 219-250.

Broughton E I, Walker D G. 2010. Policies and practices for aquaculture food safety in China. Food Policy, 35(5): 471-478.

Bruce C, William H. 1983. Why isn' t trust transitive? Security Protocols, 1: 171-176.

Burns J, John M, Alan S. 1983. The Food Industry: Economics and Policies. London: Heinemann.

Cachon G P, Lariviere M A. 2005. Supply chain coordination with revenue-sharing contracts: strengths and limitations. Management Science, 51（1）: 30-44.

Cachon G P, Swinney R. 2009. Purchasing, pricing, and quick response in the presence of strategic consumers. Management Science, 55（3）: 497-511.

Cachon G P, Kök A G. 2010. Competing manufacturers in a retail supply chain: on contractual form and coordination. Management Science, 56（3）: 571-589.

Chao G H, Iravani S M R, Savaskan R C. 2009. Quality improvement incentives and product recall cost sharing contracts. Management Science, 55（7）: 1122-1138.

Charalambous M, Fryer P J, Panayides S, et al. 2015. Implementation of food safety management systems in small food businesses in Cyprus. Food Control, 57（2）: 70-75.

Chen E, Flint S, Perry P, et al. 2015. Implementation of non-regulatory food safety management schemes in New Zealand: a survey of the food and beverage industry. Food Control, 47（5）: 569-576.

Chen J, Bell P C. 2011. Coordinating a decentralized supply chain with customer returns and price-dependent stochastic demand using a buyback policy. European Journal of Operational Research, 212（2）: 293-300.

Chin K, Duan G, Tang X. 2006. A computer-integrated framework for global quality chain managemen. International Journal of Advance Manufacture Technology, 27: 547-560.

Chiu C H, Choi T M, Tang C S. 2011. Price, rebate, and returns supply contracts for coordinating supply chains with price-dependent demands. Production and Operations Management, 20（1）: 81-91.

Chung T Y. 1991. Incomplete contracts, specific investments, and risk sharing. The Review of Economic Studies, 58（5）: 1031-1042.

Cortese R D M, Veiros M B, Feldman C, et al. 2016. Food safety and hygiene practices of vendors during the chain of street food production in Florianopolis, Brazil: a cross-sectional study. Food Control, 62（5）: 178-186.

Cox M, Arnold G, Tomás S V. 2010. A review of design principles for community-based natural resource management. Ecological Society, 15（4）: 255-269.

Crespi J M. 2001. How should food safety certification be financed? American Journal of Agricultural Economics, 83（4）: 852-861.

Crovato S, Pinto A, Giardullo P, et al. 2016. Food safety and young consumers: testing a serious game as a risk communication tool. Food Control, 5（1）: 134-141.

da Cruz F T, Menasche R. 2014. Tradition and diversity jeopardised by food safety regulations? The serrano cheese case, Campos de Cima da Serra region, Brazil. Food Policy, 45（3）: 116-124.

Dai Y, Zhou S X, Xu Y. 2012. Competitive and collaborative quality and warranty management in supply chains. Production and Operations Management, 21（1）: 129-144.

Dai Y, Kong D, Wang M. 2013. Investor reactions to food safety incidents: evidence from the Chinese milk industry. Food Policy, 43: 23-31.

Darby M R, Karni E. 1973. Free competition and the optimal amount of fraud. The Journal of Law & Economics, 16（1）: 67-88.

Daughety A F, Reinganum J F. 1995. Product safety: liability, R&D, and signaling. The American Economic Review, 5（3）: 1187-1206.

Davis L, North D C, Smorodin C. 1972. Institutional change and American economic growth. The Journal of Economic History, 32（4）: 961-962.

de Jonge J, van Trijp H, Renes R J, et al. 2010. Consumer confidence in the safety of food and newspaper coverage of food safety issues: a longitudinal perspective. Risk Analysis, 30（1）: 125-142.

DeSanctis G, Poole M S. 1994. Capturing the complexity in advanced technology use: adaptive structuration theory. Organization Science, 5（2）: 121-147.

Doner R F, Schneider B R. 2000. Business associations and economic development: why some associations contribute more than others. Business and Politics, 2（3）: 261-288.

Dou L, Yanagishima K, Li X, et al. 2015. Food safety regulation and its implication on Chinese vegetable exports. Food Policy, 57（1）: 128-134.

Dreyer M, Renn O, Cope S, et al. 2010. Including social impact assessment in food safety governance. Food Control, 21（12）: 1620-1628.

Eijlander P. 2005. Possibilities and constraints in the use of self-regulation and w-regulation in legislative policy. Journal of Comparative Law, 10（4）: 223-245.

Eisenhardt K M. 1989. Building theories from case study research. Academy of Management Review, 14（4）: 532-550.

Eisenhardt K M, Graebner M E. 2007. Theory building from cases: opportunities and challenges. Academy of Management Journal, 50（2）: 25-32.

Elsbach K D, Cable D M, Sherman J W. 2010. How passive "face time" affects perceptions of employees: evidence of spontaneous trait inference. Human Relations, 63（6）: 735-760.

Emmons H, Gilbert S M. 1998. The role of returns policies in pricing and inventory decisions for catalogue goods. Management Science, 44（2）: 276-283.

Erdem S, Rigby D, Wossink A. 2012. Using best-worst scaling to explore perceptions of relative responsibility for ensuring food safety. Food Policy, 37（6）: 661-670.

Evans P B. 1995. Embedded Autonomy: States and Industrial Transformation. Princeton: Princeton University Press.

Evans P B. 1997. State-Society Synergy: Government and Social Capital in Development. Berkeley:

University of California Press.

Feddersen T J，Gilligan T W. 2001. Saints and markets：activists and the supply of credence goods. Journal of Economics and Management Strategy，10：149-171.

Feng Q，Lu L X. 2013. Supply chain contracting under competition：bilateral bargaining vs. Stackelberg. Production and Operations Management，22（3）：661-675.

Ferrier P，Lamb R. 2007. Government regulation and quality in the US beef market. Food Policy，32（1）：84-79.

Fischer A，Wakjira D T，Weldesemaet Y T，et al. 2014. On the interplay of actors in the co-management of natural resources—a dynamic perspective. World Development，64（5）：158-168.

Fischer G. 2013. Contract structure，risk-sharing，and investment choice. Econometrica，81（3）：883-939.

Folinas D，Manikas I，Manos B. 2006. Traceability data management for food chains. British Food Journal，108（8）：622-633.

Friedman D. 1998. On economic applications of evolutionary game theory. Journal of Evolutionary Economics，8（1）：15-43.

Fujiie M，Hayami Y，Kikuchi M. 2005. The conditions of collective action for local commons management：the case of irrigation in the Philippines. Agricultural Economics，33（2）：179-189.

Garcia M M，Fearne A，Caswell J A，et al. 2007. Co-regulation as a possible model for food safety governance：opportunities for public-private partnerships. Food Policy，32（3）：299-314.

Garcia M M，Verbruggen P，Fearne A. 2013. Risk-based approaches to food safety regulation：what role for co-regulation? Journal of Risk Research，16（9）：1101-1121.

Gefen D，Carmel E. 2013. Why the first provider takes it all：the consequences of a low trust culture on pricing and ratings in online sourcing markets. European Journal of Information Systems，22（6）：604-618.

Gellynck X，Verbeke W，Viaene J. 2004. Dynamics in the food supply chain originating from changes in quality in quality management issues. Proceedings of the Third International Conference on Chain Management in Agribusiness and the Food Industry，Management Studies Group Wageningen Agricultural University.

Glaeser E L，Shleifer A. 2001. The rise of the regulatory state. Journal of Economic Literature，41（2）：1-22

Gokpinar B，Hopp W J，Iravani S M R. 2010. The impact of misalignment of organizational structure and product architecture on quality in complex product development. Management Science，56（3）：468-484.

Gopal A，Koka B R. 2010. The role of contracts on quality and returns to quality in offshore software development outsourcing. Decision Sciences, 41（3）：491-516.

Grafton R Q. 2000. Governance of the commons：a role for the state? Land Economics, 6（1）：504-517.

Grafton R Q, Rowlands D. 1996. Development impeding institutions：the political economy of Haiti. Canadian Journal of Development Studies, 17（2）：261-277.

Gray J V, Roth A V, Leiblein M J. 2011. Quality risk in offshore manufacturing：evidence from the pharmaceutical industry. Journal of Operations Management, 29（7）：737-752.

Grossman S J. 1981. The informational role of warranties and private disclosure about product quality. The Journal of Law & Economics, 24（3）：461-483.

Grunert K G, Wognum N, Trienekens J, et al. 2011. Consumer demand and quality assurance：segmentation basis and implications for chain governance in the pork sector. Journal on Chain and Network Science, 11（2）：89-97.

Haidin G. 1968. The tragedy of the commons. Science, 162：1243-1247.

Hall D. 2010. Food with a visible face：traceability and the public promotion of private governance in the Japanese food system. Geoforum, 41（5）：826-835.

Hall K. 2013. Strategic privatisation of transnational anti-corruption regulation. Australian Journal of Corporate Law, 28（1）：60.

Hallagan J B, Allen D C, Borzelleca J F. 1995. The safety and regulatory status of food, drug and cosmetics colour additives exempt from certification. Food and Chemical Toxicology, 33（6）：515-528.

Han J, Trienekens J H, Omta S W F. 2011. Relationship and quality management in the Chinese pork supply chain. International Journal of Production Economics, 134（2）：312-321.

Hancher L, Moran M. 1989. Organizing regulatory space. Capitalism, Culture and Regulation, 27（2）：15-24.

Handley S M, Gray J V. 2013. Inter-organizational quality management：the use of contractual incentives and monitoring mechanisms with outsourced manufacturing. Production and Operations Management, 22（6）：1540-1556.

Hann I H, Hui K L, Lee S Y T, et al. 2008. Consumer privacy and marketing avoidance：a static model. Management Science, 54（6）：1094-1103.

Hart O, Moore J. 2007. Incomplete contracts and ownership：some new thoughts. American Economic Review, 97（2）：182-186.

Hedberg M. 2016. Top-down self-organization：state logics, substitutional delegation, and private governance in Russia. Governance, 29（1）：67-83.

Henson S, Caswell J. 1999. Food safety regulation：an overview of contemporary issues. Food Policy, 24（6）：589-603.

Hobbs J E. 2004. Information asymmetry and the role of traceability systems. Agribusiness，20（4）：397-415.

Horelli L，Saad-Sulonen J，Wallin S，et al. 2015. When self-organization intersects with urban planning：two cases from Helsinki. Planning Practice & Research，33（3）：286-302.

Innes R. 2006. A theory of consumer boycotts under symmetric information and imperfect information. Economic Journal，116：355-381.

Jacxsens L，Luning P A，van der Vorst J，et al. 2010. Simulation modelling and risk assessment as tools to identify the impact of climate change on microbiological food safety-the case study of fresh produce supply chain. Food Research International，43（7）：1925-1935.

Jouanjean M A，Maur J C，Shepherd B. 2015. Reputation matters：spillover effects for developing countries in the enforcement of US food safety measures. Food Policy，55（2）：81-91.

Juran J M，Riley J F. 1999. The Quality Improvement Process. New York：McGraw Hill.

Kahneman D，Tversky A. 1979. Prospect theory：an analysis decision under rish. Econometrica，47（2）：263-292.

Kahneman D，Tversky A. 1992. Conflict resolution：a cognitive perspective.

Kalaitzandonakes N，Kaufman J，Miller D. 2014. Potential economic impacts of zero thresholds for unapproved GMOs：the EU case. Food Policy，45（3）：146-157.

King A A，Lenox M J. 2000. Industry self-regulation without sanctions：the chemical industry’s responsible care program. Academy of Management Journal，43（4）：698-716.

Kirezieva K，Bijman J，Jacxsens L，et al. 2016. The role of cooperatives in food safety management of fresh produce chains：case studies in four strawberry cooperatives. Food Control，62（4）：299-308.

Klein E Y，Lewis I A，Jung C，et al. 2012. Relationship between treatment-seeking behaviour and artemisinin drug quality in Ghana. Malaria Journal，11（1）：32-39.

Knack S，Keefer P. 1997. Does social capital have an economic payoff？A cross-country investigation. The Quarterly Journal of Economics，112（4）：1251-1288.

Ko W H. 2015. Food suppliers’ perceptions and practical implementation of food safety regulations in Taiwan. Journal of Food and Drug Analysis，23（4）：778-787.

Kreps D M，Wilson R. 1982. Reputation and imperfect information. Journal of Economic Theory，27（2）：253-279.

Krishnan H，Winter R A. 2011. On the role of revenue-sharing contracts in supply chains. Operations Research Letters，39（1）：28-31.

Kull T J，Narasimhan R. 2010. Quality management and cooperative values：investigation of multilevel influences on workgroup performance. Decision Sciences，41（1）：81-113.

Kull T J，Wacker J G. 2010. Quality management effectiveness in Asia：the influence of culture.

Journal of Operations Management，28（3）：223-239.

Kull T J，Narasimhan R，Schroeder R. 2012. Sustaining the benefits of a quality initiative through cooperative values：a longitudinal study. Decision Sciences，43（4）：553-588.

Kumar S，Dieveney E，Dieveney A. 2009. Reverse logistic process control measures for the pharmaceutical industry supply chain. International Journal of Productivity and Performance Management，58（2）：188-204.

Laffont J J，Meleu M. 1997. Reciprocal supervision，collusion and organizational design. The Scandinavian Journal of Economics，99（4）：519-540.

Laffont J J，Martimort D. 1998. Transaction costs，institutional design and the separation of powers. European Economic Review，42（3）：673-684.

Lai C S，Chiu C J，Yang C F，et al. 2010. The effects of corporate social responsibility on brand performance：the mediating effect of industrial brand equity and corporate reputation. Journal of Business Ethics，95（3）：457-469.

Lam W F，Shivakoti G. 2002. Farmer-to-farmer training as an alternative intervention strategy. Improving Irrigation Governance and Management in Nepal，6（2）：204-221.

Lee H L，So K C，Tang C S. 2000. The value of information sharing in a two-level supply chain. Management Science，46（5）：626-643.

Levin D，Peck J，Ye L. 2009. Quality disclosure and competition. Journal of Industrial Economics，57（1）：167-197.

Levin J. 2009. The dynamics of collective reputation. The BE Journal of Theoretical Economics，9（1）：22-34.

Li G，Yang H，Sun L，et al. 2010. The evolutionary complexity of complex adaptive supply networks：a simulation and case study. International Journal of Production Economics，124（2）：310-330.

Li L，Su Q，Chen X. 2011. Ensuring supply chain quality performance through applying the SCOR model. International Journal of Production Research，49（1）：33-57.

Lim W S. 2001. Producer-supplier contracts with incomplete information. Management Science，47（5）：709-715.

Lin C，Chow W S，Madu C H，et al. 2005. A structural equation model of supply chain quality management and organizational performance. International Journal of Production Research，96：354-365.

Lin Z，Cai C，Xu B. 2010. Supply chain coordination with insurance contract. European Journal of Operational Research，205（2）：339-345.

Loader R，Hobbs J E. 1999. Strategic responses to food safety legislation. Food Policy，24（6）：685-706.

Lumineau F，Henderson J E. 2012. The influence of relational experience and contractual governance on the negotiation strategy in buyer-supplier dispute. Journal of Operations Management，30（5）：382-395.

Lumineau F，Quélin B V. 2012. An empirical investigation of interorganizational opportunism and contracting mechanisms. Strategic Organization，10（1）：55-84.

Mackey T K，Liang B A. 2011. The global counterfeit drug trade：patient safety and public health risks. Journal of Pharmaceutical Sciences，100（11）：4571-4579.

Macneil I R. 1980. The New Social Contract：An Inquiry into Modern Contractual Relations. New Haven：Yale University Press.

Malhotra D，Lumineau F. 2011. Trust and collaboration in the aftermath of conflict：the effects of contract structure. Academy of Management Journal，54（5）：981-998.

Mansbridge J. 2014. The role of the state in governing the commons. Environmental Science & Policy，36（1）：8-10.

Marette S. 2007. Minimum safety standard，consumers' information and competition. Journal of Regulatory Economics，32（3）：259-285.

Martimort D. 1999. The life cycle of regulatory agencies：dynamic capture and transaction costs. The Review of Economic Studies，66（4）：929-947.

Martinez G M，Fearne A，Caswell J A，et al. 2007. Co-regulation as a possible model for food safety governance：opportunities for public-private partnerships. Food Policy，32（3）：299-314.

Marucheck A，Greis N，Mena C，et al. 2011. Product safety and security in the global supply chain：issues，challenges and research opportunities. Journal of Operations Management，29（7）：707-720.

Maskin E，Tirole J. 2004. The politician and the judge：accountability in government. The American Economic Review，94（4）：1034-1054.

Matsuo M，Yoshikura H. 2014. Zero in terms of food policy and risk perception. Food Policy，45（1）：132-137.

Mazzeo M J. 2002. Product choice and oligopoly market structure. The RAND Journal of Economics，2（1）：221-242.

Mazzocchi M，Lobb A，Traill W B，et al. 2008. Food scares and trust：a European study. Journal of Agricultural Economics，59（1）：2-24.

Mensah L D，Julien D. 2011. Implementation of food safety management systems in the UK. Food Control，22（8）：1216-1225.

Migdal J S. 1988. Strong Societies and Weak States：State-Society Relations and State Capabilities in the Third World. Princeton：Princeton University Press.

Migdal J S. 1994. State Power and Social Forces：Domination and Transformation in the Third

World. Cambridge：Cambridge University Press.

Migdal J S. 2001. State in Society：Studying How States and Societies Transform and Constitute One Another. Cambridge：Cambridge University Press.

Migdal J S. 2005. A model of state-society relations //Wiarda H. Comparative Politics：Critical Concepts in Political Science. London：Taylor & Francis Limited.

Mulvaney D，Krupnik T J. 2014. Zero-tolerance for genetic pollution：rice farming，pharm rice，and the risks of coexistence in California. Food Policy，45（3）：125-131.

Nahapiet J，Ghoshal S. 1998. Social capital，intellectual capital，and the organizational advantage. Academy of Management Review，23（2）：242-266.

Nederhand J，Bekkers V，Voorberg W. 2015. Self-organization and the role of government：how and why does self-organization evolve in the shadow of Hierarchy? Public Management Review，2（1）：1-22.

Nelson P. 1970. Information and consumer behavior. Journal of Political Economics，78（2）：311-329.

Nelson R R. 1994. The co-evolution of technology，industrial structure，and supporting institutions. Industrial and Corporate Change，（3）：47-63.

Nelson R R，Winter S G . 1982. An Evolutionary Theory of Economic Change. Cambridge：Harvard University Press.

Nguyen T，Rohlf K. 2012. Private health care and drug quality in Germany—a game-theoretical approach. International Journal of Economics & Finance，4（11）：24-39.

Nicholls A. 2010. Institutionalizing social entrepreneurship in regulatory space：reporting and disclosure by community interest companies. Accounting，Organizations and Society，35（4）：394-415.

Nowak M，Sigmund K. 1993. A strategy of win-stay，lose-shift that outperforms tit-for-tat in the Prisoner’s Dilemma game. Nature，364（6432）：56-258.

Oakerson R J，Parks R B. 2011. The study of local public economies：multi-organizational，multi-level institutional analysis and development. Policy Studies Journal，39（1）：147-167.

Olson M. 1965. The Logic of Collective Action. Cambridge：Harvard University Press.

Opara L U. 2003. Traceability in agriculture and food supply chain：a review of basic concepts，technological implications，and future prospects. Journal of Food Agriculture and Environment，6（1）：101-106.

Orlikowski W J. 1992. The duality of technology：rethinking the concept of technology in organizations. Organization Science，3（3）：398-427.

Ortega D L，Wang H H，Wu L，et al. 2011. Modeling heterogeneity in consumer preferences for select food safety attributes in China. Food Policy，36（2）：318-324.

Ostrom E. 1990. Governing the Commons. Cambridge：Cambridge University Press.

Ostrom E. 1992. Community and the endogenous solution of commons problems. Journal of Theoretical Politics，4（4）：343-351.

Ostrom E. 1996. Crossing the great divide：coproduction，synergy，and development. World Development，24（6）：1073-1087.

Ostrom E. 1998. A behavioral approach to the rational choice theory of collective action：presidential address，American political science association，1997. American Political Science Review，92（1）：1-22.

Ostrom E. 2004. Collective action and property rights for sustainable development. Understanding Collective Action，11（2）：2020-2033.

Ostrom E. 2007. A diagnostic approach for going beyond panaceas. Proceedings of the National Academy of Sciences，104（39）：15181-15187.

Ostrom E. 2008. Developing a method for analyzing institutional change //Batie S，Mercuro N. Assessing the Evolution and Impact of Alternative Institutional Structures. London：Routledge Press.

Ostrom E. 2009. Institutional rational choice：an assessment of the institutional analysis and development framework//Sabatier P. Theories of the Policy Process. 2nd ed. Boulder：West View Press.

Ostrom E. 2010. Beyond markets and states：polycentric governance of complex economic systems. American Economic Review，2（2）：1-12.

Ostrom E. 2014. Collective action and the evolution of social norms. Journal of Natural Resources Policy Research，6（4）：235-252.

Ostrom E，Burger J，Field C B，et al. 1999. Revisiting the commons：local lessons，global challenges. Science，284（5412）：278-282.

Ostrom E，Janssen M A，Anderies J M. 2007. Going beyond panaceas. Proceedings of the National Academy of Sciences，104（39）：15176-15178

Ostrom E，Chang C，Pennington M，et al. 2012. The future of the commons-beyond market failure and government regulation. Institute of Economic Affairs Monographs，12（10）：21-46.

Pagdee A，Kim Y，Daugherty P J. 2006. What makes community forest management successful：a meta-study from community forests throughout the world. Society and Natural Resources，19（1）：33-52.

Pahl-Wostl C. 2007. Transitions towards adaptive management of water facing climate and global change. Water Resources Management，21（1）：49-62.

Pahl-Wostl C. 2009. A conceptual framework for analyzing adaptive capacity and multi-level learning processes in resource governance regimes. Global Environmental Change，19（3）：

354-365.

Paré G. 2004. Investigating information systems with positivist case research. The Communications of the Association for Information Systems，13（1）：233-264.

Patel A，Norris P，Gauld R，et al. 2009. Drug quality in South Africa：perceptions of key players involved in medicines distribution. International journal of health care quality assurance，22（5）：547-560.

Plummer R. 2009. The adaptive co-management process：an initial synthesis of representative models and influential variables. Ecology and Society，14（2）：1-24.

Prakash J. 2014. The challenges for global harmonisation of food safety norms and regulations：issues for India. Journal of the Science of Food and Agriculture，94（10）：1962-1965.

Reyniers D J，Tapiero C S. 1995. The delivery and control of quality in supplier-producer contracts. Management Science，41（10）：1581-1589.

Ricks J I. 2016. Building participatory organizations for common pool resource management：water user group promotion in Indonesia. World Development，77（1）：34-47.

Rong A，Akkerman R，Grunow M. 2011. An optimization approach for managing fresh food quality throughout the supply chain. International Journal of Production Economics，131（1）：421-429.

Rouvière E，Caswell J A. 2012. From punishment to prevention：a French case study of the introduction of co-regulation in enforcing food safety. Food Policy，37（3）：246-254.

Sabatier P A，Leach W D，Lubell M，et al. 2005. Theoretical frameworks explaining partnership success //Sabatier P A. Swimming Upstream：Collaborative Approaches to Watershed Management. Cambridge：The MIT Press.

Salamon L M. 1995. Partners in Public Service：Government-Nonprofit Relations in the Modern Welfare State. Baltimore：JHU Press.

Sarker A. 2013. The role of state-reinforced self-governance in averting the tragedy of the irrigation commons in Japan. Public Administration，91（3）：727-743.

Sarker A，Itoh T，Kada R，et al. 2014. User self-governance in a complex policy design for managing water commons in Japan. Journal of Hydrology，51（1）：246-258.

Schlager E. 1994. Fishers' institutional responses to common-pool resource dilemmas. Rules，Games，and Common-Pool Resources，4（1）：47-66.

Schreiber M A，Halliday A. 2013. Uncommon among the commons？Disentangling the sustainability of the peruvian anchovy fishery. Ecological Society，18（2）：1-15.

Scott S，Si Z，Schumilas T，et al. 2014. Contradictions in state and civil society-driven developments in China's ecological agriculture sector. Food Policy，4（5）：158-166.

Shi H，Liu Y，Petruzzi N C. 2013. Consumer heterogeneity，product quality，and distribution channels. Management Science，59（5）：1162-1176.

Shleifer A. 1985. A theory of yardstick competition. The RAND Journal of Economics，4（2）：319-327.

Sohn M G，Oh S. 2014. Global harmonization of food safety regulation from the perspective of Korea and a novel fast automatic product recall system. Journal of the Science of Food and Agriculture，94（10）：1932-1937.

Sosa M E，Mihm J，Browning T R. 2013. Linking cyclicality and product quality. Manufacturing & Service Operations Management，15（3）：473-491.

Spence M. 1973. Job market signaling. The Quarterly Journal of Economics，3（5）：355-374.

Stanwick P A，Stanwick S D. 1998. The relationship between corporate social performance，and organizational size，financial performance，and environmental performance：an empirical examination. Journal of Business Ethics，17（2）：195-204.

Starbird S A. 2005. Moral hazard，inspection policy，and food safety. American Journal of Agricultural Economics，87（1）：15-27.

Sullivan J D，Shkolnikov A，Bettcher K E. 2006. Business associations，business climate，and economic growth：evidence from transition economies. Social Science Electronic Publishing，21（6）：49.

Sun J，Sun Z，Chen X. 2013. Fuzzy Bayesian network research on knowledge reasoning model of food safety control in China. Journal of Food，Agriculture & Environment，11（1）：234-243.

Ting S L，Tse Y K，Ho G T S，et al. 2014. Mining logistics data to assure the quality in a sustainable food supply chain：a case in the red wine industry. International Journal of Production Economics，152（4）：200-209.

Tippett J，Searle B，Pahl-Wostl C，et al. 2005. Social learning in public participation in river Basin management—early findings from HarmoniCOP European case studies. Environmental Science & Policy，8（3）：287-299.

Tirole J. 1988. The Theory of Industrial Organization. Cambridge：The MIT Press.

Torsvik G. 2000. Social capital and economic development a plea for the mechanisms. Rationality and Society，12（4）：451-476.

Troczynski T. 1996. The quality chain. Quality Progress，29（9）：208.

Unnevehr L J，Jensen H H. 1999. The economic implications of using HACCP as a food safety regulatory standard. Food Policy，24（6）：625-635.

Unnevehr L，Hoffmann V. 2015. Food safety management and regulation：international experiences and lessons for China. Journal of Integrative Agriculture，14（11）：2218-2230.

Vedeld T. 2000. Village politics：heterogeneity，leadership and collective action. The Journal of Development Studies，36（5）：105-134.

Vincent K. 2004. Mad cows' and Eurocrats—community responses to the BSE crisis. European Law

Journal, 10（5）: 499-517.

Wasserman S, Faust K. 1994. Social Network Analysis: Methods and Applications. Cambridge: Cambridge University Press.

Weber L, Mayer K J. 2011. Designing effective contracts: exploring the influence of framing and expectations. Academy of Management Review, 36（1）: 53-75.

Wertheim-Heck S C O, Vellema S, Spaargaren G. 2015. Food safety and urban food markets in Vietnam: the need for flexible and customized retail modernization policies. Food Policy, 54（4）: 95-106.

Wever M, Wognum N, Trienekens J, et al. 2010. Alignment between chain quality management and chain governance in EU pork supply chains: a transaction-cost-economics perspective. Meat Science, 84（2）: 228-237.

Williams P, Stirling E, Keynes N. 2004. Food fears: a national survey on the attitudes of Australian adults about the safety and quality of food. Asia Pacific Journal of Clinical Nutrition, 13（1）: 32-39.

Williamson D E. 1975. Markets and hierarchies. Challenge, 20（1）: 70-72.

Wilson D S, Ostrom E, Cox M E. 2013. Generalizing the core design principles for the efficacy of groups. Journal of Economic Behavior & Organization, 90（1）: 21-32.

Wilson N, Worosz M. 2014. Zero tolerance rules in food safety and quality. Food Policy, 45（3）: 112-115.

Wu D Y, Chen K Y. 2012. Supply chain contract design: impact of bounded rationality and individual heterogeneity. Historical Journal of Film Radio & Television, 23（2）: 253-368.

Wu X, Ye Y, Hu D, et al. 2014. Food safety assurance systems in Hong Kong. Food Control, 37（2）: 141-145.

Xiao J H, Xie K, Hu Q. 2013. Inter-firm IT governance in power-imbalanced buyer-supplier dyads: exploring how it works and why it lasts. European Journal of Information Systems, 22: 512-528.

Xu L D. 2011. Information architecture for supply chain quality management. International Journal of Production Research, 49（1）: 183-198.

Yamaguchi T. 2014. Social imaginary and dilemmas of policy practice: the food safety arena in Japan. Food Policy, 45（3）: 167-173.

Yapp C, Fairman R. 2005. Assessing compliance with food safety legislation in small businesses. British Food Journal, 107（3）: 150-161.

Yapp C, Fairman R. 2006. Factors affecting food safety compliance within small and medium-sized enterprises: implications for regulatory and enforcement strategies. Original Food Control, 17（1）: 42-51.

Yayla A, Hu Q. 2012. The impact of IT-business strategic alignment on firm performance in a developing country setting：exploring moderating roles of environmental uncertainty and strategic orientation. European Journal of Information Systems，21（4）：373-387.

Yin R K. 2004. The Case Study Anthology. Los Angeles：Sage Publications.

Yin R K. 2008. Case study Research：Design and Methods. Los Angeles：Sage Publications.

Yu H H, Edmunds M, Lora-Wainwright A, et al. 2016. Governance of the irrigation commons under integrated water resources management—a comparative study in contemporary rural China. Environmental Science & Policy，55（2）：65-74.

Yu X, Li C, Shi Y, et al. 2010. Pharmaceutical supply chain in China: current issues and implications for health system reform. Health Policy，97（1）：8-15.

Yuan W W，Guan D H，Lee Y K. 2010. Improved trust-aware recommender system using small-worldness of trust networks. Knowledge-Based Systems，23（3）：232-238.

Zhang D，Linderman K，Schroeder R G. 2012. The moderating role of contextual factors on quality management practices. Journal of Operations Management，30（1）：12-23.

Zhao Y，Wang S，Cheng T C E，et al. 2010. Coordination of supply chains by option contracts：a cooperative game theory approach. European Journal of Operational Research，207（2）：668-675.

Zhou M. 2014. Debating the state in private housing neighborhoods：the governance of homeowners' associations in urban Shanghai. International Journal of Urban and Regional Research，38（5）：1849-1866.

附录1　食品安全演化博弈Matlab仿真代码

由于部分参数符号无法编写成代码，因而在Matlab的代码中，我们对这些符号参数做了适当调整，具体可由具体的复制动态方程进行一一对应。其中，模型A和模型B中的多种情形，这里只列出了情形（1）时的代码，其他情形对赋值语句做相应数值调整即可，在此不再赘述。

A：消费者参与社会共治的演化博弈模型

情形（1）（%）

```
p1=0.88;p2=0.88;lamda1=2.25;lamda2=2.25;q=13.68;f=0.5;c=3.03;v=4;r=0.45;
d=5.45;
odefun=@(t,x)[x(1)*(1-x(1))*(r.^p1-lamda1*c.^p1+f*q.^p1-f*q.^p1*x(2));x(2)*
(1-x(2))*(lamda2*d.^p2*f*x(1)-v)];
x0=[0.7;0.7];
[t,x]=ode15s(odefun,[0 30],x0);
plot(t,x(:,1),'k','LineWidth',.5)
hold on
plot(t,x(:,2),'k:+','LineWidth',.5)
xlabel('演化时间');
ylabel('群体比例');
legend('参与监管的消费者','诚信生产的企业')
yl=get(gca,'ylim');
yl=get(gca,'ylim');
```

前景理论和期望效用理论对比（%）

```
p=0.88;lamda=2.25;q=8.68;f=0.5;c=3.03;v=4;r=6.22;d=2.47;
odefun=@(t,x)[x(1)*(1-x(1))*(r.^p-lamda*c.^p+f*q.^p-f*q.^p*x(2));x(2)*(1-x(2))*
```

```
(lamda*d.^p*(1-f)*x(1)-v)];
    x0=[0.5;0.5];
    [t,x]=ode15s(odefun,[0 30],x0);
    plot(t,x(:,1),'k:*','LineWidth',.5)
    hold on
    p1=1;lamda1=1;q1=8.68;f1=0.5;c1=3.03;v1=4;r1=6.22;d1=2.47;
    odefun=@(t,x)[x(1)*(1-x(1))*(r1.^p1-lamda1*c1.^p1+f1*q1.^p1-f1*q1.^p1*x(2));
x(2)*(1-x(2))*(lamda1*d1.^p1*(1-f1)*x(1)-v1)];
    x0=[0.5;0.5];
    [t,x]=ode15s(odefun,[0 30],x0);
    plot(t,x(:,1),'k','LineWidth',.5)
    xlabel('演化时间');
    ylabel('群体比例');
    legend('前景理论下的消费者参与行为','期望效用理论下的消费者参与行为')
    yl=get(gca,'ylim');
    yl=get(gca,'ylim');
```

消费者对“收益”不同敏感程度（%）

```
    p=0.38;lamda=2.25;q=13.68;f=0.5;c=3.03;v=4;r=6.22;d=2.47;
    odefun=@(t,x)[x(1)*(1-x(1))*(r.^p-lamda*c.^p+f*q.^p-f*q.^p*x(2));x(2)*(1-x(2))*
(lamda*d.^p*(1-f)*x(1)-v)];
    x0=[0.7;0.7];
    [t,x]=ode15s(odefun,[0 30],x0);
    plot(t,x(:,1),'k:o','LineWidth',.5)
    hold on
    p1=0.48;lamda1=2.25;q1=13.68;f1=0.5;c1=3.03;v1=4;r1=6.22;d1=2.47;
    odefun=@(t,x)[x(1)*(1-x(1))*(r1.^p1-lamda1*c1.^p1+f1*q1.^p1-f1*q1.    ^p1*x
(2));x(2)*(1-x(2))*(lamda1*d1.^p1*(1-f1)*x(1)-v1)];
    x0=[0.7;0.7];
    [t,x]=ode15s(odefun,[0 30],x0);
    plot(t,x(:,1),'k:^','LineWidth',.5)
    hold on
    p2=0.78;lamda2=2.25;q2=13.68;f2=0.5;c2=3.03;v2=4;r2=6.22;d2=2.47;
    odefun=@(t,x)[x(1)*(1-x(1))*(r2.^p2-lamda2*c2.^p2+f2*q2.^    p2-f2*q2.^p2*x
(2));x(2)*(1-x(2))*(lamda2*d2.^p2*(1-f2)*x(1)-v2)];
```

```
x0=[0.7;0.7];
[t,x]=ode15s(odefun,[0 30],x0);
plot(t,x(:,1),'k:*','LineWidth',.5)
hold on
p4=0.98;lamda4=2.25;q4=13.68;f4=0.5;c4=3.03;v4=4;r4=6.22;d4=2.47;
odefun=@(t,x)[x(1)*(1-x(1))*(r4.^p4-lamda4*c4.^p4+f4*q4.^p4-f4      *q4.^p4*x
(2));x(2)*(1-x(2))*(lamda4*d4.^p4*(1-f4)*x(1)-v4)];
x0=[0.7;0.7];
[t,x]=ode15s(odefun,[0 30],x0);
plot(t,x(:,1),'k','LineWidth',.5)
hold on
xlabel('演化时间');
ylabel('群体比例');
legend('\eta=0.38','\eta=0.48','\eta=0.78','\eta=0.98')
yl=get(gca,'ylim');
yl=get(gca,'ylim');
```

消费者对“损失”不同损失厌恶程度（%）

```
p=0.88;lamda=0.75;q=13.68;f=0.5;c=3.03;v=4;r=6.22;d=2.47;
odefun=@(t,x)[x(1)*(1-x(1))*(r.^p-lamda*c.^p+f*q.^p-f*q.^p*x(2));x(2)*(1-x
(2))*(lamda*d.^p*(1-f)*x(1)-v)];
x0=[0.6;0.6];
[t,x]=ode15s(odefun,[0 30],x0);
plot(t,x(:,1),'k:*','LineWidth',.5)
hold on
p1=0.88;lamda1=2.25;q1=13.68;f1=0.5;c1=3.03;v1=4;r1=6.22;d1=2.47;
odefun=@(t,x)[x(1)*(1-x(1))*(r1.^p1-lamda1*c1.^p1+f1*q1.^p1-f1q1.^p1*x(2));
x(2)*(1-x(2))*(lamda1*d1.^p1*(1-f1)*x(1)-v1)];
x0=[0.6;0.6];
[t,x]=ode15s(odefun,[0 30],x0);
plot(t,x(:,1),'k:x','LineWidth',.5)
hold on
p2=0.88;lamda2=3;q2=13.68;f2=0.5;c2=3.03;v2=4;r2=6.22;d2=2.47;
odefun=@(t,x)[x(1)*(1-x(1))*(r2.^p2-lamda2*c2.^p2+f2*q2.^p2-f2*q2.^p2*x
(2));x(2)*(1-x(2))*(lamda2*d2.^p2*(1-f2)*x(1)-v2)];
```

```
x0=[0.6;0.6];
[t,x]=ode15s(odefun,[0 30],x0);
plot(t,x(:,1),'k','LineWidth',.5)
hold on
p4=0.88;lamda4=3.75;q4=13.68;f4=0.5;c4=3.03;v4=4;r4=6.22;d4=2.47;
odefun=@(t,x)[x(1)*(1-x(1))*(r4.^p4-lamda4*c4.^p4+f4*q4.^p4-f4*q4.   ^p4*x
(2));x(2)*(1-x(2))*(lamda4*d4.^p4*(1-f4)*x(1)-v4)];
x0=[0.6;0.6];
[t,x]=ode15s(odefun,[0 30],x0);
plot(t,x(:,1),'k:s','LineWidth',.5)
hold on
xlabel('演化时间');
ylabel('群体比例');
legend('\lambda=0.75','\lambda=2.25','\lambda=3','\lambda=3.75')
yl=get(gca,'ylim');
yl=get(gca,'ylim');
```

B：地方政府与行业协会共治的演化博弈

图 5-18 情形（2.1）（%）

```
w=0.5;d2=0.3;dd=0.6;n=15;c=1;f=2;
odefun=@(t,x)[x(1)*(1-x(1))*((1-w)*(dd*n-f)*x(2)-c);x(2)*(1-x(2))*((1-w)*d2*
n*x(1)-c)];
for i = 0.1:0.2:0.9
x0=[i;i];%初值
[t,x]=ode15s(odefun,[0 30],x0);
plot(t,x(:,1),'k:^','LineWidth',.5)
hold on
plot(t,x(:,2),'k','LineWidth',.5)
end
xlabel('演化时间');
ylabel('群体比例');
legend('地方政府选择合作','行业协会选择合作')
yl=get(gca,'ylim');
```

```
set(gca,'ylim',[0,yl(2)])
```

政府监管空间对行业协会策略的影响（%）

```
w=0.3;d2=0.3;dd=0.6;n1=15;c=1;f=3;
odefun=@(t,x)[x(1)*(1-x(1))*((1-w)*(dd*n1-f)*x(2)-c);x(2)*(1-x(2))*((1-w)*
d2*n1*x(1)-c)];
x0=[0.6;0.6];%初值
[t,x]=ode15s(odefun,[0 30],x0);
plot(t,x(:,2),'k','LineWidth',.5)
hold on
w=0.5;d2=0.3;dd=0.6;n2=15;c=1;f=3;
odefun=@(t,x)[x(1)*(1-x(1))*((1-w)*(dd*n2-f)*x(2)-c);x(2)*(1-x(2))*((1-w)*
d2*n2*x(1)-c)];
x0=[0.6;0.6];%初值
[t,x]=ode15s(odefun,[0 30],x0);
plot(t,x(:,2),'k:^','LineWidth',.5)
hold on
w=0.6;d2=0.3;dd=0.6;n3=15;c=1;f=3;
odefun=@(t,x)[x(1)*(1-x(1))*((1-w)*(dd*n3-f)*x(2)-c);x(2)*(1-x(2))*((1-w)*
d2*n3*x(1)-c)];
x0=[0.6;0.6];%初值
[t,x]=ode15s(odefun,[0 30],x0);
plot(t,x(:,2),'k:x','LineWidth',.5)
hold on
w=0.7;d2=0.3;dd=0.6;n4=15;c=1;f=3;
odefun=@(t,x)[x(1)*(1-x(1))*((1-w)*(dd*n4-f)*x(2)-c);x(2)*(1-x(2))*((1-w)*
d2*n4*x(1)-c)];
x0=[0.6;0.6];%初值
[t,x]=ode15s(odefun,[0 30],x0);
plot(t,x(:,2),'k:o','LineWidth',.5)
hold on
xlabel('演化时间');
ylabel('群体比例');
legend('\omega=0.3','\omega=0.5','\omega=0.6','\omega=0.7')
yl=get(gca,'ylim');
```

```
set(gca,'ylim',[0,yl(2)])
```

行业协会能力对政府策略的影响（%）

```
w=0.5;d2=0.3;dd=0.6;n1=5;c=1;f=3;
odefun=@(t,x)[x(1)*(1-x(1))*((1-w)*(dd*n1-f)*x(2)-c);x(2)*(1-x(2))*((1-w)
*d2*n1*x(1)-c)];
x0=[0.6;0.6];%初值
[t,x]=ode15s(odefun,[0 30],x0);
plot(t,x(:,2),'k:*','LineWidth',.5)
hold on
w=0.5;d2=0.3;dd=0.6;n2=15;c=1;f=3;
odefun=@(t,x)[x(1)*(1-x(1))*((1-w)*(dd*n2-f)*x(2)-c);x(2)*(1-x(2))*((1-w)*d2
*n2*x(1)-c)];
x0=[0.6;0.6];%初值
[t,x]=ode15s(odefun,[0 30],x0);
plot(t,x(:,2),'k','LineWidth',.5)
hold on
w=0.5;d2=0.3;dd=0.6;n3=20;c=1;f=3;
odefun=@(t,x)[x(1)*(1-x(1))*((1-w)*(dd*n3-f)*x(2)-c);x(2)*(1-x(2))*((1-w)*d2
*n3*x(1)-c)];
x0=[0.6;0.6];%初值
[t,x]=ode15s(odefun,[0 30],x0);
plot(t,x(:,2),'k:x','LineWidth',.5)
hold on
w=0.5;d2=0.3;dd=0.6;n4=40;c=1;f=3;
odefun=@(t,x)[x(1)*(1-x(1))*((1-w)*(dd*n4-f)*x(2)-c);x(2)*(1-x(2))*((1-w)*d2
*n4*x(1)-c)];
x0=[0.6;0.6];%初值
[t,x]=ode15s(odefun,[0 30],x0);
plot(t,x(:,2),'k:o','LineWidth',.5)
hold on
xlabel('演化时间');
ylabel('群体比例');
legend('\sigma=5','\sigma=15','\sigma=20','\sigma=40')
yl=get(gca,'ylim');
```

```
set(gca,'ylim',[0,yl(2)])
```

C. 媒体与食品生产经营者共治的动态博弈

图 5-29 情形（1）（%）

```
p1=0.88;p2=0.88;lambda1=2.25;lambda2=2.25;p=0.5;c=3.0;w=4;m=4;n=6;f=2;
odefun=@(t,x)[x(1)*(1-x(1))*(p*f.^p1*x(2)+p*lambda1*f.^p1*x(2)-w);x(2)*
(1-x(2))*(m.^p2*x(1)-n.^p2*x(1)+n.^p2-p*lambda2*c.^p2)];
x0=[0.7;0.7]
[t,x]=ode15s(odefun,[0 30],x0);
plot(t,x(:,1),'k','LineWidth',.5)
hold on
plot(t,x(:,2),'k:+','LineWidth',.5)
xlabel('演化时间')
ylabel('群体比例')
legend('诚信生产的生产经营者 ','报道的媒体')
y1=get(gca,'ylim');
```

食品企业声誉“损失”敏感度对比（%）

```
p1=0.35;lambda=2.25;p=0.5;c=3.0;w=4;m=4;n=6;f=4;
odefun=@(t,x)[x(1)*(1-x(1))*(p*f.^p1*x(2)+p*lambda*f.^p1*x(2)-w);x(2)*(1-x
(2))*(m.^p1*x(1)-n.^p1*x(1)+n.^p1-p*lambda*c.^p1)];
x0=[0.7;0.7]
[t,x]=ode15s(odefun,[0 30],x0);
plot(t,x(:,1),'k:o','LineWidth',.5)
hold on

p2=0.65;lambda=2.25;p=0.5;c=3.0;w=4;m=4;n=6;f=4;
odefun=@(t,x)[x(1)*(1-x(1))*(p*f.^p2*x(2)+p*lambda*f.^p2*x(2)-w);x(2)*(1-x
(2))*(m.^p2*x(1)-n.^p2*x(1)+n.^p2-p*lambda*c.^p2)];
x0=[0.7;0.7]
[t,x]=ode15s(odefun,[0 30],x0);
plot(t,x(:,1),'k:^','LineWidth',.5)
hold on
```

```
p3=0.80;lambda=2.25;p=0.5;c=3.0;w=4;m=4;n=6;f=4;
odefun=@(t,x)[x(1)*(1-x(1))*(p*f.^p3*x(2)+p*lambda*f.^p3*x(2)-w);x(2)*(1-x(2))*(m.^p3*x(1)-n.^p3*x(1)+n.^p3-p*lambda*c.^p3)];
x0=[0.7;0.7]
[t,x]=ode15s(odefun,[0 30],x0);
plot(t,x(:,1),'k:*','LineWidth',.5)
hold on

p4=0.93;lambda=2.25;p=0.5;c=3.0;w=4;m=4;n=6;f=4;
odefun=@(t,x)[x(1)*(1-x(1))*(p*f.^p4*x(2)+p*lambda*f.^p4*x(2)-w);x(2)*(1-x(2))*(m.^p4*x(1)-n.^p4*x(1)+n.^p4-p*lambda*c.^p4)];
x0=[0.7;0.7]
[t,x]=ode15s(odefun,[0 30],x0);
plot(t,x(:,1),'k','LineWidth',.5)
hold on

xlabel('演化时间')
ylabel('群体比例')
legend('low=0.35','low=0.65','low=0.80','low=0.93')
y1=get(gca,'ylim');
```

媒体损失厌恶程度对比（%）

```
p2=0.88;lambda1=1;p=0.5;c=3.0;w=4;m=4;n=6;f=4;
odefun=@(t,x)[x(1)*(1-x(1))*(p*f.^p2*x(2)+p*lambda1*f.^p2*x(2)-w);x(2)* (1-x(2))*(m.^p2*x(1)-n.^p2*x(1)+n.^p2-p*lambda1*c.^p2)];
x0=[0.7;0.7]
[t,x]=ode15s(odefun,[0 30],x0);
plot(t,x(:,2),'k:o','LineWidth',.5)
hold on

p2=0.88;lambda2=2.25;p=0.5;c=3.0;w=4;m=4;n=6;f=4;
odefun=@(t,x)[x(1)*(1-x(1))*(p*f.^p2*x(2)+p*lambda2*f.^p2*x(2)-w);x(2)*(1-x(2))*(m.^p2*x(1)-n.^p2*x(1)+n.^p2-p*lambda2*c.^p2)];
x0=[0.7;0.7]
[t,x]=ode15s(odefun,[0 30],x0);
```

```
plot(t,x(:,2),'k:^','LineWidth',.5)
hold on

p2=0.88;lambda3=3;p=0.5;c=3.0;w=4;m=4;n=6;f=4;
odefun=@(t,x)[x(1)*(1-x(1))*(p*f.^p2*x(2)+p*lambda3*f.^p2*x(2)-w);x(2)*(1-
x(2))*(m.^p2*x(1)-n.^p2*x(1)+n.^p2-p*lambda3*c.^p2)];
x0=[0.7;0.7]
[t,x]=ode15s(odefun,[0 30],x0);
plot(t,x(:,2),'k:*','LineWidth',.5)
hold on

p2=0.88;lambda4=3.75;p=0.5;c=3.0;w=4;m=4;n=6;f=4;
odefun=@(t,x)[x(1)*(1-x(1))*(p*f.^p2*x(2)+p*lambda4*f.^p2*x(2)-w);x(2)*(1-
x(2))*(m.^p2*x(1)-n.^p2*x(1)+n.^p2-p*lambda4*c.^p2)];
x0=[0.7;0.7]
[t,x]=ode15s(odefun,[0 30],x0);
plot(t,x(:,2),'k','LineWidth',.5)
hold on

xlabel('演化时间')
ylabel('群体比例')
legend('delta=0.75','delta=2.25','delta=3','delta=3.75')
y1=get(gca,'ylim');
```

附录 2　食品安全违规行为多主体仿真代码

模型一：期望效用理论模型

```
function Model1
clear;
disp('=====  设置参数  =====');
D =1;
n_p1 =1000;
n_dr =1000;
p2 = 0.3;
tol = 1;
r1 = normrnd(0.15,0.07,1,n_dr);
disp('=====  开始计算  =====');
alpha =0.88;
beta = 0.88;
lamda =2.25;
a =0.9;
b=0.6;
acc = 0.25;
wtp=0.01;
P1 = a*rand(n_p1,1);
while (mean(P1) > a/2+0.3)||(mean(P1) <a/2 -0.3)                    P1=
a*rand(n_p1,1);
end
dr_all = b*rand(n_p1,n_dr);
r_all = r1;
s_all = ones(1,n_dr);
s_check = zeros(1,n_dr);
```

```
d_all = D;
q = ones(n_p1,1);
for i = 2:n_p1;
      r_mean = mean(r_all(i-1,:));
      d = d_all(i-1);
      dr_part = dr_all(i,:);
      p1 = P1(i-1);
      s_after = zeros(1,n_dr);
      d_after = 0;s_check_part = [];r_after = [];
      q_part=q(i-1)*q(i);
      for j = 1:n_dr;
            r = q_part*r1(j);
            dr = dr_part(j);
            vw0 = fun_vw(r,dr,0,d,p1,p2);
            vw1 = fun_vw(r,dr,1,d,p1,p2);
            pro0 = vw0(1,:)*vw0(2,:)';pro1 = vw1(1,:)*vw1(2,:)';
            if pro1 >= pro0
                  s_after(j) = 1;
            end
      end
      s_all = [s_all;s_after];
      [s_check_part, r_after] = fun_check(q_part,r1,s_after,dr_part,p1,p2);
      dd = d;
      d_all = [d_all;dd];
      if sum(s_check_part)/n_dr >= tol;
               r_after = 0.5.*r_after;
      elseif sum(s_check_part)/n_dr < tol;
               r_after = (1+acc-sum(s_check_part)/n_dr)^wtp.*r_after;
end
q(i)=(1+acc-sum(s_check_part)/n_dr)^wtp*q(i-1);
r_all = [r_all;r_after];
s_check = [s_check;s_check_part];
end
T = zeros(n_p1,1);
for i = 2:n_p1;
```

```
        T(i) = d_all(i-1)*mean(r_all(i-1,:));
    end
    T(1) = T(2);
    rr = mean(r_all);
    sp = [1:n_dr;rr];
    sp = sortrows(sp',2);
    order = sp(:,1);
    s_all_order = s_all(:,order);
    dr_all_order = dr_all(:,order);
    r_all_order = r_all(:,order);
    figure(1);
    x_r = 1:length(r_all(:,1));
    y_r = (mean(r_all'))';
    plot(x_r,y_r,'-k');box off;
    legend('行业平均收益率');
    xlabel('期数');
    ylabel('平均收益率  r');
    s_0 = n_dr*ones(n_p1,1) - (sum(s_all'))';
    s_1 = (sum(s_all'))';
    figure(4);
    plot(1:n_p1,s_0,'-r',1:n_p1,s_1,'-k');box off;
    legend('提供次品的生产者数量,提供合格品的生产者数量');
    xlabel('期数');
    ylabel('生产经营者数量');
    ss = sum(s_all);
    ss=n_p1-ss;
    rr = mean(r_all);
    sr = [ss;rr];
    sr = sortrows(sr',2);
    figure(5);
    [ah,h1,h2] = plotyy(1:length(rr),sr(:,1),1:length(rr),sr(:,2));
    box off;
    xlabel('生产经营者编号(按平均收益率升序排列)');
    set(get(ah(1),'Ylabel'),'string','提供次品总期数');
    set(ah(1),'XColor','k');set(ah(1),'YColor','k');
```

```
set(get(ah(2),'Ylabel'),'string','平均收益率r');
set(ah(2),'XColor','k');set(ah(2),'YColor','r');
axes(ah(2));
axis([0 max(length(ss)) 0 1.2*max(sr(:,2))]);
set(h1,'linestyle','-','color','k');
set(h2,'linestyle','-','color','r');
function vw = fun_vw(r,dr,s,d,p1,p2)
if s == 1;
      v = fun_v1(r,d);
else
      v = fun_v0(r,dr,d);
end
if s == 1;
      w = fun_w1(p2);
else
      w = fun_w0(p1);
end
vw = [v;w];
end
function v0 = fun_v0(r,dr,d)
v0_o = 0;v0_or = 0;
      v0_o = (r+dr)*d ;
      v0_or = -r;
v0 = [v0_o v0_or];
end
function v1 = fun_v1(r,d)
v1_c = 0;v1_cr = 0;
      v1_c = r*d;
      v1_cr = 0;
v1 = [v1_c v1_cr];
end
function w0 = fun_w0(p1)
w0 =[1-p1,p1];
end
function w1 = fun_w1(p2)
```

```
w1 =[1- p2,p2];
end
function[s_check_part,r_after]=fun_check(q_part,r1,s_after,dr_part,p1,p2)
n = length(r1);
r_after = zeros(1,n);
s_check_part= zeros(1,n);
n2 = length(r1);
po2 = randperm(n2);
po2 = po2(1:n2*p2);
 for i = 1:n;
     if s_after(i) == 1 && isempty(find(po2 == i)) == 1;
          r_after(i) = q_part*r1(i);
     elseif s_after(i) == 1 && isempty(find(po2 == i)) == 0;
          r_after(i) = 0;
     end
end
n1 = length(r1);
po1 = randperm(n1);
np1 = floor(n1*p1)+1;
po1 = po1(1:np1);
for i = 1:n;
     if s_after(i) == 0 && isempty(find(po1 == i))==1;
          r_after(i) =q_part*r1(i) + dr_part(i);
   elseif s_after(i) == 0 && isempty(find(po1 == i))== 0;
          r_after(i) = -q_part*r1(i);
          s_check_part(i) = 1;
     end
end
end
```

模型三：累积前景理论模型——以行业收益均值为参照点

说明：参照点为生产经营者上期收益率时，在模型三中将参照点*T*的赋值语句做相应调整即可，此处不再赘述模型二的模型代码。

```
function Model3
clear;
disp('=====  设置参数  =====');
D =1;
n_p1 =1000;
n_dr =1000;
p2 = 0.3;
tol = 1;
r1 = normrnd(0.15,0.07,1,n_dr);
disp('=====  开始计算  =====');
alpha =0.88;
beta = 0.88;
lamda =2.25;
a =0.9;
b=0.6;
acc = 0.25;
wtp=0.01;
P1 = a*rand(n_p1,1);
while (mean(P1)>a/2+0.3)||(mean(P1)<a/2-0.3)                    P1 =
a*rand(n_p1,1);
end
dr_all = b*rand(n_p1,n_dr);
r_all = r1;
s_all = ones(1,n_dr);
s_check = zeros(1,n_dr);
d_all = D;
q = ones(n_p1,1);
T = zeros(n_p1,1);
for i = 2:n_p1;
     r_mean = mean(r_all(i-1,:));
     d = d_all(i-1);
     T(i) = d_all(i-1)*r_mean;
     t=T(i);
     dr_part = dr_all(i,:);
     p1 = P1(i-1);
```

```
        s_after = zeros(1,n_dr);
        d_after = 0;s_check_part = [];r_after = [];
         q_part=q(i-1)*q(i);
        for j = 1:n_dr;
            r = q_part*r1(j);
            dr = dr_part(j);
            vw0 = fun_vw(r,dr,0,t,d,alpha,beta,lamda,p1,p2);
            vw1 = fun_vw(r,dr,1,t,d,alpha,beta,lamda,p1,p2);
            pro0=vw0(1,:)*vw0(2,:)';pro1=vw1(1,:)*vw1(2,:)';
            if pro1 >= pro0
                s_after(j) = 1;
            end
        end
        s_all = [s_all;s_after];
        [s_check_part, r_after] = fun_check(q_part,r1,s_after,dr_part,p1,
        p2);
        dd = d;
        d_all = [d_all;dd];

        if sum(s_check_part)/n_dr >= tol;
                r_after = 0.5.*r_after;
        elseif sum(s_check_part)/n_dr < tol;
                r_after=(1+acc-sum(s_check_part)/n_dr)^wtp.*r_after;
        end
        q(i)=(1+acc-sum(s_check_part)/n_dr)^wtp*q(i-1);
        r_all=[r_all;r_after];
        s_check=[s_check;s_check_part];
    end
    rr = mean(r_all);
    sp = [1:n_dr;rr];
    sp = sortrows(sp',2);
    order = sp(:,1);
    s_all_order = s_all(:,order);
    dr_all_order = dr_all(:,order);
    r_all_order = r_all(:,order);
```

```
figure(1);
x_r = 1:length(r_all(:,1));
y_r =(mean(r_all'))';
plot(x_r,y_r,'-k');box off;
legend('行业平均收益率');
xlabel('期数');
ylabel('平均收益率  r');
s_0=n_dr*ones(n_p1,1)-(sum(s_all'))';
s_1=(sum(s_all'))';
figure(4);
plot(1:n_p1,s_0,'-r',1:n_p1,s_1,'-k');box off;
legend('提供次品的生产者数量,提供合格品的生产者数量');
xlabel('期数');
ylabel('生产经营者数量');
ss = sum(s_all);
ss=n_p1-ss;
rr = mean(r_all);
sr = [ss;rr];
sr = sortrows(sr',2);
figure(5);
[ah,h1,h2] = plotyy(1:length(rr),sr(:,1),1:length(rr),sr(:,2));
box off;
xlabel('生产经营者编号(按平均收益率升序排列)');
set(get(ah(1),'Ylabel'),'string','提供次品总期数');
set(ah(1),'XColor','k');set(ah(1),'YColor','k');
set(get(ah(2),'Ylabel'),'string','平均收益率  r');
set(ah(2),'XColor','k');set(ah(2),'YColor','r');
axes(ah(2));
axis([0 max(length(ss)) 0 1.2*max(sr(:,2))]);
set(h1,'linestyle','-','color','k');
set(h2,'linestyle','-','color','r');
end
function vw = fun_vw(r,dr,s,t,d,alpha,beta,lamda,p1,p2)
if s == 1;
      v = fun_v1(r,t,d,alpha,beta,lamda);
```

```
else
        v = fun_v0(r,dr,t,d,alpha,beta,lamda);
end
if s == 1;
        w = fun_w1(r,t,d,p2);
else
        w = fun_w0(r,dr,t,d,p1);
end
vw = [v;w];
end
function v0 = fun_v0(r,dr,t,d,alpha,beta,lamda)
v0_o = 0;v0_or = 0;
if (r+dr)*d >= t*d;
        v0_o = ((r+dr)*d - t*d)^alpha;
else
        v0_o = -lamda*(t*d - (r+dr)*d)^beta;
end
if -r >= t*d;
        v0_or = (-r - t*d)^alpha;
else
        v0_or = -lamda*(t*d + r).^beta;
end
v0 = [v0_o v0_or];
end
function v1 = fun_v1(r,t,d,alpha,beta,lamda)
v1_c = 0;v1_cr = 0;
if r*d >= t*d;
        v1_c = (r*d - t*d)^alpha;
else
        v1_c = -lamda*(t*d - r*d)^beta;
end
if 0 >= t*d;
        v1_cr = (0 - t*d)^alpha;
else
        v1_cr = -lamda*(t*d -0)^beta;
```

```
end
v1 = [v1_c v1_cr];
end
function w0 = fun_w0(r,dr,t,d,p1)
w0_1_p1 = 0;w0_p1 = 0;
o = (r+dr)*d;o_r = -r;
if (o >= o_r) && (o_r >= t*d)
    w0_1_p1 = (1 - p1)^0.61/((p1)^0.61 + (1 - p1)^(0.61))^(1/0.61);
    w0_p1 = 1 - w0_1_p1;
elseif t*d >= o && o >= o_r;
    w0_p1 = (p1)^0.68/((p1)^0.68 + (1 - p1)^(0.68))^(1/0.68);
    w0_1_p1 = 1 - w0_p1;
elseif o >= t*d && t*d >= o_r;
    w0_p1 = (p1)^0.68/((p1)^0.68 + (1 - p1)^(0.68))^(1/0.68);
    w0_1_p1 = (1 - p1)^0.61/((p1)^0.61 + (1 - p1)^(0.61))^(1/0.61);
end
w0 = [w0_1_p1 w0_p1];
end
function w1 = fun_w1(r,t,d,p2)
w1_1_p2 = 0;w1_p2 = 0;
c = r*d;c_r = 0;
if c >= c_r && c_r >= t*d;
    w1_1_p2 = (1 - p2)^0.61/((p2)^0.61 + (1 - p2)^(0.61))^(1/0.61);
    w1_p2 = 1 - w1_1_p2;
elseif t*d >= c && c >= c_r;
    w1_p2 = (p2)^0.68/((p2)^0.68 + (1 - p2)^(0.68))^(1/0.68);
    w1_1_p2 = 1 - w1_p2;
elseif c >= t*d && t*d >= c_r;
    w1_p2 = (p2)^0.68/((p2)^0.68 + (1 - p2)^(0.68))^(1/0.68);
    w1_1_p2 = (1 - p2)^0.61/((p2)^0.61 + (1 - p2)^(0.61))^(1/0.61);
end
w1 = [w1_1_p2 w1_p2];
end
function [s_check_part, r_after] = fun_check(q_part,r1,s_after,dr_part,p1,p2)
n = length(r1);
```

```
r_after = zeros(1,n);
s_check_part= zeros(1,n);
n2 = length(r1);
po2 = randperm(n2);
po2 = po2(1:n2*p2);
for i = 1:n;
    if s_after(i) == 1 && isempty(find(po2 == i)) == 1;
        r_after(i) = q_part*r1(i);
    elseif s_after(i) == 1 && isempty(find(po2 == i)) == 0;
        r_after(i) = 0;
    end
end
n1 = length(r1);
po1 = randperm(n1);
np1 = floor(n1*p1) + 1;
po1 = po1(1:np1);
for i = 1:n;
    if s_after(i) == 0 && isempty(find(po1 == i)) == 1;
        r_after(i) =q_part*r1(i) + dr_part(i);
    elseif s_after(i) == 0 && isempty(find(po1 == i)) == 0;
        r_after(i) = -q_part*r1(i);
        s_check_part(i) = 1;
    end
end
end
```

后　　记

针对食品安全治理的探索源于我在中国的一次药品安全事件“中招”了。2012年4月15日，中央电视台在“胶囊里的秘密”曝光了河北部分企业用生石灰处理皮革废料，熬制成工业明胶，最终流入药品企业的案件。此时，我恰好牙疼，在药店买了使用毒胶囊供货的治牙疼胶囊。这件事情刺激了我的好奇心：难道这么大个国家竟然治理不了食品药品安全吗？这个好奇心驱动我为此而展开了部分前期研究。然而，随着前期研究的逐渐深入，我越来越感到食品药品安全治理，尤其是中国情境下的食品药品安全治理，远比我们一般认识的要复杂和艰难得多，也对为什么食品药品安全治理是一个世界难题有了一个初步认识。这样，在前期成果和团队成员的支持下，从复杂系统理论、信息经济学和行为经济学的综合视角，我作为首席专家组织实施了食品药品安全社会共治的研究课题设计，成功中标2014年国家社会科学基金重大招标项目“食品药品安全社会共治的制度安排：需求、设计、实现与对策研究”（14ZDA074）。

在该课题的支持下，项目团队先后对日本、英国、中国台湾和中国香港等境外食品药品监管机构及其工作人员，以及重庆、广州、深圳和包头等内地城市或地区的食品药品监管机构及其工作人员进行调研访谈，部分成员甚至深入食品药品监管基层一线（如执法大队等）参与治理活动，以更加深入地了解和认识中国食品药品安全治理的具体情境，掌握和获取了大量的一手资料与素材。感谢上述机构、单位及相关人员对本书项目调研提供的服务和支持。

这部著作可以说是团队学术理论研究的一次集成式展示，反映出项目团队成果之间具有的内在理论逻辑性和继承性，也集中反映了项目团队在食品安全社会共治领域的经济理论创新水平。根据现有文献及出版信息而言，本书堪称国内首部食品安全经济学理论著作。

本书的一个理论继承和创新是在龚强教授、李新春教授等研究者相关研究基础上，提出了社会系统失灵的概念，对市场失灵、政府失灵和社会共治失灵形成的一个更高复杂情境的失灵现象的一次理论抽象总结，由此简明扼要地回答了为什么食品安全治理是一个世界难题的问题，因为这是一个比单纯的市场失灵、政府失灵或社会共治失灵更为复杂的社会系统失灵问题，并由此提出社会系统失灵的三个核心问题。这三个核心问题为本书的理论展开及创新确定情境框架和条件，对此，我要感谢本书的其他两位主要作者，即中山大学管理学院肖静华副教授，广州市天弈管理咨询有限公司总经理赖金天博士。这部著作中诸如社会系统失灵、“监管困局”、预防—免疫—治疗三级协同等诸多创新思想及观点，均是我与这两位合作者的长期互动交流的结果。肖静华副教授以其扎实的经济学功底，提出需要引入有限理性假设分析食品安全治理问题，赖金天博士通过其博士论文的深入系统工作，首先将有限理性假设引入食品安全治理研究领域，并通过建构模型和仿真实现了对食品安全“监管困局”的经济分析。

同时，衷心感谢中国信息经济学会创始人乌家培教授，他不仅作为项目的总顾问参与了部分理论的建构工作，而且对本书观点提出了诸多中肯的修改意见，提升了研究成果的理论高度。我还需要感谢中山大学管理学院李新春教授和中南财经政法大学文澜学院院长龚强教授，李新春教授欣然担任我主持的该重大项目子项目负责人，贡献学术成果和对课题提出诸多宝贵建议。同样的，龚强教授及其团队也为项目研究贡献了学术成果，使本书对市场失灵与政府失灵的讨论变得更加严谨和丰富。

诚然，我还要感谢刘亚平教授、于洪彦教授、陈原教授、陈斌副教授等，项目科研秘书刘意同学，以及参与本书课题研究的杨楠堃、汪鸿昌、赵信、张一林、佘建宇、雷丽衡和袁燕等同学，对我本人及课题的信任、支持和帮助。

最后，感谢国家社会科学基金对项目的资助，感谢中山大学管理学院为研究团队提供的宽松自由的学术研究氛围和优雅的办公环境，感谢科学出版社为本书出版做出的专业贡献。

谢　康

2016 年 8 月